集成电路系列丛书·集成电路封装测试

集成电路系统级封装

梁新夫　主编

電子工業出版社
Publishing House of Electronics Industry
北京•BEIJING

内 容 简 介

系统级封装（System-in-Package，SiP）是一种通过封装技术实现集成电路特定功能的系统综合集成技术，它能有效实现局部高密度功能集成，减小封装模块尺寸，缩短产品开发周期，降低产品开发成本。本书全面、系统地介绍系统级封装技术，全书共 9 章，主要内容包括：系统集成的发展历程，系统级封装集成的应用，系统级封装的综合设计，系统级封装集成基板，封装集成所用芯片、元器件和材料，封装集成关键技术及工艺，系统级封装集成结构，集成功能测试，可靠性与失效分析。

本书适合集成电路封装测试领域的科研人员和工程技术人员阅读使用，也可作为高等学校相关专业的教学用书。

图书在版编目（CIP）数据

集成电路系统级封装 / 梁新夫主编. —北京：电子工业出版社，2021.9

（集成电路系列丛书. 集成电路封装测试）

ISBN 978-7-121-42129-7

Ⅰ. ①集… Ⅱ. ①梁… Ⅲ. ①集成电路－封装工艺 Ⅳ. ①TN405

中国版本图书馆 CIP 数据核字（2021）第 198936 号

责任编辑：张　剑　柴　燕　　　　特约编辑：田学清

印　　刷：北京联兴盛业印刷股份有限公司

装　　订：北京联兴盛业印刷股份有限公司

出版发行：电子工业出版社

北京市海淀区万寿路 173 信箱　　邮编：100036

开　　本：720×1000　1/16　印张：25.25　字数：509 千字

版　　次：2021 年 9 月第 1 版

印　　次：2023 年 5 月第 4 次印刷

定　　价：158.00 元

凡所购买电子工业出版社图书有缺损问题，请向购买书店调换。若书店售缺，请与本社发行部联系，联系及邮购电话：（010）88254888，88258888。

质量投诉请发邮件至 zlts@phei.com.cn，盗版侵权举报请发邮件到 dbqq@phei.com.cn。

本书咨询联系方式：zhang@phei.com.cn。

“集成电路系列丛书·集成电路封装测试”
编委会

编委会秘书处

“集成电路系列丛书”主编序言

培根之土 润苗之泉 启智之钥 强国之基

王国维在其《蝶恋花》一词中写道：“最是人间留不住，朱颜辞镜花辞树”，这似乎是人世间不可挽回的自然规律。然而，人们还是通过各种手段，借助于各种媒介，留住了人们对时光的记忆，表达了人们对未来的希冀。

图书，尤其是纸版图书，是数量最多、使用最悠久的记录思想和知识的载体。品《诗经》，我们体验了青春萌动；阅《史记》，我们听到了战马嘶鸣；读《论语》，我们学习了哲理思辨；赏《唐诗》，我们领悟了人文风情。

尽管人们现在可以把律动的声像寄驻在胶片、磁带和芯片之中，为人们的感官带来海量信息，但是图书中的文字和图像依然以它特有的魅力，擘画着发展的总纲，记录着胜负的苍黄，展现着感性的豪放，挥洒着理性的张扬，凝聚着色彩的神韵，回荡着音符的铿锵，驰骋着心灵的激越，闪烁着智慧的光芒。

《辞海》中把书籍、期刊、画册、图片等出版物的总称定义为“图书”。通过林林总总的“图书”，我们知晓了电子管、晶体管、集成电路的发明，了解了集成电路科学技术、市场、应用的成长历程和发展规律。以这些知识为基础，自 20 世纪 50 年代起，我国集成电路技术和产业的开拓者踏上了筚路蓝缕的征途。进入 21 世纪以来，我国的集成电路产业进入了快速发展的轨道，在基础研究、设计、制造、封装、设备、材料等各个领域均有所建树，部分成果也在世界舞台上拥有一席之地。

为总结昨日经验，描绘今日景象，展望明日梦想，编撰“集成电路系列丛书”（以下简称“丛书”）的构想成为我国广大集成电路科学技术和产业工作者共同的夙愿。

2016年，“丛书”编委会成立，开始组织全国近500名作者为“丛书”的第一部著作《集成电路产业全书》（以下简称《全书》）撰稿。2018年9月12日，《全书》首发式在北京人民大会堂举行，《全书》正式进入读者的视野，受到教育界、科研界和产业界的热烈欢迎和一致好评。其后，《全书》英文版 *Handbook of Integrated Circuit Industry* 的编译工作启动，并决定由电子工业出版社和全球最大的科技图书出版机构之一——施普林格（Springer）合作出版发行。

受体量所限，《全书》对于集成电路的产品、生产、经济、市场等，采用了千余字“词条”描述方式，其优点是简洁易懂，便于查询和参考；其不足是因篇幅紧凑，不能对一个专业领域进行全方位和详尽的阐述。而“丛书”中的每一部专著则因不受体量影响，可针对某个专业领域进行深度与广度兼容的、图文并茂的论述。“丛书”与《全书》在满足不同读者需求方面，互补互通，相得益彰。

为更好地组织“丛书”的编撰工作，“丛书”编委会下设了12个分卷编委会，分别负责以下分卷：

☆ 集成电路系列丛书·集成电路发展史论和辩证法

☆ 集成电路系列丛书·集成电路产业经济学

☆ 集成电路系列丛书·集成电路产业管理

☆ 集成电路系列丛书·集成电路产业教育和人才培养

☆ 集成电路系列丛书·集成电路发展前沿与基础研究

☆ 集成电路系列丛书·集成电路产品、市场与EDA

☆ 集成电路系列丛书·集成电路设计

☆ 集成电路系列丛书·集成电路制造

☆ 集成电路系列丛书·集成电路封装测试

☆ 集成电路系列丛书·集成电路产业专用装备

☆ 集成电路系列丛书·集成电路产业专用材料

☆ 集成电路系列丛书·化合物半导体的研究与应用

2021 年，在业界同仁的共同努力下，约有 10 部“丛书”专著陆续出版发行，献给中国共产党百年华诞。以此为开端，2021 年以后，每年都会有纳入“丛书”的专著面世，不断为建设我国集成电路产业的大厦添砖加瓦。到 2035 年，我们的愿景是，这些新版或再版的专著数量能够达到近百部，成为百花齐放、姹紫嫣红的“丛书”。

在集成电路正在改变人类生产方式和生活方式的今天，集成电路已成为世界大国竞争的重要筹码，在中华民族实现复兴伟业的征途上，集成电路正在肩负着新的、艰巨的历史使命。我们相信，无论是作为“集成电路科学与工程”一级学科的教材，还是作为科研和产业一线工作者的参考书，“丛书”都将成为满足培养人才急需和加速产业建设的“及时雨”和“雪中炭”。

科学技术与产业的发展永无止境。当 2049 年中国实现第二个百年奋斗目标时，后来人可能在 21 世纪 20 年代书写的“丛书”中发现这样或那样的不足，但是，仍会在“丛书”著作的严谨字句中，看到一群为中华民族自立自强做出奉献的前辈们的清晰足迹，感触到他们在质朴立言里涌动的满腔热血，聆听到他们的圆梦之心始终跳动不息的声音。

书籍是学习知识的良师，是传播思想的工具，是积淀文化的载体，是人类进步和文明的重要标志。愿“丛书”永远成为培育我国集成电路科学技术生根的沃土，成为润泽我国集成电路产业发展的甘泉，成为启迪我国集成电路人才智慧的金钥，成为实现我国集成电路产业强国之梦的基因。

编撰“丛书”是浩繁卷帙的工程，观古书中成为典籍者，成书时间跨度逾十年者有之，涉猎门类逾百种者亦不乏其例：

《史记》，西汉司马迁著，130 卷，526500 余字，历经 14 年告成；

《资治通鉴》，北宋司马光著，294 卷，历时 19 年竣稿；

《四库全书》，36300 册，约 8 亿字，清 360 位学者共同编纂，3826 人抄写，耗时 13 年编就；

《梦溪笔谈》，北宋沈括著，30 卷，17 目，凡 609 条，涉及天文、数学、物理、化学、生物等各个门类学科，被评价为“中国科学史上的里程碑”；

《天工开物》，明宋应星著，世界上第一部关于农业和手工业生产的综合性著作，3 卷 18 篇，123 幅插图，被誉为“中国 17 世纪的工艺百科全书”。

这些典籍中无不蕴含着“学贵心悟”的学术精神和“人贵执着”的治学态度。这正是我们这一代人在编撰“丛书”过程中应当永续继承和发扬光大的优秀传统。希望“丛书”全体编委以前人著书之风范为准绳，持之以恒地把“丛书”的编撰工作做到尽善尽美，为丰富我国集成电路的知识宝库不断奉献自己的力量；让学习、求真、探索、创新的“丛书”之风一代一代地传承下去。

王阳元

2021 年 7 月 1 日于北京燕园

前　言

系统级封装（System-in-Package，SiP）是通过封装技术实现芯片特定功能的系统综合集成技术。系统级封装通常将单个或多个功能芯片，包括处理器、存储器、模拟功放、射频通信芯片等，与各类分立元器件、无源元器件（如电阻、电感、电容）及各种微机电系统（Micro-Electro-Mechanical System，MEMS）传感器芯片或光学元器件，通过系统设计及特定的封装工艺在通用基板上集成为单一封装综合体或模块，从而实现具有完整设计功能的系统或子系统电路集成。与常用的集成在相同硅制程工艺单一硅基上系统芯片（System-on-Chip，SoC）侧重于相同或类似的数字及逻辑电路不同，系统级封装更适用于在单一芯片上无法或很难实现功能集成的微波、射频、功率等模拟电路，以及集成不同硅制程工艺处理器和存储芯片功能的系统应用。

系统级封装技术的发展可以追溯到已有几十年应用历史的基于陶瓷基板或有机基板的多芯片模块技术（Multi Chip Module，MCM）。通过使用细间距表面贴装技术（Surface Mount Technology，SMT）、堆叠及 3D 芯片等高密度封装工艺，系统级封装能够有效实现局部高密度功能集成，减小封装模块的印制电路板（Printed Circuit Board，PCB）尺寸，降低 PCB 的互连密度和成本。通过现有芯片和无源元器件的组合，系统级封装产品的开发周期短，产品开发成本得到大幅降低。另外，系统级封装和产品测试可以确保功能模块性能的一致性，提高产品的良率，增强产品的性能。系统级封装的这些优异特性使其在对芯片、元器件、结构和工艺非常敏感的射频、微波、蓝牙和 Wi-Fi 等通信集成电路模块中得到广泛应用，并在功率模块、可穿戴电子产品及智能手机中得到迅速推广。

20 世纪 90 年代，全球移动通信系统（Global System for Mobile Communications，GSM）及码分多址（Code Division Multi-Access，CDMA）数字通信标准推进了移动通信产品在全世界的快速普及和应用。全球移动手机的新机销量多年维持在年均 20 亿部左右，移动手机已经成为人类历史上应用最广、数量最多的电子设备。移动手机的逐年更新换代更是推动了集成电路设计、先进芯片制造工艺、芯片封装技术的高速发展。与移动手机同时代成长的系统级封装技术得到了极大发展。这项封装技术的有效应用也极大地推动了移动手机的大规模普及。例如，移动手机中关键的射频砷化镓（GaAs）功率放大器功能模块，如果采用传统的分立元器件在 PCB 上进行功能集成，则存在模块占用尺寸离散、电路阻抗匹配复杂、良率可靠性难以控制等问题，并且射频 GaAs 功率放大器功能模块需要与硅控制芯片、信噪滤波器、电容、电感、电阻等众多无源元器件匹配。不同供应商和不同生产批次产品的性能差异可能会导致模块性能退化和大幅波动。利用系统级封装技术可以非常有效地把这些不同材质、不同功能、不同类型的芯片和元器件，通过最优化设计的基板和高密度芯片互连封装工艺集成到单一的封装体里面，实现最优的性能匹配、最精小的局部高密度芯片布局和完全测试可控。基于系统级封装技术制造出的最小尺寸、最优综合性能、高可靠性和高性价比射频功率放大器模块是难以通过 SoC 硅制程集成，或者通过 PCB 分立元器件板级集成来实现的。系统级封装集成技术是实现射频功率放大器模块的最佳技术方案。

智能手机的应用处理器（Application Processor，AP）和动态内存（Dynamic Random Access Memory，DRAM）芯片都使用先进的芯片制造工艺制造。初始的 SoC 可以通过芯片制造工艺将运算功能和存储功能集成到单一芯片上，但由于 AP 侧重于高速度、高强度计算，因此不同公司的产品规格和技术开发能力逐渐变得高度专一并定制化。DRAM 芯片朝着大存储容量、高数据提取速度方向发展，其硅制程及测试工艺已经完全不同于 AP。另外，独立的 DRAM 公司致力于推动 DRAM 芯片的通用化和标准化，从而使单一产品能够实现最大量应用和最低成本。这些因素导致 AP 和 DRAM 芯片逐渐分开并越行越远。AP+DRAM 芯片的运算处理能力可以从根本上决定智能手机的先进功能和应用速度，为了实现高速的信息运算和数据提取，必须尽可能缩短数据传输的路径，最短的互连路径也可以最大限度地降低功耗。这些对于智能手机的应用运行速度和电池使用时间都是极其关键的。当前的主流解决方案是采用 DRAM 多芯片堆叠集成封装，以及 AP 和 DRAM 芯片封装体堆叠（Package on Package，PoP）封装的模块架构。在这种架构中，所有的芯片都采用硅制程工艺制造，DRAM 芯片可以完全相同，通过简单重复的芯片堆叠达到所需的存储容量，如 512MB 到 6GB 的成倍扩展。用倒装芯片（Flip Chip，FC）技术封装的先进硅制程AP通过3D重叠和DRAM芯片互连实现最短数据传输路径。这种架构使智能手机核心的处理芯片模块实现了高速互连、最低功耗、最小PCB面积和最优性价比。这都是目前通用SoC硅制程集成技术和PCB板级集成结构难以实现的。

对SoC硅制程集成技术来说，系统级封装技术是其有效的补充，尤其是在超越摩尔（More-than-Moore）和后摩尔（More-Moore）芯片时代，芯片运算能力增强，功能复合多样，系统级封装技术更是得到进一步重视和发展。一方面，趋于完整系统的系统级封装应用（如智能手表、智能耳机等）推动更复杂、更高密度的双面封装等新技术的开发和应用；另一方面，功能模块化系统级封装提供了有效且高性价比的通用芯片平台，为不同产品（如移动手机、计算机等）提供了统一的功能模块。这些功能模块已经从相对成熟的射频模块扩展到Wi-Fi/蓝牙连接、电源管理、音频、MEMS生物识别等功能模块。新一代高速通信技术，如5G通信，需要更高的频率和更宽的带宽。这对各类功能模块提出了更高的应用要求，也极大地推动了系统级封装技术的发展。

具有超强运算能力的网络处理、计算中心、云计算及人工智能（Artificial Intelligence，AI）芯片处理功能越来越强大，制程越来越复杂，芯片尺寸越做越大，单靠摩尔定律的纳米级SoC高开发成本及晶圆制造良率波动会造成芯片“天价”的现象。基于此，出现了异质集成（Heterogeneous Integration）和芯粒（Chiplets）等新型系统集成技术。例如，TSMC的集成扇出型（Integrated Fan-Out，InFO）封装、芯片转接板键合基板（Chip on Wafer on Substrate，CoWoS）封装、系统集成芯片（System on Integrated Chip，SoIC）封装、Intel的埋入式多芯片桥连（Embedded Multi-Die Interconnect Bridge，EMIB）封装、“Foveros”封装及扇出型封装等。这些新型系统集成技术利用晶圆级超高密度互连进行2.5D/3D芯片重构，从而实现知识产权（Intellectual Property，IP）芯片的有效系统集成。这些新型系统集成技术在高端、先进芯片上得到应用，已经成为延续摩尔定律有效的、重要的芯片开发路径。

作为一种通过高密度基板和封装工艺来实现集成电路产品设计、开发和封测的主要技术和方法，系统级封装是一种重要的芯片开发和架构设计策略。其核心是通过芯片和辅助功能元器件，以特定的组合结构，实现功能整合和系统集成。

系统级封装并没有单一明确的封装形式，可以在现有的大部分封装上实现。按照芯片封装结构的具体要求，系统级封装既可以使多芯片多元器件实现平面排列组合，也可以利用 2.5D/3D 芯片堆叠在立体空间进一步提高集成度，加强有效的互连功能。芯片、无源元器件和系统级封装基板可以利用所有有效的封装工艺实现互连，包括传统的引线键合、FC 键合，以及先进封装硅通孔（Through Silicon Via，TSV）技术、FO 重布线（Re-Distribution Layer，RDL）技术、基板芯片和元器件埋入技术等。系统级封装通常因为产品功能多样化而选择相对灵活的栅格阵列（Land Grid Array，LGA）封装。随着该技术在更大、更复杂的系统电路中迅速推广，可提供更多输入/输出（Input/Output，I/O）端口的球栅阵列（Ball Grid Array，BGA）封装，以及整体化模块也逐渐得到广泛使用。另外，系统级封装经常需要进行电磁屏蔽以消除模块电路与环境的交互影响，通常可以使用简单的金属壳来实现，高性能、高可靠性的系统级封装也越来越多地使用塑封料包封加金属涂层的工艺。

本书将从系统级封装的发展历史和技术特点展开，重点论述系统级封装技术的设计、关键互连结构和封装工艺，尤其结合当前系统级封装技术的发展，对系统级封装技术这一重要芯片开发理念进行详细论述：第 1 章内容包括系统级封装技术的发展，系统级封装的结构与特点，系统级封装的应用驱动；第 2 章内容包括系统级封装在高性能处理器方面的应用，系统级封装在无线通信模块中的应用，系统级封装技术在固态硬盘方面的应用，系统级封装在电源模块、功率模块中的应用，系统级封装在 MEMS 中的应用，系统级封装集成在智能手机、可穿戴设备、物联网中的应用；第 3 章内容包括系统级封装设计导论，系统级封装设计概述，电性能的分析与优化，热性能的分析与优化设计，机械性能的分析与优化；第 4 章内容包括陶瓷基板，高密度金属引线框架基板，高密度有机基板，预包封引线互连系统基板，转接板，扇出型晶圆级封装无基板重布线连接；第 5 章内容包括芯片，无源元器件，集成无源元器件，滤波器、晶振、天线、指纹传感器，封装关键材料；第 6 章内容包括 SMT 工艺、引线键合工艺、倒装工艺、底部填充工艺、硅通孔工艺、重布线工艺、临时键合与解键合工艺、塑封工艺；第 7 章内容包括陶瓷封装集成结构、多芯片堆叠封装结构、埋入式封装结构、封装体堆叠封装结构、双面封装结构、微电机系统封装结构、2.5D 封装结构、扇出型封装结构；第 8 章内容包括系统级封装测试，系统级封装测试项目，测试机，系统级封装测试技术要求，系统级封装量产测试，系统级封装测试的发展趋势；第 9 章内容包括系统级封装的可靠性，可靠性试验，失效分析，系统级封装常见失效模式，系统级封装典型失效案例分析，系统级封装可靠性持续改善。

应该指出的是，系统级封装这一先进且有效的芯片设计理念和技术在电子产品新应用、新功能的持续驱动下，在可见的未来仍然会快速发展。现有制造技术工艺水平会不断提升，新技术和应用领域还在不断出现。本书希望通过提供系统级封装技术的基本设计、集成架构和关键工艺，能为更好地推动这一技术的不断更新发展提供坚实的基础。

本书是在“集成电路系列丛书·集成电路封装测试”编委会主要负责人、中国半导体行业协会副理事长、封装分会荣誉理事长毕克允和江苏长电科技股份有限公司时任董事长王新潮的直接指导和大力推动下编写的。长电科技集团高级副总裁、长电集成电路（绍兴）有限公司总经理梁新夫博士为本书主编。本书各章节内容由长电科技集团的研发和工程技术负责人员，以及半导体封装产业的资深专家、研究员和大学教授共同编写。

长电科技集团知识产权管理部王亚琴编写了第 1 章内容。

清华大学微电子学院蔡坚教授主持编写了第 2 章内容，清华大学的周晟娟、胡杨和崔轩参与了编写，南京大学微电子学院的周玉刚教授编写了系统级封装在智能手机、可穿戴设备、物联网中的应用内容。

长电科技集团中国研发中心技术副总裁李宗怿主持编写了第 3 章内容，长电科技集团的赵励强、刘丽虹、顾骁、夏冬和南京大学微电子学院的周玉刚教授参与了编写。

长电科技集团中国研发中心技术副总裁李宗怿主持编写了第 4 章内容，中科芯集成电路股份有限公司高级工程师丁荣峥编写了 4.1 节内容，参加第 4 章内容编写的还有长电科技集团的龚臻、沈锦新、林耀剑、胡正勋。

长电科技集团的缪富军、顾炯炯、李宗怿编写了第 5 章内容。

长电集成电路（绍兴）有限公司研发部胡正勋主持编写了第 6 章内容，长电科技集团的林耀剑、杨先方和南京大学微电子学院的周玉刚教授参与了编写。

长电科技集团中国研发中心总经理林耀剑主持编写了第 7 章内容，中科芯集成电路股份有限公司高级工程师丁荣峥编写了 7.1 节内容，长电科技集团的张江华和杨先方，以及江阴芯智联电子科技有限公司的张立东参与了编写。

长电科技集团缪冰彪编写了第 8 章内容。

长电科技集团知识产权管理部高级总监梁志忠主持编写了第 9 章内容，长电科技集团许峰、刘恺参与了编写。

在此，向以上各章节的编写负责人和所有编写参与者致以崇高的敬意，对其不懈努力、辛勤工作、付出宝贵时间和做出巨大贡献表示深深的感谢，也向大力支持所有编写者完成本书编写工作的家人、单位领导和同事表示感谢。

长电科技集团知识产权管理部高级总监梁志忠为本书的文字编辑做了大量细致的工作。华东师范大学通信与电子工程学院的吴幸教授和江苏中科智芯集成科技有限公司的总经理姚大平博士担任本书的主审。华东师范大学通信与电子工程学院的王亚男、张嘉言和陈熠渲参加了审稿和图片修改工作。在此，衷心感谢他们为本书定稿做出的巨大努力和贡献。此外，本书主编也向参与本书进度管理的沈阳、周健、高莉莉和支持本书编写的所有相关人士表示诚挚的感谢。

本书的编写者大多来自半导体集成电路封装一线企业。本书展现了系统级封装产品设计、技术开发和工艺制造的实践经验。由于经验不足，书中难免存在欠缺之处，恳请广大读者提出指正意见，以便不断完善。

编者

☆ ☆ ☆ 作者简介 ☆ ☆ ☆

梁新夫博士，长电集成电路（绍兴）有限公司总经理，历任江苏长电科技股份有限公司高级副总裁、总工程师。毕业于西安交通大学材料科学及工程系、美国加州大学（尔湾）化学工程及材料科学系。曾在美国、德国等国际一流企业从事研发和管理工作，拥有丰富的半导体先进封装技术研发和管理经验。在行业国际会议和国际核心学术期刊上发表近 20 篇论文，累计申请各类知识产权专利 78 项，尤其在 SiP 多芯片系统级封装的开发中有多项世界首创技术。2015 年起，担任中国国际半导体技术大会联席主席和主席。

目　录

第1章 系统集成的发展历程

电子产品和工业的每一步前进都依赖并推动集成电路（Integrated Circuit，IC）的发展。移动通信的大容量实时信息传输、消费类电子产品日新月异的高智能应用，以及汽车电子先进导航和辅助驾驶等技术的飞速发展，对集成电路提出了高系统集成、小尺寸、高可靠性等多方面的要求。而依靠硅制程的IC技术工艺节点正按照摩尔定律逐步接近原子晶格的物理极限，开发和制造工艺极其复杂，导致成本大幅增加。在此背景下，采用封装技术的系统集成应运而生，并得到快速发展。本章主要回顾系统级封装技术的发展，介绍系统级封装的结构与特点，研究系统级封装的应用驱动。

1.1 系统级封装技术的发展

半导体、IC一直是构建电子产品和工业的基础和核心。随着电子产品和终端应用功能越来越强大，IC的系统集成成了应用开发、电路架构设计、制造工艺必须面对与克服的共同难题。半个世纪以来，涌现出了多种系统集成方案。

1.1.1 系统级封装技术发展历史

IC制造工艺的发展通常遵循摩尔定律。自三极管发明以来，微电子产业就一直致力于追逐摩尔定律，并追求晶体管的高集成度、低成本。受市场需求与市场竞争的推动及微电子技术的发展，系统级芯片由此产生并得到发展。微电子加工技术目前已跨入超亚微米乃至纳米时代，在单片上可以集成数百万甚至上亿个元器件，从而实现一个完整电子系统。20世纪60年代，有人提出了单一硅基上系统芯片（System-on-Chip，SoC），又称系统级芯片。SoC功能集成示意图如图1-1所示。芯片本身是一个具备特定目标的产品。SoC集成各项功能形成一个完整的

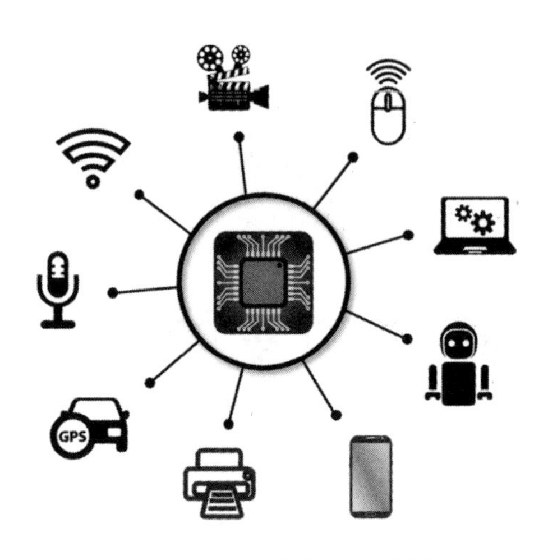

图 1-1　SoC 功能集成示意图

系统，同时嵌有基本软件模块或可载入的用户软件，对这个系统进行封装，以提供必要的保护、外部连接、电源，使其发挥计算、通信与其他重要功能（如处理器、存储、无线和图表）。延续摩尔定律的理想发展路线，SoC 必将是性能最高、功耗最小、体积最小、质量最轻的单芯片集成系统。SoC 技术取得了很大的进步，从 IC 级到微米级，再成功发展到低于 40nm 级别的微型化。随着工艺和结构的深入发展，SoC 面临的挑战越来越大（如集成复杂度高、晶圆成本高、开发时间长等）。SoC 通常是客户定制的，或者是面向特定用途的产品，开发成本较高。基于封装技术的系统集成方法提供了一条替代芯片上的系统集成并进一步延续摩尔定律的有效途径。

2005 版《国际半导体技术发展路线图》对系统级封装的定义：采用任意组合将多个具有不同功能的有源电子元器件与可选择性的无源元器件，以及诸如微机电系统（Micro-Electro-Mechanical System，MEMS）或光学元器件等其他元器件组装成可以提供多种功能的单个标准封装件，形成一个系统或子系统。

20 世纪 60 年代末到 70 年代初，贝尔实验室和 IBM 首次提出了 IC 封装的 3D 集成概念，封装体堆叠（Package on Package，PoP）封装进入起步阶段。PoP 指的是在一个独立封装体顶部堆叠另一个独立封装体。早期的 PoP 与引脚通孔互连技术密切相关，利用双列直插式封装（Dual Inline-pin Package，DIP）的直插式引脚插入基板通孔，实现电镀通孔（Plated Through Hole，PTH）插装，形成板上堆叠。

随着 DIP 和 PTH 互连在 20 世纪 70 年代应用的增多，PTH 互连技术在 IC 封装堆叠中的应用越来越广泛，堆叠结构开始出现各种演变，如 DIP 堆叠于插座，如图 1-2 所示。将 DIP 元器件插入背驮式插座中，再将背驮式插座插到 PCB 上的标准插座中，在背驮式插座的下方，另一个 DIP 直接插入 PCB 或标准插座中。20 世纪 80 年代，出现了表面贴装技术（Surface Mount Technology，SMT）。利用呈 J 形、海鸥形的四面扁平无引脚（Qual Flat Package，QFP）封装技术可以直接将上封装体的引脚通过回流焊接技术焊接在下封装体引脚的焊盘处，从而实现上下两个封装体的堆叠。J 形 PoP 如图 1-3 所示。富士通公司也开发出了将不同外引脚通过焊料堆叠进行互连的新封装方式，如图 1-4 所示。目前常用的 PoP 结构大多数采用球栅阵列（Ball Grid Array，BGA）封装，并通过金属锡球实现上下 PoP，在提供上下封装体物理结合的同时，实现电路互连。

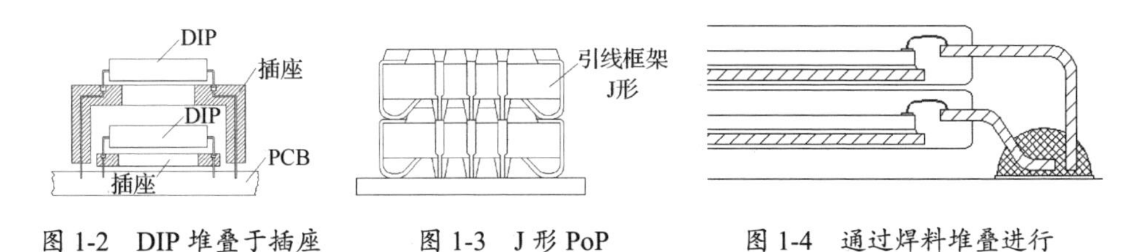

图 1-2　DIP 堆叠于插座　　图 1-3　J 形 PoP　　图 1-4　通过焊料堆叠进行异表引脚封装示意图

这些早期 IC 封装的 3D 集成都是在基板 *Z* 轴方向封装体上的简单堆叠，只简单追求功能的扩展，并未专注于系统结构的微型化。

1971 年，Alfred D. Scarbrough 在 US05/111476 专利文件中首次提出了穿透晶圆实现互连的晶圆堆叠概念。带有存储芯片的晶圆与结合互连和空腔的晶圆都有穿透晶圆的通孔，通孔中填满导体，通过可延展的接触点连接两个晶圆上穿透晶圆的通孔，在一定压力和温度作用下键合，实现晶圆堆叠。

直至 20 世纪 80 年代，通用电气、IBM 和伦斯勒理工学院才真正实现晶圆堆叠的关键性工艺，即硅通孔（Through Silicon Via，TSV）技术，在芯片与芯片之间、晶圆与晶圆之间通过垂直传导实现互连。早期的 TSV 采用硅的双面各向异性化学蚀刻方法制作。TSV 技术可以实现芯片在 *Z* 轴方向最大限度的堆叠、在 *Z* 轴方向最短距离的电性连接，不仅可以提高芯片运行的速度，还可以最大限度地降低功耗，因此，越来越多的公司开始研究各种更先进的 TSV 制作工艺。TSV 技术的出现，真正开启了封装微型化与系统集成兼容的先河。

20 世纪 80 年代，IBM、Fujitsu、NEC 与 Hitachi 先后发明了高度复杂的多芯片模块（Multi Chip Module，MCM）。MCM 技术将多个测试良品（Known Good Die，KGD）IC 贴装在多层衬底基板上进行水平 2D 互连，以实现系统功能的集成，如图 1-5 所示。早期的多层衬底基板采用高温共烧陶瓷（High Temperature Co-fired Ceramics，HTCC），即多层陶瓷，采用三氧化二铝金属化，并采用多层共烧钼或钨互连。随后，这些材料被低温共烧陶瓷（Low Temperature Co-fired Ceramics，LTCC）等高性能陶瓷取代，采用更小绝缘常数的陶瓷制造，如玻璃陶瓷，利用导电性更好的电导体铜、金、银、钯等进行金属化。第三代 MCM 技术进一步改进，添加了多层有机绝缘层和更小介电常数的导体，溅射或电镀了具有更好电性能的铜。

当前主流的芯片堆叠始于 20 世纪 90 年代，这些芯片堆叠互连方式包含侧面金属互连、引线键合（Wire Bonding，WB）、载带自动键合（Tape Automated Bonding，TAB）。1992 年，欧文传感器公司发明了侧面金属互连技术：将相同结构的裸芯片表面焊盘进行金属重布线，将焊盘的导通路径重布线至芯片的端边，再将裸芯片直接堆叠，芯片侧边沉积金属形成侧面电互连焊盘。通过互连这些侧面焊盘实现堆叠裸芯片之间的垂直互连，开启了现代非 TSV 芯片堆叠封装的先河。这种金属化堆叠方法最初是用于堆叠相同尺寸硅芯片的，随后也被应用在不同尺寸的芯片上。

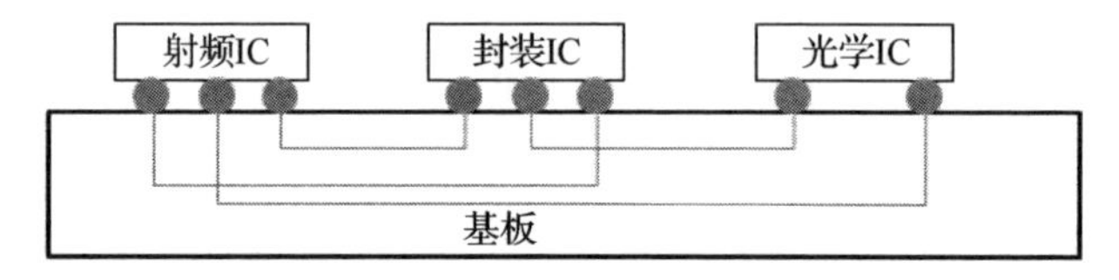

图 1-5　MCM 2D 互连示意图

大量基础工艺在芯片堆叠封装中的逐步开发和应用，推动引线键合工艺从 20 世纪 90 年代开始逐渐广泛应用于芯片堆叠。引线键合堆叠经常应用于同样尺寸的芯片或底部是较大芯片的金字塔结构或悬挂堆叠结构中。引线键合堆叠示意图如图 1-6 所示。而后，出现了引线键合工艺与倒装工艺结合的芯片堆叠封装，如图 1-7 所示。倒装芯片（Flip Chip，FC）可以根据产品设计目的设定为顶部芯片或底部芯片。

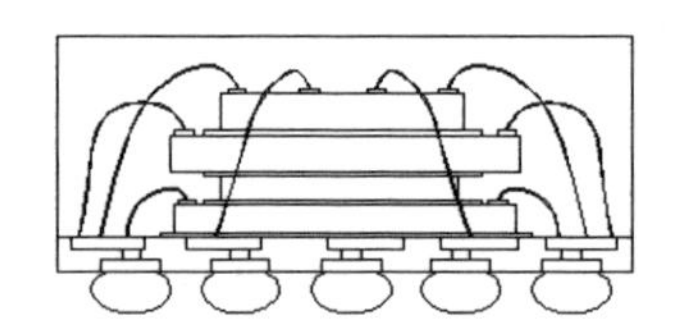

图 1-6　引线键合堆叠示意图

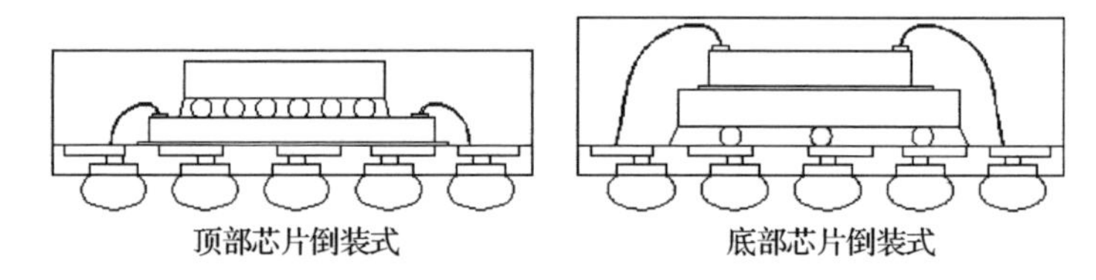

图 1-7　引线键合工艺与倒装工艺结合的芯片堆叠封装示意图

以上多芯片封装都是芯片与芯片的集成封装，或者子封装体与子封装体的集成封装，主要出发点都是扩展芯片的功能，还没有注重芯片与基板的系统集成。直到 20 世纪 90 年代中期，乔治亚理工学院封装研究中心提出了系统集成技术，将 IC、封装体、无源元器件通过系统基板集成到一个单一的封装体，如图 1-8 所示，真正实现了系统级的集成和微型化。从此，系统级封装开始以有机基板为主要承载体，以 MCM、PoP、多芯片堆叠封装、SMT 无源元器件等不同形式进行系统集成。

进入 21 世纪，IC 制造和应用开始迅猛发展，在基板单侧系统集成的基础上出现了基板双面系统级封装，如图 1-9 所示；在圆片级封装的基础上出现了圆片级系统级封装，如图 1-10 所示。一个包含多芯片、多模块的单一封装系统通过数字、射频、光学、MEMS 的协同作用可以实现所有系统功能，从而可以满足物联网时代的多功能要求。

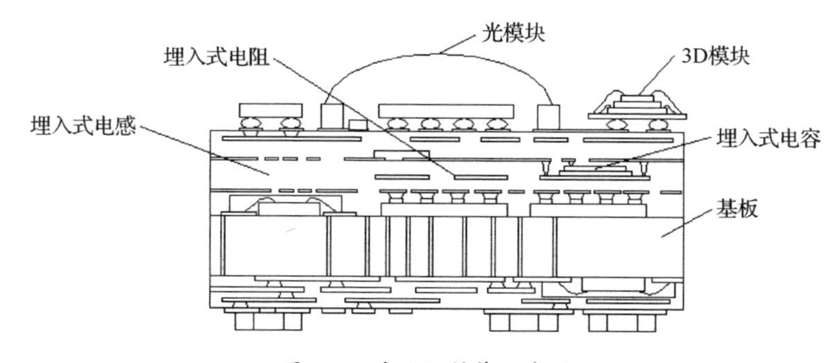

图 1-8　系统级封装示意图

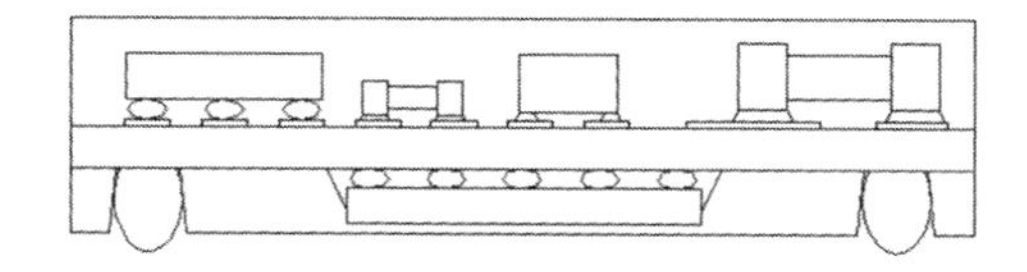

图 1-9　基板双面系统级封装

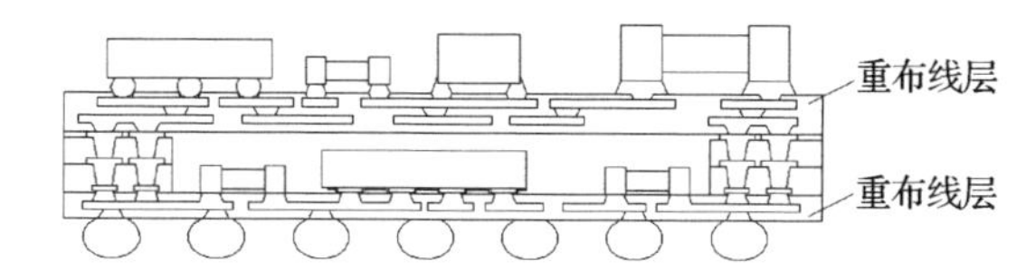

图 1-10　圆片级系统级封装

随着系统集成应用越来越广泛，微型化、功能集成度要求越来越高，21 世纪初在多层基板基础上出现了埋入式基板，即在基板内层中埋入无源元器件、有源芯片，从分立式埋入到薄膜埋入，使基板功能化，基板表面的芯片或元器件贴装尽可能节省空间，整个系统封装尽可能做得更小。本质上，埋入式基板系统级封装是基板技术的革新，并且在 3D *Z* 轴方向实现了高效率的系统集成。

随着无线通信的迅猛发展，低时延、大容量、高速率网络需要承载人与人、人与物，以及物与物之间的相互交流。要实现这样的高速通信要求，必须解决一个核心技术问题，即如何使用大规模天线阵列降低毫米波移动信道的路径损耗。2006 年，出现了天线封装（Antenna in Package，AiP）这一新颖的天线解决方案，将天线与芯片集成在封装体内。最初的 AiP 将天线集成在陶瓷基板上，由于局限性比较大，因此后来将目标转向有机 PCB。将天线印制在顶层 PCB 上，信号线与封装体接地实现在底层 PCB 上，顶层 PCB 与底层 PCB 之间形成腔体以在其中设置电路芯片。这一方案不仅可以满足天线小型化需求，而且天线与芯片可以实现最大程度的靠近，减小路径损耗。AiP 的技术特征属于系统级封装概念范畴。AiP 技术的早期研究主要围绕 2.4GHz 蓝牙芯片展开，中期研究主要围绕 60GHz 芯片及毫米波雷达展开。随着 5G 的商用，对应 AiP 的研发则向大于或等于 6GHz 的主流频段扩展。另外，围绕物联网（Internet of Things，IoT）及毫米波通信 5G 芯片，人们也在开发将天线、射频前端和收发器整合成单一系统级封装体的方案。

除利用封装载体表面或内部的系统集成外，扇出型（Fan-Out，FO）封装不仅可以整合多芯片封装，而且性能更佳。2009 年至 2010 年，扇出型晶圆片级封装（Fan-Out Wafer Level Package，FOWLP）开始商业化量产。但是，早期的扇出型圆片级封装只应用于单芯片，并未实现系统级封装。2014 年，台积电开发了集成扇出型（Integrated Fan-Out，InFO）封装技术并成功应用，实现了该技术的商业化，在实现系统功能集成的同时降低了产品厚度，提高了芯片埋入灵活性，改善了电性能。所有扇出型封装虽然都可以用“芯片先装”“芯片后装”“芯片功能面朝上”“芯片功能面朝下”形式实现，但它们都是以芯片埋入塑封料为特征，采用导线引出的方式，通过介电层与重布线层，根据需要实现信号输出线路重新布置的。

1.1.2 系统级封装技术的开发和专利申请

当今企业的竞争力归根结底是技术和创新能力的竞争，而专利则是创新技术的“盾”，起着保护创新成果的作用。事实上，为了保护创新成果，很多公司都会采取“专利先行”的策略实施新技术、新产品的知识产权保护。所以，系统级封装技术的专利申请在一定程度上反映了系统级封装技术的开发趋势。

本书采用关键词“系统级封装”或“SiP”，结合分类号进行初步检索与筛选，最终确定涉及系统级封装技术的专利申请共有 47168 件。其中，中国专利申请共有 20190 件，其他国家/地区（包括日本、韩国、美国、欧洲）专利申请共有 26978 件。

检索与分析显示，其他国家/地区从 1987 年开始，有关系统级封装技术的专利申请就有了较大幅度的增长。中国的系统级封装技术专利的布局比较晚，从 2001 年才有较大幅度的稳定增长，如图 1-11 所示。2009 年，虽然系统级封装专利申请数量在全球范围内出现了较大幅度的下降（这可能是 2008 年全球金融危机造成的），但在 2009 年之后都迅速回归之前的上升趋势。系统级封装技术目前处于生命周期的成长期，具有很大的成长空间，在全球范围内依然有很好的发展趋势。

我们对检索出的系统级封装技术专利申请进行了必要的技术标引、初步的技术分类，如表 1-1 所示。

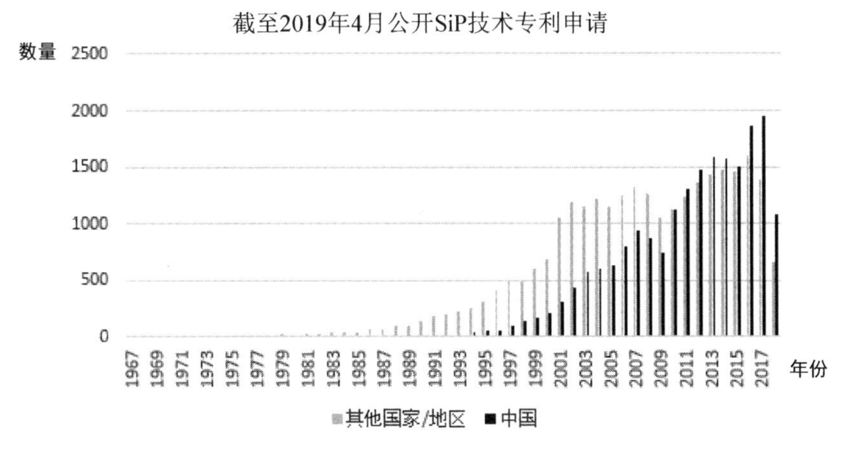

图 1-11　系统级封装专利申请数量的发展趋势

表 1-1　系统级封装技术专利申请分类表

封测模块	板　　块	中国专利数据库（组）	其他国家/地区专利数据库（组）	全球专利数据库（组）
通用型模块	选择性塑封	2543	3480	6023
	中介转接板	1680	4906	6586
	埋入式基板	3552	3475	7027
	扇出型封装	3897	4075	7972
	板级封装	139	185	324
专用型模块	电磁屏蔽	1659	2593	4252
	双面封装	2047	4834	6881
	堆叠封装	4837	3555	8392
	高密度贴装	4426	2906	7332
	陶瓷基板	2171	3379	5550
	天线封装	1040	1164	2204

注：1．上述数据为智慧芽专利检索与服务系统中截至 2019 年 4 月 30 日已被收录的公开专利申请数据，检索时尽量查全，并进行了筛选。

2．一件专利申请在其生命周期中可能被公开多次，产生不同公开文本，数据系统仅显示最新/最旧公开的文本。“组”代表申请数量。“条”代表总条数（包括多个公开文本）。本表数据以“组”为准。

3．各个模块均存在专利/专利申请文件的重复情况。

4．限于审查制度，相对于申请日，不同专利的公开有一定的滞后性，故 2018 年统计的专利申请量少于实际申请量。

对扇出型封装、电磁屏蔽、双面封装、堆叠封装、高密度贴装这几个板块进行重点分析，总结各技术发展路线，具体如下。

① 扇出型封装。其结构朝着高度集成化的方向发展，与3D堆叠封装紧密结合。扇出型封装的关键技术诸如焊球凸块、重布线层、钝化层、球下金属层等也随着高集成度结构的发展而不断完善创新。同时，这些技术方案的创新进一步推动了扇出型封装的改进。

② 电磁屏蔽。在较早的专利申请中，通过设置金属壳或金属网来实现整个封装体的电磁屏蔽。后来，为适应封装体小型化并降低成本，通过封装体上表面及侧面的金属层实现电磁屏蔽。再后来，屏蔽层被延伸至基板的侧面或下表面，进一步升级为分腔屏蔽，以避免同一封装体内不同元器件之间的信号干扰。之后，主要的创新点集中在不同圆片级封装中的屏蔽结构。

③ 双面封装。随着技术的发展，基板双面倒装芯片及引线键合结构逐步发展为通过TSV和中介转接板等技术实现更高密度的双面封装结构。这种结构的优势也被用于与电磁屏蔽、圆片级封装等技术相结合。

④ 堆叠封装。除较早的PiP结构有所发展外，PoP结构也成了堆叠封装的主流发展方向。随着封装技术的深入发展，PoP结构与中介转接板、层间通孔、模塑穿孔等技术相结合，使得堆叠封装的封装密度更高，结构尺寸更加优化。同时，针对上述结构的种种缺陷诸如翘曲、散热等，PoP结构有了显著改善。

⑤ 高密度贴装。其发展趋势是不断提高基板上的布线密度，以满足芯片更加密集的线路分布要求，以及使更多芯片集成在单一封装模块中。重布线层结合高密度贴装技术的深入发展可以进一步改进与完善多芯片集成的系统级封装结构。

这些系统级封装技术的发展方向与系统级封装产品的发展方向保持一致，都在向高集成化、小型化、高密度方向发展。

1.2 系统级封装的结构与特点

系统级封装技术是针对芯片封装的微型化、系统化技术。系统级封装具有两个显著特点：首先，系统级封装不只是单一功能芯片的2D平铺或3D堆叠，而是不同功能芯片和元器件的功能集成；其次，系统级封装是一种集成概念，而非固定的封装结构，可以采用不同的芯片排列方式与不同的内部接合技术搭配，采取任意组装方式进行多个芯片和元器件的互连。根据元器件组装方式，系统级封装结构通常可以分为2D封装结构、2.5D封装结构及3D封装结构。

1.2.1 2D封装结构

2D封装结构将多个有源元器件或无源元器件2D平铺并组装到同一封装载体

的表面，主要组装工艺包括引线键合、倒装芯片、SMT 工艺或者混合三种工艺。2D 封装结构示意图如图 1-12 所示。

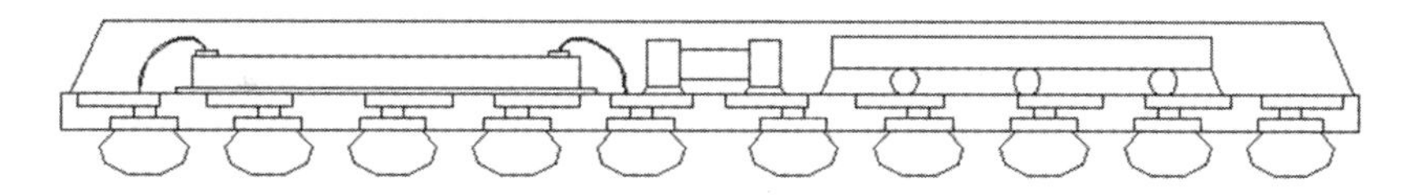

图 1-12　2D 封装结构示意图

2D 封装结构实现了系统功能的集成，但是由于封装载体上的布线比芯片上的布线至少宽出三个数量级，因此 2D 封装结构在互连芯片与无源元器件的数量上会受到一定限制，而且所占用的封装载体平面尺寸相对较大，无法实现更加微型化的目标。

1.2.2　2.5D 封装结构

2.5D 封装结构在 2D 封装结构的基础上，在电子元器件和封装载体之间加入了一个转接板（Interposer）。转接板设置在电子元器件和基板之间作为中介桥梁，实现芯片元器件微细布线与封装基板稀疏布线之间引脚间距的转换。转接板既可以设置在整个基板上，也可以设置在基板上芯片高密度布线对应的位置。2.5D 封装结构示意图如图 1-13 所示。

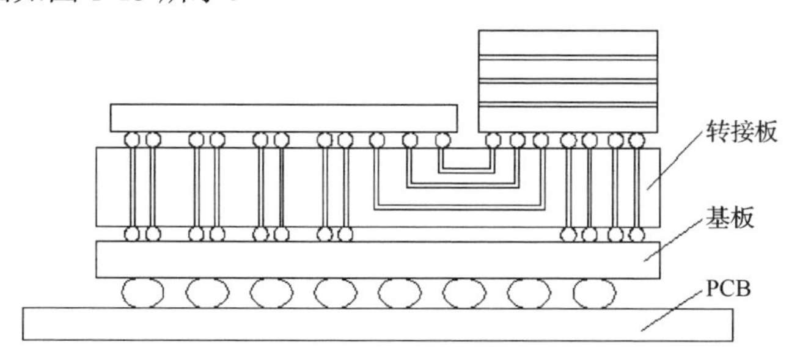

图 1-13　2.5D 封装结构示意图

转接板根据材质主要分为无机转接板和有机转接板。无机转接板以硅基、玻璃或陶瓷为底材，除核心通孔外，还包括底材上下表面的重布线层，利用通孔连接上下表面的重布线层。有机转接板采用电镀铜柱连接绝缘材料层间的金属线路层。转接板表面金属线路层的布线可以使用与芯片表面布线相同的工艺。为提高转接板的利用率，多采用倒装、SMT 方式进行元器件组装。与 2D 封装结构相比，在相同表面尺寸下，2.5D 封装结构可以贴装更多的元器件，集成更多的功能。

1.2.3 3D 封装结构

3D 封装结构在同一个封装体不增加载体（引线框或基板）贴装平面（*X* 轴、*Y* 轴方向）尺寸的前提下，沿垂直于载体基板 *Z* 轴方向堆叠两个以上芯片和元器件。3D 封装结构主要有三种，即芯片堆叠封装结构、PoP 封装结构、埋入式基板封装（Embedded Substrate Package）结构。

芯片堆叠封装结构在封装载体上进行芯片堆叠，既可采用引线键合、TAB 载带自动键合或倒装芯片混合的组装工艺，也可采用硅通孔技术进行互连，如图 1-14 所示。PoP 封装结构包括封装体上堆叠封装体封装结构（见图 1-15）与封装体内堆叠封装体封装结构（见图 1-16），以及封装体内堆叠芯片封装结构。3D 堆叠结构采用芯片或封装体的垂直堆叠技术，将更多的芯片和元器件集成到一个给定尺寸的封装体内，提高了产品的功能集成度，节省了 PCB 的面积。另外，采用 TSV 技术的芯片堆叠还能缩短芯片间互连的距离，突破延迟、损耗的限制，加快信号传输速度，提升产品的性能。3D TSV 芯片堆叠封装结构示意图如图 1-17 所示。

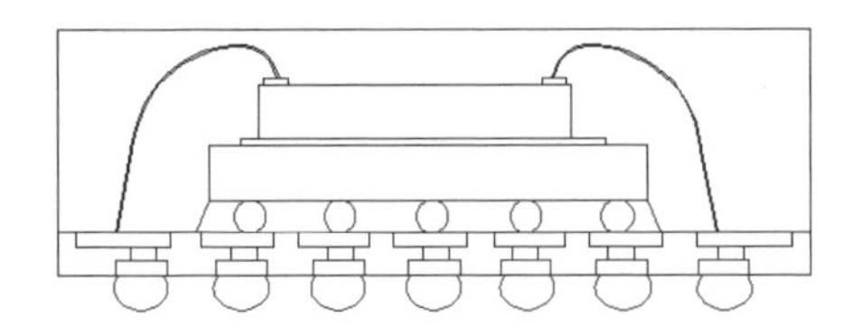

图 1-14 芯片堆叠封装结构示意图

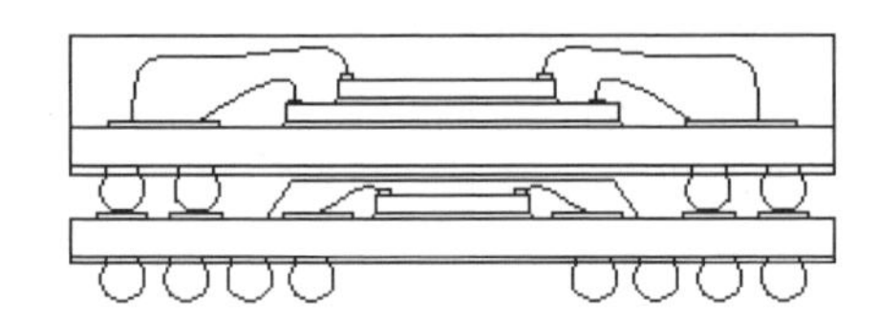

图 1-15 封装体上堆叠封装体封装结构示意图

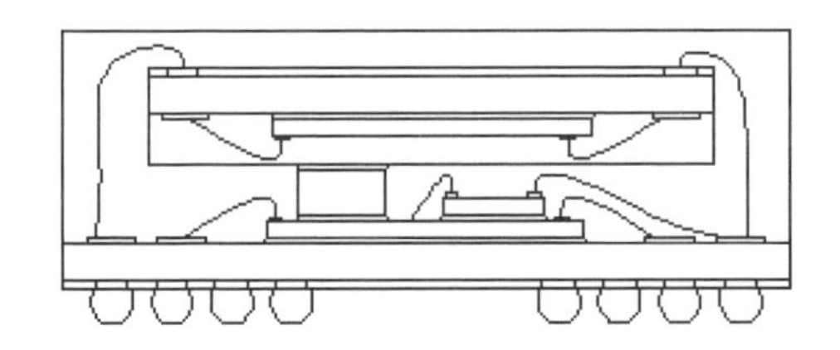

图 1-16 封装体内堆叠封装体封装结构示意图

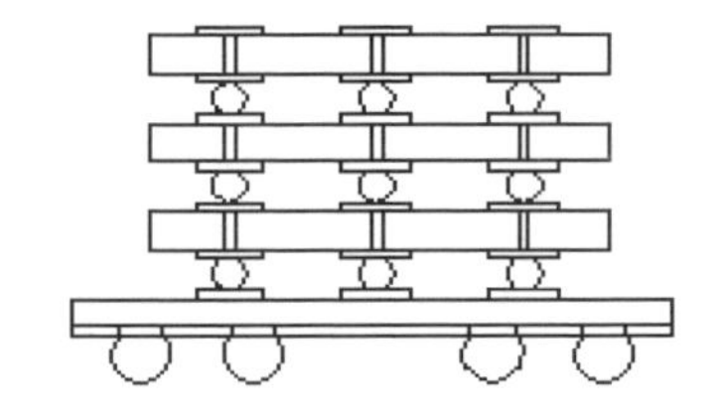

图 1-17 3D TSV 芯片堆叠封装结构示意图

1.3 系统级封装的应用驱动

电子系统技术和市场经济是信息时代的主要驱动力。电子系统技术背后的主要推动力归根结底也是市场：一方面，各种便携式产品的发展推动着半导体封装尺寸的逐步减小；另一方面，应用终端更强大的计算能力、更快的传输速率等要求半导体封装向更好的技术性能方向发展。从智能手机到智能手表，现代生活越来越依赖于将功能复杂的系统集成到独立的便携式产品中。传统的半导体封装方式渐渐无法满足日新月异的高端应用需求。因此，各类新的封装技术应运而生，从直插式封装、小外形封装发展到四面扁平无引脚（Quad Flat Non-Leaded，QFN）封装，从 QFN 封装发展到 BGA 封装，再从单个芯片封装发展到集成多个元器件的系统级封装，技术指标一代比一代先进，如图 1-18 所示。

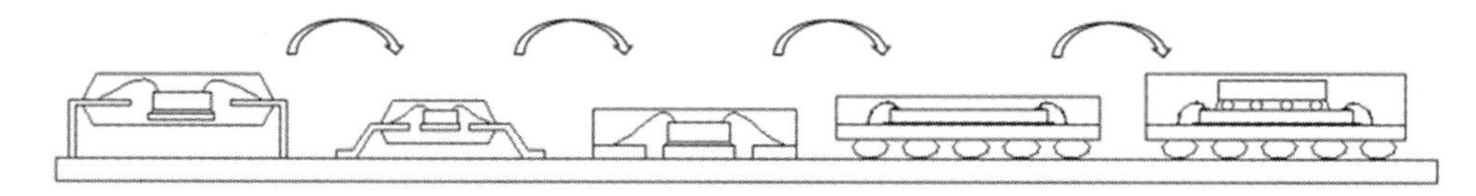

图 1-18　封装形式的发展

电子产品系统的市场驱动力来自终端客户对电子产品各种各样的需求，包括性能、小型化、成本、可靠性、电源使用、入市时间及灵活性。图 1-19 所示为各种系统集成技术和系统驱动力参数的对比图。从图 1-19 中可以看出，系统级封装具有很好的综合性能。

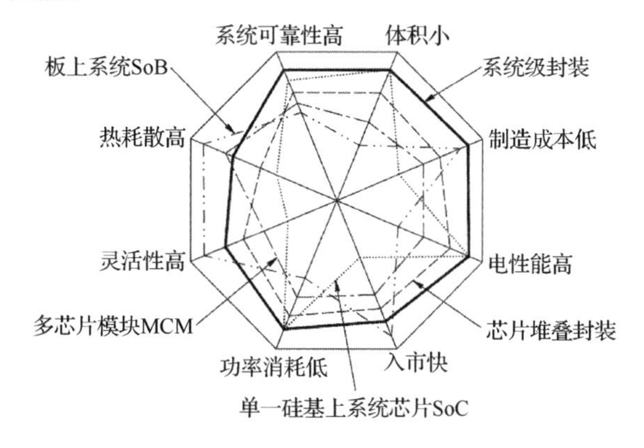

图 1-19　各种系统集成技术和系统驱动力参数的对比图

1.3.1　系统级封装的性能与功能

如今，电子产品体积越来越小，需要集成的功能越来越多，通过摩尔定律可推动晶体管的小型化与功能的增强。但是，一个完整的系统除需要具有晶体管之类的有源元器件外，还需要搭配无源元器件。

常用的板上系统（System on Board，SoB）将多个不同功能的有源元器件与无源元器件集成在 PCB 上，实现了电子产品的系统功能。SoB 集成的灵活性比较高，开发和制造成本比较低。但是，SoB 的体积大、占板面积大。另外，SoB 功能信号的传输是从一个芯片到 PCB 线路，再到另一个芯片或无源元器件的，不仅传输路径长，而且涉及不同材料［芯片焊点、焊线、引线框（基板）、输出焊点等］，所以，电路阻抗大、信号时延长，从而影响整个系统的功耗与性能。

在追随摩尔定律的基础上，SoC 在小型化方面优势非常明显。但是，将射频、数字和光技术完全集成到一个单芯片上十分困难。一方面，无源元器件需要消耗的面积资源比较大，将无源元器件集成到芯片上大幅提高了芯片成本，并且受到尺寸限制，并非所有的无源元器件都可以集成在硅片上，如天线。另一方面，在标准的硅技术中，存在固有的硅损失，超出传统数字 IC 的面积较大，品质因子受限，并且标准硅基板的阻值有限，信号隔离效果有限。所以，很难将每一个无源元器件都集成在硅片上，这也造成了一个不容忽视的现实，即不是任何完整的系统功能都可以在 SoC 上实现。

在混合信号系统利用 SoC 或 SoB 无法实现小型化，以及性能、功能无法兼顾的困境下，系统级封装载体可以用作无源元器件的集成平台，而仍将晶体管集成在芯片上。这样，整个系统的功能一部分集成在芯片内，另一部分集成在封装体内，系统信号在封装体与芯片之间来回传输。同时，芯片或无源元器件既可以集成在封装基板正面，也可以根据信号优化设计，有选择地埋入封装基板内。相比于 SoB，系统级封装体内各主动元器件、被动元器件之间的信号传输路径更短、阻抗更小，信号传输质量也更优良。相比于 SoC 封装，系统级封装兼容性比较好，可以将采用不同工艺、材料制作的芯片集成到一个系统中，将 Si、GaAs、InP 等芯片组合成一体化封装体，也可以实现天线、屏蔽层的集成。这些灵活的选择保证了系统级封装功能的完整性，并促进了它持续发展。

1.3.2 系统级封装的小型化、高性价比

在高科技社会中，科学、技术、工程、生物、医疗及制造业的创新应用都离不开微电子和信息技术的发展。从电子设备到生物医疗系统，现代生活极大地依赖于将复杂技术集成到独立的可携带产品上。就计算机而言，其主要器件从最初的电子管、晶体管，发展为中小规模 IC、大规模 IC、超大规模 IC，经过了一代又一代的技术革新，单个器件集成的元器件规模达到几十亿级，对应计算机的体积越来越小，价格也大幅降低。20 世纪 70 年代之前，计算机基本 10 年一代地发展，而 20 世纪 80 年代之后，计算机更新迭代速度大大加快。其中，尺寸更小的个人计算机是一种重要的发展趋势。图 1-20 所示为电子系统高微型化数据集成趋势示意图，从 20 世纪 60 年代的大型计算机到 20 世纪 70 年代的台式计算机，再到目前广泛使用的笔记本电脑、移动电话、智能手机，电子系统功能集成度越来越高，

体积越来越小。更优性能和更小尺寸的趋势还将继续，更小型化和更多功能的可携带产品也将继续出现，包括计算、通信、消费、传感、网络传输等功能。

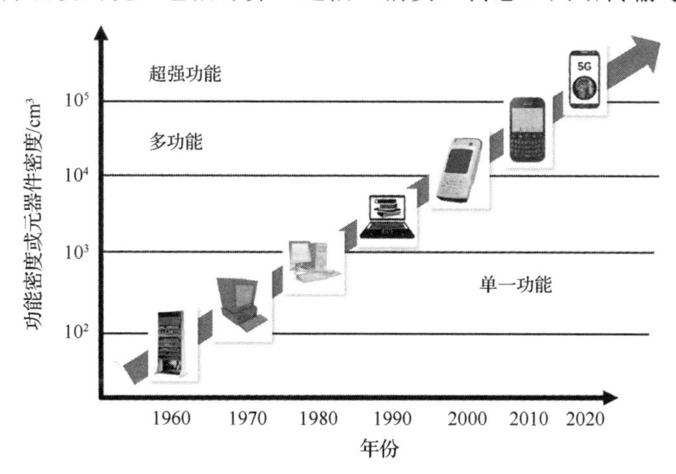

图 1-20　电子系统高微型化数据集成趋势示意图

元器件封装、系统封装是连接芯片与终端产品的桥梁。所以，终端产品的小型化必将推动芯片微型化、系统封装小型化。系统级封装通过 MCM、芯片堆叠或基板埋入方式实现多个芯片、无源元器件的集成封装，在相同功能封装的前提下，大大缩小了整个系统的封装体安装面积。

休斯公司将 28 个 DIP 单芯片组装的 PCB 替换为 5 个采用 SMT 技术实现的 PCB 模块，所占用 PCB 面积缩小了 61.4%，而使用标准的 MCM 技术，所占用 PCB 面积进一步缩小了 70%。

与标准的 MCM 技术相比，采用芯片堆叠、埋入式基板等 3D 系统级封装技术，在同一封装体内 Z 轴方向叠加芯片或无源元器件，在相同功能封装的前提下，所占用基板面积可以进一步大幅度缩小。而扇出型系统级封装直接用中介转接板代替基板，更是在 Z 轴方向省略了基板厚度，进一步实现轻薄小。

1.3.3　系统级封装的可靠性

可靠性是指元器件、产品、系统在既定的时间，特定的使用条件下，执行特定的功能，并圆满完成任务的概率。简单来说，产品的可靠性越高，可以无故障工作的时间越长。对所有消费者来说，系统级封装电子产品可靠性的提升是必然的追求。

可靠性与电子工业的发展密切相关，每个电子产品都集成了多个元器件，并且产品功能越多，集成的元器件越多。一个元器件发生故障，整个产品将无法完成任务。而一个焊点的老化或可靠性不良则会导致整个元器件发生故障。另外，元器件的可靠性不仅取决于工作固有可靠性，还取决于使用环境。

传统的单芯片封装功能单一，为实现电子产品多功能的目标，必须将多个采用不同封装的单芯片、无源元器件贴装到PCB上，每个芯片之间的信号传输路径为芯片→焊线→封装载体→焊点→PCB→焊点→封装载体→焊线→芯片。虽然芯片、焊线与封装载体进行了密封保护，但是焊点与PCB的环境条件相对较差，无法进行密封保护，容易受到湿气的影响，所以贴装的元器件越多，暴露的焊点越多，从而整个电子产品的可靠性面临的挑战越大。而在保证电子产品多功能的前提下，要减少单独贴装的元器件数量，除了提升单一芯片的功能，采用系统级封装将不同芯片、无源元器件都整合在单一密封的封装体内成了更好的选择。

图1-21所示为不同互连接触焊点的可靠性比较。读者可以根据图1-21更好地理解减少封装体的 SMT 焊点有助于可靠性的提升。从电子产品系统可靠性的角度来看，在芯片相同的前提下，将封装体SMT焊点转化为封装体内部芯片与基板的互连，失效风险更低。另外，单一封装的封装体可以更有效地减少热、应力、化学等恶劣环境因素的不利影响，大幅提高系统级封装芯片的可靠性。

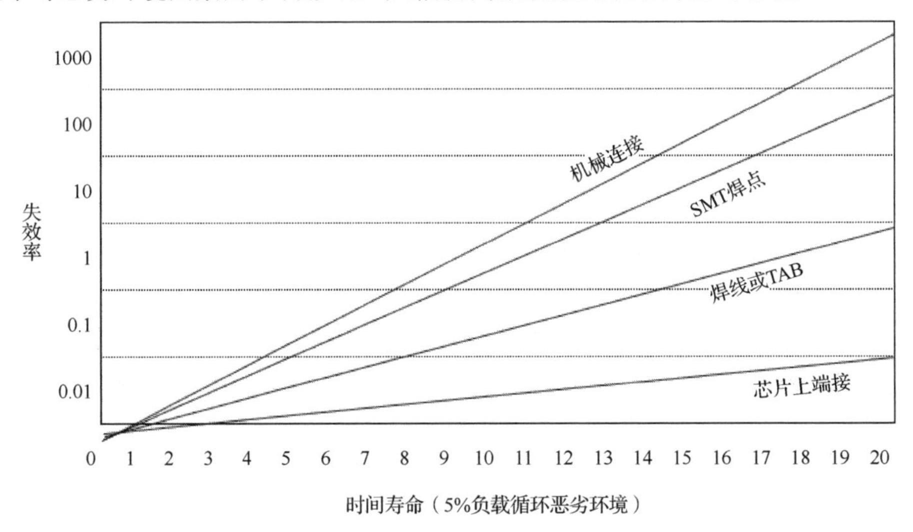

图1-21 不同互连接触焊点的可靠性比较

1.3.4 系统级封装的技术发展

在超越摩尔定律的时代背景下，在单个IC上通过提高线路密度、缩小晶体管尺寸的方式来提高晶体管集成度变得越来越困难。电子系统朝着小型化、多样化、智能化的方向发展，最终目标是形成一个具有感知、通信、处理、传输等功能，并可进行人机交互、机机交互的微系统。微系统的核心除小型化外，关键技术即集成，由平面集成向 3D 集成发展，同时由芯片级集成向系统级集成发展。因此，近年来系统的异质集成等非传统半导体工艺也开始快速发展。

异质集成分为单片集成和混合集成。单片集成类似 SoC。混合集成类似系统级封装。异质集成比目前的 SoC、系统级封装有着更高的集成水平和更强的功能，终极目标是在一个 3D 集成的芯片级微结构内综合集成多种功能芯片，具有多种传感器互相补充的探测能力，可以执行复杂信号海量数据的传输、存储和实时处理，并能有效通过网络实现人机交互。需要使用系统集成封装技术可实现系统功能更多、信号衰减更低、传输速度更快、电力消耗更小，以及面积和体积更加合理化，进一步推动系统级封装的应用及持续发展。

参 考 文 献

[1] LIANG S X. Development of High Density Microvia Hybrid MCM-L Packages[C]//2000 HD International Conference on High-Density Interconnect and Systems Packaging，Advanced Packaging Development Conexant Systems，Inc，4311 Jamboree Road Newport Beach，CA 92660，2000.

[2] TUMMALA R R，Madhavan Swanminathan Introduction to System-on-Package（SOP）：Miniaturization of the Entire System [M] The McGraw-Hill Companies，Inc.，2008.

[3] SCARBROUGH A D. 3D-Coaxial Memory Construction and Method of Making：US，US3704455 A[P]. 1972.

[4] 张跃平. 封装天线技术发展历程回顾[J]. 中兴通讯技术. 2017（6）.

[5] LIM K，OBATOYINBO A，DAVIS M，et al. Development of Planar Antennas in Multi-Layer Packages for RF-System-on-a-Package Applications[C]//Electrical Performance of Electronic Packaging. IEEE，2001.

[6] TENTZERIS E，LI R L，LIM K，et al. Design of Compact stacked-patch antennas on LTCC technology for wireless communication applications[C]//Antennas and Propagation Society International Symposium，IEEE，2002.

[7] Davis M F，Sutono A，Lim K，et al. RF-microwave multi-layer integrated passives using fully organic System on Package (SOP) technology[C]//International Microwave Symposium Digest. IEEE，2001.

[8] Lim K，Obatoyinbo A，avis M，et al. Development of planar antennas in multi-layer packages for RF-system-on-a-package applications[C]//Electrical Performance of Electronic Packaging. IEEE，2001.

[9] DAVIS M F，SUTONO A，LIM K，et al. Multi-Layer Fully Organic-Based System on Package（SOP）Technology for RF Applications[C]//IEEE Conference on Electrical Performance of Electronic Packaging，IEEE，2000.

[10] 盖瑞，特里克. 多芯片组件技术手册[M]. 王传声，叶天培等译. 电子工业出版社，2006.

[11] PEDDER D J. Flip Chip Solder Bonding for Microelectronic Applications[J]. Microelectronics International，1988，5（1）：4-7.

第2章 系统级封装集成的应用

半导体技术的持续发展推动IC的工艺节点不断向物理极限逼近，延续摩尔定律等比例缩小的发展路线受到极大的挑战，摩尔定律面临失效。与此同时，人们对电子信息产品的需求日益增加，特别是人工智能和物联网等技术领域的发展对芯片的性能提出了更高的要求，如何延续和拓展摩尔定律成为业界关注的焦点。近年来，系统级封装技术受到广泛关注，具有较短的开发周期，超越2D的集成灵活性，低于单片系统集成的成本等特点，被视为超越摩尔定律的重要技术发展路径。本章将综合介绍系统级封装集成的应用，包括系统级封装在高性能处理器方面的应用，系统级封装在无线通信模块中的应用，系统级封装技术在固态硬盘方面的应用，系统级封装在电源模块、功率模块中的应用，系统级封装在MEMS统中的应用，以及系统级封装集成在智能手机、可穿戴设备、物联网中的应用。

2.1 系统级封装在高性能处理器方面的应用

系统级封装是为了适应模块化系统硬件的需求而出现的新型封装技术，应用场景多样，具有较大的市场潜力。

2.1.1 系统级封装在内存技术中的应用

在过去的十几年里，双倍速率同步动态随机存储器（Double Data Rate Synchronous Dynamic Random Access Memory，DDR SDRAM）是主流的存储器，已经从DDR4过渡到DDR5。相比于传统的2D集成封装，3D集成封装促进了DDR内存的技术变革。海力士的大带宽存储（High Bandwidth Memory，HBM）和镁光主推的混合存储立方（Hybrid Memory Cube，HMC）是两种采用3D集成封装的存储技术。这两种技术在逻辑控制及接口方面存在差异。但从集成技术上来看，它们都是利用硅通孔（TSV）及键合技术来完成 3D 的堆叠与互连，从而实现更高密度与更大带宽的内存技术。下面以 HBM 为例进行说明。

如图 2-1 所示，HBM 的基本结构十分清晰，多层 DRAM 芯片堆叠，通过 TSV 实现垂直方向的互连。HBM 利用 3D 集成技术实现，具有更高的存储密度和更大的带宽，以及更大规模的 I/O 端口。2016 年，HBM 进化到第二代，并正式建立了电子元器件工业联合会（Joint Electron Device Engineering Council，JEDEC）标准。目前，HBM 主要应用于高端芯片的 2.5D 集成封装，如 AMD 的 FURY 系列显卡等。利用硅转接板的 2.5D 集成封装 HBM 被认为是内存技术未来的发展趋势。

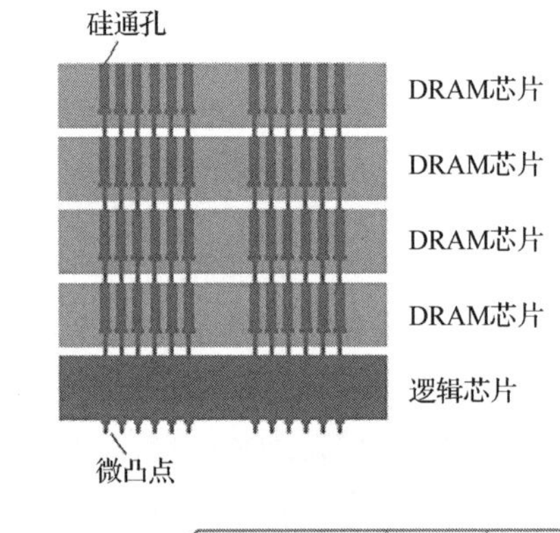

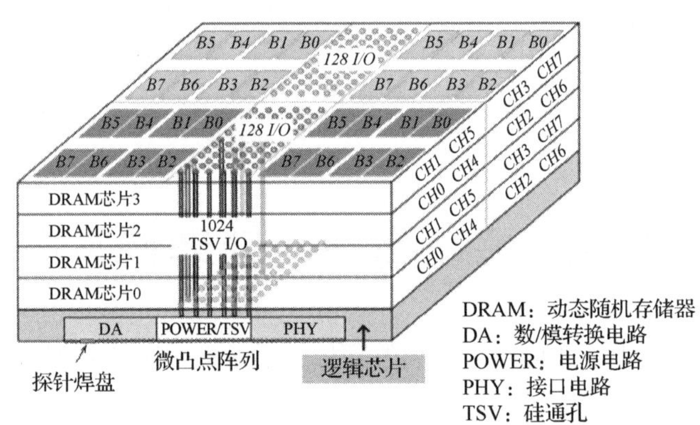

图 2-1 HBM 结构

当前计算机通过在主板插槽上安装内存模块来实现内存与计算芯片的隔离。该类服务器内存受限于时钟频率，从而每个时钟周期内数据的可传输量受限。这种将大带宽内存靠近 CPU、GPU 或其他处理芯片进行集成封装的方案，有效克服了冯·诺依曼体系架构中存在的“存储墙”问题，大大缩短了数据交换的时间并降低了功耗。

如图 2-2 所示，将内存芯片的堆叠结构称为堆栈，将处理器与内存堆栈组合在一起，形成一个基本组件后，将其安装到服务器主板上。2.5D 集成封装虽然不将内存芯片直接与处理器集成在同一芯片上，而采用硅转接板（Si Interposer），这种方案与在处理器上直接集成存储器的方案没有太大区别，但极大地缩短了设计周期，降低了成本，解决了工艺兼容等难题。

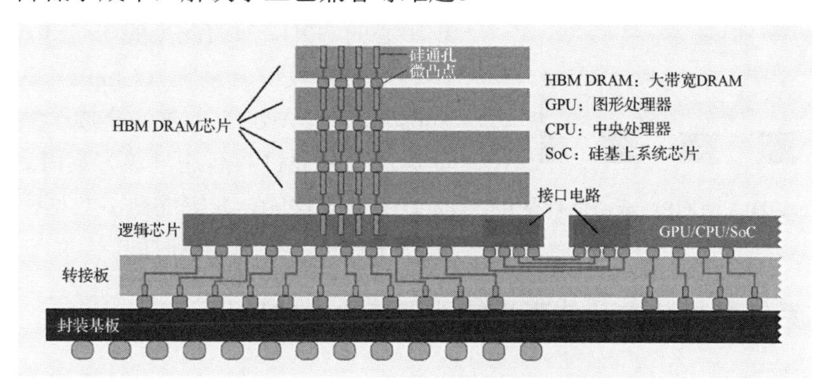

图 2-2 2.5D 集成封装结构示意图

2.1.2 系统级封装在高性能图像处理器与显存技术中的应用

GPU（Graphic Processing Unit，图形处理器）是显卡的核心组件之一，是一种特殊用途的 CPU（Central Processing Unit，中央处理器）。GPU 计算的任务基本是高度并行的，需要同时执行大量小型的数学计算。显卡性能由 GPU 芯片、显存带宽和显存容量这三要素决定，并且主要受到 GPU 芯片性能的影响，因此往往要求 GPU 有强大的并行计算能力，同时内存有更大的带宽和容量。

大带宽和大内存 HBM 非常适用于高性能显存，是在显存性能驱动下被开发出来的。3D 堆叠的内存实现了大容量存储、大规模 I/O 端口，2.5D 硅转接板的集成方式大大缩短了数据传输距离。显存容量的大小决定了显存临时存储数据的能力。带宽大小决定了数据交换的速率。较短的传输距离有效降低了数据交换带来的功耗。因此，大带宽和大内存 HBM 在显存方面的应用给高性能显卡带来了一次变革。

AMD 在 2015 年推出的 FURY 系列 GPU 中使用了大带宽和大内存，可以说是显卡史上的一次重大突破。AMD 与 SK Hynix 合作，通过 4096 位接口，基于 GCN 架构的 GPU 可提供大带宽和大内存 HBM（4GB），首次实现了 512Gbit/s 的显存带宽。这是在图形处理产品中首次采用转接板、TSV 和微凸点（Micro-Bumps）技术，从而在封装结构设计的角度上不断缩短内存堆栈和 GPU 之间的距离。大带宽和大内存 HBM 及中介层由此可以提供大于上一代 GDDR5 显存

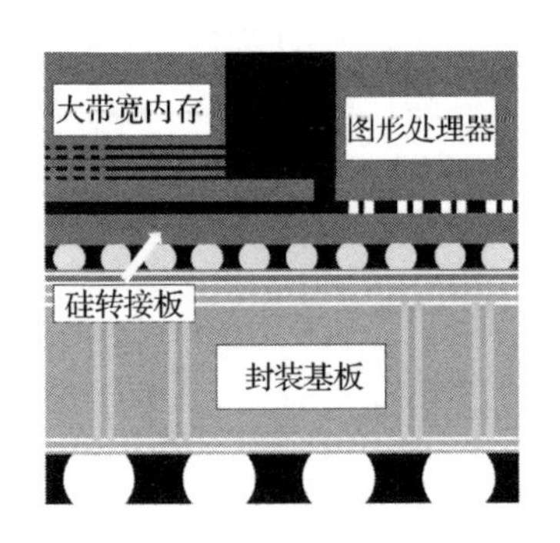

图 2-3　NVIDIA 的 GPU 截面电镜照片

60%的带宽，同时实现每瓦性能是 GDDR5 每瓦性能的 4 倍。

图 2-3 所示为 NVIDIA 的 GPU 截面电镜照片。它是世界上首款 AI 超级计算及数据中心的 GPU。NVIDIA 的 Tesla P100 采用了芯片转接板键合基板（Chip on Wafer on Substrate，CoWoS）方案，集成了三星提供的第二代 HBM 内存。通过该方案，Tesla P100 提升了计算性能，大幅缩短了数据密集型应用程序解决方案的计算时间。

2.1.3　系统级封装在其他高性能处理芯片中的应用

封装集成技术可以克服工艺不兼容带来的困难，以较低的成本和较短的市场周期满足未来高性能计算规模大、带宽大的需求，并在一定程度上解决现有计算架构，即冯・诺依曼架构中存在的“存储墙”问题，应用于一些高端 CPU、网络芯片中，提供更强性能的同时，拥有更低的功耗和更小的尺寸。

如图 2-4 所示，Intel Stratix 10 FPGA 产品中应用了埋入式多芯片桥连（Embedded Multi-die Interconnect Bridge，EMIB）的 3D 系统级封装集成技术。利用这种技术可以将现场可编程逻辑门控制器（Field Programmable Gate Array，FPGA）芯片与内存芯片集成在一起，实现低功耗、高效率的数据传输，大大提升运算性能。

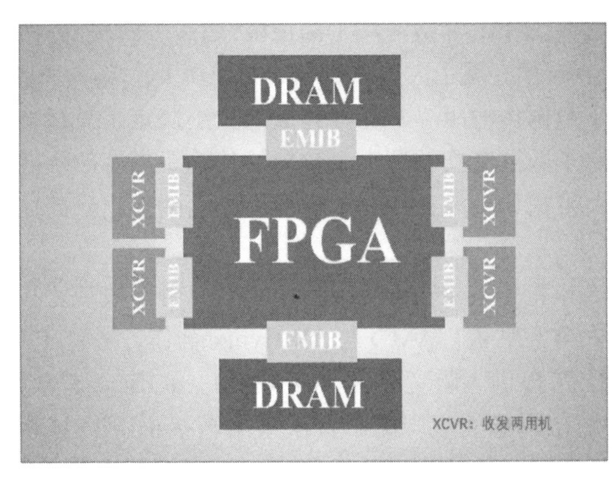

图 2-4　Intel Stratix 10 FPGA 产品示意图

类似 AMD 的 GPU 产品，许多高性能处理器也使用了以硅转接板互连的 2.5D 集成方式，其中以 CoWoS 技术为代表，利用该技术可实现 SoC 与 HBM 的 2.5D 集成，如图 2-5 所示。这种集成突破了冯 • 诺依曼结构的瓶颈，实现了大带宽的传输，为高性能计算提供了新的解决方案。

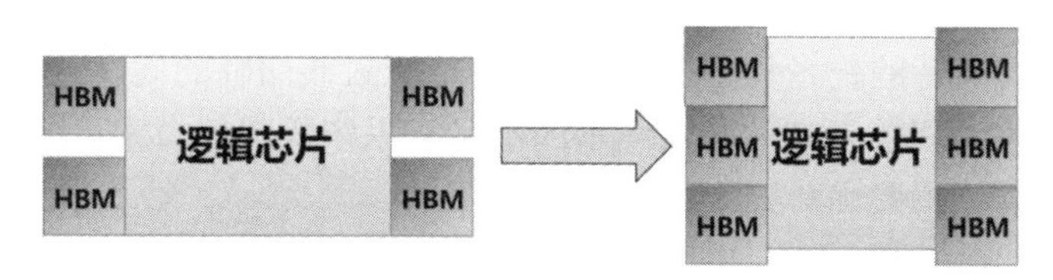

图 2-5　台积电 CoWoS 技术实现 SoC 与 HBM 的 2.5D 集成

除此之外，网络芯片（Network Processer，NP）的需求也成了 3D 封装集成技术的重要驱动力量。通信网络芯片带宽需求大，对性能和功耗的要求都很严格，并且相应系统设计复杂、IP 复杂，市场周期短，因此能实现高性能处理、低成本、短周期的多芯片集成技术在该领域有广阔的应用前景。目前，很多智能手机芯片已经采用了堆叠内存、异质集成等 3D 封装技术，适用于高端处理器的 2.5D 封装也在高端网络芯片中有广阔的应用前景。

2.2　系统级封装在无线通信模块中的应用

在信息时代，通信技术的进步至关重要。通信系统的发展趋势是更快的速度、更多的频段、更多的功能、更低的成本、更小的体积。当前，5G 技术逐渐成熟，广阔的市场需求驱动着更高频率通信波段的技术革新，也对无线通信模块的封装提出了新的要求。

传统元器件体积大，大都采用双列直插式封装（Dual In Line，DIP）等传统封装技术，后来四面扁平引脚封装（Quad Flat Package，QFP）技术出现，而且 PCB 上可实现层间互连，随后 SMT 也应用于分立的有源元器件和无源元器件中。为了进一步减小元器件体积，集成无源元器件（Integrated Passive Device，IPD）、芯片级封装（Chip Scale Package，CSP）、SoC、埋入式陶瓷技术、TSV 等封装技术相继出现。电容、电阻、电感、滤波器等无源分立元器件也出现小型化的发展趋势，从厚膜陶瓷技术到 IPD 集成无源元器件技术，再到埋入薄膜元器件技术，集成元器件密度不断增加。系统级封装技术作为一种低成本集成的方法，将原先在板级间解决的问题在封装体内部进行处理，不仅解决了成本和小型化的问题，还能够更好地处理系统中工艺兼容、信号混合、电磁干扰等问题。

2.2.1 系统级封装应用于无线通信模块的优势

在传统无线通信模块中，表面贴装的无源元器件使得表面积巨大，所需成本占据系统成本的 70%，低功能密度和低可靠性使无线通信系统的发展面临巨大的阻碍。系统级封装技术作为在集成封装层面延续摩尔定律的重要技术，在无线通信模块领域拥有独特的技术优势，不仅解决了传统封装面临的问题，也弥补了 SoC 技术较长上市时间和较高产品开发成本的不足。系统级封装技术已成为业内高度关注的技术焦点，主要优势如下。

1. 小型化

在传统无线通信模块封装设计中，各类无源元器件占据了 PCB 60%～70%的面积，利用系统级封装技术对这些无源元器件的排布进行设计处理，大大缩减了系统的面积，堆叠芯片可以实现超薄封装，减小通信模块的体积。

2. 异质集成

一个无线通信系统往往包含多个 IC 模块，如射频开关、基带 IC（Baseband IC）、射频 IC、收发机等。射频开关芯片一般采用 GaAs 技术，基带 IC 采用 CMOS 技术，收发机芯片则采用 SiGe 和 BiCMOS 技术，各类元器件制作工艺无法兼容。高质量的无源元器件及各种不同的非 SRAM 存储器、电源、天线和 MEMS 等，都用不同的材料或工艺制造而成。系统级封装可统筹各项技术的优势，以低成本、高效率实现无线通信系统的封装。

图 2-6 所示为基于 3D 晶圆级封装技术的射频收发模块。该模块集成了基于锑基化合物高电子迁移率晶体管（High Electron Mobility Transistors，HEMT）的低噪声放大器、基于磷化铟异质结双极晶体管（Heterojunction Bipolar Transistor，HBT）的功率放大器和移位寄存器，以及基于砷化镓 HEMT 的移相器、开关和数字控制电路等多个功能电路。

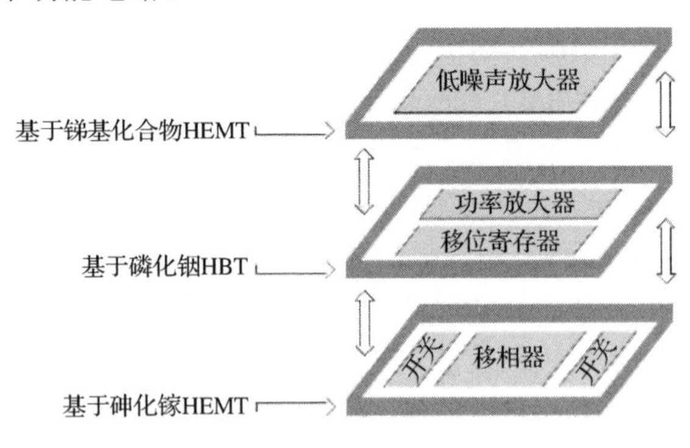

图 2-6　基于 3D 晶圆级封装技术的射频收发模块

3. 提高系统性能

对于采用系统级封装的系统，其裸芯片间的互连引线长度较短，能够有效降低系统互连线上的延迟和串扰，减少信号噪声，加快信号的处理速度，使元器件在较高频率下工作时仍然可以获得较大的带宽。此外，更短的互连距离也可以降低元器件的功耗和工作电压。

4. 设计多样灵活

无线通信系统的系统级封装技术是一种结合无线通信设计和封装技术的对整机系统进行功能整合的技术，在集成封装系统电路的选择、无源元器件集成方式的设计、封装体结构的设计和计算机软件仿真等方面为设计者提供了十分灵活多样的解决方案。

2.2.2　系统级封装应用于无线通信系统

系统级封装能够同时实现 IC 和多芯片微组件工艺，通常可集成多个 IC、集成/埋入式无源元器件和 SMT 部件，典型应用包括手机射频前端、蓝牙、Wi-Fi 等。

1. 手机射频前端

智能手机可以支持很多通信频段，对射频元器件的需求量快速增长，射频前端产品市场潜力无限。然而，频段数的增加也加大了手机射频前端元器件的设计难度，对产品的性能提出了更高的要求。目前，手机射频前端产品已不断向着高度集成的系统化发展，实现了集成双工器功放模块（Power Amplifier Module with Integrated Duplexer，PAMiD）。

图 2-7 所示为典型的 PAMiD 功能模块集成示意图。天线开关（Antenna Switch Module，ASW）、功率放大器（Power Amplifier，PA）、多工器（Duplexer Multiplexer，DM）与表面滤波器（Surface Acoustic Wave，SAW）集成在一个封装体内，获得极小的模块面积（7.5mm × 6.0mm）。功率放大器和多工器是晶圆级器件，安装在 LTCC 基板上。LTCC 内置电路无源元器件，与多工器进行电磁场耦合匹配。PAMiD 比单独的多工器具有更好的绝缘性能。此外，功率放大器和多工器之间的阻抗匹配可同时获得高的传输效率和好的接收噪声抑制。手机射频前端的发展趋势是将低噪声放大器（Low Noise

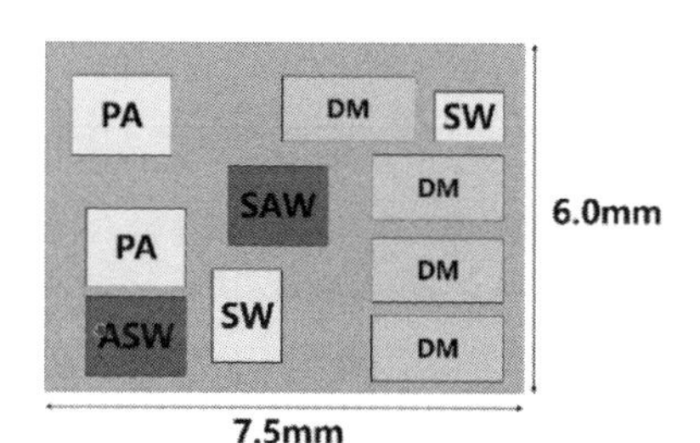

图 2-7　典型的 PAMiD 功能模块集成示意图

Amplifier，LNA）也集成于同一封装体内，改善系统的接收特性，充分发挥系统级封装的优势。

2. 蓝牙

蓝牙（Bluetooth）是一种无线技术标准，用于短距离的设备连接，实现数据传输，传输距离在几十米至几百米之间，可以实现一对一、多对一、多对多、网状的传输，是短距离无线通信的解决方案之一。蓝牙在智能手机、笔记本电脑、智能耳机、打印机、数码相机、传真机等产品中都有广泛的应用，主要用于在局域网中实现各类数据的传输。当前物联网技术的发展也促进了蓝牙技术的发展。大多数生产厂家都将射频（Rodio Fraquency，RF）、基带层（Base Band，BB）、链路管理层（Link Manager Protocol，LMP）这三层功能模块利用 SoC 集嵌在同一个芯片上。

表 2-1 所列为部分蓝牙产品的技术参数和封装形式。在蓝牙模块的封装形式中，以 QFN 形式为主，并逐步发展到 LGA、超细间距 BGA（Very Fine Ball Gate Array，VFBGA），以及在 I/O 端口数要求不高的情况下，晶圆级芯片封装（Wafer Level Chip Scale Packaging，WLCSP）也大量应用，以适应更高集成度、更小体积封装的要求。

表 2-1　部分蓝牙产品的技术参数和封装形式

蓝 牙 产 品	蓝 牙 版 本	封 装 形 式
CSR1012	4.1	4mm×4mm×0.6mm 0.4mm pitch QFN
CSR1013	4.1	2.43mm×2.56mm×0.35mm 0.4mm pitch UT-WLCSP
CSR1025	4.2	8mm×8mm×0.75mm 0.5mm pitch LGA
CSR8670	5.0	0.5mm pitch 79-ball WLCSP/ 112-ball VFBGA

在蓝牙 SoC 模块的基础上，在一个封装体内集成更多的芯片产品，以提供功能更加全面的设备。深圳芯科科技有限公司在德国慕尼黑电子展中发布了小尺寸（6.5mm×6.5mm）蓝牙封装模块 BGM12x Blue Gecko，如图 2-8 所示。该产品由处

理器、集成天线、外部天线、振荡器、无源元器件、蓝牙功率放大器及蓝牙 4.2 协议栈等组成，通过系统级封装实现了超小尺寸、超低功率的集成，不必进行复杂的协议选择，并且可以简化天线的设计。这种高级别的系统级封装成本低、能耗低、性能不受影响、体型小巧，在智能手表、个人医疗设备、无线传感器及其他有限空间内可连接设备等领域具有较大的应用潜力。

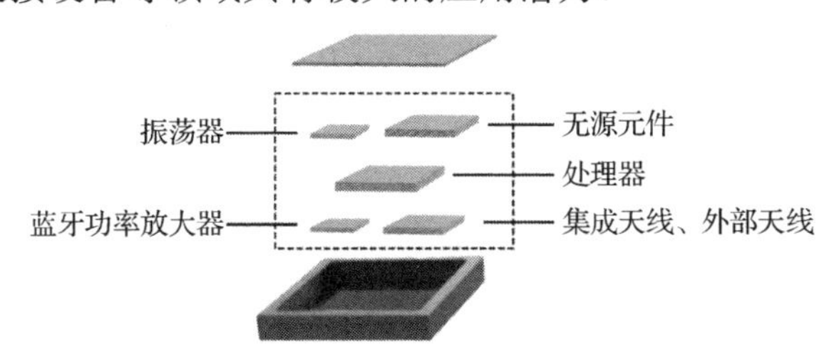

图 2-8　BGM12x Blue Gecko

3. Wi-Fi

物联网发展迅速，蓝牙、Wi-Fi、ZigBee、蜂窝通信（如电信 CDMA、移动 GSM、联通 LTE）等无线标准都已用于物联网计划中，但目前市场占有量最大的仍是 Wi-Fi。Wi-Fi 模块已经广泛地运用在许多硬件设备中，从而使硬件设备更加智能化。

Wi-Fi 模块存在三种主流技术，分别是 SoC、传统 PCBA 与系统级封装。其中，由于 PCBA 技术对应产品尺寸过大，应用范围越来越小；SoC 在功耗、成本和体积上有着得天独厚的优势，但由于一般 Wi-Fi 的 SoC 只集成 ARM M3 和无线收发器等基本架构系统，在集成度、RF 性能参数校准和软件服务方面面临很大的挑战，应用范围也受到了很大的限制；系统级封装 Wi-Fi 模块除了集成 SoC，还集成了闪存、电容、电感、晶体振荡器和软件，使用简单，同时采用特殊材料工艺和全自动化生产线，有效控制了成本。系统级封装技术以其对应产品体积小、成本低、研发周期短和易于集成应用软件等优势而拥有很好的应用前景。

物联网 Wi-Fi 技术对高集成度、超小尺寸、超低功耗等芯片的需求不断扩大，同时随着芯片及通信技术的不断进步，联网设备需要将更多的芯片功能封装在同一个封装体中，而系统级封装技术可以说是实现这些需求的绝佳选择。据专家估计，在未来 5～10 年内，80%的物联网智慧家居和可穿戴设备将采用系统级封装模块芯片。

2.2.3　发展趋势和挑战

当前，高频、高速技术不断普及，毫米波通信技术飞速发展，在物联网的概念下，出现了越来越多的无线通信模块封装应用场景，无线通信模块封装面临越来越大的挑战。

无线通信模块的系统级封装示意图如图 2-9 所示。从封装结构来看，随着频率的提高，平面系统级封装的 2D 布局由于存在信号线损耗等问题已经难以满足需求，基于硅转接板的 2.5D 封装和基于 TSV 技术的 3D 封装是无线通信模块系统级封装未来的发展方向。

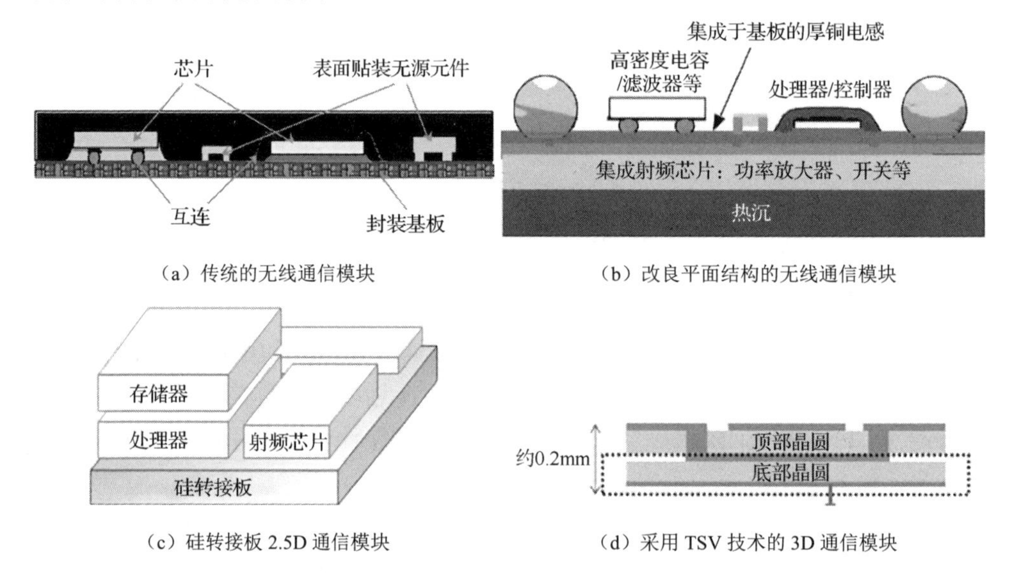

（a）传统的无线通信模块

（b）改良平面结构的无线通信模块

（c）硅转接板 2.5D 通信模块

（d）采用 TSV 技术的 3D 通信模块

图 2-9　无线通信模块的系统级封装示意图

在性能方面，更多功能的集成是无线通信模块系统级封装的目标，传统系统级封装集成部分射频系统模块，新型的无线通信模块系统级封装将实现收发天线、双工、接收通道、发射通道这四大功能模块的集成。多功能将带来多信号混合集成，对封装设计、多芯片射频封装系统的建模仿真和封装可靠性等提出了更高的要求和更大的挑战。多功能、多频段的复杂射频应用增加了产品的测试成本，相应的可靠性测试技术也在不断发展。

采用系统级封装的产品往往是一个系统，拥有多种功能，采用芯片、封装的系统协同设计可以简化设计流程，助力系统性能提升。一些主要的电子设计自动化（Electronics Design Automation，EDA）公司正在专门针对系统级封装进一步开发更新设计软件。基于优化算法的新设计方法不断出现，如实验设计（Deisgn of Experiment，DOE）、前馈神经网络和遗传算法等，它们都综合考虑了系统级封装结构的耦合影响。此外，大功率器件的集成也将带来散热难题，无线通信模块系统级封装的散热管理需要进一步发展。

2.3　系统级封装技术在固态硬盘方面的应用

当今社会已经进入信息时代，信息时代的显著特点是巨量的信息和数据，围绕信息的存储、处理、传输、应用产生了巨大市场。其中，存储是大数据产生应用价值的基础和前提，巨量数据必然面临存储的问题，数据量的激增推动着存储业的蓬勃发展。根据相关数据，整个存储器市场规模到 2022 年年底将达到 1350 亿美元，其中动态随机存取存储器（Dynamic Random Access Memory，DRAM）和 NAND 市场份额合计约占 95%。DRAM 主要应用于计算机内存，而以非易失性 NAND 闪存为基础的固态硬盘（Solid State Drive，SSD）是巨量数据存储的主体。SSD 的性能优于传统机械硬盘的性能，将在存储行业的变革中发挥巨大的性能优势。2D NAND 存储芯片在存储容量和读写速度等方面的提升存在瓶颈。3D NAND 闪存技术和 3D 集成封装技术为 SSD 的发展创造了新的机遇。

本节将基于传统机械硬盘（Hard Disk Drive，HDD）和 SSD 的对比，简述 SSD 的特点与发展趋势，并介绍系统级封装集成解决方案在集成固态硬盘中的应用。

2.3.1　SSD 原理

在电子设备与硬件快速发展的今天，CPU、内存、显卡等的性能大幅提升，存储系统的瓶颈越来越明显。用于存储数据的传统机械硬盘是一种精密仪器与电磁元器件的结合体，受限于磁头移动和盘磁旋转等机械运动，响应时间和吞吐量远不及内存和 CPU，已经满足不了高速数据存取的需要。此外，由于传统机械硬盘结构复杂，在抗振性、噪声、功耗方面存在不足。SSD 使用电子存储介质代替传统磁介质进行数据的存储和读取，具有读写速度快、稳定性高、体积小、质量轻等优点，突破了传统机械硬盘的瓶颈，逐渐取代了传统机械硬盘，成为中高端电子产品的存储介质。SSD 在接口标准、定义、功能、使用方法和外形尺寸等方面可以做到与机械硬盘完全相同，可以十分方便地取代机械硬盘升级产品外设存储介质。得益于芯片加工技术和封装集成技术，SSD 将有更好的集成潜力。

目前，SSD 的存储介质分为两种，闪存（Flash）芯片和 DRAM。作为易失性存储器，DRAM 需要独立的电源来保护数据，主要应用于高速缓存，因此基于 DRAM 的 SSD 应用范围较小，以下主要介绍基于 NAND Flash 芯片的 SSD。

图 2-10 为 SSD（左）与机械硬盘（右）。SSD 主要由主控芯片（SSD 控制器）、HOST 接口（SATA/SAS/PCIe 等）、片上缓存 DRAM、闪存存储阵列组成。主控芯

片是 SSD 的核心：一方面根据各个闪存芯片上的负荷实现合理调配数据的功能；另一方面也是整个系统的数据中转站，用于连接闪存芯片和外部 SATA 接口。传统机械硬盘需要高速的缓存芯片辅助主控芯片进行数据处理，SSD 也一样，为了缩短数据传输时间，一般将缓存芯片设计在靠近主控芯片区域。除上述提到的主控芯片和缓存芯片外，SSD 的其余大部分位置都用于存储数据的主体，即 NAND Flash 闪存芯片。

SSD 采用全芯片存储，相比传统机械式存储，不存在数据查找、寻道时间、读取延迟等问题，读取速度更快，并且具备更好的防碰撞性、可靠性和稳定性。

图 2-11 所示为 SSD 系统架构。

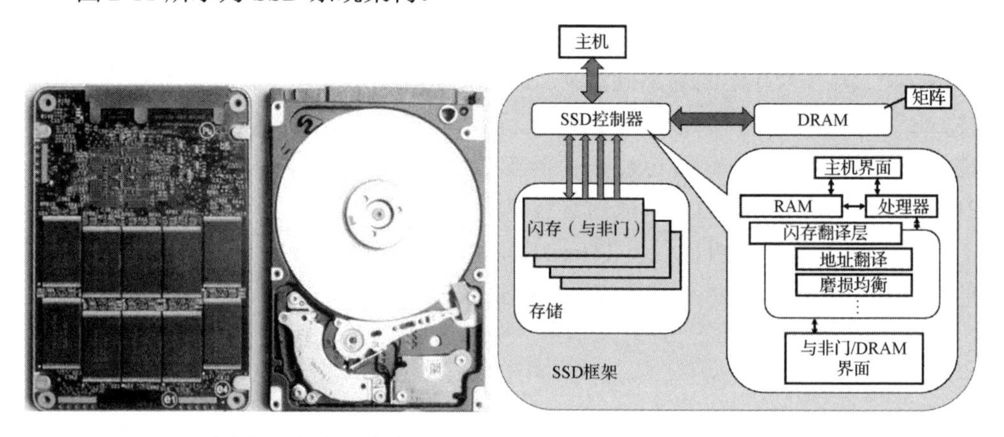

图 2-10　SSD（左）与机械硬盘（右）

图 2-11　SSD 系统架构

2.3.2　3D NAND 和 3D 封装集成 SSD

SSD 面临的两大挑战在于容量和成本。从目前 NAND 闪存芯片技术的发展来看，NAND 闪存不仅有 SLC（Single-Level Cell，1bit/cell）、MLC（Multi-Level Cell，2bit/cell）、TLC（Trinary-Level Cell，3bit/cell）等类型之分，而且基于更大存储容量和更低生产成本的需求，NAND 闪存芯片的工艺制程也从早期的 50nm 不断发展到目前的 15/16nm。但 NAND 闪存芯片与处理器芯片有所不同，先进工艺虽然带来了更大的容量，但依靠工艺制程提高容量不仅需要大量资金的投入，而且达到一定密度后，单个存储单元存储的电荷量将减少，与相邻的存储单元之间将产生电荷干扰，可靠性和性能都会降低。因此，NAND 闪存芯片密度在 2D 平面内的容量提升已接近极限。

延续 3D IC 的开发路径，2D 芯片遇到的一系列问题可以通过 3D 芯片或 3D 集成的方式得到解决，这样就不必一味追求尺寸更小的存储单元，可以使用成熟的工艺制程，提高单元可靠性，降低生产成本。因此，SSD 的发展趋势是 3D 的拓展，目前主要有 3D NAND 和 3D 封装集成两种。

1. 3D NAND

3D NAND 技术不同于现有的 2D NAND 技术，是一种通过垂直通孔进行互连的 3D 堆叠技术。目前，三星、海力士、东芝、闪迪、Intel、镁光等企业纷纷布局 3D NAND 闪存市场。3D NAND 已经成为行业的发展趋势。未来，闪存及 SSD 硬盘都将越来越多地采用 3D NAND 技术。

在相同平面制程工艺的节点下，3D NAND 的堆叠层数意味着更大的存储容量，因此自 2007 年东芝率先发布了 3D 闪存层叠技术（Bit Cost Scaling，BiCS ）以来，各个存储厂商竞相发展这种技术，如三星的 3D V-NAND 闪存、海力士基于 3D 浮栅技术的 3D NAND 等。3D NAND 的堆叠层数已经从最初的 32 层跨越了 48 层、64 层、96 层几个技术代，达到了 128 层，未来还会向更多层持续发展。

长江存储科技责任有限公司在 3D NAND 领域发展迅速，目前已经具备了量产 64 层 3D NAND 闪存芯片的能力，将晶圆级键合等 3D 集成技术应用在 3D NAND 产品上，并提出了 Xtacking 技术。Xtacking 技术的重点在于可将控制等外围电路与存储阵列在两个不同制程工艺的晶圆上分别加工，利用键合技术对数十亿个 TSV 进行互连，能够为 3D NAND 闪存带来更好的 I/O 性能和更高的存储密度，以及更短的产品上市周期。

2. 集成式固态硬盘

新一代信息技术产品对容量大、体积小的固态硬盘提出了新的要求，系统级 3D 封装集成在此方面有很大的应用潜力。除存储阵列的 3D 堆叠集成外，整个 SSD 系统的集成也成为趋势。

目前，SSD 有集成式和分离式两种主流设计。分离式的 SSD 设计是为了可以直接取代传统机械硬盘，具有和传统机械硬盘相同的尺寸和接口外形。采用集成式的 NAND 模块成为一种新的应用趋势。集成式的 SSD 将主控芯片、缓存芯片及存储阵列或其他辅助系统，利用系统级封装技术集成在一个小巧的 BGA 封装里，以适用于灵活的应用场景。

图 2-12 所示为东芝 BG4 系列 SSD，利用封装集成技术将 SSD 系统小型化。

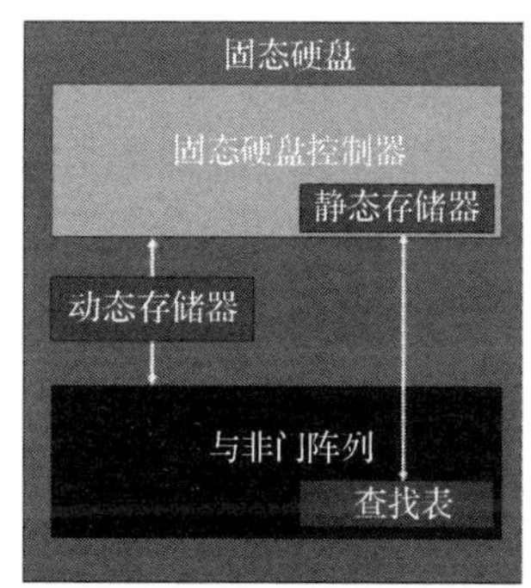

图 2-12　东芝 BG4 系列 SSD

2.3.3 3D 集成封装技术在 SSD 中的应用实例

SSD 是面向信息时代数据存储的最佳解决方案，具有抗振动、耐冲击、功耗低、体积小等优点，在未来移动智能设备、车载系统、物联网等领域具备广阔的应用场景。目前，市场上大容量存储芯片采用堆叠结构提高集成度，可以显著减小封装体积，增大 SSD 容量。下面介绍几种 3D 集成封装技术在 SSD 中的应用实例。

1．基于引线键合的堆叠封装技术

图 2-13 所示为基于引线键合的闪存芯片堆叠封装。与传统 2D 平面存储芯片相比，由于 3D 堆叠存储芯片单位面积内封装了更多层的芯片，无须追求更小的存储单元，因此容量成倍增加，性能得以提升，更短的芯片间互连距离降低了芯片的能耗，大大减少了开发成本和缩短了周期。

2．集成式 SSD（Integrated SSD）RC100

很多 SSD 产品结构都很复杂，往往一个产品就是一个复杂的系统，包含多个芯片，如主控、缓存、闪存芯片等。东芝在 2018 年发布的一款名为 RC100 的产品打破了这一规律。它是第一个单芯片 SSD，体积较以往 SSD 小了很多。

RC100 首次采用系统级封装方案，将主控芯片与 NAND 闪存芯片集成在同一个封装体内。高的集成度释放了 PCB 的空间，RC100 的三种容量（120GB、240GB、480GB）产品外观上都只是一个封装产品，可以轻松地应用于笔记本电脑及未来的多样化电子信息设备。

3．TSV 技术与系统集成为 SSD 带来高效能

TSV 被认为是 3D 芯片集成的一种重要技术，在芯片上蚀刻出深孔，填充金属后结合芯片键合技术，实现垂直方向的互连。

在日本中央大学的一项研究中，使用 TSV 技术实现了一种紧凑、低功耗的 SSD 系统，分析了 TSV 对 3D 集成式 SSD 能耗的影响。研究表明，TSV 技术将使 NAND 闪存 SSD 降低 20%～30%的能耗，如图 2-14 所示。

图 2-15 为一种利用 TSV 技术集成了升压转换器的集成式 3-D SSD，可将电源电压降低至 1.8V，并能使用较小尺寸的 NAND 闪存芯片。相比传统的引线键合堆叠技术，这种集成式 3-D SSD 可以将 128 个 NAND 闪存芯片集成到具有全铜 TSV 的封装体中，大大提升了存储容量，降低了能耗。

图 2-13　基于引线键合的闪存芯片堆叠封装

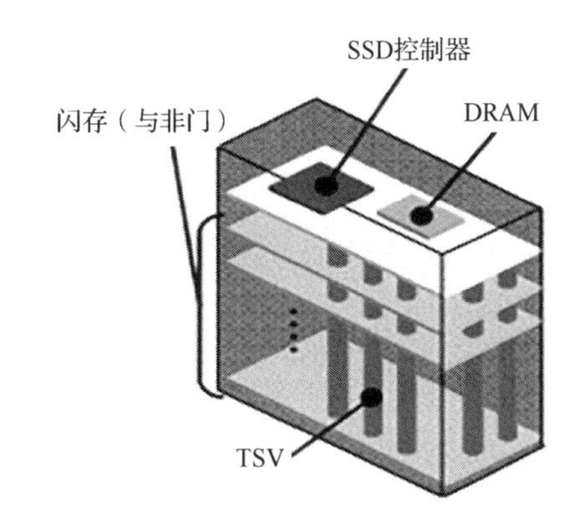

图 2-14　基于 TSV 的 3D 集成式 SSD

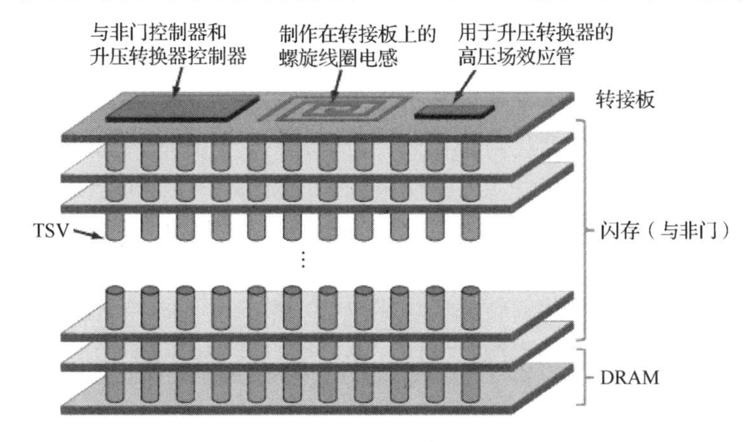

图 2-15　一种利用 TSV 技术集成了升压转换器的集成式 3-D SSD

2.3.4　发展趋势

新的存储介质［如磁性随机存储器（Magnetoresistive Random Access Memory，MRAM）、阻抗随机存储器（Resistance Random Access Memory，ReRAM）、相变随机存储器（Phase Change RAM，PCRAM）等］从新材料的角度促进 SSD 存储性能的提升，新的接口协议（如 NVMe）从接口带宽的角度促进 SSD 技术的发展，而系统级封装集成技术则从结构的角度推动 SSD 提高存储容量、降低生产成本、提升产品性能、减小体积。在云计算、物联网时代，SSD 蕴藏了巨大的商机。未来，在系统级封装集成技术的推动下，SSD 将在消费电子、云服务器、埋入式设备、安防、企业存储等领域发挥更重要的作用。

2.4 系统级封装在电源模块、功率模块中的应用

电源模块和功率模块是电力电子系统中的核心组件。随着技术的不断发展，人们对电源模块、功率模块的封装技术也提出了越来越高的要求，下面主要介绍相应的功率元器件半导体材料、模块封装结构及关键技术等。

2.4.1 电源模块、功率模块的简介

随着科学技术的发展及能源消耗的日益增加，能源需求与生态环境之间的矛盾愈演愈烈，电力电子技术以其高可靠、高速度、高效率的能源转换等优势逐渐成为节能减排的关键。在目前的工程应用中，要求电力电子装置效率更高、体积更小、使用寿命更长、成本更低。为了实现这些目标，可采用系统集成的方法，将多种不同的电力电子元器件封装在同一个体系内，并按照最优的系统结构设计原则制作成标准化模块或组件。这些模块或组件统称为电力电子模块。

电源模块可以直接组装在电力电子设备上为其提供动力，主要包括脉宽调制器、垂直双极性晶体场效应管、电容、电阻、电感、变压器等元器件。其中，功率转化模块是核心部件。功率转化模块又包括功率元器件、控制电路、传感器、驱动电路、保护电路、辅助电源及无源元器件等。其中，功率元器件是实现电能变换和控制的关键。

早期的功率半导体一直为单芯片封装结构，即在一个封装体中只有一个芯片（二极管、三极管、IGBT 及晶闸管）。随着对大功率、耐高压、大电流、高效率的需求，多个芯片封装在一起的功率模块逐渐成为主流趋势，在此基础上又发展出包括控制电路在内的智能模块。

图 2-16 所示为典型电源模块、功率模块封装设计示意图，从上至下主要有外壳（Housing）、负载端子（Load Terminals）、控制接触部件（Control Contacts）、互连部件（Interconnects）、控制连接器、陶瓷基板（DBC）、焊料（Solders）、底座（Base plate）。

绝缘栅双极晶体管（Insulated-Gate Bipolar Transistor，IGBT）模块是由 IGBT 与续流二极管芯片（Free Wheeling Diode Chip，FWD）采用特殊封装制成的模块化半导体元器件，具有 MOS 管的输入、双极输出功能，可直接应用于变频器、不间断电源（UPS）等设备。IGBT 是能源转化和传输的核心器件，是目前功率半导体元器件市场的主流产品，在航空航天、轨道交通、智能电网、电动汽车及电力设备领域应用极广。

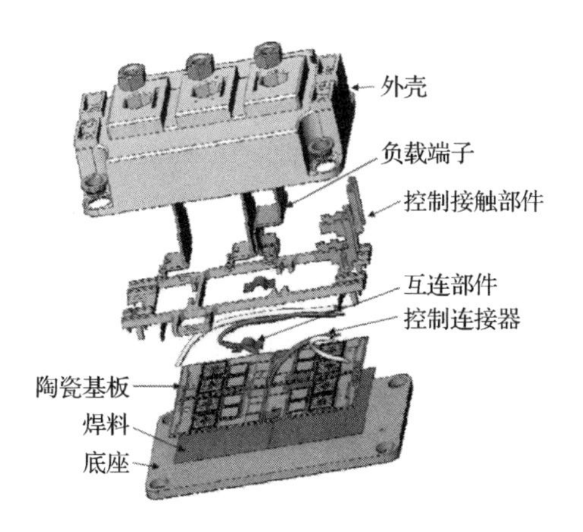

图 2-16　典型电源模块、功率模块封装设计示意图

图 2-17 所示为 IGBT 功率模块及其应用：IGBT 高能耗模块主要应用于高功率的工业和交通运输领域；IGBT 中低能耗模块通常用于家电和工厂电气设备。

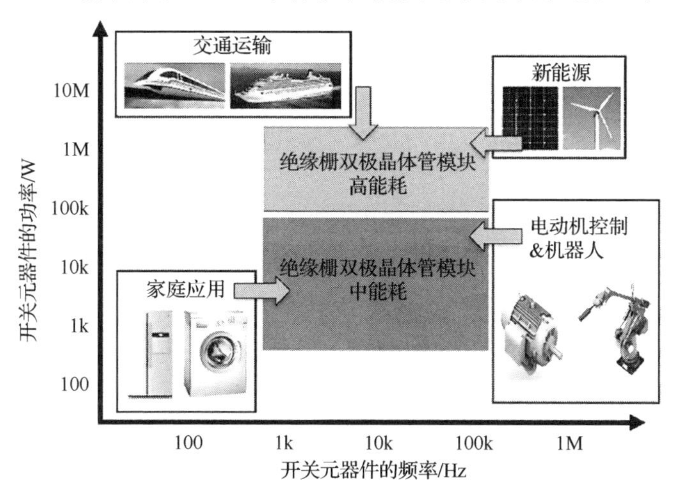

图 2-17　IGBT 功率模块及其应用

电源模块、功率模块在封装过程中主要考虑的因素：封装结构设计、基板及焊料等封装材料的选择、元器件与基板间互连工艺、封装工艺流程的制定等。此外，元器件模块的封装设计原则包括以下内容。

（1）尽可能减小不同元器件间互连导致的寄生影响。

（2）元器件能够承载大电流，热扩散通道设计合理，元器件能够通过环境可靠性相关试验。

（3）可在使用环境中承受外界载荷。

（4）元器件综合使用性能可达到较高水平。

（5）兼顾体积小和制造成本低的要求。

2.4.2 电源、功率元器件半导体材料

随着 IC 技术的日益成熟，以硅衬底为主体的半导体元器件的特征尺寸逐渐接近物理极限，性能、功耗、成本都面临极大挑战，由于受到硅材料本身的限制，因此在高频、高功率密度方向的发展也面临极大挑战。为了进一步提高电力电子元器件的综合性能，以碳化硅（SiC）和氮化镓（GaN）为代表的宽禁带半导体元器件，依靠其本身固有的性能优势，日益成为电源、功率元器件研究领域的热点。

与硅相比，碳化硅具有的优势：高于硅近 3 倍的禁带宽度（3.2eV）及近 10 倍的临界击穿电场强度（约 2.2×10^{-6}V/cm）。碳化硅的本征温度较高，抗辐射能力较强，极大提高了功率元器件的耐压等级（>20kV）。目前，碳化硅肖特基二极管（SiC-SBD）和碳化硅金属-氧化物半导体场效应晶体管（Metal-Oxide-Semiconductor Field-Effect Transistor，MOSFET）已经逐步市场化，正在形成比较成熟的产品。前者具有在关断时几乎没有反向恢复电流的优势；后者具有高开关速度、低功耗、耐高温等优势，正在逐步用于电动汽车充电桩及光伏逆变器等领域。氮化镓的高频、高压（需要使用 bulk-GaN 作为基板）特性更为突出，适用于紧凑、高频的应用，如开关电源等。

图 2-18 分别从高压应用、高温应用和高频开关三个方面对硅、碳化硅、氮化镓特性进行了对比。可以看出，碳化硅和氮化镓具有明显的性能优势。宽禁带半导体功率元器件的发展不仅利于电力电子技术在更高电压、更高频、更高功率密度方面的应用，也有利于新技术的出现。

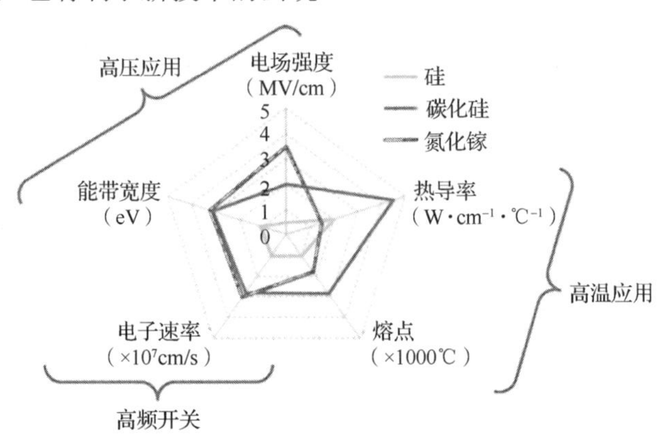

图 2-18 硅、碳化硅、氮化镓材料特性网状对比图

2.4.3　电源模块、功率模块封装结构及关键技术

电力电子模块的封装形式多种多样，但内部结构大同小异，本质上都是由不同材料封装而成的多层结构。

图 2-19 所示为常见电源、功率元器件封装结构示意图，主要包括功率芯片（如 IGBT、SBD）、封装基板（如陶瓷基板）、底板（Baseplate）、散热器（Heatsink）等。它们采用焊料（Solder）焊接在一起。芯片和基板之间通过引线键合等互连方式（Interconnection）连接。核心元器件及互连架构被阻燃塑壳（Plastic Case）保护在内，通过母排（Busbar Connection）与外部连通。此外还有凝胶、导热油脂（Thermal Grease）等封装保护材料。

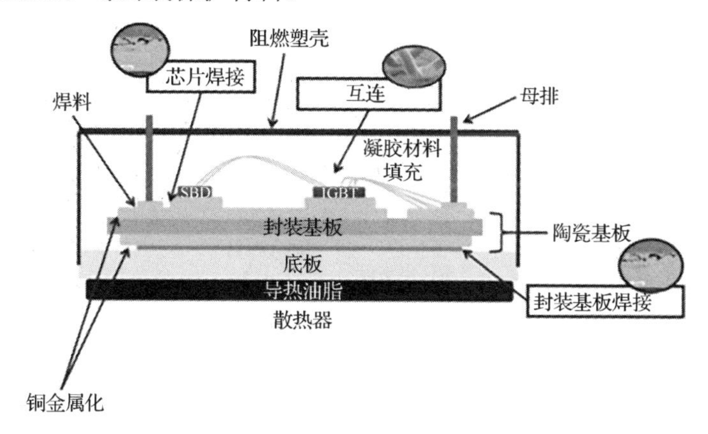

图 2-19　常见电源、功率元器件封装结构示意图

电源模块、功率模块在工作时会因为高压和大电流而产生大量的热量，若这些热量不能及时在传导到外壳之前散出，则元器件自身的温度将不断升高。在实际应用中，电源模块的常见失效原因就是由热循环引起的。不同材料之间的热膨胀系数（CTE）不匹配会导致层与层之间彼此分离，即使填充了凝胶材料（Gel Filling），也无法解决由此引发的热量累积问题。功率模块的封装缺陷可以分成三类：芯片装片（Die Attach）时的焊料缺陷、互连（Interconnection）时出现的引线缺陷或倒装缺陷、塑封成型基板焊接（Substrate Attach）时的分层缺陷。

电源模块、功率模块的研发速度在很大程度上取决于异质集成和功率元器件技术的新进展及封装材料。关键技术包括互连、焊接、陶瓷基板等。

1. 互连技术

引起电源模块、功率模块失效的常见原因是温度波动和功率循环，通常根据

键合引线的弯曲程度和连接方法确定失效原因。界面材料之间热膨胀系数有差异，在元器件受热时，热应力可能造成键合点出现裂纹，使键合引线及键合部位渐变，最终导致引线脱离焊盘，造成互连失效。金线、铝线、银线、金银合金线、铜线等是用于键合的引线材料。其中，铝线应用最多。出于电性能、导热性能、热循环影响及成本方面的考虑，模块中芯片互连已向铜线键合、无引线键合、无 IMC 连接（如 Cu-Cu 键合）方向发展。Infineon 在低功率设备中已经广泛使用铜线键合工艺。因为与金线键合、倒装键合工艺相比，铜线键合在保证性能的同时成本更低。对于 Semikron 公布的 3D Skin 技术，所有的界面都使用银烧结技术，将引线替换为柔性 PCB 箔，将芯片正面烧结到柔性板上，而背面烧结在 DBC（Direct Bonded Copper，覆铜陶瓷）基板上，DBC 基板的另一面烧结到散热片上。

Semikron 3D Skin 技术示意图如图 2-20 所示。由于芯片与其正面接触连接材料之间的热膨胀系数匹配得更好，因此功率循环性能提升约 70 倍。富士电机中国有限公司针对 SiC MOSFET 功率模块，开发以无铝丝模块为基础的封装结构，同时考虑更高工作温度，研发了环氧树脂和银烧结技术。

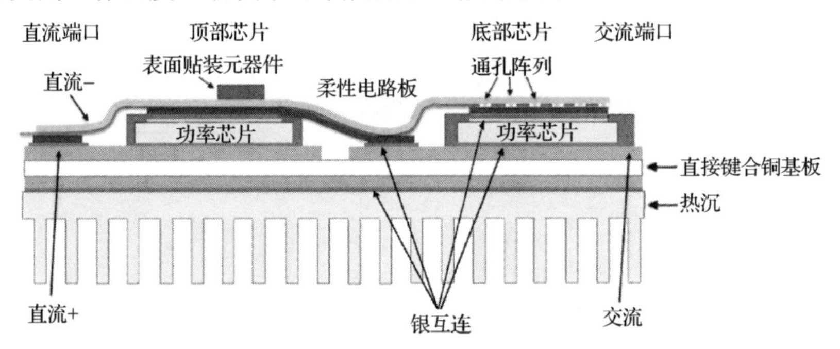

图 2-20 Semikron 3D Skin 技术示意图

2. 焊接技术

焊接是电源模块、功率模块封装中的关键技术，在芯片与 DBC 基板之间、DBC 基板与铜底板之间都会用到焊接技术。焊接质量的好坏对功率芯片的热传导效果有直接影响，并进一步关系到整个模块的性能。体系中不同焊接部位的优先顺序，选择何种类型的焊料，焊接温度及回流温度曲线都是焊接工艺需要考虑的。由于焊接界面是由硅、铝、铜、锡等不同单质或化合物材料组成的，界面中不同材料的热膨胀系数不同，因此会产生压缩或拉伸应力。而电源模块、功率模块在作业时往往会出现热效应并经历热循环，在这种环境的影响下，芯片与 DBC 基板之间、DBC 基板与铜底板之间的焊接界面都会产生周期性的剪切应力。这种应力可以导致焊接互连的失效，如应力可能聚集在焊接部位有空洞或裂纹的缺陷位置上，使焊料开裂，甚至导致芯片破碎。

XT 技术中明确提出目前的 SnAg 焊接技术将会被扩散键合（Diffusion Bonding）技术取代，后者即包含了扩散焊接（Diffusion Soldering，DS）技术和低温烧结（Low Temperature Joining Technology，LTJT）技术。同时，新型的焊接技术中会用到新型焊料，如纳米银焊膏（Nano Silver Paste）、金基焊料（Au based Solders）、纳米银铜合金等。纳米银材料有很多优点，如导电性能好、导热系数好、高温可靠性好、机械强度高、抗疲劳性良好、绿色无污染。纳米银在元器件间形成互连的方式是低温烧结。在陶瓷基板上涂覆纳米银焊膏可以形成银质厚膜，通过烧结可以极大增加厚膜密度。纳米银焊膏可由碳氢化合物（含有黏接银粒子功能团）和有机黏接剂（或稀释剂）制备而成。

3. 陶瓷基板技术

在电源模块、功率模块的封装结构中，基板起到机械保护、系统导热等重要作用。根据应用环境、元器件形式、封装类型的不同，设计者会选用不同材料的基板。常见的基板根据材料可分为金属基板、陶瓷基板、柔性有机基板、玻璃布基板等。

陶瓷基板具有的优势：良好的导热性、耐热性、电绝缘性，热膨胀系数小，化学稳定性好。陶瓷基板非常适合作为大功率电力电子元器件模块的封装基板。从结构与制作工艺来看，陶瓷基板可分为开发工艺相对成熟且已量产的直接键合 DBC 基板、直接镀铜 DPC 基板、以烧结工艺为主的高温共烧多层陶瓷 HTCC 基板、低温共烧陶瓷 LTCC 基板，以及厚膜陶瓷 TFC 基板等类型。DBC 基板结合了多种板间或芯片间互连，是目前的主流基板，由铜箔和陶瓷基片（Al_2O_3 或 AlN）在高温下（1065～1083℃）共晶烧结而成，优势突出，如铜导体的载流能力强、金属与陶瓷间附着强度高、焊接性能好，还可以根据布线要求蚀刻形成线路图形。目前，DBC 基板已广泛应用于电力电子、大功率模块、航天航空等领域，由于其中铜箔较厚（100～600μm），在 IGBT 和 LD 封装领域优势明显。

4. 封装材料

电源模块、功率模块的材料选择取决于模块的性能要求、制作工艺、使用环境等因素。电源模块、功率模块中的材料有芯片半导体材料、基板材料、框架材料、互连材料、绝缘材料、热传导密封材料等，需要考虑的材料特征参数涉及热膨胀系数、导热系数、电阻率、介电常数及材料间相容性和成本等。

随着电源模块、功率模块集成度的提高和功率的不断增加，模块单位体积内功耗和发热量必然不断增加，过高的温度给模块可靠性带来巨大隐患，热界面材料则具有有效提高系统热传导的潜力，已成为电力电子元器件领域的研究热点之一。材料表面是粗糙不平的，当材料接触时，界面间会存在微空隙或孔洞，这些缺陷不利于热量的传导，热界面材料（Thermal Interface Materials，TIM）的作用就是填充这些微空隙或孔洞，减小传热接触热阻，提升元器件散热性能。常见的热界面材料又分为导热膏、导热胶、导热垫片、相变材料等。

2.4.4 电源模块、功率模块发展趋势

电力电子元器件的应用领域越来越广泛，对电源模块、功率模块也提出了更高性能的需求。目前，硅基半导体功率元器件的核心技术还掌握在国外一些公司手中，而宽禁带半导体功率元器件技术还处于全球竞争及布局阶段，国外还没有形成明显的技术优势，如果我国加快这方面的发展，则非常有望在该领域实现技术突破。

对功率半导体元器件来说，大功率、高频化仍是现阶段发展的两个重要方向，特别是 Si IGBT 和 SiC MOSFET 的工作效率、功率、可靠性等的提升；对市场应用来说，可以集中在电力电子元器件、电动汽车、开关电源、微波和光伏逆变器等领域发展。

电源模块、功率模块封装是一项电力电子技术、材料工程科学、结构工艺、热处理技术等多学科交叉渗透的综合性工程，具有广阔的发展空间，已成为国内外的研究重点。展开多学科联合研究，加快开展电力电子元器件的研发，提高生产制造水平，打造具有国际竞争力的电源模块、功率模块元器件产业，对促进电力电子系统的发展、推广电力电子技术更广泛的应用具有重要意义。

2.5 系统级封装在 MEMS 中的应用

MEMS 传感器技术、通信技术和计算机技术是信息技术的三大支柱，基本上所有的自动化系统都离不开传感器。传统的传感器体积大、能耗大、制造成本高，与控制电路的低成本、高性能不匹配。对各种控制设备小型化的不断追求推动着传感器向小尺寸、高性能、多功能的方向发展。基于 IC 制造工艺，1962 年出现了第一个硅微型压力传感器，随后 MEMS 技术得到了迅速发展，实现了传感器的小型化，创造了一个新的研究领域——MEMS 传感器。近年来，随着系统级封装技术的不断发展，MEMS 传感器的封装也进入了新的发展阶段。

2.5.1　MEMS 传感器系统级封装的结构和先进互连技术

MEMS 传感器芯片可感知物理、化学或光学量，而 IC 通常处理这些传感器的相关信号，如模/数转换、放大、滤波、信息处理、MEMS 传感器与外界的通信等。MEMS 传感器的功能实现需要经过处理器芯片的处理，因此，大部分的 MEMS 元器件必须和 IC 集成在一起才能发挥实际功能。集成方式主要有片上集成和系统级封装集成两种，出于设计难度、成本、工艺兼容等多方面的考虑，分别制造 MEMS 传感器芯片和处理器芯片再进行系统级封装集成是当前可行性较高的解决方案。

MEMS 集成结构如图 2-21 所示：根据 MEMS 芯片、ASIC 芯片位置的不同，主要有水平和垂直堆叠两种结构；根据芯片间互连方式的不同，又可以分为引线键合、倒装芯片、TSV 连接等结构。

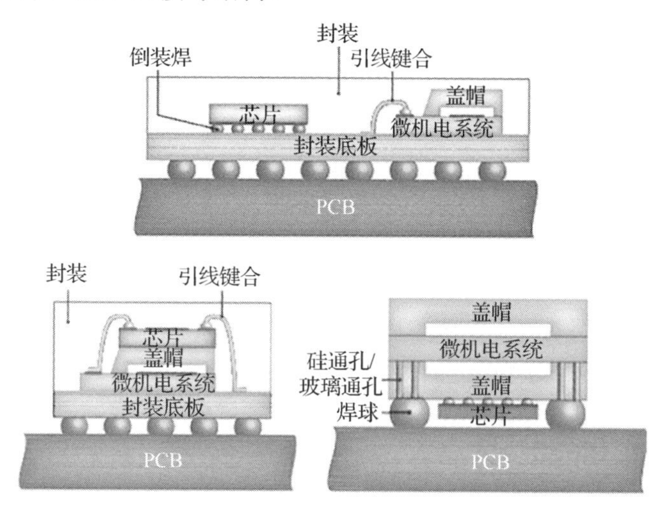

图 2-21　MEMS 集成结构

3D 堆叠是目前先进传感器封装的发展方向，芯片表面垂直方向上的先进互连技术主要涉及 MEMS-TSV 和气溶胶喷射印刷。在先进的 3D 堆叠结构中，芯片间的互连需要靠 TSV 来完成。图 2-22 说明了 TSV 既可以位于 MEMS 芯片也可以位于 MEMS-cap。基于微电子技术的 3D 集成技术则不能直接应用在 MEMS 元器件中，考虑到 MEMS 受到可移动部件的结构限制、晶圆的厚度必须高于纯微电路芯片等，对 TSV 制作的高深宽比提出了更高的要求。

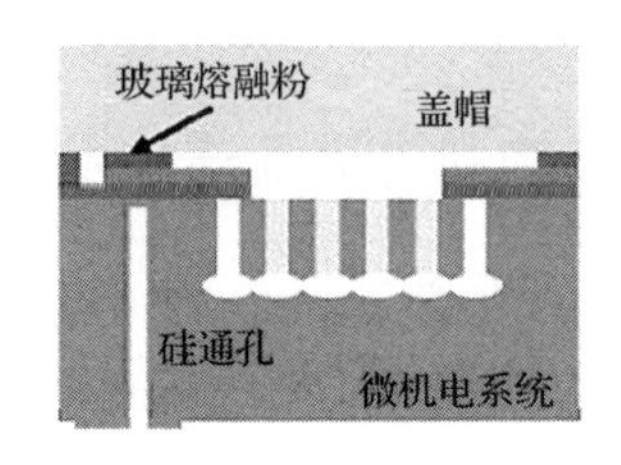

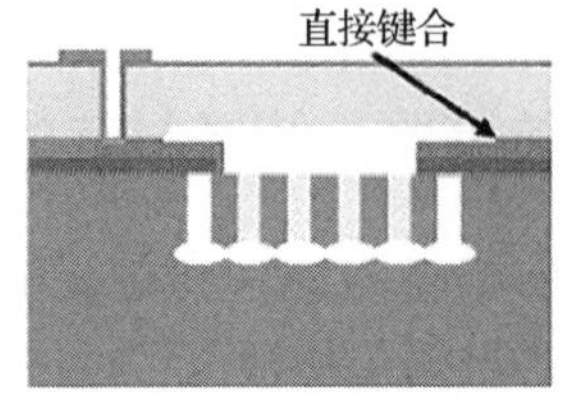

图 2-22 在 MEMS 芯片和 MEMS-cap 上制造的 TSV

气溶胶喷射印刷（Aerosol Jet Printing，AJP）是一种非接触式直接写入技术，适用于垂直系统级封装结构的互连。AJP 可以用于芯片—芯片或芯片—基板的互连，材料用量少、信号路径短，可以增加系统的设计自由度。

与引线键合方案相比，采用 AJP 技术的专用 IC（Application Specific Integrated Circuit，ASIC）、加速度传感器（AIM7e）和电源关闭中断信号发生器（PDIG）的系统级封装可以用更小的面积实现 3D 集成，如图 2-23 所示。

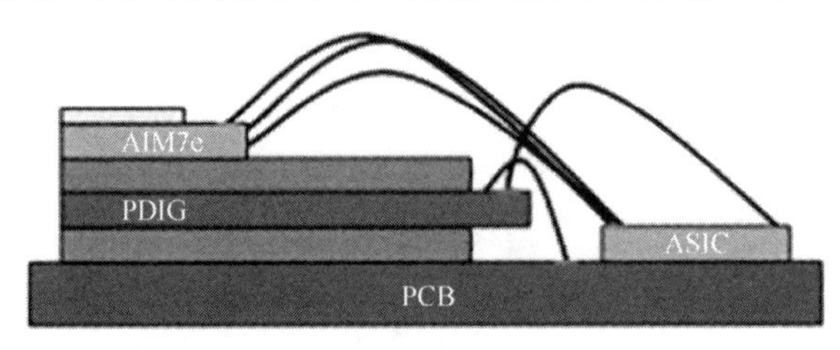

图 2-23 采用引线键合和 AJP 技术实现的 MEMS 系统级封装

2.5.2 MEMS 传感器的系统级封装实例

近年来，为了满足小尺寸、高性能的发展需求，系统级封装技术在 MEMS 传感器领域应用广泛，在惯性传感器、微麦克风、协处理器、传感器模组等 MEMS 产品中都得到了广泛的应用。

1. 惯性传感器

惯性传感器主要有加速度传感器、陀螺仪（Gyroscope，又称角速度传感器）、磁力计（AHRS 包括磁传感器的姿态参考系统）等：加速度传感器是一种测量载体加速度信息的传感器，通过积分，提供速度和位移信息；陀螺仪是一种用于测量旋转速度或旋转角的传感器；磁力计可以测量磁场强度和方向，确定方位。惯性传感器是实现导航定位、测姿、定向和运动载体控制的重要部件。近年来，惯性传感器已成为智能手机和可穿戴设备中的基础器件。随着智能手机的普及和可穿戴设备市场的扩大，加速度传感器、陀螺仪、磁力计（AHRS）及复合传感器等惯性传感器的需求不断扩大，在整个 MEMS 市场中占有重要地位。目前，系统级封装在惯性传感器中的应用已经非常普遍，主要有单一惯性传感器芯片（单轴、多轴）与 ASIC 集成、多惯性传感器芯片（单轴、多轴）与 ASIC 集成、多惯性传感器芯片与 ASIC 及其他传感器集成等形式。

多惯性传感器芯片集成已得到广泛应用，在一个封装体中集成多个不同种类的惯性传感器，包含多个自由度，从单一的 MEMS 芯片封装向多种惯性传感器和多个 ASIC 集成实现系统级封装的方向发展。

图 2-24 所示为 ST 公司的一款惯性测量单元（Inertial Measurement Unit，IMU）产品的封装结构。从图中可以看出，该结构中包含加速度计和三轴磁力计：加速度计专用 IC 叠放在加速度计之上；三轴磁力计则与其专用集成电路并列布置，将这些芯片放置在 PWB 上，通过引线键合连接，形成一个多功能的系统级封装体。

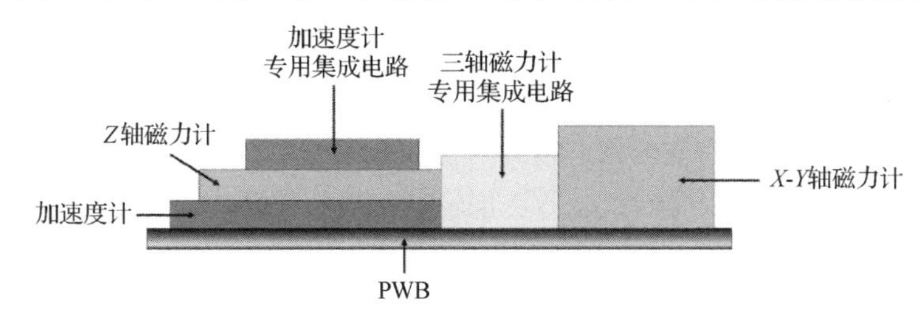

图 2-24　ST 公司的一款惯性测量单元产品的封装结构

2. 微麦克风

麦克风是一种将声音转化为电信号的换能器。MEMS 麦克风的出现促进麦克风元器件的小型化。同时，MEMS 促使麦克风的性能越来越好，如大信噪比、低功耗、高灵敏度等。因此，MEMS 麦克风在手机、笔记本电脑、蓝牙耳机、数码相机、汽车等领域都得到广泛的应用。在微硅晶片上集成的 MEMS 麦克风与 CMOS 工艺相容，MEMS 麦克风的主流封装方法是双芯片解决方案，即将声学传感器与两个接口专用 IC 水平组合起来进行封装集成。目前大部分封装都采用水平的基板类封装结构。随着扇出型晶圆级封装技术（FOWLP）的优势日益凸显，改进该工艺流程的麦克风 MEMS 封装也在不断发展。该封装首先将麦克风 MEMS 和处理芯片放置在载板上，经模塑后，在背面进行再布线工艺流程，最后实现系统级封装。

3. 协处理器

MEMS 传感器本身存在巨大的集成动力，系统级封装可以实现多种 MEMS 处理器的功能集成，如智能手机中的协处理器（System Control Coprocessor，也称 Sensor Hub）。协处理器是一种辅助运算芯片，用于减轻系统微处理器的负担，执行特定处理任务，尽可能多地将手机上各种希望长时间工作的传感器（温度传感器、气压传感器、加速度传感器、陀螺仪、磁力计、GPS 等）信号汇聚在协处理器上，解放 CPU，实现手机低功耗下的传感器常开。

4. 传感器模组

影像模块的封装主要有 CSP 和板上芯片（Chip on Board，COB）封装两种形式：CSP 采用玻璃保护芯片感光面；COB 封装则采用裸芯片，即芯片感光面没有保护措施。因此，采用 COB 封装模组的高度比采用 CSP 模组的高度低。由于没有玻璃的保护，因此 COB 对防尘的要求更高。此外，CSP 还有光线穿透率不佳、价格较贵、背光穿透虚影等不足。

COB 可进一步将镜片、感光芯片、图像信号处理器（Image Signal Processor，ISP）及柔性基板整合到一起，封测完成后可直接交付组装厂生产。COB 生产过程中将晶粒直接固定到柔性基板上后，将支架和镜片固定上去，组成模块。COB 的生产方式具有流程较少、成本较低等优势。

随着对手机轻薄化的要求越来越高，摄像头模组的封装形式也从 CSP 转变为 COB 封装、埋入式封装、叠层封装等更加轻薄的封装类型，分别如图 2-25～图 2-28 所示。

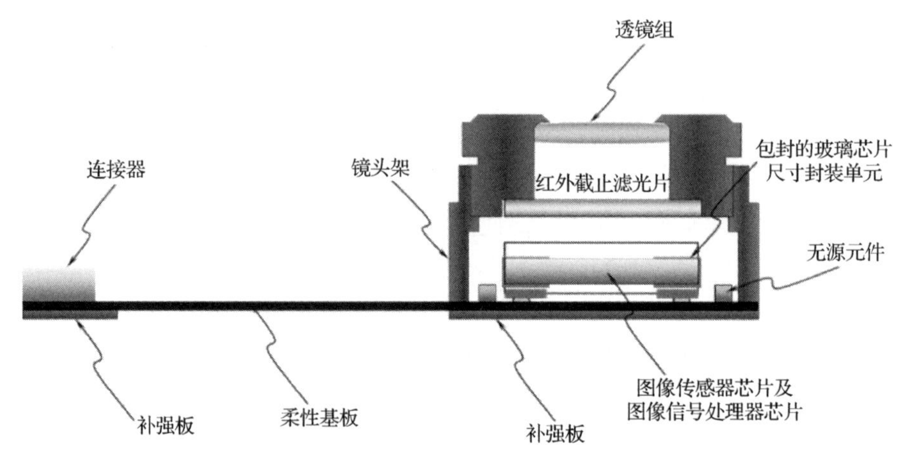

图 2-25　玻璃包封 CIS+ISP 单芯片 CSP 的模组方案示意图

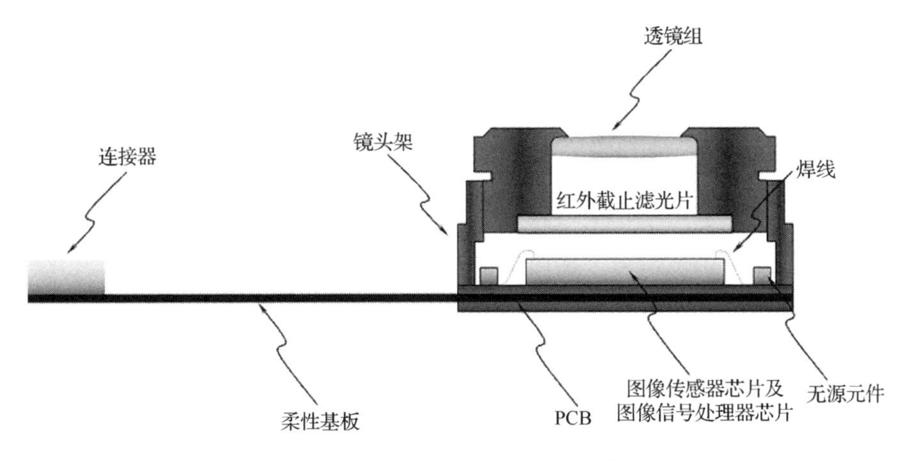

图 2-26　COB CIS+ISP 单芯片模组方案示意图

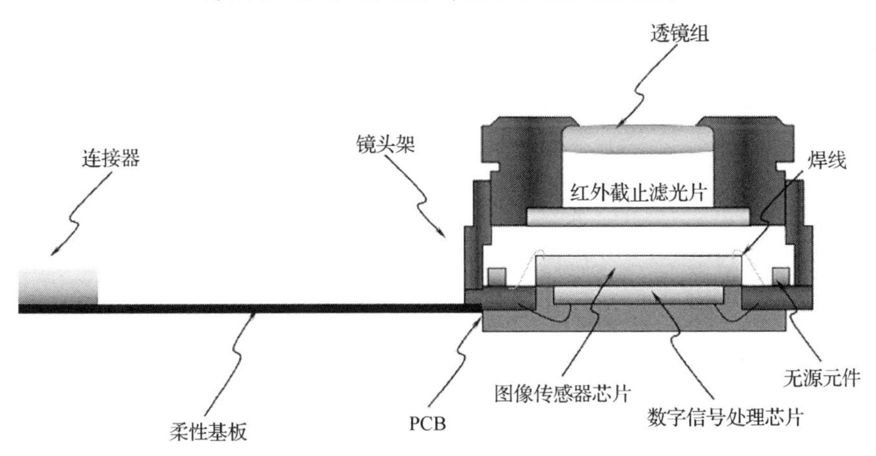

图 2-27　埋入式封装的双芯片模组方案示意图

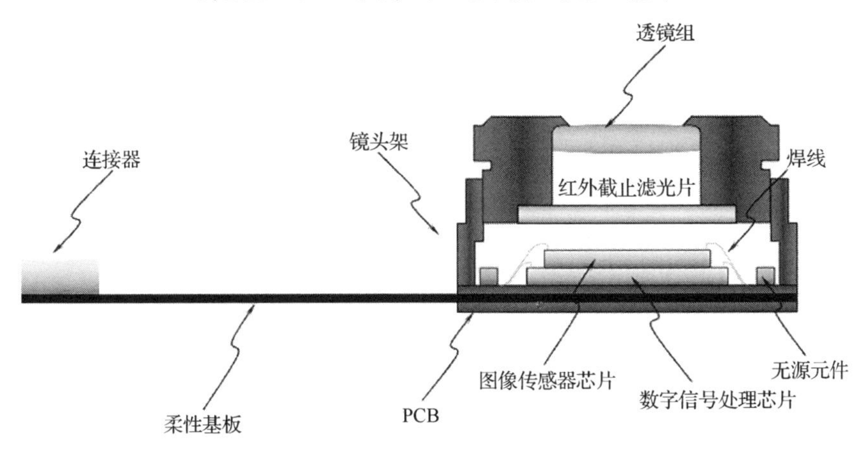

图 2-28　叠层封装的双芯片模组方案示意图

指纹识别常用于人员身份的确认。指纹识别的传感方式主要包括光学传感识别和电容传感识别。移动终端主要采用电容传感识别。苹果公司于 2013 年 9 月首次在 iPhone 5s 手机上搭载指纹识别功能，之后其他安卓（Android）智能手机厂商跟进。指纹识别早期使用方式包括划擦式和按压式。划擦式指纹识别的传感器面积小，使用时需要用手指从传感器的表面划过后，通过拼接形成完整的指纹图像。划擦式指纹识别成本低，使用不便，现已被按压式指纹识别取代。指纹识别功能置于智能手机屏幕所在一面并与 Home 键结合，符合用户已有使用习惯。也有将指纹识别功能置于智能手机背面或侧面的。指纹识别模块是单独的模板。目前市场多数安卓手机采用的都是虚拟的 Home 键，可以将指纹识别功能置于手机屏幕一面与 Home 键结合，以达到更好的使用体验。虚拟的 Home 键要求指纹识别模块藏在触控面板下面。该技术又被称为隐藏式的指纹识别（Invisible Fingerprint Sensor，IFS）技术。随着屏占比越来越大，实体 Home 键也会取消，逐渐被 IFS 技术替代。IFS 技术面临如下难点。

（1）由于手机玻璃盖板比柔性印制电路（Flexible Printed Circuit，FPC）等指纹厂商涂层（coating）方案中使用的陶瓷薄膜厚得多，因此检测信号更弱，驱动信号也更弱。这就要求增大驱动 IC 的信噪比，而且对软件算法要求更高。

（2）由于面板厚度增加，图像距离变远，如何把模糊的图像变得更清晰，涉及图像前处理和匹配的问题。

（3）IFS 技术还存在组装难点，需要与触控面板厂商 TPK 共同解决贴合在一起的良率等问题。

目前市场上已有许多手机厂家推出屏下指纹识别机型。

就封装技术来看，按压式指纹识别模组经历了三个发展阶段：基于蓝宝石覆盖的封装结构；基于 Molding+涂层覆盖的封装结构；隐藏于触控面板之下的指纹识别封装结构。下面给出三种指纹识别模组的封装结构示意图，分别如图 2-29～图 2-31 所示。

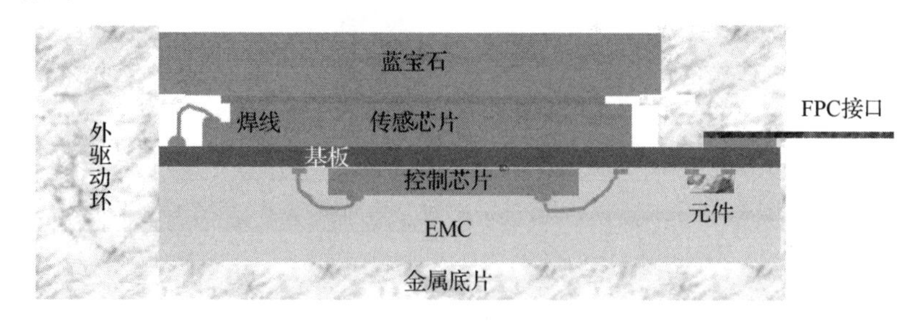

图 2-29　基于蓝宝石覆盖的封装结构示意图

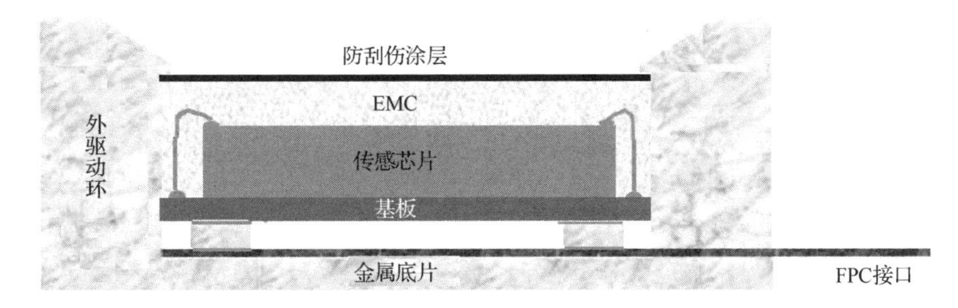

图 2-30　基于 Molding+涂层覆盖的封装结构示意图

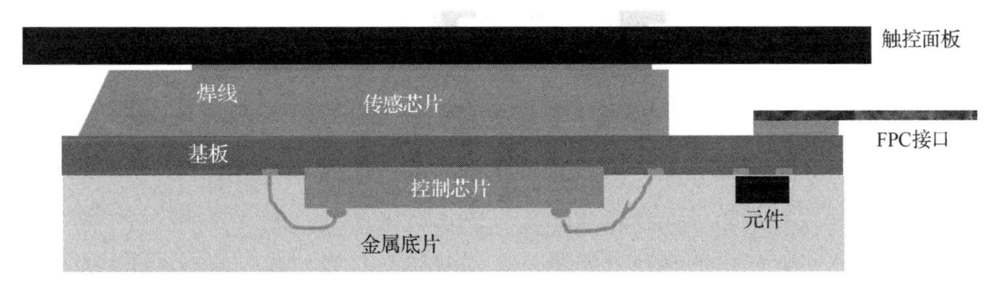

图 2-31　隐藏于触控面板之下的指纹识别封装结构示意图

2.5.3　MEMS 系统级封装发展趋势与挑战

随着设备自动化、智能化的发展，传感器朝着集信息采集、信息处理、数据存储、自补偿校准、双向通信、数字输出等功能于一体的方向发展，以实现与信息技术和计算机技术的结合。采用系统级封装技术将一个或多个传感器、处理器、相应电路、通信接口集成在一个封装体中，是实现 MEMS 小型化和多功能化的有效途径。

MEMS 传感器的系统级封装经历了从双芯片到多芯片，从同种传感器的简单集成到多种传感器的混合集成，从单功能系统到多功能系统的发展过程。MEMS 传感器封装对减小体积的要求比微电子封装对减小体积的要求迫切，产品超越摩尔定律，真正实现小型化应该通过封装获得而不是单纯依赖 IC 更新。为了提高组装密度，MEMS 的各种元器件及部件在结构上都不断向 2D 和 3D 拓展延伸；在功能上，也不是简单的机械堆叠，而需要从系统化的设计角度考虑各部分功能模块的协同作用。

典型 MEMS 芯片采用的材料多种多样，通常采用非平面工艺，包含多种加工工艺，并且具有活动部件，需要收集处理机械、光、电等多种信号。虽然 MEMS 芯片和 MEMS 封装继承了 IC 制造工艺，但它们不是 IC 封装的简单延伸，从而给封装带来更多的挑战。MEMS 传感器品种繁多、结构复杂，与应用环境的接口类型很多。MEMS 的封装往往需要特定的设计方案，难以实现标准化生产，给 MEMS 的封装解决方案带来了很大挑战。

MEMS 涉及的范围除 MEMS 传感器外还有很多，如何实现电源、IC、MEMS 传感器、MEMS 光学元器件、生物 MEMS、射频 MEMS 及 MEMS 机械部件的大集成，仍需要大量的讨论。在制造成本的限制条件下，系统级封装方式必然是一种发展趋势。

2.6 系统级封装集成在智能手机、可穿戴设备、物联网中的应用

随着工业化的不断发展，电子信息技术与互联网技术共同推动全球信息化的发展，人与人、人与物、物与物之间的互连进一步加强。在这样的时代背景下，终端电子产品的发展趋势是轻薄短小、多功能整合、低功耗，而系统级封装集成技术则为电子信息设备面临的小型化、功能提升及功耗降低等挑战带来新的解决方案。本节主要介绍系统级封装集成在智能手机、可穿戴设备、物联网中的应用。

2.6.1 系统级封装集成在智能手机中的应用

轻薄化和持久的续航能力是智能手机追求的目标。系统级封装技术将多种功能芯片集成在一个封装体内，可优化、整合手机零部件，大幅缩减智能手机电路载板面积，为电池预留更多的空间，实现手机轻薄化的同时提高手机的电池容量。

智能手机系统复杂，包含应用处理器（Application Processor，AP）芯片、内存芯片、基带芯片及许多无源元器件。在智能手机中，处理器和内存的集成具有重要意义，可以通过 PoP 技术实现二者的封装集成。PoP 既可以缩短存算数据通信距离，提高性能，降低功耗，也可以实现高集成密度、小尺寸的封装。

PoP 涉及超薄小脚距 BGA 封装的垂直堆叠，可将其组装到 PCB 表面。这些 BGA 封装采用特殊设计，灵活而标准的结构实现了逻辑设备和存储设备的互连。

图 2-32 所示为典型的 PoP 封装结构示意图。PoP 封装技术可以追溯到 2003 年电子元器件和技术会议（ECTC），当时诺基亚（Nokia）等首次介绍了 PoP 产品的开发。

PoP 主要有以下优点。

（1）扩展了功能，有助于在移动设备中实现更多功能。

（2）较短的互连距离可实现芯片之间更快的数据传输。

图 2-32　典型的 PoP 封装结构示意图

（3）较小的尺寸减小了 PCB 的面积，提供设计灵活性。

（4）可以降低制造过程中的成本。

（5）缩短上市时间。

苹果公司在 2014 年发布的 iPhone 6 手机中大量使用了模块化的封装，实现了超高的集成度，其中包括 PoP 技术。iPhone 6 手机主板的正面由 AP、通信、内存、音频、陀螺仪、触摸感测及其他功能模块组成，主板的背面则装配闪存、Wi-Fi 等模组，它们大多都采用系统级封装。

实际上，A8 处理器也使用了 PoP 技术，包括用于处理器核心和内部 RAM 存储器的技术，底层是 A8 CPU 内核，使用倒装芯片连接到基板，顶层由三星制造的两层 RAM 组成，为 A8 提供 1GB 的内存，如图 2-33 所示。iPhone 6 手机强大的功能和出色的性能主要归功于 A8 处理器的强大性能，而 PoP 技术也在很大程度上做出了贡献。

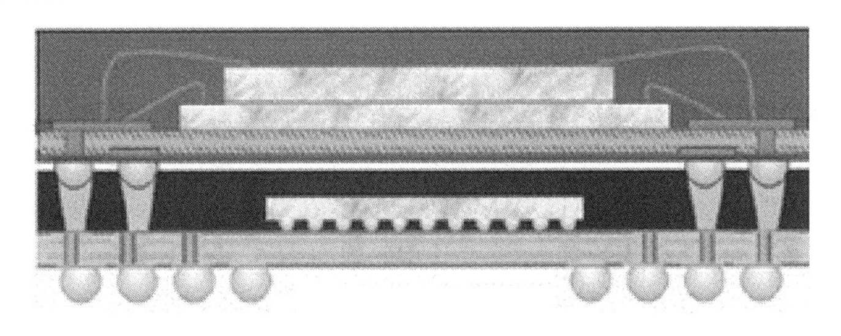

图 2-33　A8 处理器封装结构及截面示意图

2.6.2　系统级封装集成在可穿戴设备中的应用

目前，智能可穿戴电子设备是受到极大关注的硬件创新领域之一，在物联网时代背景下，应用场景涉及社会生活的各个方面。为了便于人体穿戴，电子产品必须拥有更小的体积和更轻的质量。此外，柔性也是该类产品需要考虑的方面。系统级封装技术与可穿戴设备的产品需求是一致的，通过系统集成将各个模块的芯片封装在一起，充分利用 3D 空间，形成整体的功能模块，大大缩小贴装面积，为可穿戴设备提供更高的设计灵活性。可以预见，随着可穿戴设备市场规模的扩大，系统级封装集成技术将迎来很好的市场前景。

1. 智能手表

2015年，苹果公司推出了第一款智能手表（Apple Watch）。随后，华为、三星、LG等科技巨头纷纷在智能手表领域加快产品创新。目前，功能复杂、各式各样的智能手表已经在生活中随处可见。和所有可穿戴电子设备类似，芯片和集成封装技术是智能手表硬件开发创新的主要手段。Apple Watch Series 1的芯片内部包含30个独立元器件，置入了一整套计算机架构，包括处理器、内存、闪存及其他模块，占用面积约为26mm×28mm。Apple Watch Series 1芯片中较为重要的一部分模块包括主处理器（APL0778）、4GB（512MB）SRAM内存芯片、8GB闪存、NFC信号放大器、NFC控制器、无线充电器、触摸控制器、电源控制器、半导体传感器、加速计、陀螺仪、Wi-Fi/蓝牙/NFC/FM四合一无线芯片等，在普通手表大小的空间内完成了集成封装。

Apple Watch真正体现了封装集成应用在未来可穿戴设备的潜力，其中集成了数个核心芯片，以及上百个电阻、电容等元器件。这些元器件有序、紧密地排列在主板上，实现了智能手表的各项系统功能。

2. 智能眼镜

2012年，谷歌公司发布了谷歌智能眼镜，人们可以通过语音控制其智能微处理器，利用镜片上的微型显示屏，实现上网阅览、处理信息，甚至进行视频通话和地图导航等增强现实的功能。

谷歌智能眼镜的主要组成装置：能量来源——电池；数据处理核心——微处理器模组；人机交互部分（传感器）——触控板、摄像头、话筒等；增强现实设备——镜片与微型显示屏等。谷歌智能眼镜的处理核心及许多模块都集成在条形主板封装体中。谷歌智能眼镜的内部射频模组是环旭电子股份有限公司的产品。触摸模组由Synaptics制造，由Synaptics T1320A触摸控制器控制。处理器是德州仪器公司的OMAP4430芯片。存储器分别使用了16GB SanDisk闪存芯片和尔必达公司（Elpida）的DRAM芯片。它们共同构成了复杂的系统。

如今，网络技术、通信技术等快速发展，以谷歌智能眼镜为代表的新一代智能可穿戴设备已经应用到了社会生活的各个领域，先进系统级封装技术在其中发挥了重要作用，把这种技术运用到智能终端上，以满足多样化的需要，也是下一步开发和改进的方向和重点。

3. 智能医疗可穿戴设备

智能可穿戴设备的实时监测、环境感知、通信连接等功能已经获得了市场的认可。智能可穿戴设备最被看好的应用领域是医疗健康，以进一步延伸和拓展人体的机能。在目前信息技术与医疗健康技术不断融合的趋势下，医疗健康终端设备也向着便携化、网络化、集成化不断发展，可穿戴医疗设备的巨大需求同时推动着柔性材料和集成技术的不断发展。

在神经学领域，常常需要采集人的脑电图（Electroencephalogram，EEG）信号，而传统的复杂 EEG 系统需要由专业人士来操作，并且不能实时进行，可穿戴的 EEG 采集设备是解决这些问题的关键。例如，癫痫病的诊断等可以通过可穿戴的 EEG 耳机实现；Nihon Konden（日本光电）开发的无线头戴式耳机专门用于在重症监护病房环境中快速、便捷地评估大脑活动。

IMEC 开发的一款智能健康补丁是一种集成度非常高的轻型可穿戴设备，具备检测心电图（Electro Cardio Gram，ECG）信号等功能。这款智能健康补丁集成了 ECG SoC、低功耗蓝牙、3 轴加速度计和用于数据记录的 Micro SD 卡，以及与人体接触的 ECG 电极等，所采集到的数据可以在本地进行处理和分析，相关的信息可以实现实时传输或存储在 Micro SD 卡上。此设备还可以与个人电脑或智能手机连接。由于采用了非常先进的芯片和系统级封装集成技术，因此这款智能健康补丁具有非常小的尺寸和很轻的质量，功耗极低，使用 400mA 的锂电池，可实现长期监控。

上述可穿戴电子设备均受到了微电子小型化的驱动，系统级封装集成技术在其中发挥的作用十分明显，推动实现集成度更高的可穿戴传感器，也有助于实现超低功耗的系统设计（这是有限的电池空间所必需的）。

2.6.3　系统级封装集成在物联网中的应用

在万物互联的趋势下，各种行动装置、穿戴装置、智慧交通、智慧医疗及智慧家庭等应用的串联组合应用也不断出现。物联网（Internet of Things，IoT）产品的多样性要求半导体制造从单纯追求制程工艺的先进性向既追求制程先进，也追求产品线的容宽度、设计的灵活性等方向发展。物联网应用产品的趋势：小尺寸封装、高性能、低功耗、低成本、异质整合等。此外，低功耗系统设计也是一个重要的考量因素。由于系统级封装技术可以有效满足上述要求，因此在物联网的普及发展中起到重要的作用。

目前，物联网产业链尚未完善，几种有代表性的应用包括车联网（汽车电子）、智能家居、智能电器及已经普及的个人移动终端产品。物联网应用器件主要包括传感器、数据处理和存储芯片、无线通信、电池，以及滤波、放大等一些构成微系统的组件。系统级封装常用于这些组件的集成。

图 2-34 所示为系统级封装集成技术在图像传感器中的应用案例。在过去几年中，智能手机和物联网迅速发展，推动了人们对图像传感设备的需求，人们开始追求更高像素、更小尺寸的图像传感器。3D 集成提供了一种保持图像质量的同时实

现较小体积的解决方案，在 Toshiba 展示的芯片级摄像机模块（Chip Scale Camera Module，CSCM）方案中，使用了背面 TSV 技术、FC 集成传感器和芯片，既提高了性能，又减小了尺寸。

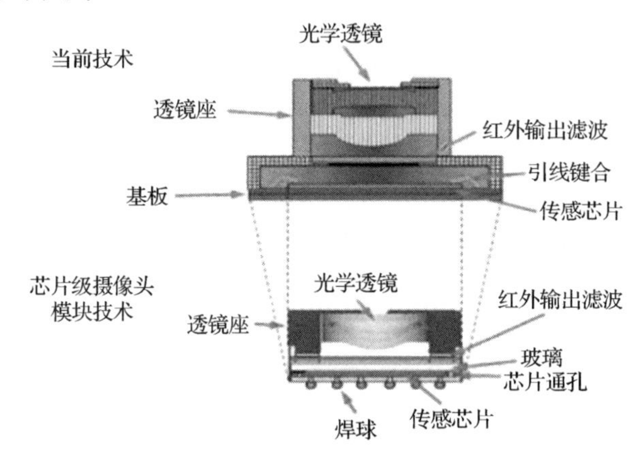

图 2-34　系统级封装集成技术在图像传感器中的应用案例

INSEC TEC 等机构联合进行了一项研究，即系统级封装集成在物联网中的应用，演示了一种多芯片的封装模组与测试，如图 2-35 所示。该系统级封装集成了感应、处理器、电源管理、无线通信的所有有源元器件和无源元器件，甚至包括封装天线（Antenna in Package，AiP）。该系统级封装还提供一条垂直的物理架构，可以通过 PoP 搭建堆叠模块，以添加新功能。例如，可以在各种应用中添加实际的附加传感器或更大的内存。

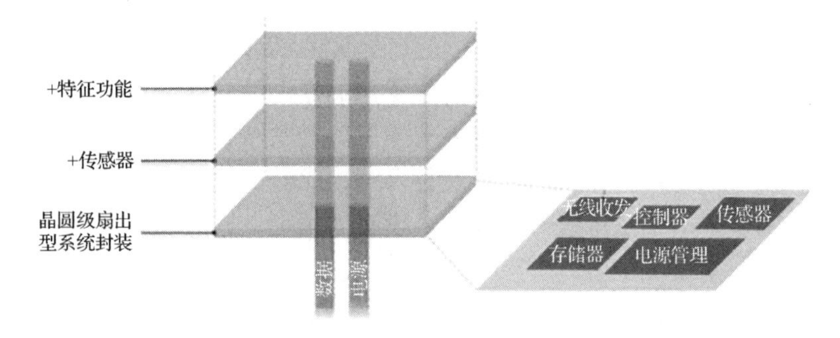

图 2-35　物联网应用的系统级封装 3D 集成方式

该系统级封装采用了各种封装形式的元器件，通过重布线层集成了 LGA 封装的 3 轴加速度计和陀螺仪、裸芯片形式的处理器、存储器、蓝牙、磁传感器，以及 SMD 形式的电感、电容等。

这种系统级封装设计不使用基板，而使用重布线这种可实现较短的互连距离和较小特征尺寸的技术，在实现更薄和更小尺寸的封装方面具有更大的优势，对满足物联网应用产品中复杂性不断增长的功能融合和系统集成需求至关重要。

2.6.4　发展展望

系统级封装集成技术具有较高的设计灵活性，已经在智能手机、可穿戴电子产品及互联网应用设备中广泛应用，功能的个性化导致很难在产业中形成统一标准。微电子技术的发展一直被下游终端驱动，以智能手机为代表的智能移动终端掀起了移动互联网的热潮，是目前市场最大的终端应用。5G 通信技术将再次激发智能手机对芯片功能集成的强烈需求，在超越摩尔定律的今天，系统级封装集成技术将在封装领域发挥更大的作用。在物联网时代，将出现超越智能手机的又一个巨大的应用场景，从数量上来看，物联网会将十亿量级的手机终端产品远远抛在后面。物联网所需电子信息产品市场正从单一同质化大规模市场向小规模异质化市场方向发展，为系统级封装集成技术带来了更大的发展机遇。

参 考 文 献

[1] MACRI J． AMD's Next Generation GPU and High Bandwidth Memory Architecture：FURY[C]//2015 IEEE Hot Chips 27 Symposium（HCS），IEEE，2016．

[2] JUN H，CHO J，LEE K，et al．HBM（High Bandwidth Memory）DRAM Technology and Architecture[C]//2017 IEEE International Memory Workshop（IMW），IEEE，2017．

[3] LEE J，LEE C Y，KIM C，et al．Micro Bump System for 2nd Generation Silicon Interposer with GPU and High Bandwidth Memory（HBM）Concurrent Integration[C]．2018：607-612．

[4] DEO M. Enabling Next-Generation Platforms Using Intel’s 3D System-in-Package Technology[J]. Altera Inc，2017，16．

[5] SUN Y C．System Scaling for Intelligent Ubiquitous Computing[C]//Electron Devices Meeting，IEEE，2018．

[6] 王晓明. 后摩尔时代的 3D 封装技术——高端通信网络芯片对 3D 封装技术的应用驱动[J]. 中兴通讯技术，2016，22（4）．

[7] 拉奥 • R．图马拉，马达范 • 斯瓦米纳坦．系统级封装导论[M]．化学工业出版社，2014．

[8] PATTY C C．Wafer-scale Assembly & Heterogeneous Integration Technologies for MMICs [C]//IMS 2012 3D Integrated Circuit Workshop．

[9] WU J H，et al．RF SiP Technology：Integration and Innovation，International Conference on Compound Semiconductor Manufacturing，2004．

[10] TONG H M. 3D ICs：The Next Revolution[R]. GM &Chief R&D Office Group R&D December，ASE GROUP，2009. 22.

[11] 郭昌宏，周金成，李习周. 存储器封装技术发展浅析[J]. 中国集成电路，2019，28（1）：75-79.

[12] 陈珊. 可编程处理器模块系统级封装协同设计与小型化实现[D]. 北京：清华大学，2015.

[13] ONAGI T，SUN C，TAKEUCHI K. Impact of Through-Silicon Via Technology on Energy Consumption of 3D-Integrated Solid-State Drive Systems[C]//2015 International Conference on Electronics Packaging and iMAPS All Asia Conference（ICEP-IAAC），IEEE，2015：215-218.

[14] 树墩. 3D NAND 闪存技术一览[J]. 个人电脑，2016，22（11）：1-4.

[15] http://www.ymtc.com/cn/index.php?s=/cms/197.html.

[16] https://business.kioxia.com/content/dam/kioxia/shared/business/ssd/doc/whitepaper-cSSD-BG4.pdf.

[17] JOHGUCHI K，HATANAKA T，ISHIDA K，et al. Through-Silicon Via Design for a 3-D Solid-State Drive System With Boost Converter in a Package[J]. IEEE Transactions on Components，Packaging and Manufacturing Technology，2011，1（2）：269-277.

[18] SCHEUERMANN U. Packaging and Reliability of Power Modules - Principles，Achievements and Future Challenges[C]//PCIM Europe 2015；International Exhibition and Conference for Power Electronics，Intelligent Motion，Renewable Energy and Energy Management；Proceedings of VDE，2015：1-16.

[19] MILLÁN J，GODIGNON P，PERPIÑÀ X，et al. A Survey of Wide Bandgap Power Semiconductor Devices[J]. IEEE Transactions on Power Electronics，2014，29（5）：2155-2163.

[20] YOLE Development，Market & Technology Trends in Wide BandGap Power Packaging[C]//APEC，2015.

[21] BECKEDAHL，SPANG，MATTHIAS，et al. Breakthrough into the Third Dimension – Sintered Multi Layer Flex for Ultra Low Inductance Power Modules[C]//International Conference on Integrated Power Systems，VDE，2014.

[22] GUTH K，SIEPE D，GÖRLICH J，et al. New Assembly and Interconnects Beyond Sintering Methods[C]//PCIM Europe 2010.

[23] HORIO M，IIZUKA Y，IKEDA Y，et al. Ultra Compact and High Reliable SiC MOSFET Power Module with 200℃ Operating Capability[C]//International Symposium on Power Semiconductor Devices and ICS，IEEE，2012：81-84.

[24] FISCHER，ANDREAS C，FORSBERG，et al. Integrating MEMS and ICs[J]. Microsystems & Nanoengineering，1：15005.

[25] Hofmann L，Baum M，Schubert I，et al. 3D-Wafer Level Packaging for MEMS By Using a Via

Middle Approach Based on Copper Through Silicon Vias Combined With Copper Thermo-Compression Bonding[C]// International Wafer Level Packaging Conference （IWLPC），2016.

[26] GESSNER T，HOFMANN L，WANG W S，et al. 3D Integration Technologies for MEMS[C]//IEEE International Conference on Solid-state & Integrated Circuit Technology，IEEE，2016.

[27] MEMS Packaging.Yole Development Report，2012.

[28] THEUSS H，GEISSLER C，MUEHLBAUER F X，et al. A MEMS Microphone in a FOWLP[C]//2019 IEEE 69th Electronic Components and Technology Conference（ECTC），IEEE，2019.

[29] LI，Y，SUNY L. SiP-System in Package Design and Simulation ： Mentor EE Flow Advanced Design Guide，John Wiley & Sons，Incorporated，2017. ProQuest Ebook Central.

[30] LI，Y，SUNY L. SiP-System in Package Design and Simulation：Mentor EE Flow Advanced Design Guide，John Wiley & Sons，Incorporated. ProQuest Ebook Central，2017.

[31] http://www.eepw.com.cn/article/256728_2.htm.

[32] WALCOTT D. Are We Ready to Mobilize on Mobile Health[J]，2020.

[33] KIM H，KIM S，HELLEPUTTE V N，et al. A Configurable and Low-Power Mixed Signal SoC for Portable ECG Monitoring Applications[J]. IEEE Transactions on Biomedical Circuits and Systems，2013，8（2）：257-267.

[34] SADAKA M，RADU I，CIOCCIO L D. 3D Integration：Advantages，Enabling Technologies & Applications[C]//IEEE International Conference on Ic Design & Technology，IEEE，2010.

[35] MARTINS A，PINHEIRO M，FERREIRA A F，et al. Heterogeneous Integration Challenges within Wafer Level Fan-Out SiP for Wearables and IoT[C]//2018 IEEE 68th Electronic Components and Technology Conference（ECTC），IEEE，2018：1485-1492.

第3章 系统级封装的综合设计

摩尔定律、异构集成、新一代移动通信技术、人工智能、高性能计算和物联网等推动了系统级封装的迅速发展。系统级封装具有多功能集成、小尺寸、低功耗、个性化定制等特点，在新型消费类电子产品中具有极大的竞争力。一款优秀系统级封装产品的设计需要综合考虑封装形式、材料、封装结构方案、信号线路等是否符合相关要求。此外，各种高密度的封装设计也引起行业对电性能表现、散热、封装应力影响等方面的广泛关注。

3.1 系统级封装设计导论

一款高密度系统级封装产品的设计往往需要在芯片布局、封装结构设计、基板设计、材料选择、先进封装制程之间寻找良好的平衡与解决方案。任何一个细小的环节都将影响系统级封装产品的成本、可制造性、性能与可靠性，考虑不周有可能导致产品开发延期和开发成本急剧上升，甚至导致产品报废。

随着系统级封装的密度持续提高，互连通道对电信号传输的影响越来越大。高速高频信号在系统级封装体中传输时，在阻抗不连续路径中会产生反射、延迟，并对相邻线路造成串扰等影响。在电源供电方面，系统级封装会面临电压降过大、供电不足，以及电流密度过大等一系列问题。这些电性能影响因素交互在一起引起诸多问题，通常可以通过仿真分析及系统级封装的设计优化加以解决。

高密度的集成会使芯片功耗过大，从而产生局部热点，进而导致产品散热困难。如何有效地解决散热路径也是封装设计阶段不得不考虑的关键问题之一。在设计阶段进行热性能的分析与优化，可以有效地降低系统级封装产品的热阻，优化材料选择与结构设计，改善局部的散热路径，这也是高散热系统级封装设计阶段必须考虑的因素。

在系统级封装产品生产及后期组装过程中，各种材料的热膨胀系数不匹配，当外部温度发生变化时，封装内部产生较大应力，以至于使基板、芯片、塑封料产生翘曲和分层，进而使系统级封装电路和功能失效。因此，设计阶段需要进行机械性能的分析与优化。

综上所述，系统级封装设计面临多方面的挑战，可以说是一门综合学科，只有进行全面、系统、多方位的模型仿真与工程验证，才能真正做好系统级封装的设计。

3.2　系统级封装设计概述

系统级封装技术将具有不同功能的芯片在同一封装体内进行多种形式的组合，构成完整系统。由于集成的元器件及芯片多种多样，因此在设计开发阶段需要根据各个产品的特点选择合适的设计方案，优化产品的加工及满足终端产品的要求。

3.2.1　设计流程

系统级封装新产品导入时，需要先进行设计评估，初步确定封装尺寸，以满足后端应用对空间的要求；然后根据内部芯片及元器件的数量、大小等情况确定内部空间结构，保证封装制程的可实施性。

随着产品不断向小型化的方向发展，散热性能、电性能的影响也越来越明显，在产品评估及设计阶段难免需要综合考虑封装形式、封装结构方案、材料、基板信号线路等是否符合相关目标要求。

系统级封装产品的设计流程与 PCB 板级系统的设计流程大致相同，如图 3-1 所示。

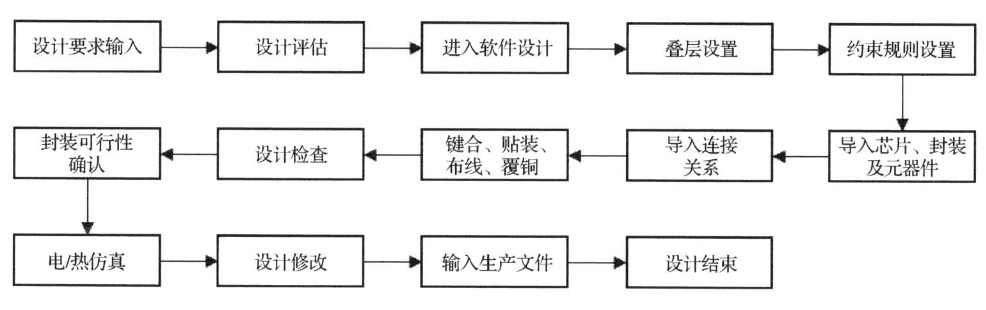

图 3-1　系统级封装产品的设计流程示意图

（1）设计要求输入：明确系统级封装产品的设计目标与需求，确定系统级封装产品的应用类型、性能要求等基本信息。

（2）设计评估：综合考虑设计要求、基板内部走线空间及封装制程可行性，评估系统级封装产品的封装形式、尺寸，初步确认封装工艺流程、封装方案、潜在风险等。

（3）进入软件设计：封装方案确定后，即可进入软件，进行基板设计、具体排布及连接设计。

（4）叠层设置：根据定义的封装方案，在软件中设置相应的基板叠层。

（5）约束规则设置：主要包括线间距约束、差分线约束、信号线分类、高速信号约束等。

（6）导入芯片、封装及元器件：将需要封装的芯片及元器件分别导入，建立产品框架，并根据设计规则合理布局。

（7）导入连接关系：根据产品原理图，将对应的连接关系导入软件。

（8）键合、贴装、布线、覆铜：此步骤为具体的设计环节，根据芯片及元器件复杂程度，选择一圈或多圈设计键合模式后，通过布线将芯片与基板背面引脚连通，最后进行电源平面的分割覆铜。

（9）设计检查：通过约束规则检查（Design Rule Check，DRC）对 DRC 错误进行修正，保证板图设计的正确，同时结合设计规则及基板加工规范，检查设计合理性，确保基板加工可行性。

（10）封装可行性确认：给出具体设计方案，同时进行具体封装制程的潜在失效风险评估，制定风险控制措施，确认材料、设备、治具的投入状况等，确保封装可行性与基本的可靠性设计无问题。

（11）电/热仿真：通过对信号完整性（Signal Integrity，SI）、电源完整性（Power Integrity，PI）、电磁干扰（Electro Magnetic Interference，EMI）的仿真及分析，可以优化系统级封装产品设计，以达到最佳电性能。通过热分析可以优化系统级封装产品的散热问题，提高产品的可靠性和稳定性。

（12）设计修改：根据仿真分析的结果，对设计进行修改或优化，直至满足产品设计的目标与要求。

（13）输出生产文件。

（14）设计结束。

3.2.2 封装设计

封装设计主要涉及内部芯片布局、装片工艺、引线键合、倒装芯片、元器件排布等方面，为芯片提供机械保护、电源、散热冷却通道，并为芯片和外部环境架起电气互连和机械连接的桥梁，保障芯片在稳定的环境中正常工作。封装设计决定了产品后期的生产工艺和整体性能。由于不同封装形式的设计特点略有不同，因此本节以较为常用的基板封装为重点对象讲解封装设计。

1. 芯片布局与装片方案设计

在基板封装中，根据芯片类型、芯片数量、芯片尺寸、芯片焊盘（Die Pad）的分布、封装的尺寸和塑封型腔（Mold Cap）高度等信息选择芯片的排布方式。通常，芯片排布方式有平铺（Side by Side）、堆叠（Stack）、平铺与堆叠混用 3 种，如图 3-2 所示。

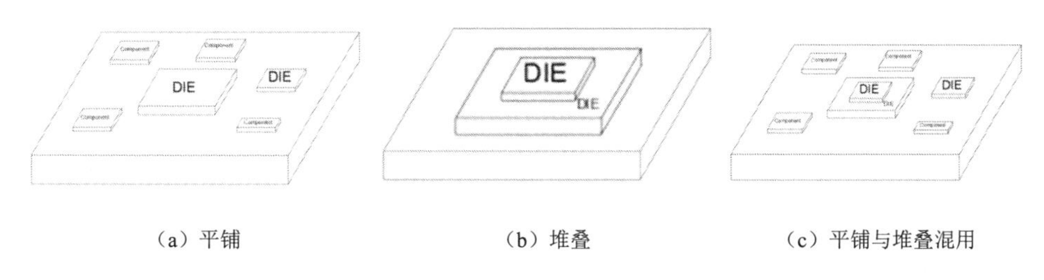

（a）平铺　　（b）堆叠　　（c）平铺与堆叠混用

图 3-2　芯片排布方式示意图

其中，平铺方式适用于芯片面积与封装面积比值较小的情况。当芯片尺寸较大时，在封装尺寸范围内采用平铺方式摆放芯片会导致芯片之间的距离或芯片到封装边缘的距离太小，应选择在 *Z* 轴方向上进行芯片堆叠。当芯片数量较多，*Z* 轴方向上的堆叠体高度超过塑封型腔高度的范围时，可考虑采用平铺与堆叠混用方式。此类排布方式在系统级封装中应用较为广泛。

当元器件集成密度高时，各元器件之间的距离设计是很重要的，较小的距离有利于提高系统的集成度，如图 3-3 所示。

在图 3-3 中，有各类无源元器件、WB 及 FC，各部分必须在尽量靠近的情况下保证制程的可行性。

针对如图 3-3 所示的结构，设计过程中需要考虑以下距离要求。

（1）元器件或芯片至封装体边缘的距离。

（2）元器件或芯片之间的距离。

（3）金手指（WB Finger）与元器件或芯片的距离。

（4）在考虑芯片与元器件距离的同时，还需要考虑背面 FC 及元器件的高度，以匹配相邻的焊球尺寸，保证后端 PCB 可以顺利贴装。双面贴装如图 3-4 所示。

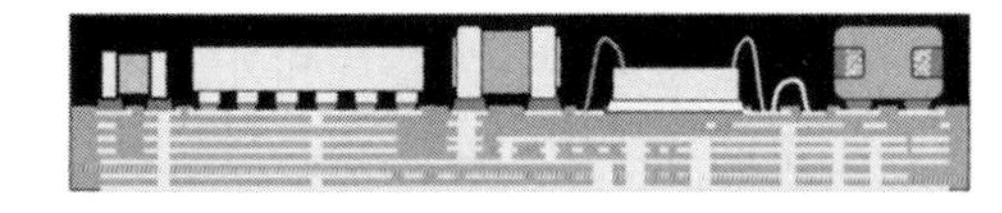

图 3-3　芯片与元器件间距及集成密度的示意图

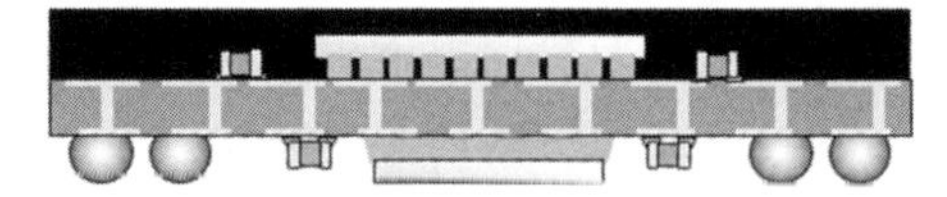

图 3-4　双面贴装

（5）PoP 及系统级封装结构的设计。

PoP 结构在系统级封装中也得到了广泛应用，利用该技术可实现已封装产品的快速封装，以及自由选择元器件组合的可能，生产成本也可得到有效控制。PoP 结构如图 3-5 所示。

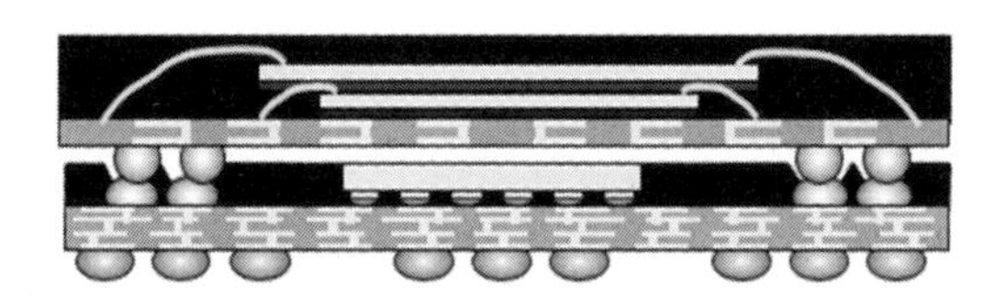

图 3-5　PoP 结构

针对 PoP 结构，设计过程中需要考虑以下距离要求。

① 上下两个封装体焊球的距离，焊球尺寸的匹配。

② 焊球与芯片的距离。

③ 焊球高度与芯片高度的匹配。

系统级封装结构种类繁多，但遵循的原则都是一致的，以保证制程的可行性，方便加工生产，同时尽量缩小封装体尺寸，做到系统轻薄化。

2. 引线键合设计

引线键合是封装技术中使用非常广泛的一种互连技术，即使在多芯片堆叠的封装中也经常应用。蓝牙模块、Wi-Fi 模块、视频监控模块等基本都以引线键合方式完成芯片的堆叠互连。随着芯片数量的增加，复杂度也会增加。引线键合方案设计也是整个系统级封装设计中至关重要的一个环节，对产品电性能及制程作业过程有直接影响。

引线键合设计首先根据芯片信息和封装要求确定线型、直径。传统封装中通常只选用一种引线键合线型。系统级封装中涉及芯片种类较多，要根据设计需求选用不同种类的线型，以满足产品的性能要求。

选定合适线型后，在规定的封装设计规则范围内进行引线键合的设计。封装设计规则一般定义了生产线的作业能力。根据封装设计规则，引线键合设计主要应注意弧高、角落处线弧、多圈焊盘（Bond Pad）芯片及堆叠处芯片的连接等问题。

图 3-6 所示为多圈焊盘引线键合设计原则。在进行多圈焊盘引线键合设计时，

引线键合尽量避免交叉，芯片内圈焊盘引出的金手指应放置在基板外侧，芯片外圈焊盘引出的金手指则放置在基板内侧，尽量避免芯片内圈焊盘引出的金手指放置在芯片内侧。

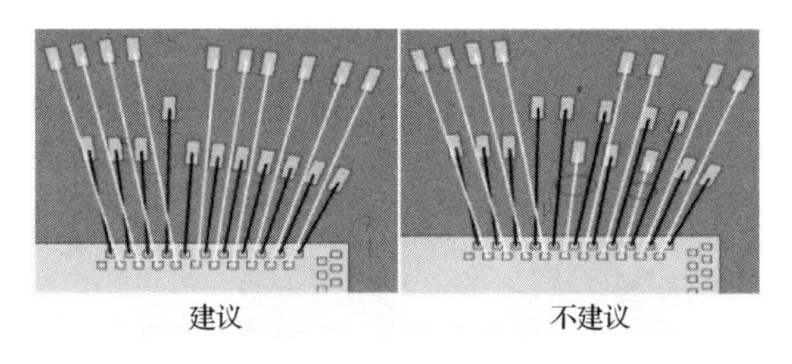

图 3-6　多圈焊盘引线键合设计原则

系统级封装经常会采用芯片堆叠的排布方式。多圈焊盘引线键合应注意芯片与打线金手指和芯片焊盘的距离，以保证打线时预留足够的空间，避免劈刀碰撞到芯片。线弧设计原则如图 3-7 所示。

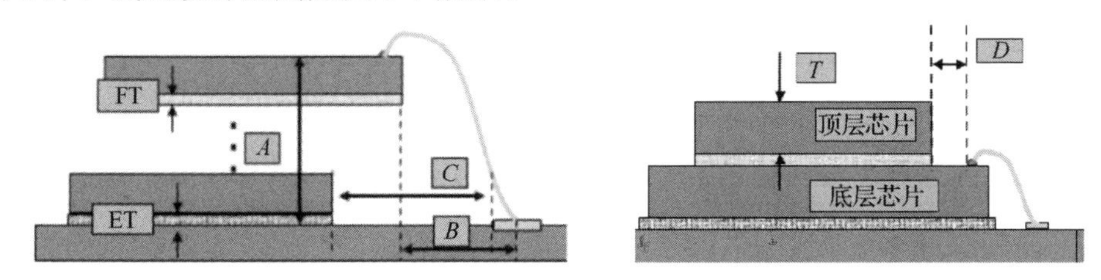

图 3-7　线弧设计原则

3. FC

FC 区别于正装芯片，在芯片上制作凸点，通过凸点实现与基板互连。与引线键合相比，FC 技术具有明显的优势，包括优越的电学及热学性能、众多的 I/O 引脚，以及更小的封装尺寸等，如图 3-8 所示。

图 3-8　FC 示意图

FC 主要应用于高时钟脉冲的图形处理器、中央处理器等芯片。目前在对电性能要求越来越高的射频 PA、开关、滤波器，以及处理芯片等产品中，FC 的应用也越来越广泛。因此，在系统级封装中，FC 的应用也是必不可少的。

凸点（Bump）分为锡球凸点（Solder Bump）和铜柱凸点（Copper Pillar Bump）。锡球凸点一般应用于 I/O 焊球间距比较大、数量比较少的产品。铜柱凸点主要应用于 I/O 端口数量较多，需要在有限的空间内尽量排布更多凸点的产品。锡球凸点和铜柱凸点如图 3-9 所示。

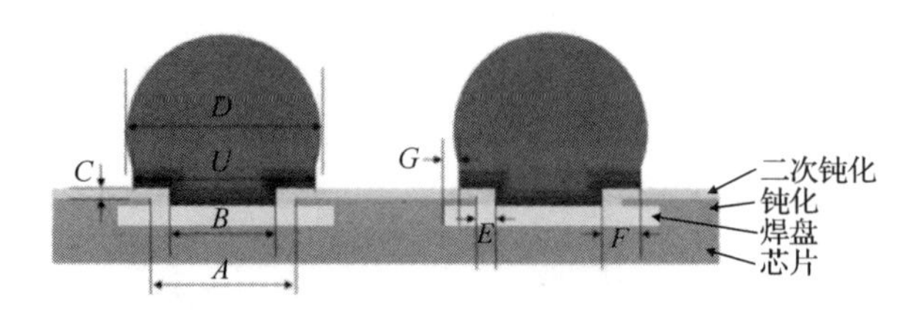

（a）锡球凸点（Solder Bump）

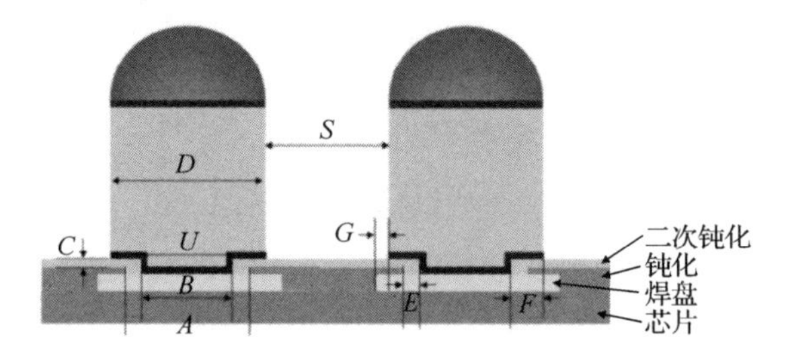

（b）铜柱凸点技术（Copper Pillar Bump）

图 3-9　锡球凸点和铜柱凸点

根据焊球间距的不同，对应基板的凸点焊盘（Bump Pad）设计也会有一些差异，主要分为凸点焊盘键合（Bump on Pad，BoP）和凸点导线键合（Bump on Trace，BoT）。

图 3-10 所示为凸点焊盘键合。这种设计方式适用于焊球间距较大的设计。凸点焊盘键合是指芯片上的凸点与基板上的焊盘焊接键合。凸点焊盘的大小应根据凸点的大小和板厂绿漆的能力进行设计。绿漆的开窗方式通常分为单开和全开两种。

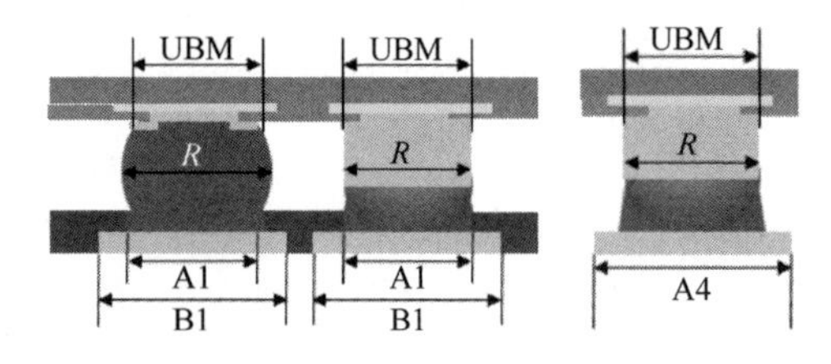

图 3-10　凸点焊盘键合

FC 的另一种设计是凸点导线键合。这种方式适合进行密集间距（Fine Pitch）的设计，适用于焊球间距较小、数量比较密集的产品。凸点导线键合在基板上用细导线代替尺寸大的焊盘，从而实现更高密度的互连。凸点导线键合如图 3-11 所示。

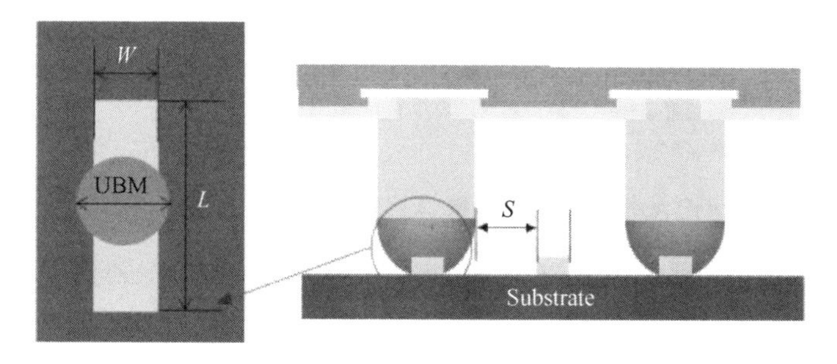

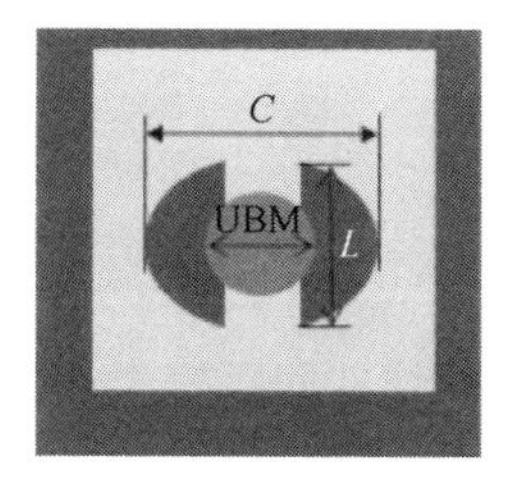

图 3-11　凸点导线键合

除 FC 设计外，还需要关注的重要环节是芯片底部的有效填充，焊球间距、高度、大小都会影响填充方案的选择和设计。目前针对 FC，主要采用毛细底部填充（Capillary Under Fill，CUF）和模塑底部填充（Molding Under Fill，MUF）两种方式，如图 3-12 所示。

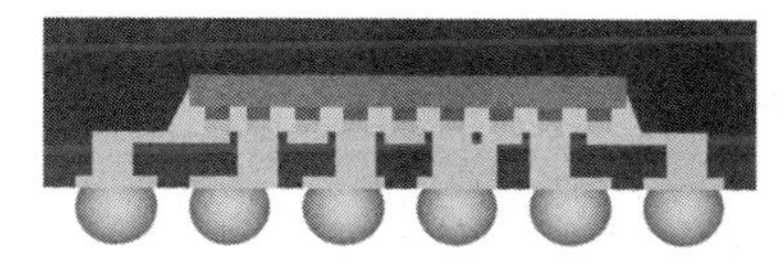

（a）毛细底部填充

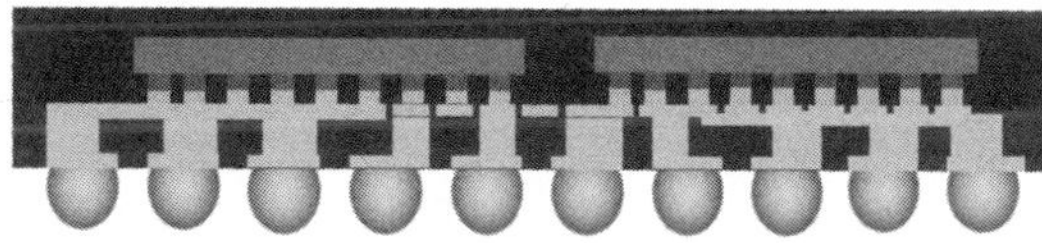

（b）模塑底部填充

图 3-12　毛细底部填充和模塑底部填充

当芯片底部站立高度（Stand of Height，SoH）小、焊球间距较小或芯片尺寸比较大时，通常选用毛细底部填充，设计时主要考虑点胶头的位置与毛细流动路径，以保证填充完全，如图 3-13 所示。

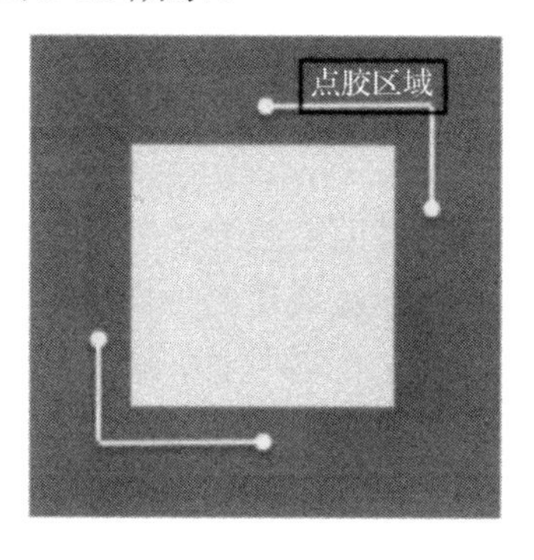

图 3-13　毛细底部填充点胶位置及路径

以 5G 毫米波天线的 AiP 为例，它采用 FC 技术，上部基板为天线阵列结构，底面中间部分为 FC 区域，选用毛细底部填充，四周为锡球阵列，后续与 PCB 贴装相连，如图 3-14 所示。

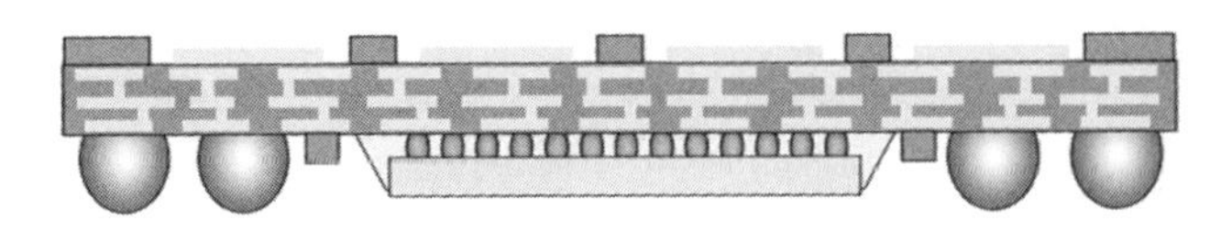

图 3-14 AiP 毛细底部填充点胶位置设计

焊球间距较大的产品可以选用模塑底部填充，设计时需要考虑塑封料颗粒大小与芯片底部站立高度、凸点间距的匹配、芯片大小、芯片与芯片之间的距离、芯片至封装体顶部及侧边的安全距离等。

除了以上介绍的主要设计过程，封装过程中基板翘曲、基板涨缩、封装中回流焊接、塑封等带来的应力也都会对凸点与基板的结合，甚至芯片本身造成冲击。为了降低这些因素所带来的影响，在封装设计中还须注意以下几点。

（1）凸点尺寸（Bump Size）较大，可以抵挡相对较大的应力冲击。

（2）采用模塑底部填充工艺，凸点间距、凸点高度、对应基板绿漆开口等需要与塑封料颗粒尺寸（Filler Size）匹配，为塑封料的填充留足空间，避免出现内部空洞（Internal Void）。

（3）芯片凸点排布尽量均匀，若有大块空白区域，则可以考虑增加一些无电信号凸点，以平衡应力。

（4）在进行基板设计时，尽量平衡各层的残铜比及残铜位置，减少基板翘曲，进而减小封装过程中由此带来的应力。

（5）芯片凸点对应基板背面的区域尽量不进行绿漆开窗，以提供更为平整的平面，从而降低塑封过程中基板形变所带来的影响。

（6）超薄基板或无芯材（Coreless）基板一般偏软，在封装过程中更易受到应力作用，在设计条件允许时，应尽量增加基板厚度或选用匹配的芯材。

4．元器件排布及开窗设计

系统级封装中常会集成一些表面贴装元器件，如电阻、电容、电感、二极管等。系统级封装产品向着小型化、集成化的方向发展，越来越多的元器件封装在系统级封装体中。如图 3-15 所示。除芯片外，该款系统级封装产品还包含上百个不同型号的无源元器件。

元器件排布设计首先考虑贴装绿漆开窗问题，如开窗过小或过大均会导致锡膏桥接、虚焊及基板沾污。标准元器件对应的开窗设计一般都是各封装公司产线长期作业的总结，对设计有重要的指导意义。对于非标准元器件，应与产线沟通，根据产线作业经验或试验设计（Design of Experiment，DOE）论证数据进行设计。

下面以型号 0201 电容开窗设计为例进行介绍，0201 电容的绿漆开窗设计如图 3-16 所示。

图 3-15　系统级封装各类元器件的贴装

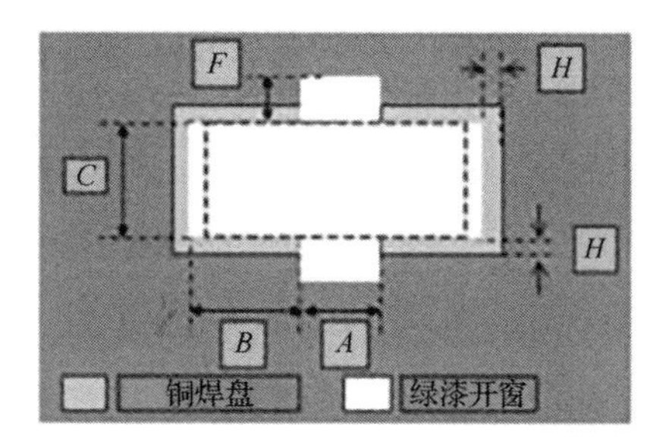

图 3-16　0201 电容的绿漆开窗设计

在图 3-16 中，虚线为电容实物的尺寸。绿漆开口设计需要注意以下事项。

（1）遵循长度方向单边外扩一定数值，通常为 50μm。宽度方向保持 1∶1 设计，长度方向外扩：一方面是考虑元器件的贴装公差和绿漆公差；另一方面是保证在进行表面贴装时，在元器件侧边爬锡，以保证焊接牢固。

（2）绿漆开口宽度是为了保证注塑时塑封料的填充完全。

（3）两侧焊盘的绿漆开窗大小应相同，以保证贴装时锡膏对两边的作用力大小一致，否则容易出现立碑（Tomb Stone）现象。

（4）两个铜焊盘之间需要保证一定距离（*A*），以避免锡膏桥连。

（5）对于晶振或滤波器等，其设计原理同上述电容的开窗设计原理，总体原则都是保证贴装的顺利、塑封料的填充无问题及后期产品可靠。晶振的绿漆开窗设计如图 3-17 所示。

此外，由于各类型元器件排列密集，因此各元器件之间的距离也是设计过程中需要重点考虑的因素。元器件间距排布示意图如图 3-18 所示。

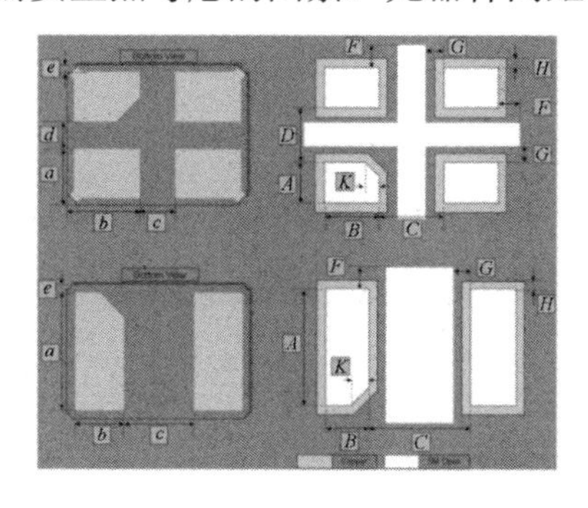

图 3-17　晶振的绿漆开窗设计

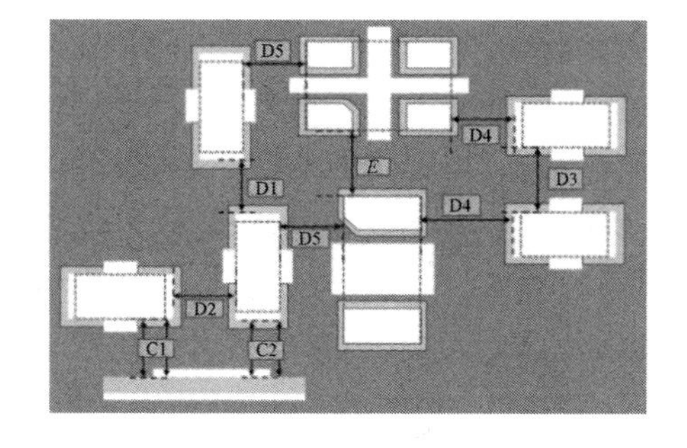

图 3-18　元器件间距排布示意图

图 3-19 所示为芯片与元器件的间距示意图。

由于芯片或元器件的大小、公差，以及实际作业过程中所用机台、基板的精度等都各不相同，因此在设计时需要根据具体情况判断距离。

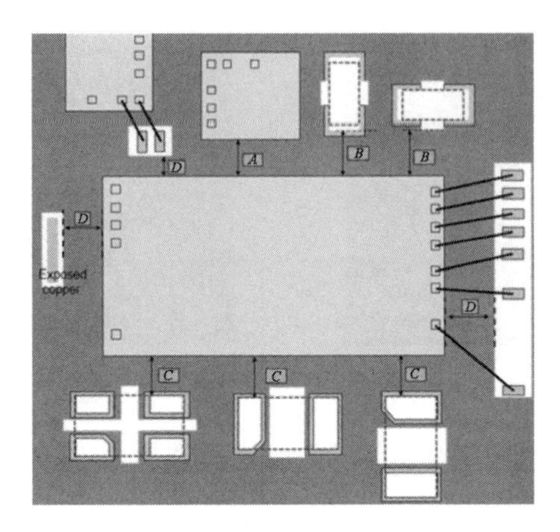

图 3-19 芯片与元器件的间距示意图

5. 电磁干扰屏蔽设计

为了减少电子设备引起的电磁场干扰或避免周围环境对设备的电子干扰，电磁干扰（Electromagnetic Interference，EMI）屏蔽设计很重要。电磁干扰屏蔽设计已广泛应用在手机射频的 PA 模块，以及智能穿戴手表的内存（Memory）、AP、近场通信模块（NFC Module）等领域。

针对系统级封装，实现屏蔽的封装工艺目前主要包括金属壳（Metal Cap）和金属层溅射（Sputter）方案。金属壳屏蔽方案将电磁屏蔽罩或屏蔽环直接焊接在母板（Mother Board/PCB）上，覆盖需要屏蔽的封装体，如图 3-20（a）所示；金属层溅射屏蔽方案在封装体上和四个侧边溅射屏蔽金属，从而达到电磁屏蔽的效果，如图 3-20（b）所示。

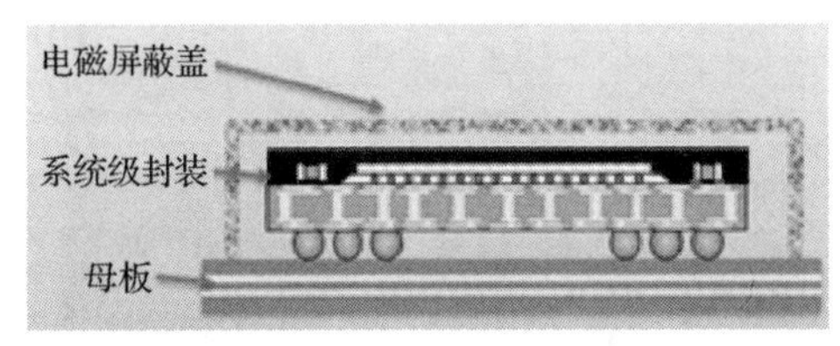

（a）金属壳屏蔽方案

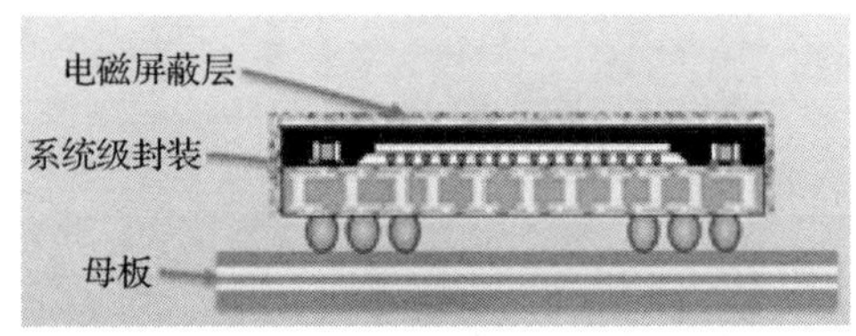

（b）金属层溅射屏蔽方案

图 3-20 金属壳屏蔽方案和金属层溅射屏蔽方案

与金属壳屏蔽方案相比，金属层溅射屏蔽方案的优势主要体现在可以增大母板的设计空间，无须单独设计屏蔽盖，屏蔽金属层紧贴封装体，结构紧凑，节约空间。

对于金属层溅射屏蔽方案，系统级封装基板通过以下两种方式进行镀层的接地设计。

（1）在基板的内层边缘打地孔，孔中心与封装体外侧（Outline）重合，产品切割完成后会露出过孔侧壁，随后进行金属层溅射，实现接地，如图 3-21 所示。

（2）在基板内层进行接地走线设计，将接地设计延伸至封装体边缘，产品切割完成后进行金属层溅射，实现接地，如图 3-22 所示。

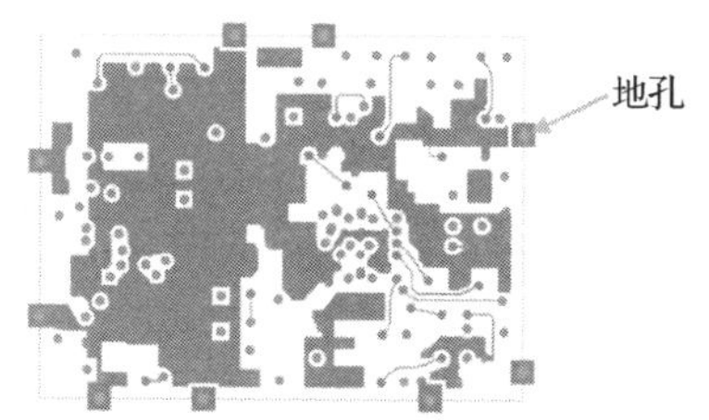

图 3-21 封装体外侧地孔设计示意图

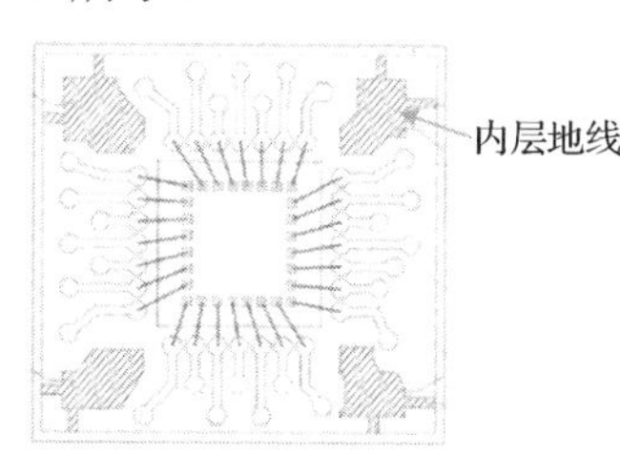

图 3-22 基板内层接地设计

不管是采用过孔还是线路进行接地设计，都需要一定数量的连线及一定大小的连接横截面积，以保证封装体与外层镀层的充分接地。

由于系统级封装集成功能越来越多，封装体内不同功能模块之间有时也出现信号干扰问题，因此需要进行封装体局部屏蔽。在设计时不仅要考虑外层镀层的接地问题，还要考虑中间开槽与金属填充部分的宽度，以及与基板连接部分的面积，如图 3-23 所示。

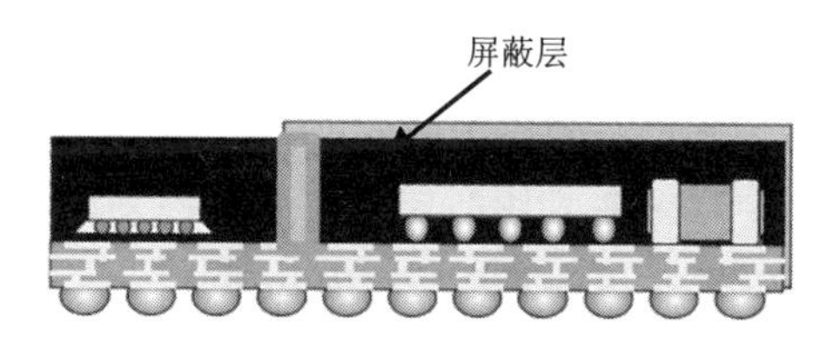

图 3-23 局部屏蔽示意图

3.2.3 基板设计

在对封装结构，以及内部芯片和元器件排布进行设计时，基板设计一般会同时进行。基板设计一方面需要满足芯片与底部引脚的基本互连要求，另一方面要满足产品的性能要求。基板作为封装的基本材料，本质上就是一块覆铜箔层压板，其制作工艺与 PCB 制作工艺类似。在进行基板设计时需要综合考虑性能与成本，力求用最低的成本实现最优的性能，同时需要兼顾可行性，以利于厂商的大批量生产。

1. 基板叠层结构设计

基板的种类很多，根据层数可分为两层、四层、六层等基板。图 3-24 所示为四层基板叠层结构。

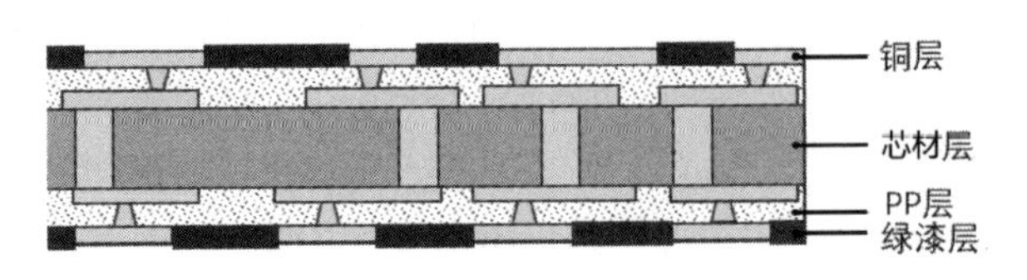

图 3-24　四层基板叠层结构

芯材（Core）层由环氧树脂和玻璃纤维布组成，处在基板的中间位置，起到平衡应力、提供支撑的作用。PP（Pre-Preg，半固化片）层相当于黏接剂，用层压的方法黏接成多层板。铜层（线路层）的常规材料是铜，用来传输信号，厚度通常会因不同设计需求与加工工艺而有所不同。绿漆层起到保护线路的作用，根据显影能力的不同，可分为干膜和湿膜。两层基板叠层结构在四层基板叠层结构的基础上减去了 PP 层和两层铜层，如图 3-25 所示。

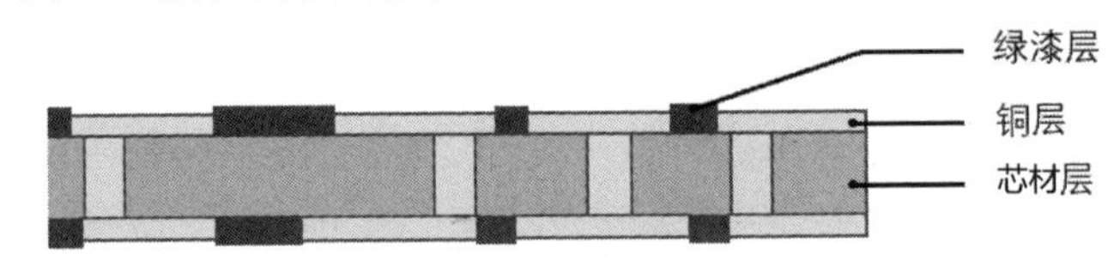

图 3-25　两层基板叠层结构

对于低速电路的设计，在布线可行且满足电源和接地完整性要求的情况下，优先选择两层通孔设计。在有阻抗要求或不能保证电源和接地要求时，可设计成四层通孔。由于系统级封装产品复杂度高，因此常常会用到四层、六层甚至八层等更高层别的基板。六层基板通常比两层基板和四层基板的成本高，叠层分布通常为顶层→地线层→第三层金属→第四层金属→电源→底层（Top→GND→M3→M4→Power→Bottom）。需要注意的是，相邻层走线要垂直，至少不能重叠，并保证参考平面的完整。六层基板一般是单芯材，打孔方式有通孔和错位孔（2+2+2）两种。另外，基板叠层设计要兼顾可行性、对称性，避免两个电源层相邻，重要信号优先靠近地层，相邻信号层间距加大且布线垂直。

2．基板材料的选择及表面处理方式

基板材料一般由绿漆、铜箔和芯材组成。多层板一般还需要半固化片层。在选择基板材料时通常关注以下几个方面。

（1）合理的介电常数。

（2）合理的材料介质损耗。

（3）材料的热膨胀系数。

（4）较好的耐热性、抗化学性、抗冲击性。

（5）优先选择主流、常备的基板材料。常见的芯材厚度有 60μm、100μm 和 150μm 三种规格。

基板金属表面处理方式主要有镍金（Ni/Au）、镍钯金（Ni/Pd/Au）及有机保焊膜（Organic Solderability Preservative，OSP）三种，如表 3-1 所示。基板金属表面处理的主要作用是防止焊盘表面氧化及增加可焊性。

表 3-1　基板金属表面处理方式的厚度（单位：μm）

表面处理方式	封　　装	镍 Ni	软金	硬金	钯（Pd）	金（Au）	OSP
镍金	BGA	≥5	≥0.3				
	LGA，Card	≥3	≥0.3				
	Card（底部）	≥3		≥0.3			
镍钯金	BGA，LGA，Card	≥3			≥0.1	≥0.1	
OSP	BGA，LGA						0.3±0.1

由于系统级封装内部元器件及芯片多种多样，因此往往需要在同一款基板上进行不同的表面处理。例如，混合（Hybrid）键合产品结构需要局部 OSP 和局部镍金处理，设计过程中需要考虑各种处理方式共存的条件及适用范围，以免厂商制作困难。混合键合产品结构示意图如图 3-26 所示。

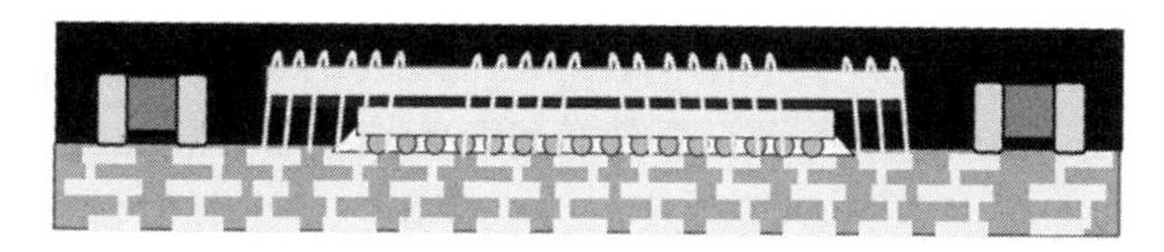

图 3-26　混合键合产品结构示意图

3. 成本优化设计

基板成本占整个封装产品成本的比例很大，基板设计过程中一些关键因素会直接影响基板的成本。除了上述基板结构的影响，在具体设计过程中，通孔的选择及线路的成型加工方式是影响最终基板成本的重要因素。图 3-27 所示为机械钻孔及激光钻孔示意图。

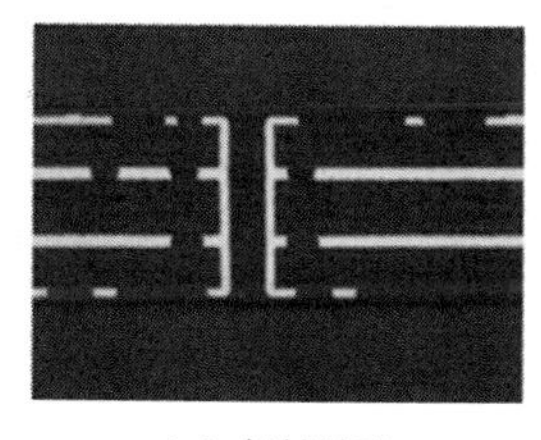

（a）机械钻孔

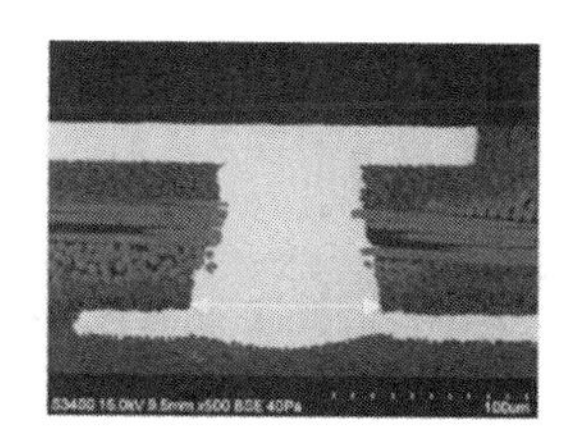

（b）激光钻孔

图 3-27　机械钻孔及激光钻孔示意图

机械钻孔指的是钻机在高转速和一定落速带动下，一次性钻穿基板所有叠层，形成电镀通孔（Plated Through Hole，PTH）。其特点是速度快、精度低、成本低。激光钻孔使用红外光或紫外光穿透单层基板叠层，形成相邻层之间的过孔。其特点是灵活性高、精度高、成本高。通孔的设计尺寸除了与工艺有关，还与基板的厚度有关。

4．常见的布线优化设计

在芯片集成度、工作频率不断提高的背景下，对封装级电子系统的性能要求越来越高。在互联系统中，当信号经由过孔换层时，会在电源分布网络（Power Distribution Network，PDN）上耦合出相应的噪声。这些噪声在 PDN 边缘辐射，从而引起相应的电磁干扰。信号线的不连续因素包括键合线、封装引脚、焊盘、过孔、走线尺寸、介质变化、走线拐角、走线分支等。在进行封装布线优化设计时，信号完整性、串扰、阻抗匹配、电磁干扰等方面也是需要高度重视的。这部分内容将在后续章节会详细介绍。

3.2.4 高密度结构设计

高密度系统级封装是一种非常广泛的概念，按芯片间信号互连方式可以分为焊线互连封装结构、倒装互连封装结构、焊线互连和倒装互连的混合封装结构；按内部集成的传感器、MEMS、无源元器件等可分为集成芯片和元器件的常规封装结构、传感器封装结构；按芯片贴装位置可分为采用芯片堆叠的封装结构、3D 封装结构、双面封装结构、采用埋入式基板的嵌入式封装结构等，如图 3-28～图 3-34 所示。

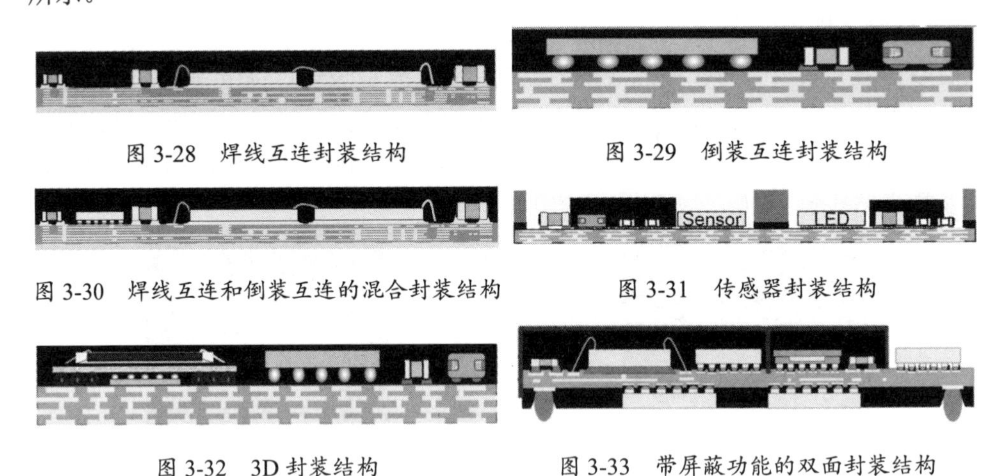

图 3-28　焊线互连封装结构

图 3-29　倒装互连封装结构

图 3-30　焊线互连和倒装互连的混合封装结构

图 3-31　传感器封装结构

图 3-32　3D 封装结构

图 3-33　带屏蔽功能的双面封装结构

图 3-34　采用埋入式基板的嵌入式封装结构

随着各种新技术、新材料、新工艺的不断发展，各种高密度封装应运而生，下面重点介绍各种高密度封装的结构和设计。

1．2D 高密度结构设计（2D High Density Structure Design）

2D 高密度结构设计取决于芯片封装集成密度、芯片数量，以及芯片和元器件的集成。随着近年来芯片级封装（Chip Scale Package，CSP）、多芯片模块（Multi-Chip Module，MCM）等的高速发展，体积小、密度高、功能多、成本低、可靠性高已成为微电子封装产品的发展趋势。

CSP 技术可以有效提高封装密度。CSP 通常指封装外形的尺寸小于或等于 1.2 倍裸芯片尺寸的先进封装形式，具有体积小、I/O 端口较多、电性能好、热性能好等特点。最具代表性的 CSP 是晶圆级芯片封装（Wafer Level Chip Scale Packaging，WLCSP），可通过两种途径实现 2D 高密度结构：采用更高制程的工艺，降低芯片中线路的宽度和间距，从而将芯片尺寸进一步缩小；通过采用更小的球径和球间距的方式，极大缩小封装尺寸。例如，将锡球间距 e 从 1.5mm 缩小到 0.4mm，锡球尺寸 b 从 0.75mm 缩小到 0.25mm，以 225 个 I/O 端口为例，WLCSP 尺寸可以从 12mm×12mm 缩小至 6.5mm×6.5mm，封装面积可以大幅缩小 70%，如图 3-35 所示。

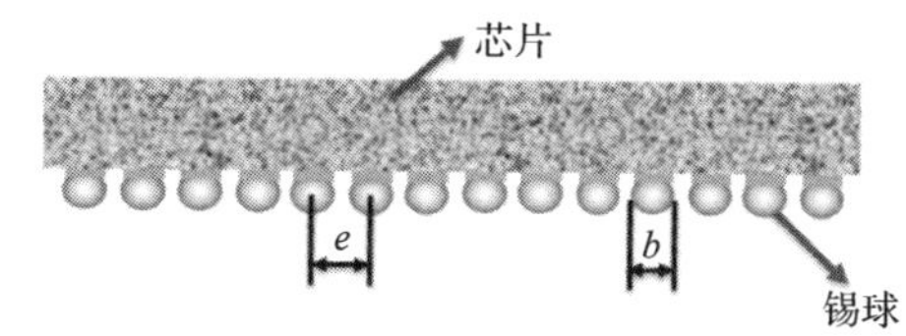

图 3-35　WLCSP 结构示意图

多芯片封装技术将多个芯片在基板端互连，并进行封装。与单芯片分立技术相比，采用多芯片封装技术可使芯片间距离更近，连接线更短，传输延迟大大降低。多芯片封装结构根据芯片间信号互连方式又可以分为焊线互连封装结构、倒装互连封装结构、焊线和倒装混合互连封装结构。

在进行系统级封装设计时，需要充分考虑芯片到芯片、芯片到元器件、元器件到元器件之间的距离，布局时尽量将这些间距缩小。此外，在进行基板线路设计时选择更细的线宽和更小的线距，也可以进一步提高封装的集成度，缩小整体封装体的尺寸。排版布局设计示意图如图 3-36 所示。

2．2.5D 高密度结构设计（2.5D High Density Structure Design）

与 2D 高密度结构不同，2.5D 高密度结构通常采用转接板（Interposer）来实现更高密度的互连。图 3-37 所示为 2D 高密度结构与 2.5D 高密度结构对比图。

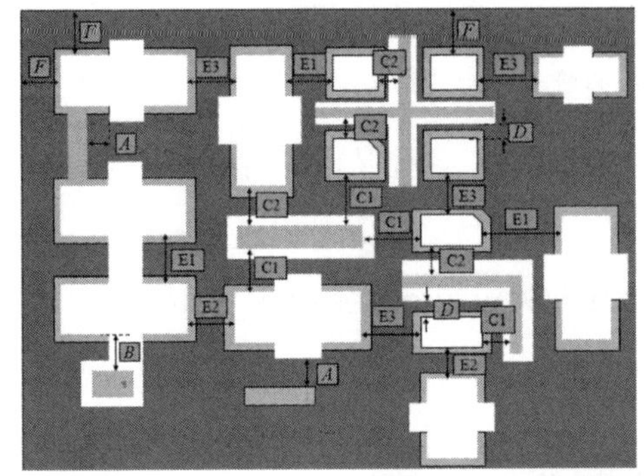

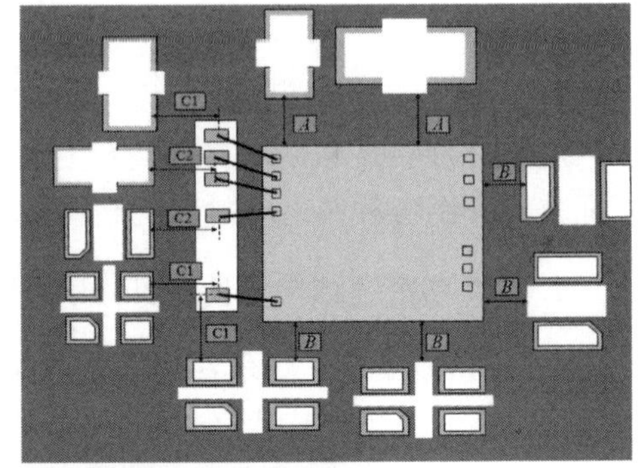

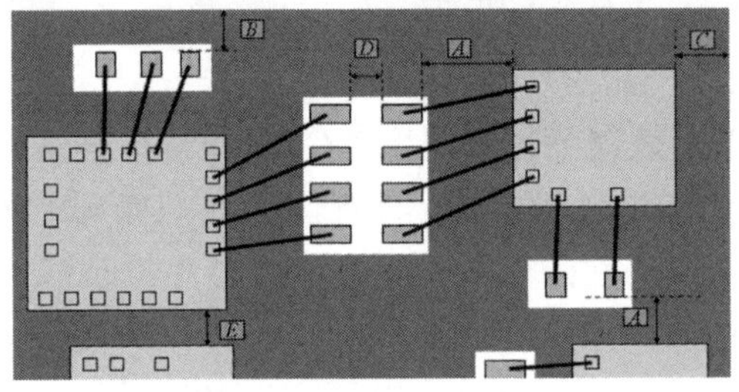

图 3-36　排版布局设计示意图

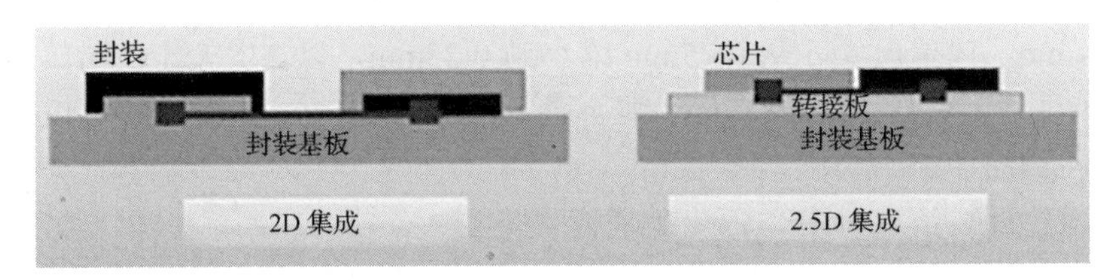

图 3-37　2D 高密度结构与 2.5D 高密度结构对比图

从结构上看，转接板位于芯片和基板中间，起到连接芯片和基板的作用；从电性能上看，转接板起到转移导通的作用。转接板需要具有良好的综合性能，包括高电阻率、低损耗、高导热性、热膨胀系数和硅热膨胀系数相匹配、高强度、高模量、通孔易成型、成本可控。根据所用的材料，转接板可以细分为玻璃转接板、硅转接板、有机转接板。相比于其他材质的转接板，玻璃转接板的过孔等加工处理并不占优势，但其材料性能较好、成本较低。不同型号玻璃转接板的热膨胀系数表现有所差异。例如，Pyrex 玻璃转接板的热膨胀系数与硅热膨胀系数近乎匹配，在一定程度上可以减少加热过程中产品的形变问题。不同类别转接板的热性能对比图如图 3-38 所示。

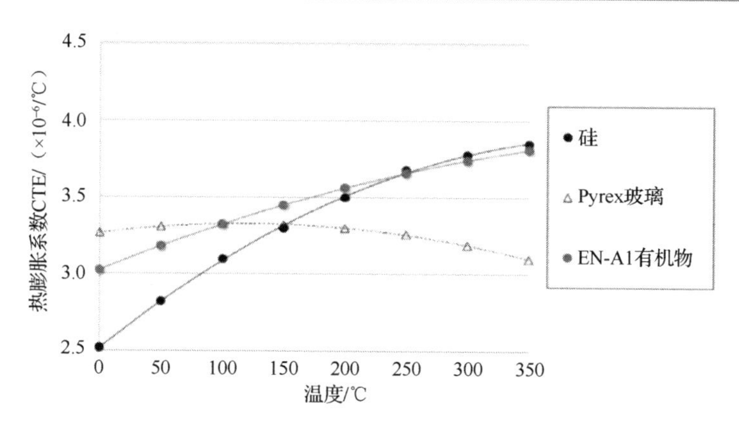

图 3-38　不同类别转接板的热性能对比图

与硅转接板相比，玻璃转接板的 S 参数损耗更小，电性能较优，如图 3-39 所示。

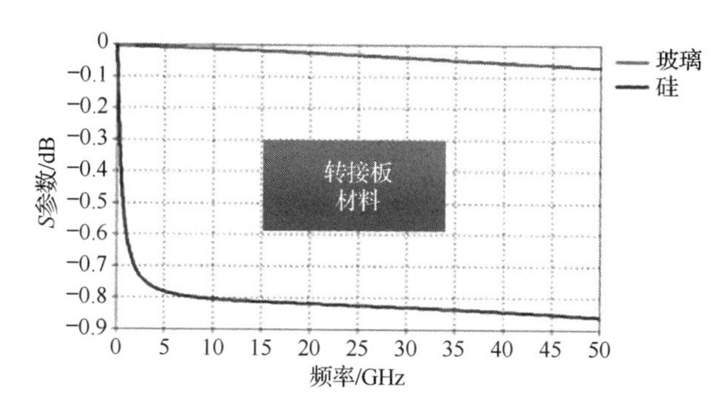

图 3-39　玻璃转接板和硅转接板电性能对比图

随着孔径的变大，玻璃转接板 S 参数的损耗更大，如图 3-40 所示。

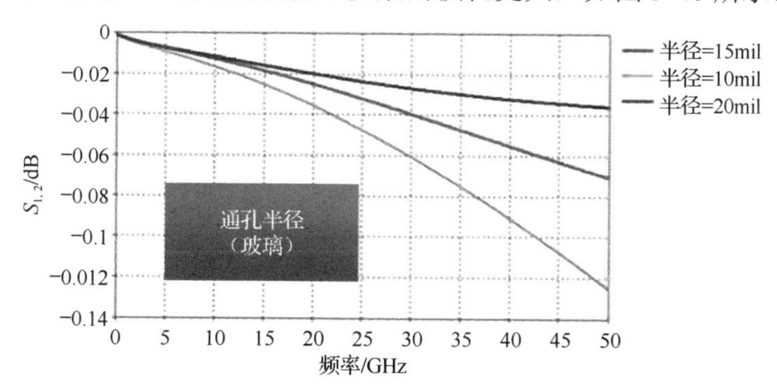

图 3-40　玻璃转接板不同通孔半径 S 参数损耗

若要在 2.5D 封装体中实现高密度设计，则需要在转接板上采用更小的间距和通孔，并缩小芯片与芯片之间的距离。2.5D 封装结构图如图 3-41 所示。

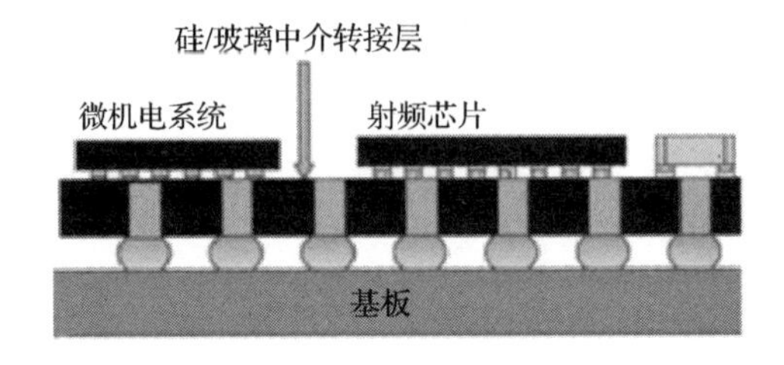

图 3-41　2.5D 封装结构图

不同供应商的制程能力存在一定差异，玻璃转接板供应商的加工能力如表 3-2 所示。

表 3-2　玻璃转接板供应商的加工能力

规　格	Ashahi Glass	Corning	NTK	Shinko Electric	Unimicron
基板材料尺寸/（mm×mm）	114×114；500×500（样品）	370×470；510×510			508×508
转接板厚度/μm	50～100	100	180	200/220	100～200
最小线宽/线距	2μm/2μm	3μm/3μm～5μm/5μm	3μm/3μm	2μm/2μm～5μm/5μm	3μm/3μm～8μm/8μm
最小孔径/μm	50-60	25	15	50	100
最小孔距/μm	120	50	150	100	200

3．3D 高密度结构设计（3D High Density Structure Design）

为了追求更小的产品面积，采用将芯片进行纵向堆叠的方式，从而形成了 3D 封装。3D 封装能够堆叠不同类型的多种芯片，在一定高度下，保证尽可能小的封装面积，在处理器、内存芯片等领域获得了广泛应用。

（1）硅通孔（TSV）互连。

TSV 技术是一种在芯片之间通过 TSV 工艺进行互连的技术，能有效缩短互连长度，最小化封装尺寸，改善电性能。目前 TSV 主要有两种加工技术：一是离子刻蚀；二是激光打孔。通孔按照加工时间可分为先通孔（Via First）和后通孔（Via Last）两种。先通孔在晶圆制造过程中实现，后通孔在封装厂实现。

图 3-42 为电镀铜 TSV 填孔与熔融锡 TSV 填孔加工流程对比图。

通孔填充是 TSV 制造的重要工序之一，传统的实现方式是电镀铜填孔，还可以通过熔融锡完成通孔填充。电镀铜是目前研究最多、应用最成熟的工艺，缺点是比较费时。TSV 的具体制作工艺将在 6.5 节详细介绍，这里不再深入描述。

相比采用焊线工艺的 3D 封装，采用 TSV 工艺实现的 3D 封装极大提高了基板的利用率，缩小了封装尺寸，具有更优异的电性能、更好的散热性、更高的集成度。采用 TSV 工艺 3D 封装密度的高低主要由 TSV 的孔径和孔间距决定，在相同 I/O 端口数量的情况下，孔径和孔间距越小，密度越高，集成度也越高。采用 TSV 工艺的 3D 封装结构如图 3-43 所示。

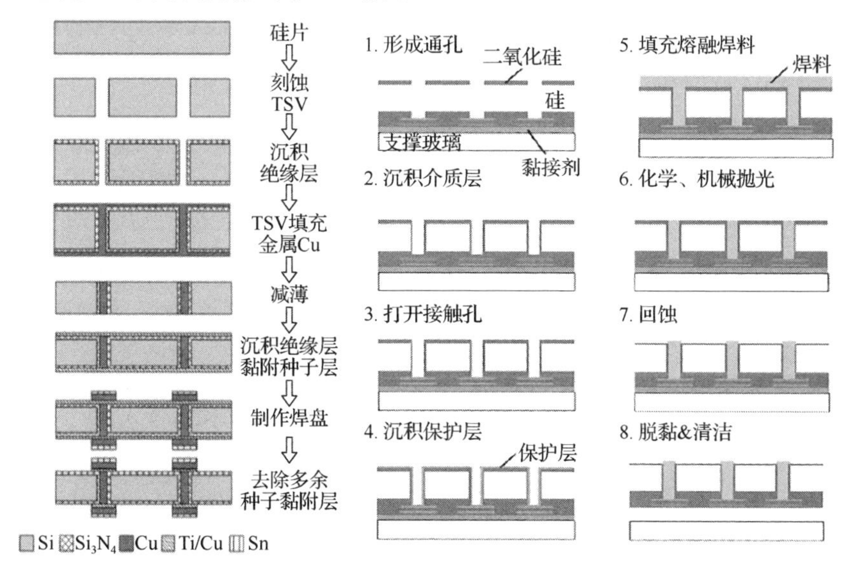

图 3-42　电镀铜 TSV 填孔与熔融锡 TSV 填孔加工流程对比图

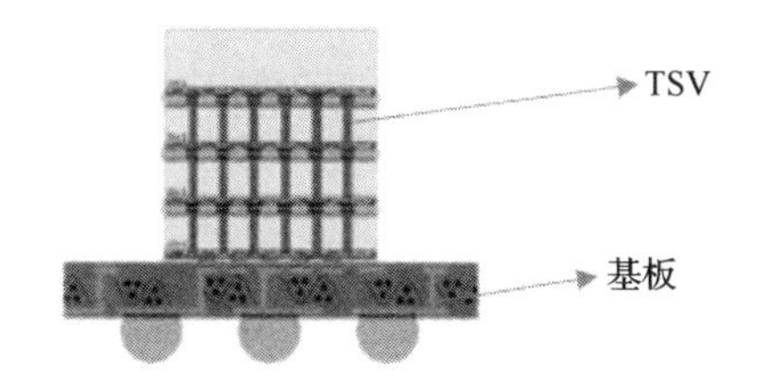

图 3-43　采用 TSV 工艺的 3D 封装结构

（2）芯片堆叠互连。

芯片堆叠（Stack Die）封装结构可分为金字塔形芯片堆叠结构、倒金字塔形芯片堆叠结构；根据芯片间信号互连方式不同又可以分为焊线互连芯片堆叠结构、倒装互连芯片堆叠结构、焊线和倒装混合互连芯片堆叠结构这三大类，分别如图 3-44～图 3-48 所示。

（3）芯片-晶圆键合（Chip to Wafer Bonding，C2W）互连和晶圆-晶圆键合（Wafer to Wafer Bonding，W2W）互连。

芯片-晶圆键合将单个芯片倒装到晶圆上后再切割成单个产品。晶圆-晶圆键合将整个晶圆倒装互连后，再切割成单个产品，如图 3-49 所示。

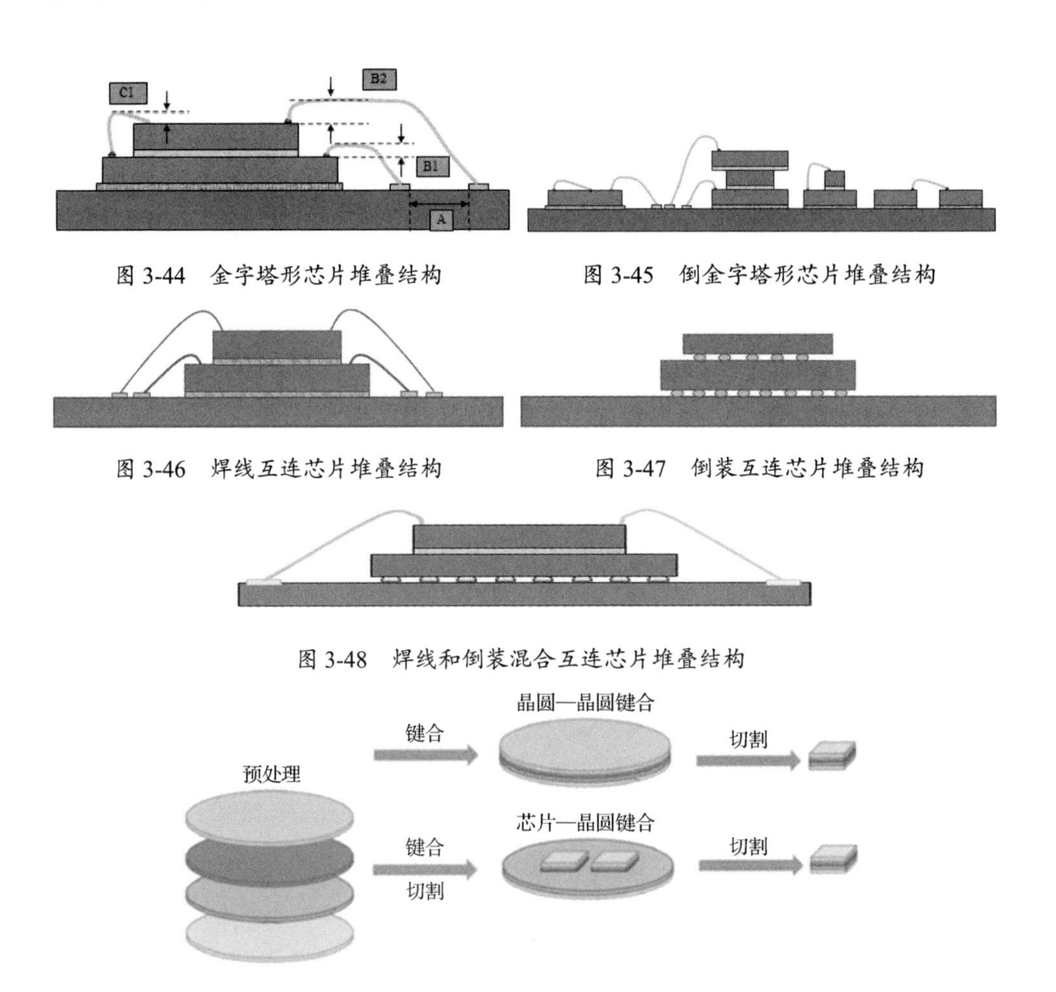

图 3-44 金字塔形芯片堆叠结构

图 3-45 倒金字塔形芯片堆叠结构

图 3-46 焊线互连芯片堆叠结构

图 3-47 倒装互连芯片堆叠结构

图 3-48 焊线和倒装混合互连芯片堆叠结构

图 3-49 芯片-晶圆键合和晶圆-晶圆键合互连方式示意图

芯片-晶圆键合互连与晶圆-晶圆键合互连的优缺点对比如表 3-3 所示。

表 3-3 芯片-晶圆键合互连与晶圆-晶圆键合互连的优缺点对比

键合类型	优点	缺点
芯片-晶圆键合	测试良品； 无累积良率损失	高风险； 逐个选取良品芯片，效率低
	适用于不同芯片尺寸	对位困难
晶圆-晶圆键合	工艺简单	相同芯片尺寸
	低成本	累积良率损失

高密度封装往往不局限于单种封装技术，很多应用场景都会将基于转接板封

装与基于 TSV 工艺的 3D 封装技术结合，整合不同类型芯片，用更小的空间实现更强大的功能，在系统级封装中得到了广泛应用。在 TSV 工艺下，逻辑芯片负责连接上下的影像传感器（CMOS Image Sensor，CIS）、模拟和射频芯片，硅转接板通过锡球实现芯片到基板的互连。与传统封装技术相比，3D 封装技术能够实现更高密度的结构，更短的信号传输路径，电性能、热性能均表现优异。图 3-50 所示为多功能 3D 混合结构图。

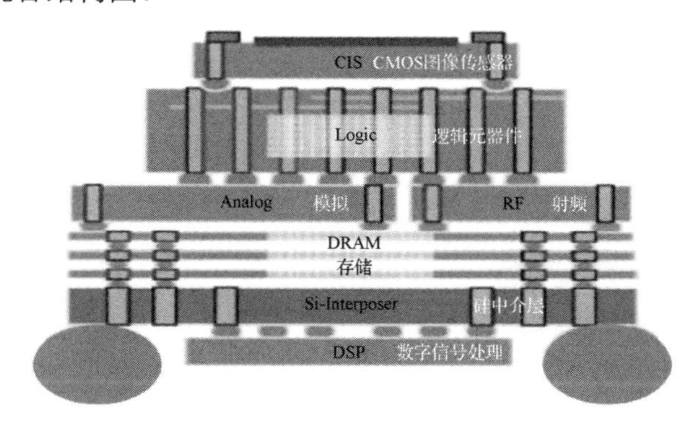

图 3-50　多功能 3D 混合结构图

4．埋入式高密度结构设计

主流封装产品主要将芯片、无源元器件等贴装在基板表面后进行塑封，产品尺寸和厚度主要由塑封体的内部空间决定。

在产品小型化的发展趋势下，以智能手机为代表的便携式通信产品和可穿戴产品对封装产品提出了更小、更薄、更轻的需求。在这种背景下，埋入式封装结构应运而生。通过将芯片、无源元器件嵌入基板内部，可以把基板内部空间充分利用起来，不仅可以大大节约基板表面空间，还可以消除焊接点，减少引入的电感量，从而降低电源系统的阻抗。这样不仅可以将封装产品做得更小、更薄，可靠性、电气性能也得到了一定程度的提高。

埋入式高密度结构可以分为平面埋入式结构和分立式埋入结构两大类。

（1）平面埋入式结构设计。

平面埋入式结构对电容、电阻、电感埋入时的设计要求不同。埋入式电容技术会在 PCB 上建立一个大的平行板极电容。基板采用埋入式电容工艺的结构如图 3-51 所示。

所得电容量的大小取决于绝缘层厚度、介电常数、PCB 尺寸，计算公式为

$$C = AD_{k}K/t$$

式中，C 为电容量，A 为面积，D_k 为介电常数，K 为常数，t 为厚度。

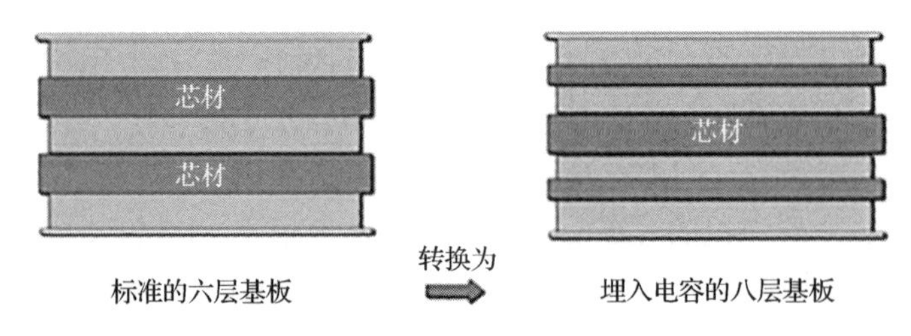

图 3-51　基板采用埋入式电容工艺的结构

因此，当材料选定后，D_k 和 K 就已经确定，电容量 C 仅与面积 A 和厚度 t 有关系，当把电容埋入基板，叠层结构也定下来后，电容量就由铜箔的面积决定，可以设计不同的形状、尺寸、面积，以满足不同电容量的要求。图 3-52 所示为埋入式电容结构图，采用的是圆形。

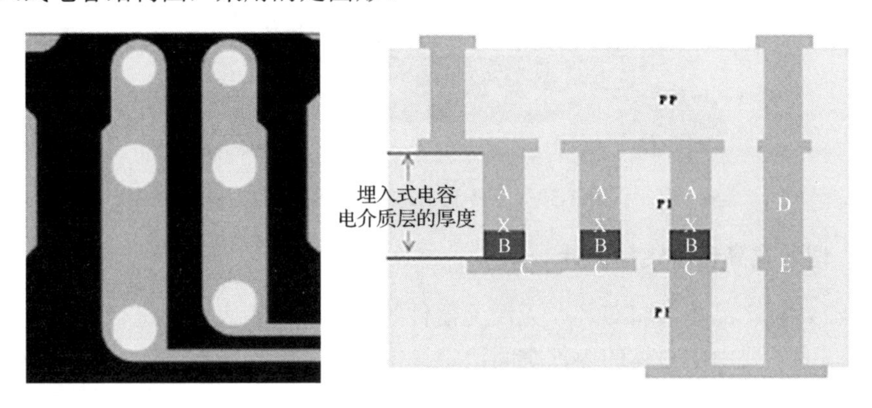

图 3-52　埋入式电容结构图

埋入电阻可以采用平面减成法，将电阻铜箔直接压在基板层，通过蚀刻的方法将电阻加工出来，如图 3-53 所示。

埋入电阻还可以采用平面加成法，将电阻浆料直接印刷在基板线路层，如图 3-54 所示。

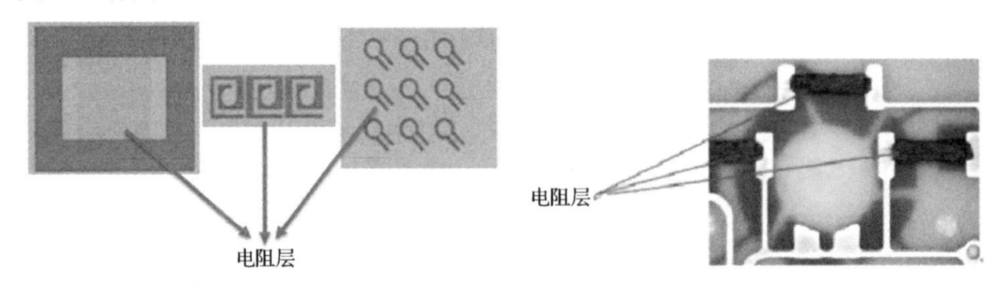

图 3-53　采用平面减成法埋入电阻示意图　　图 3-54　采用平面加成法埋入电阻示意图

电阻值 R 的大小取决于材料的电阻率 ρ、截面积 S 和长度 L，计算公式为

$$R=\rho L/S$$

通过设计不同长度和不同截面积的线路，可以得到不同的电阻值。一般会将线路设计成直线、S 形、L 形、弯折形等，设计非常灵活，可以实现高密度集成的埋入式电阻设计方案，进一步提升空间利用率。不同埋入式电阻图形的设计如图 3-55 所示。

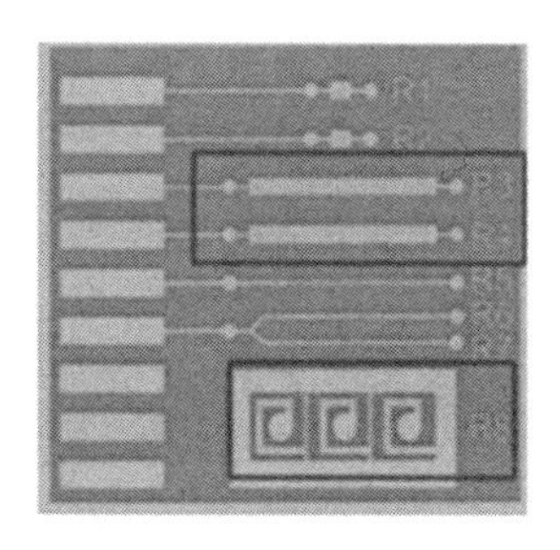
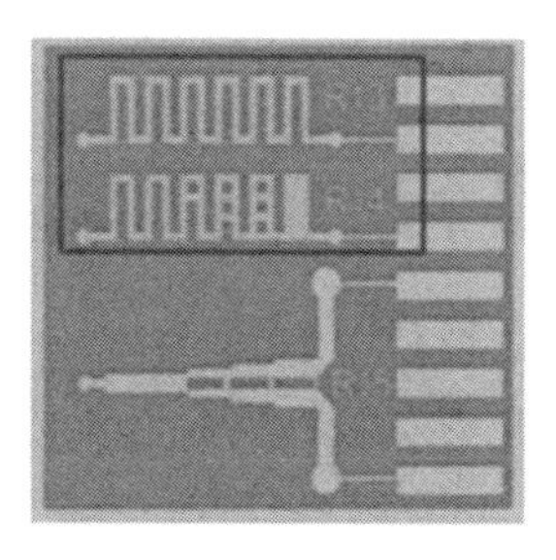

图 3-55 不同埋入式电阻图形的设计

（2）分立式埋入结构设计。

分立式埋入结构主要可以埋入无源元器件和芯片。在埋入成品电阻、电容、电感等无源元器件或芯片时，需要考虑所选元器件的尺寸、厚度（这些参数会影响埋入后基板的尺寸和厚度）。分立式埋入无源元器件切片结构图如图 3-56 所示。分立式埋入芯片切片结构图如图 3-57 所示。

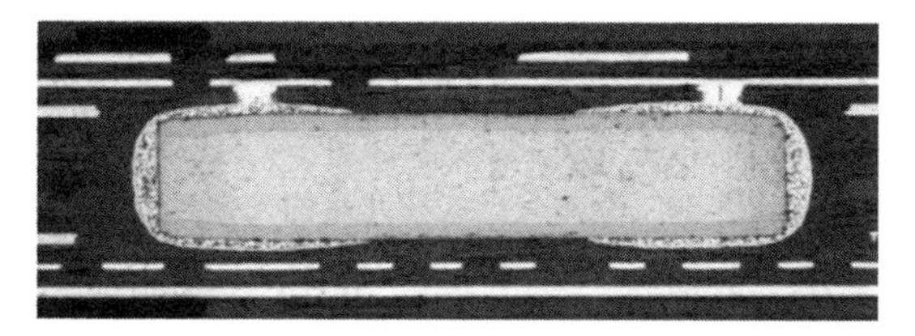

图 3-56 分立式埋入无源元器件切片结构图

图 3-57 分立式埋入芯片切片结构图

在设计分立式埋入结构时，可以参考相关规则进行排版设计，以便实现高密度结构的需求，最大限度地将基板内部空间利用起来。分立式埋入无源元器件结构设计规则如图 3-58 所示。分立式埋入芯片结构设计规则如图 3-59 所示。

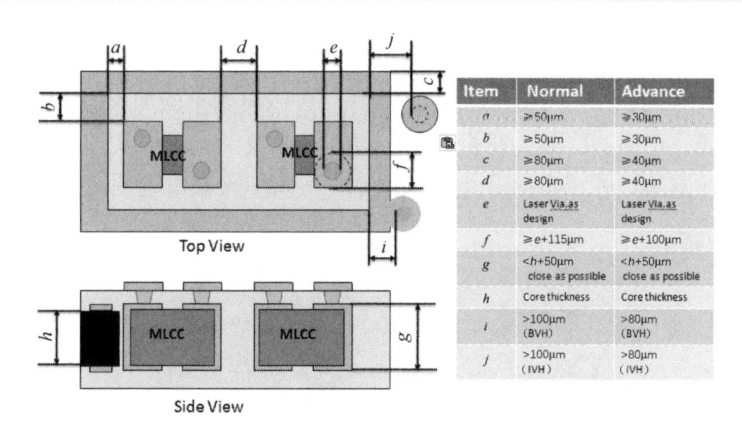

Item	Normal	Advance
a	≥50μm	≥30μm
b	≥50μm	≥30μm
c	≥80μm	≥40μm
d	≥80μm	≥40μm
e	Laser Via.as design	Laser Via.as design
f	≥*e*+115μm	≥*e*+100μm
g	<*h*+50μm close as possible	<*h*+50μm close as possible
h	Core thickness	Core thickness
i	>100μm (BVH)	>80μm (BVH)
j	>100μm (IVH)	>80μm (IVH)

图 3-58　分立式埋入无源元器件结构设计规则

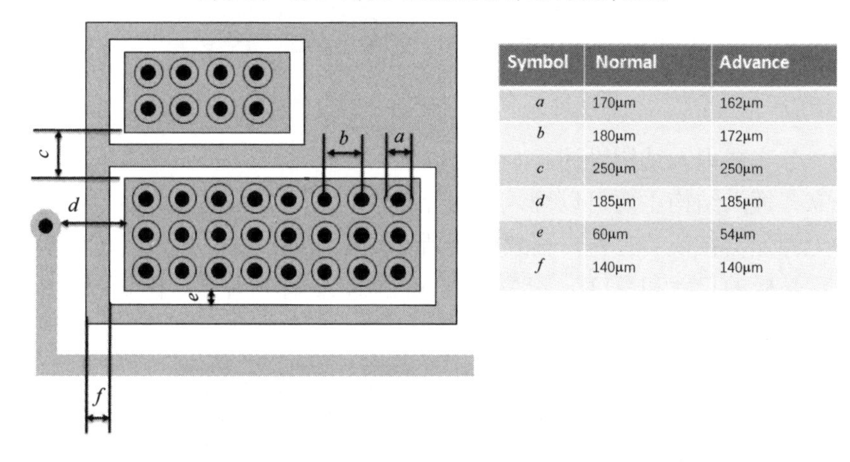

Symbol	Normal	Advance
a	170μm	162μm
b	180μm	172μm
c	250μm	250μm
d	185μm	185μm
e	60μm	54μm
f	140μm	140μm

图 3-59　分立式埋入芯片结构设计规则

根据分立式埋入结构的原理，可以将原有 WLCSP 芯片贴装在基板之上的方式更改为芯片埋入基板内，这种设计方式可以极大地缩小系统级封装的尺寸，可以进一步提升电性能、可靠性和散热性，如图 3-60 所示。

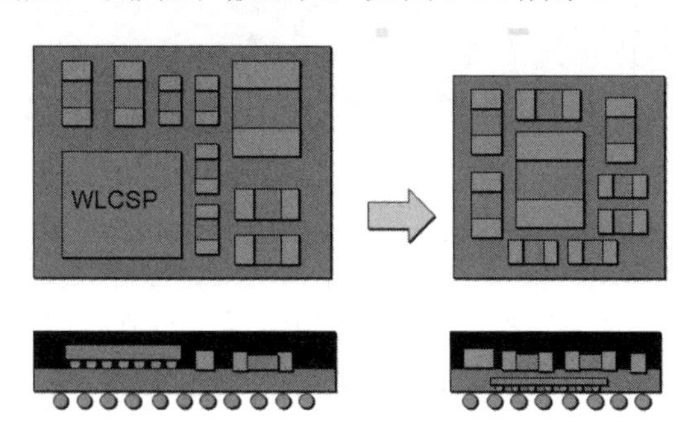

图 3-60　将 WLCSP 芯片贴装在基板之上的方式更改为芯片埋入基板内的示意图

（3）平面埋入和分立式埋入混合的结构设计。

由于平面埋入和分立式埋入都有各自的优缺点和限制，因此在一些应用中，会将这两种方式结合起来，最大程度地利用这两种方式的优点，使产品的集成度更高。例如，将平面埋入式结构与分立式埋入结构结合起来，采用平面埋入方法将高电感和电容填入基板中，并用分立式埋入方法将大容量电感埋入基板中，从而大幅缩小单个产品的尺寸，提高设计的密度。在此设计基础上，如果将芯片也埋入基板中，那么可利用的空间会更大，密度更高，如图 3-61 所示。

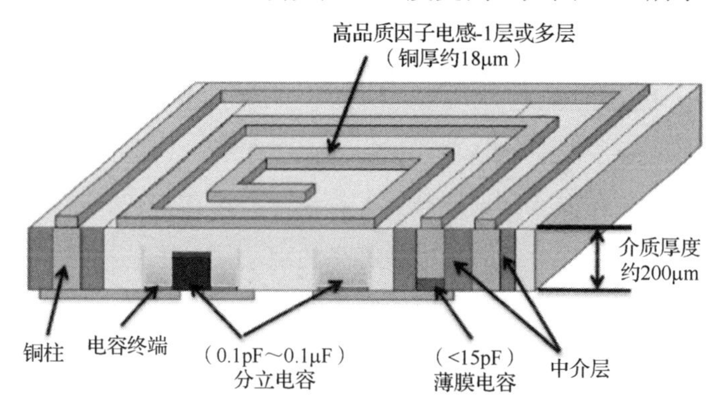

图 3-61　平面及立体混合埋入式基板结构示意图

综上所述，灵活地采用不同的埋入式设计组合，可以使产品的集成度更高、尺寸更小、可靠性更高、散热性能更好。

3.2.5　可靠性设计

电子封装产品的制造环境和使用环境比较复杂。环境在发生变化时，封装产品会产生一些可靠性问题，如分层、基板翘曲、球脱、键合开裂、凸点开裂（Bump Crack）、芯片开裂（Die Crack）、焊锡空洞（SMT Void）、塑封料包封不良与空洞等。封装的可靠性设计是指在设计初期把可能出现的失效问题通过设计手段进行相应风险的降低或规避，通常在结构、材料、工艺、产品的电性能、散热性、应力方面进行设计优化，以下对可靠性的设计主要围绕常用结构优化设计进行。

常见的可靠性失效模式及对应的结构设计优化如下。

1. 分层

环氧树脂塑封料及有机基板逐渐取代了陶瓷封装和金属封装，成了目前封装的主流形式。这些有机材料吸湿率较高，当在生产和可靠性试验中经历高温和高湿环境时，湿气进入封装体，材料膨胀，内部应力增加，导致分层，如图 3-62 所示。

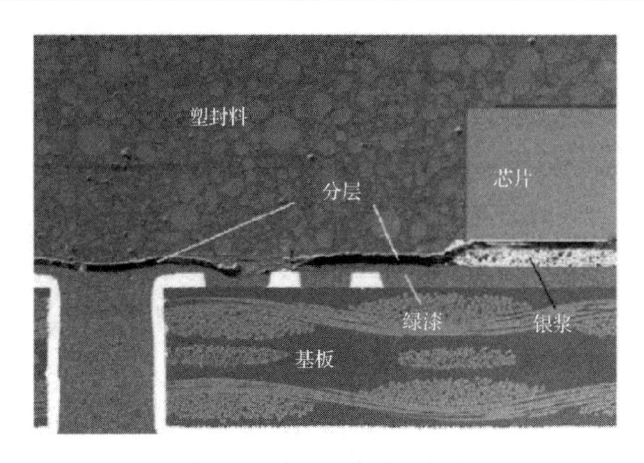

图 3-62　分层形成的示意图

分层又称剥离，主要是指不同物质在接触面产生分离和缝隙，空气、水或酸碱液进入，导致电性能失效或产生失效隐患的现象。

根据分层的原因不同，分层失效模式主要分为以下两类。

第一类是塑封料内部存在湿气。塑封料的原材料存储、成品生产及成品存储都难免会接触到湿气，以及存在塑封料醒料环境不达标等情况，因而塑封料内部会聚集湿气，在进行后固化、可靠性试验、回流等一系列高温环境下的处理时，水气化导致塑封料体积迅速膨胀上千倍，进而导致分层。

第二类是半导体封装材料热膨胀系数差异过大。塑封料、芯片、框架等材质不同，热膨胀系数不同，因此接触面在高温下出现剪切应力。如果剪切应力过大，则容易出现分层。引起界面分层的主要原因是不同材料的热膨胀系数不同，以及界面结合力差。

封装中出现界面分层的情况大致可以分为以下三类。

（1）镀金面与塑封料分层。

一般出现这种类型的分层有以下几个因素。

- 镀金层表面附着有机物质，导致镀金区域与塑封料分层。
- 异质材料彼此间热膨胀系数差异太大，回流焊接时因高低温的膨胀与收缩而分层。
- 镀金层表面粗糙度不足，过于光滑，塑封料锁不住镀金层，从而分层。
- 在塑封过程中，模温过低或塑封料过期致使塑封料的黏性下降，从而分层。
- 在塑封过程中，塑封的压力不足，塑封料的密度不足，锁不住镀金层，从而分层。

图 3-63 所示为镀金面与塑封料分层示例。

引线键合的镀金区域称为金手指，为规避上述风险，设计时会在大片金手指区域增加分隔槽，槽区域内采用绿漆开口，但不覆铜镀金；或者增加绿漆覆盖面积，使塑封料与基板材料或绿漆结合，增大界面的结合力。金手指区域增加分隔槽，如图 3-64 所示。

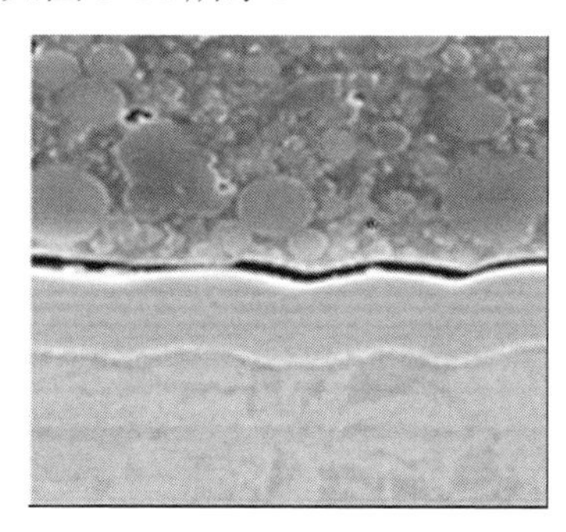

图 3-63　镀金面与塑封料分层示例

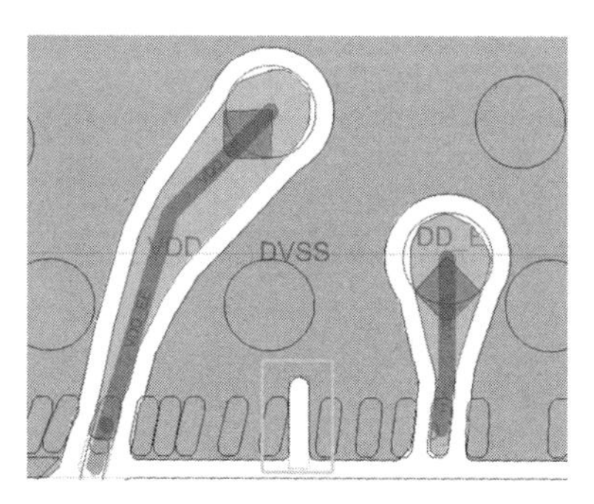

图 3-64　金手指区域增加分隔槽

（2）镀金区与装片胶（Die Attach Adhesive）分层。

在一些产品中，为了满足散热和导电要求，会把芯片通过导电胶黏接在载板上裸露的镀金区域，这种大面积的镀金区域与装片胶的界面也会因为应力等因素出现分层现象，如图 3-65 所示。

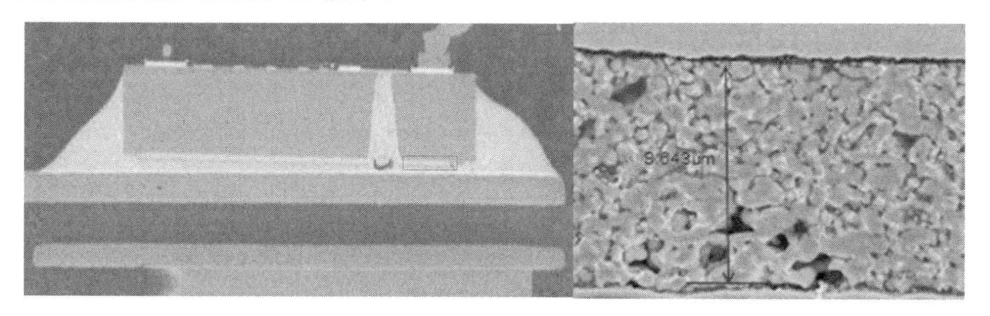

图 3-65　镀金区域与装片胶分层示例

（3）绿漆与铜界面分层。

整片的大块铜界面与绿漆结合的位置也经常出现分层。产生这种分层现象的原因包括界面之间外来物污染、环境湿度过大、系列温度变化。为了改善这一现象，在进行基板设计时，将需要大片覆铜的区域设置为网格覆铜，使部分绿漆与基板材料直接结合，增大界面的结合力，如图 3-66 所示。

2．基板翘曲

系统级封装采用多种不同材料，如芯材、基板材料、塑封料等。这些材料的杨氏模量及热膨胀系数各不相同。当温度发生变化时，各个材料收缩或膨胀，材料间热膨胀系数的差异会使封装体翘曲。例如，在冷却过程中，如果上表面收缩得少，下表面收缩得多，则封装体向下翘曲；在加热过程中，如果上表面膨胀得少，下表面膨胀得多，则封装体向上翘曲，如图 3-67 所示。

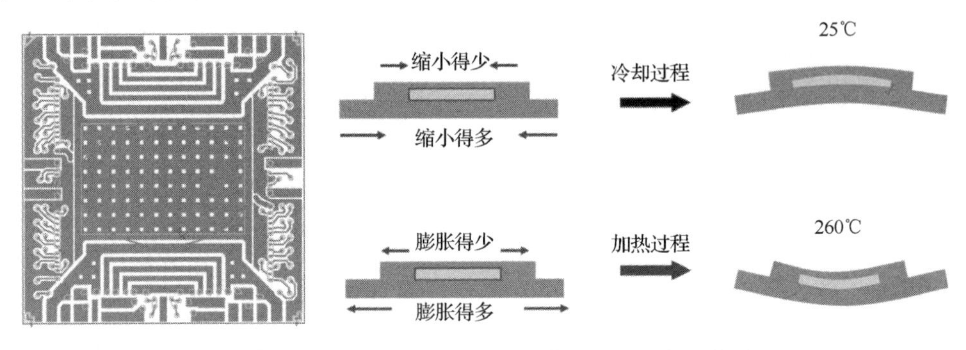

图 3-66　大片覆铜区域的网格覆铜示意图

图 3-67　翘曲示意图

封装翘曲值是指平面度的偏差，封装底部平面相对于基准面的最高点与最低点的差值即封装翘曲值，如图 3-68 所示。

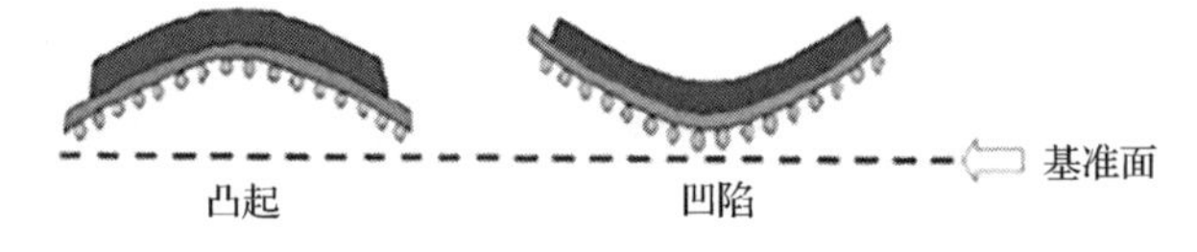

图 3-68　封装翘曲值的定义

封装翘曲值定义如下。

翘曲为正值表示翘曲形态为凸起，即哭脸翘曲。

翘曲为负值表示翘曲形态为凹陷，即笑脸翘曲。

封装体翘曲会引起一系列可靠性问题，如分层、芯片开裂、焊点疲劳、表面贴装锡开路、切割及植球对位困难。

基板通常由绿漆、铜、半固化片、芯材等组成，各层材料的分布不均及热膨胀系数不同，在封装过程中，当温度发生变化时基板会明显翘曲，如图 3-69 所示。

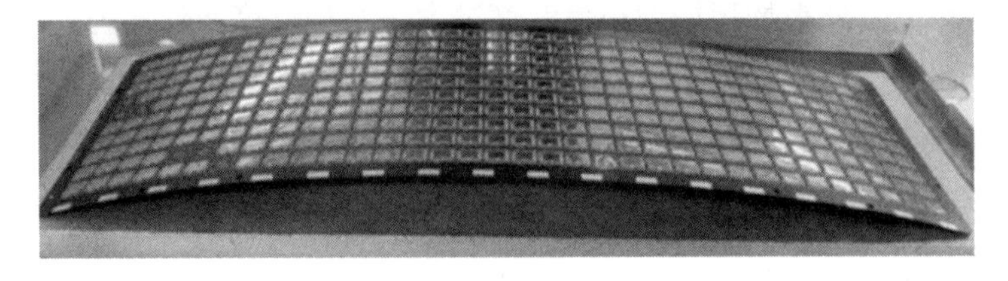

图 3-69　基板明显翘曲示意图

在设计基板叠层结构时，根据基板厚度、芯片厚度、封装尺寸等综合评估，选择热膨胀系数较低的芯材和半固化片，并匹配异质材料的热应力情况，降低基板翘曲的风险。另外，在设计基板时，也可以通过控制相对层的残铜率及残墨率来降低翘曲程度，具体改善方法如下。

（1）基板正面和背面残铜比差值（A）≤10%。

（2）基板正面和背面残墨比差值（B）≤15%。

（3）A 与 B 的差值（GAP）≤10%。

（4）相同线路层单个残铜比与整条（Strip）残铜比差值≤10%。

3. 球脱和键合开裂

造成球脱和键合开裂的原因有很多：在正向引线键合时，第一焊点在芯片焊盘上形成焊球，第二焊点在基板上形成鱼尾，在回流焊接过程中，如果受到塑封料膨胀的异常应力，第一焊点可能球脱；在反向引线键合时，先在芯片焊盘上种植焊球；第一焊点在基板上形成焊球；第二焊点在芯片的焊球上形成鱼尾焊球，在回流焊接过程中，塑封料和芯片受热膨胀产生的应力不同，轻则球边缘轻微开裂，重则分层球脱，进而互连开路。球脱和正常键合的对比图如图 3-70 所示。

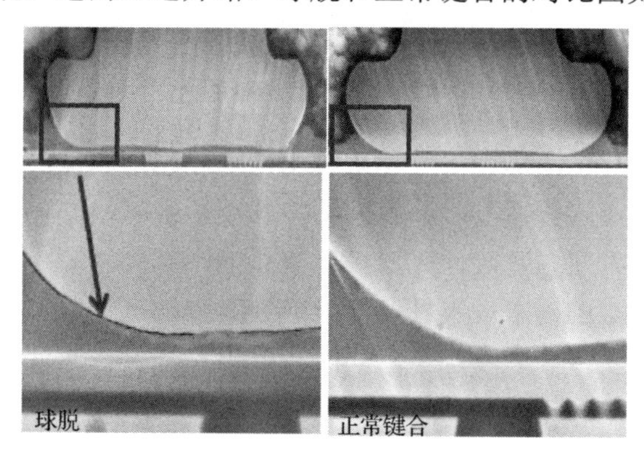

图 3-70　球脱和正常键合的对比图

背面绿漆开口边缘区域是产生键合开裂的高风险区域。此区域受到塑封工艺的压力影响相对较大，容易出现焊球键合的受力不均衡，正面可能产生键合开裂的风险也最高。在设计时，基板上金手指尽量远离此高风险区域。焊点位置设计示意图如图 3-71 所示。

4. 凸点开裂

在倒装工艺中，凸点开裂是一种常见的失效模式，产生的原因也很多。例如，包封工序所采用的塑封材料由于热膨胀系数存在差异，因此应力分布不均匀，从而引起凸点与焊盘的开裂。凸点开裂截面图如图 3-72 所示。

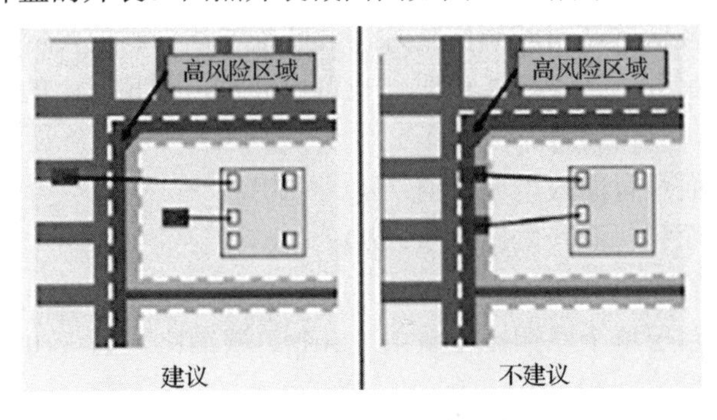

图 3-71　焊点位置设计示意图

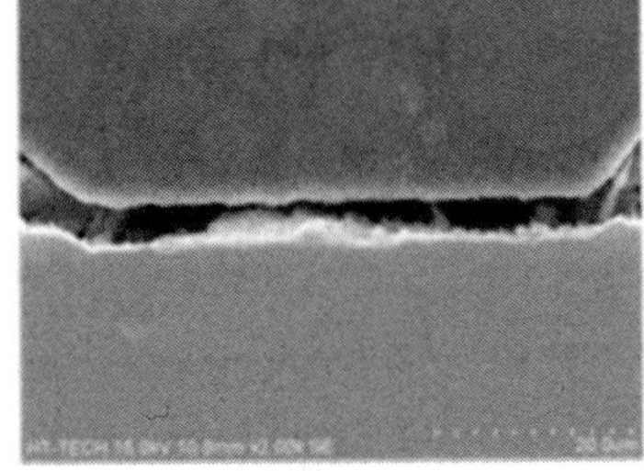

图 3-72　凸点开裂截面图

随着半导体芯片中晶体管尺寸越来越小，功能越来越多，倒装芯片技术为了匹配这种不断增加的连接密度，凸点间距持续不断地减小。锡球凸点由于自身尺寸的缩小达到其技术瓶颈，因此无法满足更小的凸点间距要求，而铜柱凸点有效满足了凸点间距减小的需求。铜柱凸点上电镀有焊锡，使其可以在小间距下保证可靠的焊接键合，实现高密度互连，同时提升电性能及散热性能。铜柱凸点外形图如图 3-73 所示。

图 3-73　铜柱凸点外形图

相比传统的锡球材料，铜柱材料具有高杨氏模量和刚度，机械损伤风险较大，特别是在倒装芯片装片过程中可能引起低介电常数层的结构损伤。在倒装芯片装片回流过程中，无铅焊料在 220℃左右凝结与基板实现固定连接。基板材料的热膨胀系数较大（CTE=16×10^{-6}℃），硅芯片材料的热膨胀系数较小（CTE=2.8×10^{-6}℃），在温度从 220℃下降到室温过程中，基板较大程度的收缩会产生哭脸翘曲。铜柱与芯片的结合处产生应力差异，特别是在芯片角上的凸点应力较大，导致凸点开裂，如图 3-74 所示。

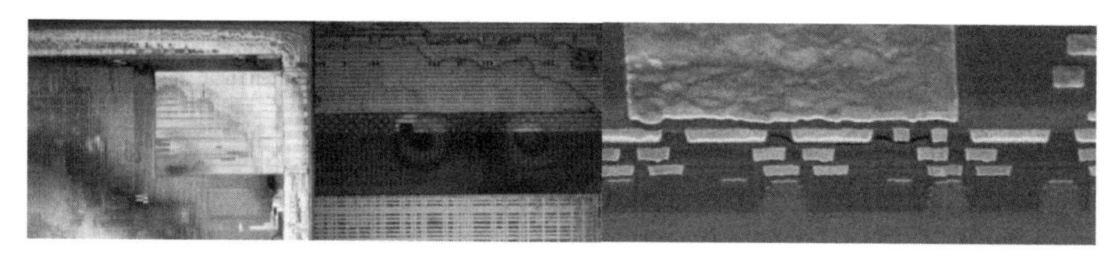

图 3-74　凸点开裂示意图

焊点可靠性一直是封装行业中关键的可靠性问题之一。焊点既大部分是封装结构中比较脆弱的地方，又是封装互连中重要的一环，所以对焊点的失效分析尤为重要。系统级封装在进行热循环可靠性试验时，随着温度变化，封装体和 PCB 会因热膨胀系数不匹配产生不同比例的膨胀或收缩，介于封装体和 PCB 中间的焊点会因此承受不同方向及大小的应力，从而开裂。在进行跌落试验时，PCB 和封装体在外场作用下的冲击形变或振动会传递到互连的焊点上，导致焊点开裂，如图 3-75 所示。

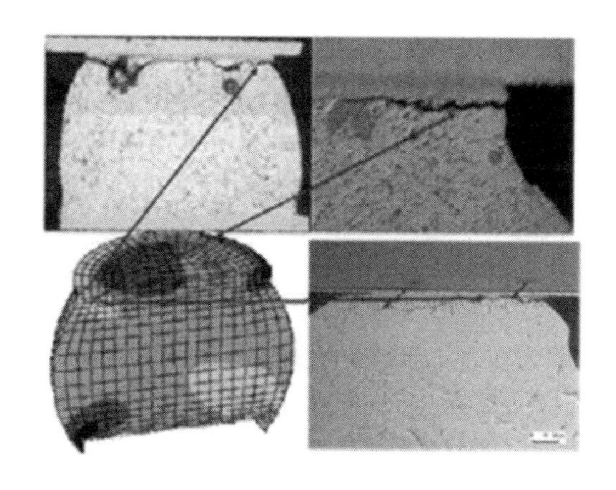

图 3-75　焊点开裂示意图

在前期设计过程中，要改善凸点开裂现象，可以通过减小塑封料应力及加固凸点等方式来实现，具体方法如下。

（1）基板背面的基岛大面积铜区域绿漆避免出现大尺寸单一开窗，可按宫格方式设计成多个小开口的基岛，减小封装工艺过程中的变形，缓解基岛区域的应力，如图 3-76 所示。

（2）在放置倒装芯片时，避免将其放于背面绿漆开口边缘，此区域为应力最大区域，开口边缘长度最好在200μm以上，如图3-77所示。

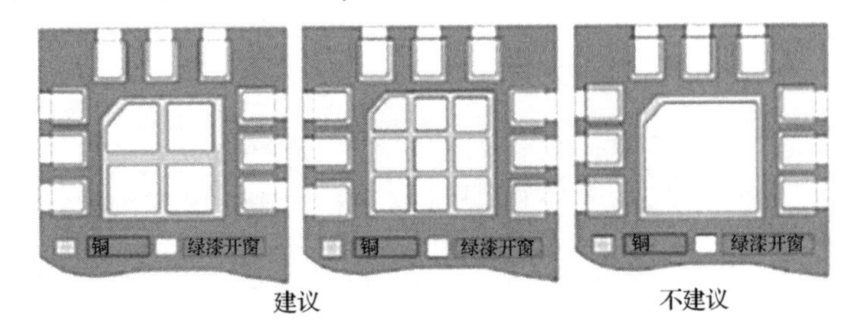

图3-76 基岛宫格设计示意图

（3）适当增大凸点尺寸及增加凸点数量，并使凸点排布更加均匀一致，以改善局部应力过大的状况，如图3-78所示。

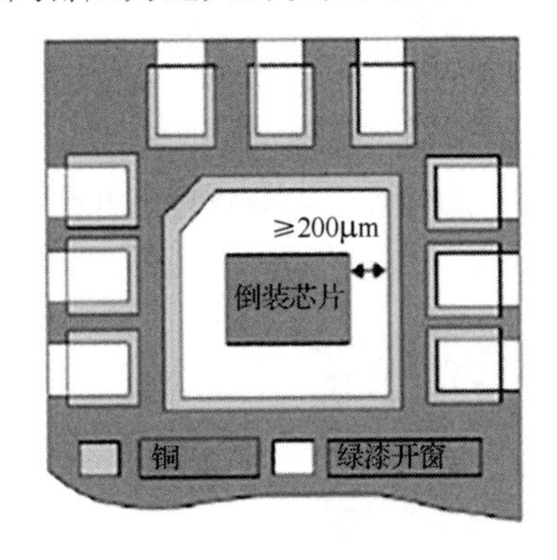

图3-77 倒装芯片位置示意图

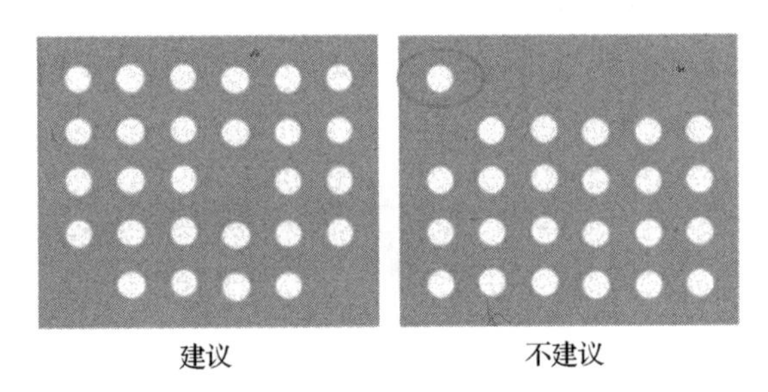

图3-78 凸点分布示意图

5. 芯片开裂

结构与材料选择不当或外部环境导致的热变形过大、局部集中应力过大等会导致芯片开裂，如结构布局不合理有可能产生局部应力过于集中的情况，设计时应尽可能避免“不建议”的设计示例，将其优化成好的设计示例，如图3-79所示。

6. 焊锡空洞

业内通常要求焊锡空洞率≤30%。造成焊锡空洞率过大的原因有多种，与焊锡材料、钢网开口与厚度、回流曲线等因素有关，这里主要讨论结构设计优化，其他因素与优化措施在后续章节中介绍。在系统级封装的设计过程中，LGA基岛面积过大极易产生焊锡空洞风险，出于可靠性的要求，对于需要二次包封的产品基岛建议采用分割设计，在同等条件下，类似四宫格、六宫格、九宫格等分割设计能有效地减少焊锡空洞过大风险，分别如图3-80和图3-81所示。

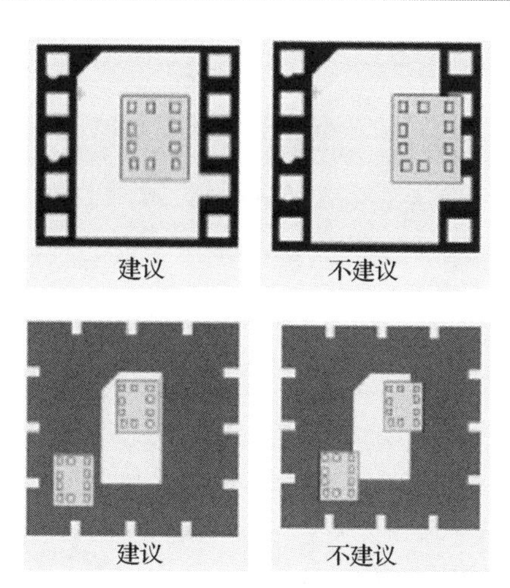

图 3-79　芯片布局建议与不建议设计示例图

图 3-80　单个基岛的焊锡空洞示意图

图 3-81　分割基岛后的焊锡空洞示意图

7．塑封料包封不良与空洞

一些大芯片或大元器件底部与顶部极易出现填充不良问题，对于顶部可能出现的包封不良风险，主要考虑所封芯片或元器件的尺寸、材料、模具、切割道与切割刀的选择设计是否适当，在单个芯片内部设计规则时要选择边距控制模式，如图 3-82 所示。在图 3-82 中，B 需要根据芯片尺寸及材料而定，一般根据芯片尺寸而定，若 X 为某一最小边距值，则

$$\text{芯片尺寸} \leqslant 6\text{mm}^2，B \geqslant X$$

$$6\text{mm}^2 < \text{芯片尺寸} < 36\text{mm}^2，B \geqslant 2X$$

$$\text{芯片尺寸} \geqslant 36\text{mm}^2，B \geqslant 3X$$

元器件与封装边距都有一定的距离设计要求，否则加工完成后会产生包封不良问题。

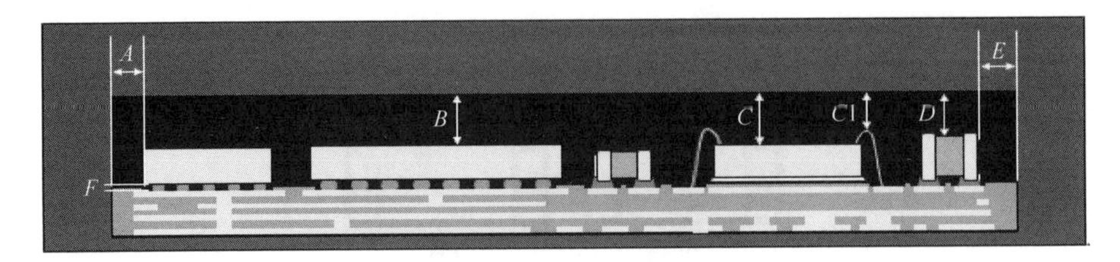

图 3-82　塑封料边距控制模式

除前面介绍的布局合理性、元器件与芯片之间的密集度会造成填充空洞外，底部通常也需要优化元器件所对应的绿漆开口设计，从而使塑封料可以充分填充元器件底部间隙。塑封料元器件底部充分填充如图 3-83 所示。

图 3-83　塑封料元器件底部充分填充

元器件底部对应的基岛之间增加绿漆开口设计。开口超出元器件尺寸的设计不仅有利于增加元器件与基板的距离，也有利于塑封料的流动与填充，降低塑封料空洞的风险。对于 BGA、LGA 之类的元器件，让四周绿漆开口尺寸适当大于元器件尺寸，也可以增加元器件与基板的距离，利于塑封料的填充，降低包封空洞的风险。

可靠性失效还有很多模式，上述常见可靠性设计只列举了很少的一部分，行业内一般都有较为详细的设计规则，这些规则既是可制造性经验的总结，又整合了常用可靠性设计规则。设计师在设计封装时，需要参阅各厂家的封装设计规则，熟练应用，以尽可能在设计阶段规避不必要的风险。由于可靠性设计涉及结构、材料、集成工艺、使用环境、电性分析、散热、应力等多种因素，因此在前期设计阶段需要综合评估。

3.3　电性能的分析与优化

随着系统级封装向着小型化、高密度方向不断发展，封装体中的电磁环境也变得复杂，互连通道对信号的影响越来越明显。因此，系统级封装设计要从信号完整性（Signal Integrity，SI）、电源完整性（Power Integrity，PI）、电磁干扰（EMI）

等多个角度考虑电性能问题，如图 3-84 所示。本节主要介绍封装中电性能的分析与优化。

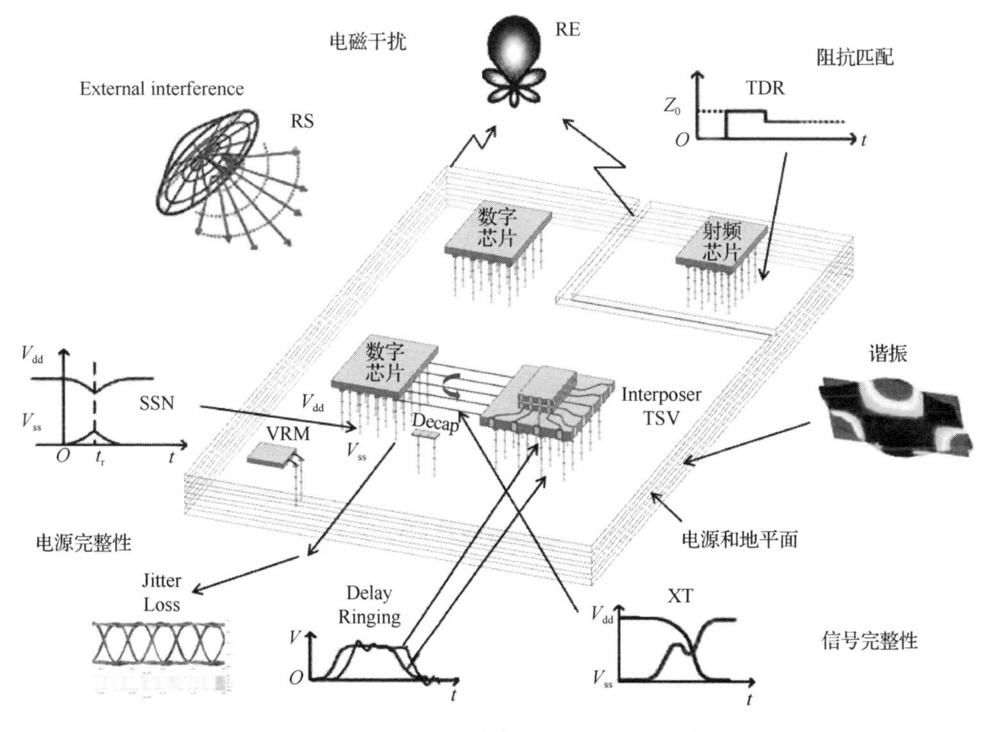

图 3-84　系统级封装中的电性能问题示意图

3.3.1　传输线的影响分析

在传输线上，信号以电磁波的形式从一端传到另一端。如果传输线阻抗不连续，那么信号沿传输线传输时一部分信号会被反射，从而产生信号完整性问题。

1．特征阻抗

高频的交流信号在传输时，信号和它的回流之间存在变化的电场，从而引发变化的磁场，电磁场的能量大部分集中在导体和回流平面之间的介质中，特征阻抗（Z_0）是传输线和介质共同作用下阻止电磁场变化的固有特性，与传输线的宽度、厚度、与参考平面的距离，以及介质的介电常数有关。

影响特征阻抗的因素主要有以下四个。

（1）Z_0 与基板材料介电常数 E_r 的关系。

Z_0 和 E_r 的平方根成反比，E_r 对 Z_0 的影响比较小，但对高频线路来说，E_r 是非常重要的。由电磁波理论中的 Maxwell 公式可知，正弦波信号在介质中的传输速

率（v_s）与光速成正比，与 E_r 成反比，即

$$v_s=C/E_r$$

由该公式可知，要提高信号的传输速度，需要降低材料的 E_r，同时需要采用 Z_0 较大的材料，而 Z_0 较大的材料需要具备低的 E_r，具有低 E_r 的材料包括聚四氟乙烯（PTFE）、树脂基板材料（Bismaleimide Triazine，BT）、聚酰亚胺（Polyimide，PI）等。

（2）Z_0 与基板材料介质厚度的关系。

介质层的厚度和 Z_0 成正比，是影响 Z_0 的一个重要因素。因此，对于 Z_0 要求高的基板，介质层厚度的均匀性是保证成功设计和制备 Z_0 电路板的关键，在设计中应注意的是，随着导体走线密度的增加，其介质厚度的增加会引起电磁干扰的增大。因此，对于高频/高速线路的信号传输，随着导体布线的增加，应减小介质层厚度以消除或降低电磁干扰带来的杂信或串扰问题，采用较薄的介质层厚度也有利于降低 E_r。

（3）Z_0 与铜箔厚度的关系。

铜箔厚度也是影响 Z_0 的重要因素，铜箔越厚，Z_0 越小。但铜箔厚度变化范围相对比较小，同时铜箔厚度的变化对线路的间距大小有很大的影响，但铜箔厚度增加时，精细线路难以制作。

（4）Z_0 与导线宽度（W）的关系。

导线宽度越小，导线长度越长，Z_0 越大。Z_0 与导线宽度成正比，导线宽度变化对 Z_0 的影响比铜箔厚度变化对 Z_0 的影响更明显。因此，改变和控制导线宽度是控制 Z_0 和变化范围的根本途径。

2. 信号反射

当信号在一种媒介向另外一种媒介中传输的时候，媒介阻抗变化会导致信号在不同媒介交界处产生反射，从而部分信号能量不能通过交界处传输到另外的媒介中。当这种情况严重时，还会引起信号不停地在媒介两端来回反射。随之会产生一系列的信号完整性问题。在实际电路的设计过程中，难以完全保持信号在传输过程中在一条恒定阻抗的传输线上传输。例如，驱动端的阻抗值较低，而接收端的阻抗值较高，那么由反射现象引起的振铃、过冲、下冲、过阻尼、欠阻尼等信号完整性问题成了高速设计中必须解决的问题。

3. 传输线损耗和信号的衰减

传输线自身损耗可以分为电阻损耗和介质损耗。

（1）电阻损耗。

实际传输线导体的电导率不是无穷大的，信号在传输线上传输会感受到电流阻力，这一电流阻力在等效电路中用串联电阻表示。按照信号正弦波分量的频率高低，电阻损耗又可以分为电阻直流损耗和电阻交流损耗。

（2）介质损耗。

介质的电磁性质通常用电容率 ε、磁导率 μ 和电导率 σ（或电阻率 ρ）这几个参数来描述。由于介质的磁导率 μ 一般等于真空磁导率 μ_0，因此其磁化损耗可以不计。

理想的介质是绝缘的无损耗介质，电导率 σ 为 0，电容率 ε 为实数。当信号通过理想介质传输时，电磁能量没有损耗，不会产生衰减和色散。然而在实际中，除真空外，所有的介质都有一定的电导率，并且电容率 ε 为复数。当信号通过实际介质传输时，将会有一定的能量损耗，从而引起信号的衰减和色散。介质损耗主要包括介质直流损耗和介质交流极化损耗两部分。

4. 有耗传输线的时域影响

在多数设计中，相比电阻损耗，介质损耗都是很小的，可以忽略不计，当信号在有耗传输线上传输时，方波信号可以看作一系列正弦波信号的叠加。一方面，频率越高，阻抗损耗和介质损耗均越大，即方波信号中的高频分量衰减得越严重，引起上升沿变缓。另一方面，受到色散的影响，不同频率分量的传输速率不同，相位差也会引起上升沿变缓。

由于传输线的损耗会限制信道的带宽，并且色散会引起不同频率的传输相位差，因此数据在时域上会产生拖尾，影响旁边的数据，造成码间干扰（Inter-Symbol Interference，ISI），并随着传输速率加快而恶化。虽然可以采用均衡器来改善 ISI，但在传输线的设计阶段进行优化才是 SI 信号完整性的根本解决办法。

3.3.2　串扰分析与优化

没有电气连接的一对信号传输线在信号传播时产生电磁耦合现象，出现不期望的噪声，称之为串扰。如果串扰耦合过大，那么有时会改变传输线的特征阻抗与传输速率，使信号质量变差，降低噪声余量，从而影响系统的正常运行。改善串扰不仅要考虑信号的传输路径，还要考虑信号返回路径。下面列举一些系统级封装设计中减少串扰的方法。

（1）增大走线间距，缩短平行线长度。

（2）信号走线与地平面尽量靠近。

（3）信号线之间插入地线隔离。

（4）尽量避免电源和地平面的分割。

（5）敏感的关键高速信号尽量使用差分传输，尽量在均匀的介质中布线。

（6）在规划叠层结构时，信号层最好用电源/地平面隔离。若两个信号层相邻，则采用垂直布线方式。

（7）尽量用差分线传输关键的高速信号（如时钟信号）。

（8）将敏感线布置为带状线或嵌入式微带线，以减小介质不均匀带来的传输速率变化。

（9）3*W* 规则：一些重要的时钟信号线或关键的数据信号线需要适当增加间距，两条相邻信号线边沿间距应至少等于 2 倍的导线宽度，即信号线中心距为 3*W*。

3.3.3 电磁干扰分析与优化

产生电磁干扰的主要原因是干扰源通过耦合路径，把能量传递到了其他敏感元器件上。电磁干扰的方式主要有传导、辐射和近场耦合三种形式。在进行系统级封装设计时，控制电磁干扰的措施如下。

（1）合理的基板分层结构，信号层两边尽量挨着电源/地层，电源层尽量减小电源和地平面的距离。

（2）在高频信号线或高速信号线的层间切换过孔周围，适当添加接地过孔或旁路电容。

（3）系统级封装系统元器件布局时，尽量将功能相近的元器件放置在同一区域，以缩短布线长度，按不同电压和不同电路类型增加电源/地的对数。

（4）增加屏蔽结构设计。

3.3.4 电源完整性分析与优化

电源网络主要由电源/地走线、平面及去耦电容构成。但在高速或高频环境下，互连线路上存在寄生效应，阻抗不为零，供电电源输出经过电源网络到达芯片端时，会产生电源噪声（纹波）和压降。过大的压降会使芯片供电不足，噪声会影响其他敏感信号，导致芯片无法正常工作。一般从频域、时域和直流三个方面对电源完整性进行分析。频域主要对电源平面谐振、阻抗及频谱特性进行分析。时域主要对噪声波形进行分析。直流主要对直流压降及电流密度进行分析。电源网络可以通过增加电源走线宽度、电源/地的对数，减小电源/地之间的距离，合理进行去耦电容布局等方法进行优化。

3.3.5 高速系统板设计的分析与优化

从前面分析可以看出，系统级封装基板叠层、过孔及参考平面的设计，都将直接影响整个电路的性能。好的设计可以减少串扰和电磁辐射干扰，有效提高电源质量，节约成本，方便布线。本节从实际工程案例出发，结合仿真，对系统级封装中遇到的传输线、电源阻抗及电磁干扰等问题进行分析。

1．传输线优化

封装互连线的阻抗是不连续的，主要包括过孔、锡球、键合线、有缝隙的参考平面等。下面以 PoP 中过孔、锡球的排布优化为例进行介绍，如图 3-85 所示。通过调节信号过孔、锡球的直径、焊盘尺寸、信号—地之间的距离，优化传输线的回波损耗特性，如图 3-86 所示。

图 3-85　PoP 中过孔、锡球的排布优化示意图

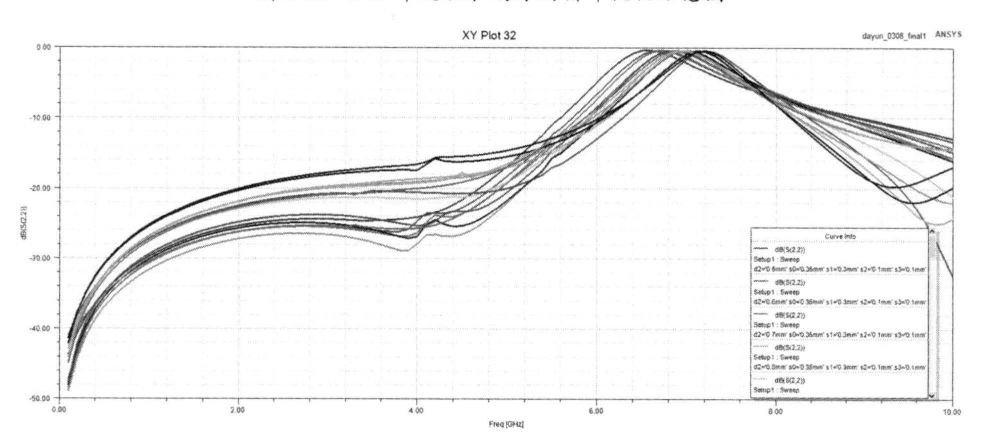

图 3-86　不同过孔、锡球排布的回波损耗

2．电源网络优化

工程中一般采用放置去耦电容的方法减小电源阻抗并消除谐振峰。这里给出的案例中，初始设计时电源的输入阻抗在 283.7MHz、428.7MHz 时呈现感性，分别如图 3-87 和图 3-88 所示。

图 3-87　设计优化前的电路板图

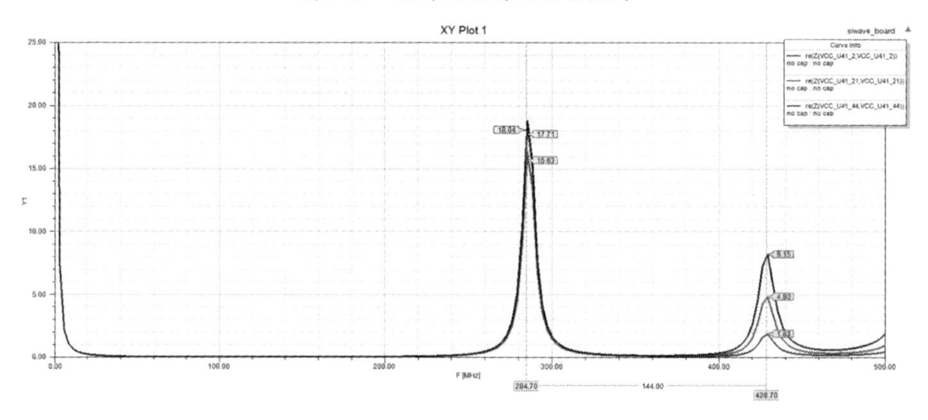

图 3-88　设计优化前的谐振图谱

在板上放置一些去耦电容后，谐振峰调节到了很低的频率处，小于 20MHz，分别如图 3-89 和图 3-90 所示。

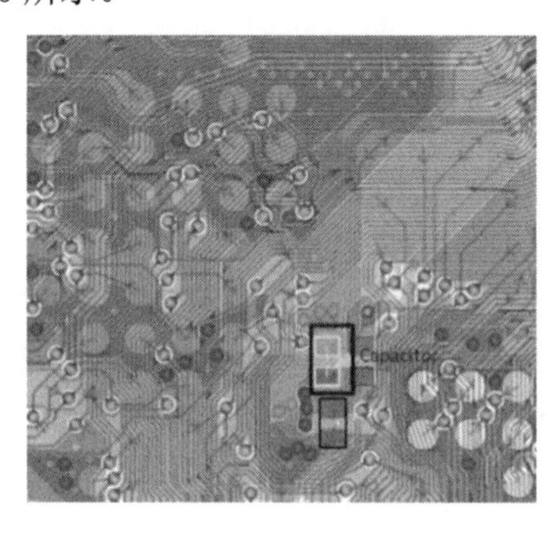

图 3-89　设计优化后的电路板图

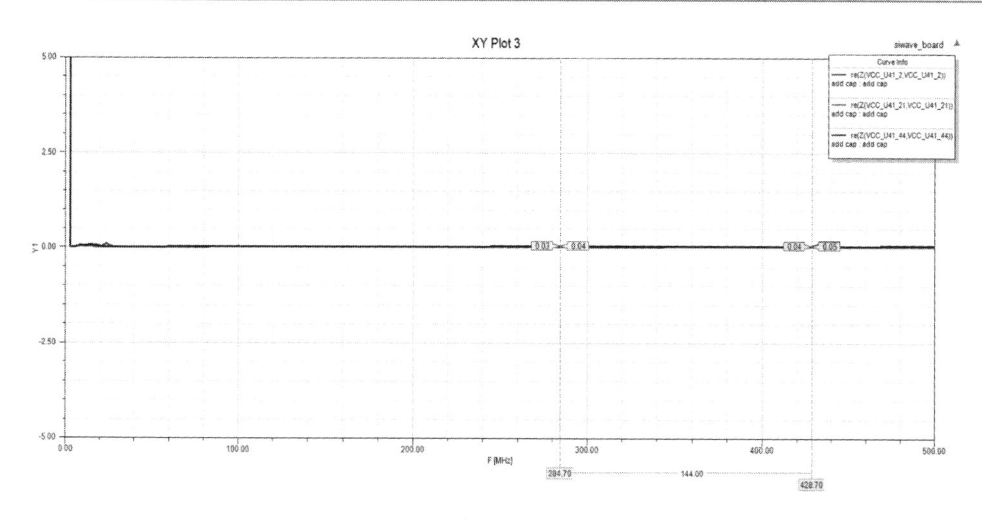

图 3-90　设计优化后的谐振图谱

3．电磁辐射优化

系统级封装体中数字芯片和射频芯片混合封装，相互间很容易产生干扰。例如，数字信号的谐波分量可以通过近场耦合的方式对高灵敏度的敏感电路产生干扰。在封装过程中可以采用共形屏蔽技术，既能保证敏感电路不受干扰，也能降低强辐射元器件对外部的辐射干扰。前文介绍的溅射屏蔽工艺可以将屏蔽层融合在封装体中，不增加额外的封装空间，利用铜等金属材料的反射损耗和吸收损耗抑制噪声源的近场干扰。以 5mm × 3mm 的封装为例，在封装体表面溅射厚度为 5μm 的屏蔽铜层，如图 3-91 所示。

在仿真阶段，在系统级封装体外部模拟施加平面电磁波，可以在封装体内建立矩形面测量场强，如图 3-92 所示。

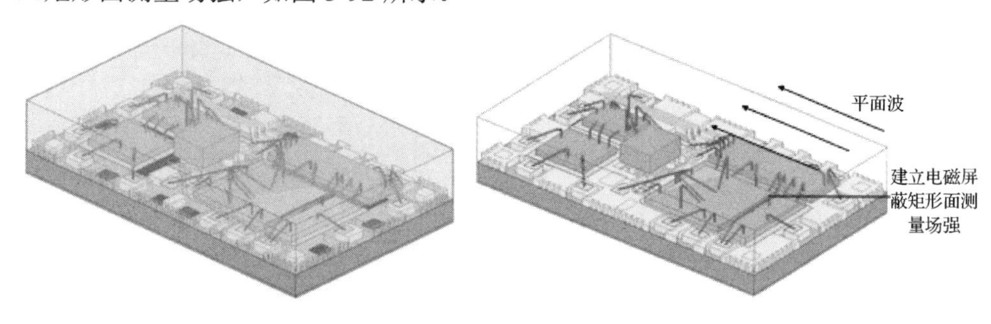

图 3-91　系统级封装体的溅射建模　　　　图 3-92　仿真示意图

未建立电磁屏蔽矩形面上的场强如图 3-93 所示。增加了电磁屏蔽后矩形面上的场强如图 3-94 所示。

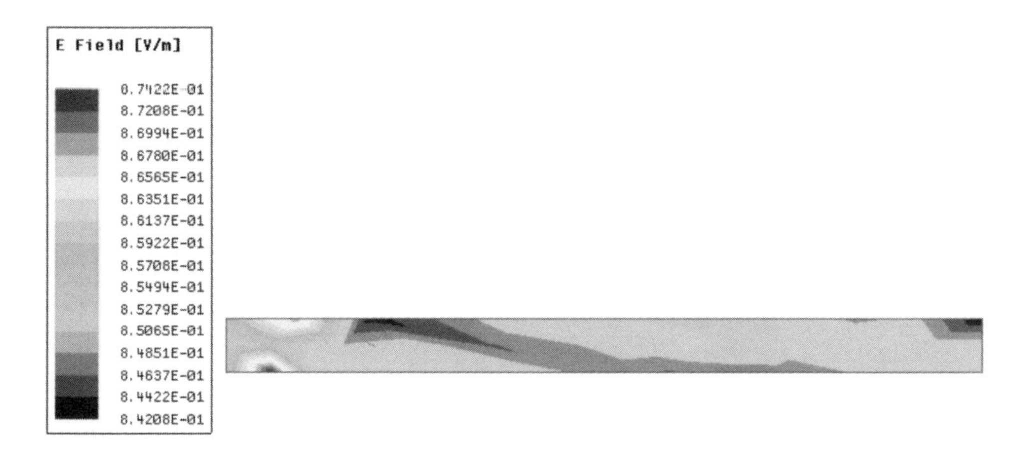

图 3-93　未建立电磁屏蔽矩形面上的场强

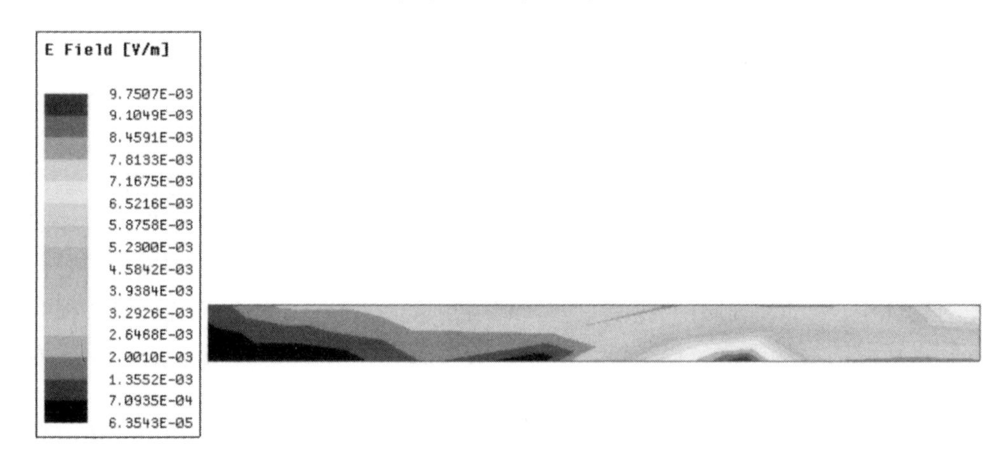

图 3-94　增加了电磁屏蔽后矩形面上的场强

从图 3-93 和图 3-94 中可以看出，在增加溅射工艺屏蔽后，矩形面上的场强下降了两个数量级不止。根据屏蔽效能的定义

$$\mathrm{SE}=20\lg\left(\frac{E_1}{E_2}\right)$$

该案例中的屏蔽罩屏蔽效能超过 40dB。

3.4　热性能的分析与优化设计

散热能力是电子元器件的重要性能参数，封装是芯片向外散热的第一道屏障。封装热设计的主要目的是将芯片的热量快速、高效地向外散出。为了更好地了解封装的散热特性，本节会对散热的基本原理，以及用于表征封装散热能力的 JEDEC 热阻进行详细的介绍。此外也会介绍如何利用仿真软件对封装体热性能进行分析，以及针对不同封装形式散热优化设计的常用方法。

3.4.1　热设计

电子封装通过优化材料及结构设计，以及采用合理的散热技术控制封装体内发热元器件的温度，以确保元器件和系统可以正常、可靠地工作。散热方案的设计称为热设计。

随着 IC，特别是超大规模 IC 的迅速发展，芯片的面积越来越小，与此同时，芯片功能不断增加，导致功耗越来越大。此外，为了实现产品的小型化，系统级封装将多个芯片集成在一个塑封体内，导致封装体内热流密度的提高。

据美国航空电子协会统计，电子产品中约有 55%的失效或故障与热问题有关。热量过高，电子元器件的寿命会急剧缩短，温度每升高 10℃，电子元器件的寿命就会缩短 50%。因此，需要对微电子封装元器件进行热设计，以降低工作温度，提高热性能及可靠性。

3.4.2　散热机理

热量一般由高温环境向低温环境传递，基本理论方程式为

$$Q=KA\Delta t$$

式中，Q 为热流量（W）；K 为换热系数（$\mathrm{W/(m^2\cdot℃)}$）；A 为换热面积（$\mathrm{m^2}$）；Δt 为冷热环境之间的温差（℃）。

热量传递一般有热传导、热对流和热辐射三种基本方式。在一般的电子散热中，这三种方式会同时进行。

1．热传导

热传导是在高低温度影响下，同一物质或不同物质间出现传热的现象。热传导现象遵循傅里叶定律，它表示的是单位时间通过固定面积的热流量。热传导过程中传导的热流量正比于温度差异和垂直于导热方向的横截面积，反比于传输距离，即

$$Q=\lambda A\frac{T_\mathrm{h}-T_\mathrm{c}}{\delta}$$

式中，Q 为热流量（W）；λ 为材料的导热系数（$\mathrm{W/(m\cdot℃)}$）；A 为垂直于导热方向的截面积（$\mathrm{m^2}$）；T_h 与 T_c 分别为高温面和低温面的温度；δ 为两个面之间的距离（m）。

由上式可知，可以通过使用高导热系数的材料、增加导热面积、缩短传热距离来增强传导的散热量。

通常而言，固体的导热系数比液体的导热系数大，液体的导热系数比气体的导热系数大。例如，在常温下，纯铜导热系数为 400 W / (m·℃)，水导热系数为 0.6 W / (m·℃)，空气导热系数为 0.025 W / (m·℃)。

2. 热对流

热对流是指运动的流体（气体或液体）在流经温度不同的固体表面时，与固体表面之间产生热量交换的过程。热对流根据起因不同可分为自然对流和强迫对流。自然对流是指在换热过程中，流体自身不均匀性的温度场分布导致不均匀的密度场，不均匀的密度场又产生一定的浮升力。这种浮升力就是自然对流的动力。强迫对流通常借助风机、泵等产生的外力强行使流体流动实现热对流。

热对流量根据牛顿冷却定律计算，即

$$Q = h_c A\left(t_w - t_f\right)$$

式中，Q 为热对流量；h_c 为对流换热系数（W / (m^2·℃)）；A 为热量传递方向垂直的面积（m^2）；t_w 和 t_f 分别为固体面和流体面的温度。

由上式可知，对流换热系数与换热面积的增大有利于提升热对流量。

3. 热辐射

热辐射是通过电磁波来向外传递能量的。理论上，绝对零度以上的物体都会向外界辐射热能量。热辐射通常不需要任何介质。

两物体表面之间的辐射换热计算公式为

$$Q = \delta_0 A \varepsilon_{xt} F_{12}\left(T_1^4 - T_2^4\right)$$

$$\varepsilon_{xt} = \frac{1}{\frac{1}{\varepsilon_1} + \frac{1}{\varepsilon_2} - 1}$$

式中，Q 为对流换热量（W）；δ_0 为斯蒂芬-玻尔兹曼常数，为 5.67e^{-8} W / (m^2·K^4)；A 为物体辐射换热的表面积；ε_{xt} 为系统发射率；ε_1、ε_2 分别为高温物体表面（如芯片、散热器）和低温物体表面（如机箱内表面）的发射率；F_{12} 为表面 1 和表面 2 的角系数；T_1、T_2 分别为表面 1、表面 2 的绝对温度（K）。

由于热辐射不是线性关系，因此当环境温度升高时，在元器件温升相同的条件下会散去更多的热量。

3.4.3 JEDEC 标准

热传导与电流经过导体很相似，根据欧姆定律（$R=\Delta V / I$），换热量 q 类似电

流 I，温度差 ΔT 类似电压降 ΔV。因此可以定义热阻为 $R_{th}=\Delta T / q$ 。

在电学中，电阻表示电流流过导体所受阻力的大小。在热学中，热阻代表的是热量流动受到的阻力大小。热阻越大，热量越不容易传递。热阻是电子封装热分析的重要技术指标和常用评价参数。封装热设计就是使封装体内部的热量更容易向外散出，热阻越小越好。

在半导体封装体中，热阻用 θ 或 theta 来表示。theta 的一般定义：在系统达到热平衡条件下，两个规定位置的温度差与产生这种温度差的功率之比。该定义假设了热源产生的全部热量需要流经该规定位置，即

$$\theta = \frac{T_1 - T_2}{P}$$

式中，T_1 和 T_2 为两规定位置的温度，P 为耗散功率。

在半导体芯片封装体中，用芯片热结点到固定位置的热阻来衡量封装体的散热能力，定义为

$$\theta_{JX} = \frac{T_J - T_X}{P}$$

式中，T_J 是芯片结面温度，T_X 是热量传到某点位置的温度，P 是耗散功率。

热阻越大，芯片中的热量向外传递越困难，因此封装体内会积聚热量，结温会很高，通过热阻可以评判及比较不同封装结构的散热状况。θ_{JA}、θ_{JB}、θ_{JC} 为常用的三种封装热阻。

θ_{JA} 是封装在自然对流环境下芯片结面到空气环境的热阻，一般用来衡量封装体的综合散热能力，如图 3-95 所示。

$$\theta_{JA} = \frac{T_J - T_A}{P}$$

式中，T_J 为芯片结面温度，T_A 为测试环境温度。

θ_{JMA} 是封装在强迫对流环境下芯片结面温度到空气环境的热阻，如图 3-96 所示。

$$\theta_{JMA} = \frac{T_J - T_A}{P}$$

式中，T_J 为芯片结面温度，T_A 为测试环境温度。

θ_{JB} 是强制将基本全部热量从芯片结面传递到测试板的环境下，芯片结面到测试板之间的热阻，通常用于评估封装体到 PCB 的传热效能，如图 3-97 所示。

$$\theta_{JB} = \frac{T_J - T_B}{P}$$

式中，T_J 为芯片结面温度，T_B 为测试板温度。

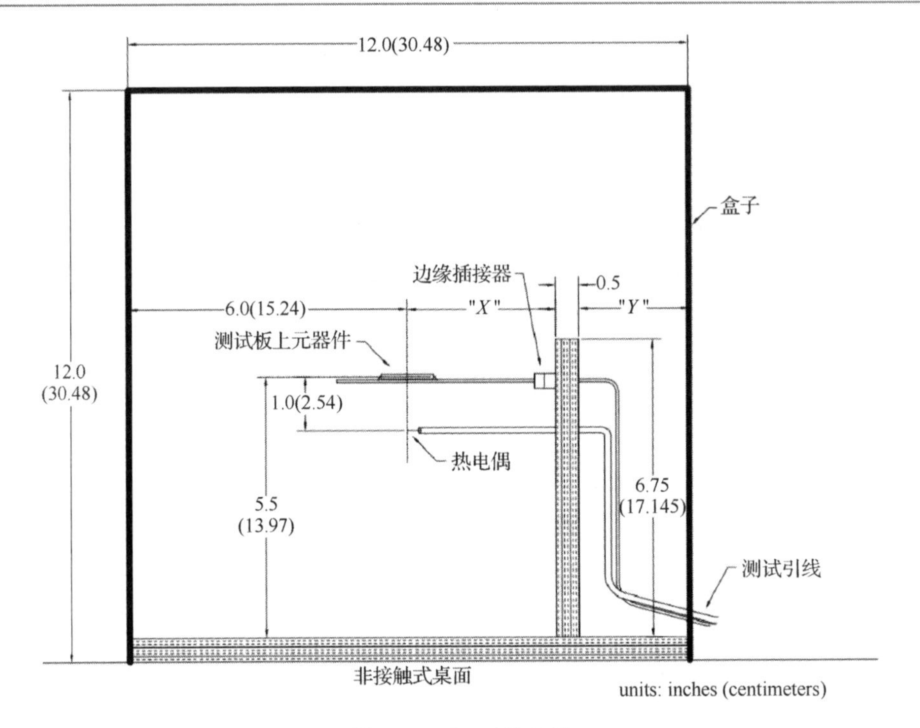

图 3-95 θ_{JA} 测试环境

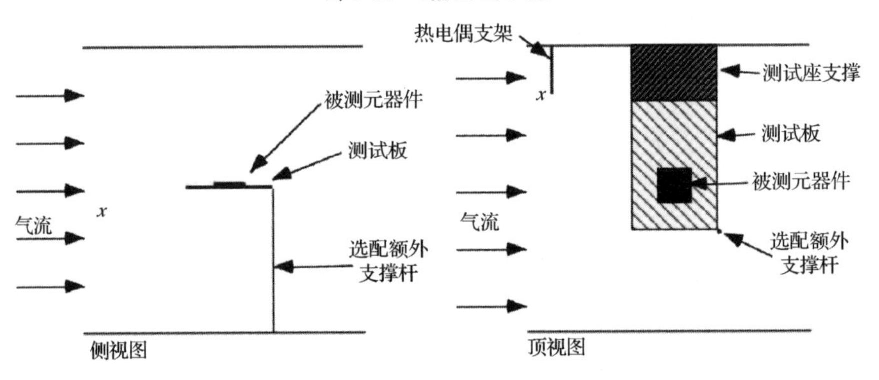

图 3-96 θ_{JMA} 测试环境

θ_{JC} 是几乎强制将全部热量由芯片结面传递到封装外壳的热阻，主要用于衡量封装体在应用端安装外置散热片后的散热能力，如图 3-98 所示。

$$\theta_{JC}=\frac{T_J-T_C}{P}$$

式中，T_J 为芯片结面温度；T_C 为封装壳温。

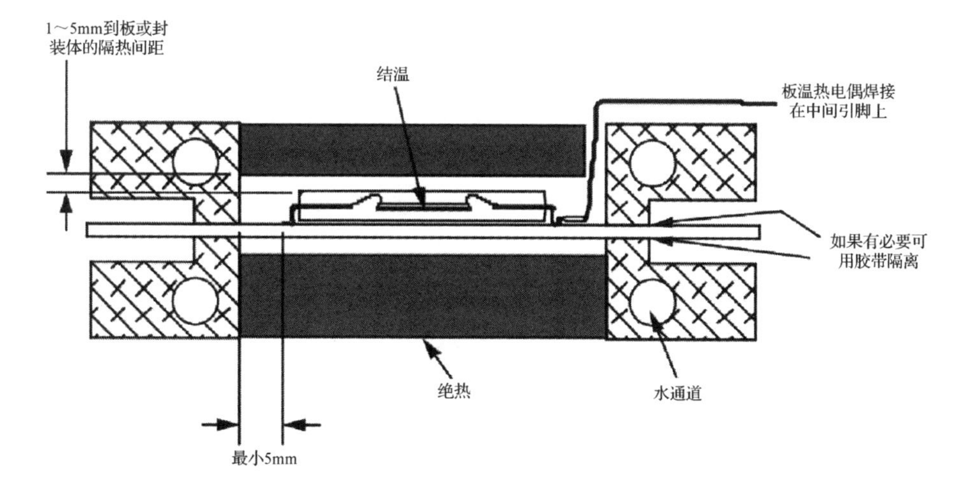

图 3-97 θ_{JB} 测试环境

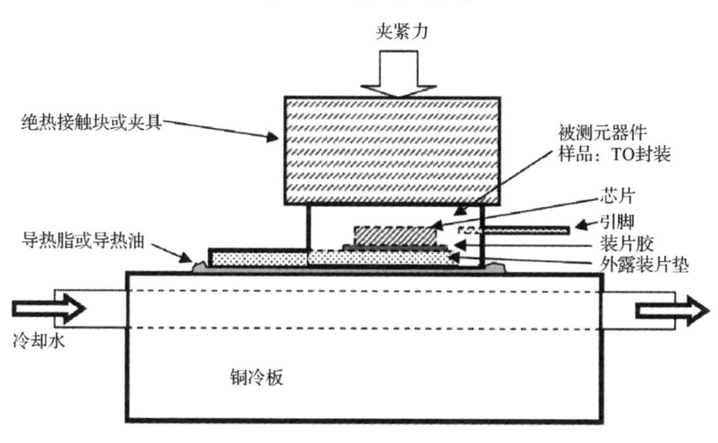

图 3-98 θ_{JC} 测试环境

Ψ_{JX} 是一种热特性参数，定义为

$$\Psi_{JX}=\frac{T_J-T_X}{P}$$

从公式来看，Ψ_{JX} 和 θ_{JX} 的定义几乎相同。但 Ψ_{JX} 是指部分热量的传递状况，而 θ_{JX} 是指强制全部的热量传递状况。在实际的封装体散热过程中，热量会由封装体的上表面、下表面甚至四周传出，而不一定是由单一方向传出，因此 Ψ_{JX} 的定义更加符合实际散热的状况。但是由于不是强制所有热量从一个方向传出，故此参数不能用来评判封装体的散热能力，通常只用于温度推算。比较常用的热特性参数为

$$\Psi_{JT}=\frac{T_J-T_T}{P}$$

$$\Psi_{JB}=\frac{T_J-T_B}{P}$$

Ψ_{JT}是部分热量由芯片结面传递到封装体表面时产生的热特性参数，其中的P为总散热功率，可根据封装体外表面温度推测芯片结面温度。

Ψ_{JB}和θ_{JB}相似，是部分热量由芯片结面传递到测试板时产生的热特性参数，可根据板温推测芯片结面温度。

综上所述，电子封装主要的热特性评估参数如表 3-4 所示。

表 3-4　电子封装主要的热特性评估参数

符　号	公　式	类　型	主要目的
θ_{JA}	$\theta_{JA}=\frac{T_J-T_A}{P}$	热阻	预测封装体热特性
θ_{JB}	$\theta_{JB}=\frac{T_J-T_B}{P}$	热阻	预测封装体热特性
θ_{JC}	$\theta_{JC}=\frac{T_J-T_C}{P}$	热阻	预测封装体热特性
Ψ_{JB}	$\Psi_{JB}=\frac{T_J-T_B}{P}$	热特性参数	预测封装体热特性和评估 PCB 的结点温度
Ψ_{JT}	$\Psi_{JT}=\frac{T_J-T_T}{P}$	热特性参数	预测封装体热特性和评估 PCB 的结点温度

JESD51 系列标准是 JEDEC（Joint Electron Device Engineering Council，封装热阻与电子器件工业联合会）为封装热测试专门指定的，如表 3-5 所示。

表 3-5　JEDEC 和 JESD51 的相关标准

标准号	名　称
JESD51-1	集成电路热测试方法——电测法（单个半导体元器件）
JESD51-2	集成电路热测试法环境条件——自然对流（静止空气）
JESD51-3	用于含铅表面安装封装形式的低效热传导测试板
JESD51-4	热测试芯片指南（引线结合型芯片）
JESD51-5	用于直接黏接机械散热装置封装形式的扩展热测试板
JESD51-6	集成电路热测试法环境条件——强迫对流（流动空气）
JESD51-7	用于含铅表面安装封装形式的高效热传导测试板
JESD51-8	集成电路热测试法环境条件——结面—测试板
JESD51-9	用于阵列分布表面安装封装形式热管理的测试板
JESD51-10	用于四周通孔无铅封装形式热管理的测试板
JESD51-11	用于阵列分布通孔无铅封装形式热管理的测试板
JESD51-12	报告和使用电子封装热信息指南

3.4.4　热仿真流程及热仿真模型

随着半导体产品更新换代速度越来越快，封装的开发周期也越来越短，为了保证封装体散热性能的一次性成功，热仿真已经广泛应用于封测领域。热仿真可以在产品开发初期对封装体热性能进行预测及优化，确保封装体热性能达标，此外也可以将热仿真模型进一步输出至系统端进行系统级的热仿真。

1．热仿真流程

热仿真是通过软件模拟的方式来预测封装体热性能的，是评估和优化热性能的有效手段。与大多数有限元仿真相同，在进行热仿真时，先建立热模型并进行材料参数设置，对模型进行有效的网格划分，然后进行有限元求解计算，最后处理仿真结果。下面以 ANSYS Icepak 为例对热仿真流程进行简要说明。

（1）建立热仿真模型。

通常可以在热仿真软件中使用宏命令或手动建立热仿真模型，也可以将计算机辅助设计（Computer Aided Design，CAD）模型转换后导入热仿真软件中，或者将电子设计自动化（Electronics Design Automation，EDA）软件输出的模型导入热仿真软件中。

（2）模型的网格划分。

ANSYS Icepak 可使用自带的网格划分工具对建立的热仿真模型进行网格划分，需要将计算区域内的流体区域和固体区域按照合理的网格设置进行划分。根据仿真的需求、模型的特点及计算需要，可以选用结构化网格、非结构化网格、Mesher-HD、非连续性网格和多级（Multi-Level）网格等。

（3）求解计算的设置。

在合理划分网格后，进行相关的求解计算设置，如是否需要考虑热对流、热辐射、热传导，设置与外界热交换的边界条件、各类热源发热功耗，选择瞬态或稳态的求解方式，求解计算的初始条件或初始化值等。

（4）仿真计算及后处理显示。

通过热仿真软件及计算机完成热仿真计算后，热仿真软件自带的工具可以进行多种后处理显示，以便更清晰地展示求解的结果与仿真分析报告。常见的后处理显示有温度云图、速度矢量图、流动的迹线图、不同变量的等值云图、瞬态计算不同时刻变化的各变量云图、不同模型各变量统计量化的具体数值等。

2．热仿真模型

热仿真建模是仿真过程中非常重要的环节，根据不同的应用需求和运算量，可选择不同的热仿真模型。

（1）详细的热仿真模型。

详细的热仿真模型考虑封装中的细节结构，如四面扁平无引脚（Quad Flat Non-Leaded，QFN）、四面扁平引脚封装（Quad Flat Package，QFP）等 IC 类封装需要考虑芯片焊盘基岛、引脚、导线等细节；BGA 类封装需要考虑锡球、基板线路、过孔等细节，分别如图 3-99～图 3-101 所示。

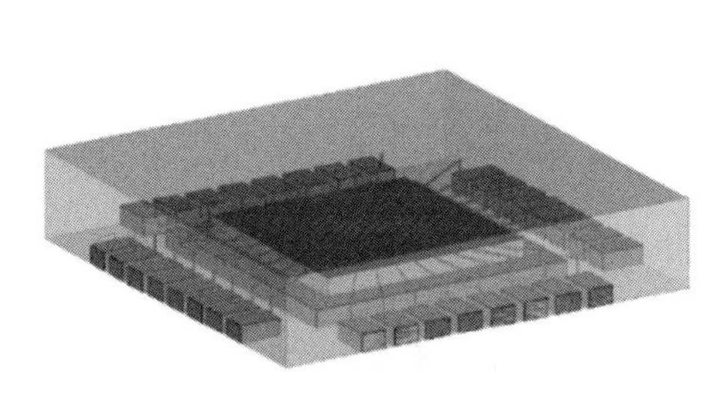

图 3-99　QFN 详细的热仿真模型

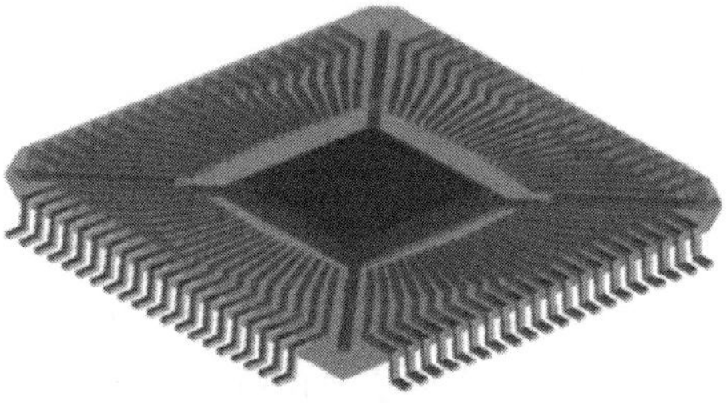

图 3-100　QFP 详细的热仿真模型

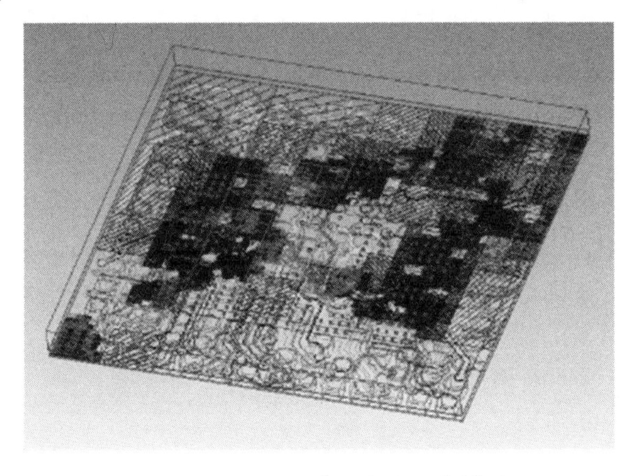

图 3-101　BGA 详细的热仿真模型

（2）紧凑模型。

紧凑模型（Compact Thermal Model，CTM）将封装中的结构简化以满足封装体在系统级仿真中的计算要求。在紧凑模型中，详细的基板线路、锡球及过孔等简化为整块的集中结构，如图 3-102 所示。

（3）双热阻模型。

双热阻模型描述了芯片本身，以及它与周围环境互连的热行为。周围环境的状态不是双热阻模型的一部分，用户需要根据自己的需求定义周围环境边界条件。双热阻模型由 JEDEC 测试标准中的 θ_{JC} 和 θ_{JB} 组成，如图 3-103 所示。

测试板节点的定义：与封装外引脚直接接触的环境，通常为 PCB。封装外壳节点的定义：与封装外壳直接接触的环境，一般是空气，或者与散热器结合的热界面。双热阻模型中只有封装外壳节点和测试板节点两条路径可以使热量从结面散发到环境中。双热阻模型不考虑封装体侧面的散热路径。

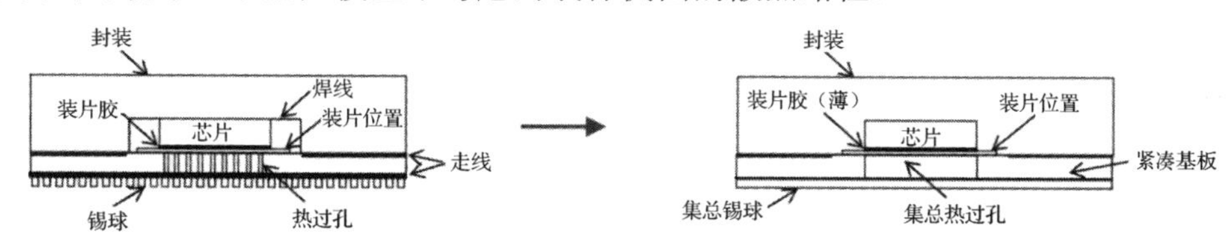

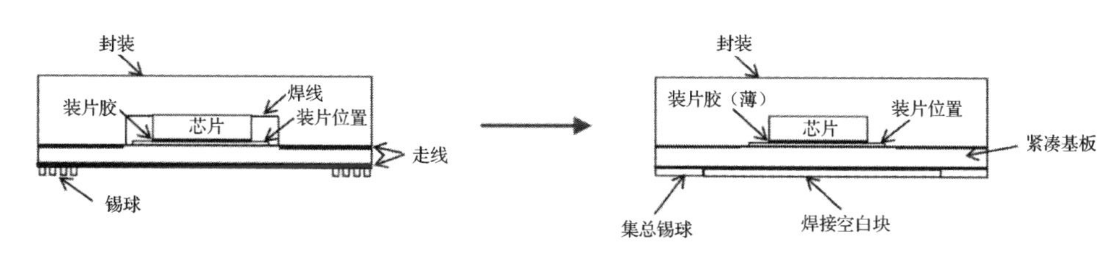

图 3-102　紧凑模型简化示意图

（4）Delphi 模型。

芯片封装的 Delphi 模型是微电子封装的热阻模型之一，包含内部节点与封装体各个面之间的热阻。在常见的电子产品系统级热模拟计算中，应用芯片的 Delphi 模型可以在保证计算精度的同时，大幅度减少热模拟的计算量，如图 3-104 所示。

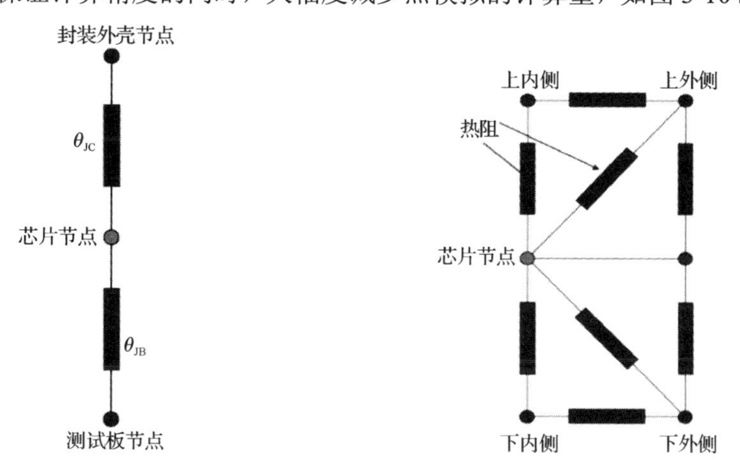

图 3-103　双热阻模型示意图　　图 3-104　Delphi 模型示意图

3.4.5 封装散热分析优化

随着现代电子技术的飞速发展，电子产品日益趋向小型化。为了提高集成度，封装体的安装方式也随之从 PCB 穿孔形式转化到当前的表面贴装形式，从而 PCB 上可以安装更密的 IC，由此带来的散热问题也愈发严重。解决散热问题的基本方式：通过热设计改善元器件本身的构造来增强元器件的散热性能。此外，由于过多的热量通过 PCB 向外传出，因此需要使用多层 PCB 来提升散热能力。再进一步，当发热密度继续增加时，需要进行散热片或风扇的安装等系统层级的热设计。从节约成本角度考虑，上述各层级的费用通常是递增的，因此在散热设计与成本之间寻找良好的平衡显得尤其重要。

封装散热主要有两条途径：一条是由封装外壳表面传递到空气中；另一条则是由封装体引脚向下传递到 PCB，再经 PCB 传递到空气中。不同封装体的散热途径不同。以导线引脚形式的封装体为例，它向下传递的热量又可分成两部分：如果封装体没有裸露金属的基岛，那么一部分热量经由导线及引脚传递到 PCB，另一部分热量从芯片经过模塑材料下方空隙导出；如果封装体有基岛，那么大部分热量先由芯片传递至基岛，再传递至 PCB，其余小部分热量则由引脚传递至 PCB。BGA 封装的芯片热量先从基板传递到锡球，然后传递至 PCB。

自然对流时，散热设计的基本原则是使芯片热量更容易传递至 PCB。强制对流时，大部分的热量由封装体外壳表面传出，此时散热设计的基本原则是降低 θ_{JC}。

封装热阻的改善手段包括优化结构设计、材料性质两个方面，如图 3-105 所示。

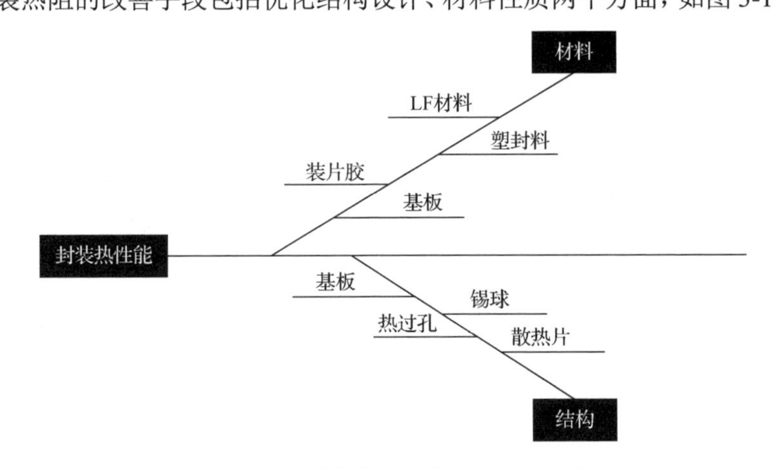

图 3-105 封装热阻改善手段的示意图

下面分别从金属引线框架和基板两种封装结构的散热设计进行介绍。

1. 金属引线框架封装

金属引线框架的封装形式包括 QFP、薄型小尺寸封装（Thin Small Outline Package，TSOP）、塑料行间芯片运载（Plastic Leaded Chip Carriers，PLCC）封装等，虽然这些封装的引脚数量及外形不同，但它们在结构上是类似的，因而散热改善的方式也有共性。

（1）采用高导热系数的塑封材料。

使用导热系数高的塑封材料可以降低热阻。例如，在 SOP-8L 封装中，与导热系数为 1W/(m · ℃)的常用塑封材料相比，导热系数为 3W/(m · ℃)的塑封材料的热阻可降低 20%。

（2）采用热传导性好的金属引线框架。

使用热传导性好的铜合金取代铁镍合金 Alloy-42 可改善金属引线框架的热传导性。这里以 QFN 为例进行介绍，如表 3-6 所示。

表 3-6　金属引线框架材料对 QFN 热阻的影响

金属材料	热传导系数/（W/(m · ℃)）	θ_{JA}/（℃/W）
Alloy-42	10.5	82.4
C7025	159.1	56.9
C194	263.8	56
C192	363.3	55.1

（3）降低封装体底部到 PCB 表面的距离。

降低封装体底部到 PCB 表面的距离，即减小 SoH，可降低空气间隙的热阻，如图 3-106 所示。

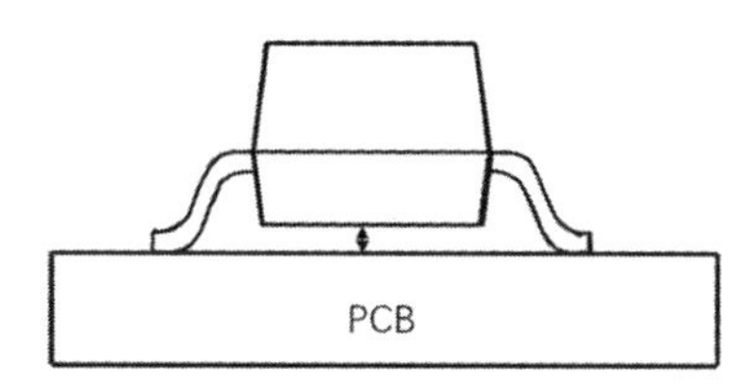

图 3-106　封装体底部到 PCB 表面的距离示意图

以小尺寸三极管（Small Outline Transistor，SOT）4mm×5mm 封装为例进行仿真，仿真结果表明，当 SoH 由 200μm 降至 50μm 时，θ_{JA} 将降低约 17%，如表 3-7 所示。

表 3-7 封装体底部与 PCB 表面的距离对热阻的影响

封装体底部到 PCB 表面的距离/mm	θ_{JA}/（°C/W）
0.05	325.2
0.1	354
0.15	376
0.2	390.7

（4）基岛外露增强散热性能。

传统封装体通过引脚传递热量，不仅接触面积小，散热距离长，而且引脚与基岛不是直接接触，而是通过导线或塑封料传递到引脚，所以散热效率很低。以小尺寸封装（Small Outline Package，SOP）为例，采用 SOP 基岛外露设计，并直接焊接用于散热的基岛与 PCB，从而缩短散热距离，达到增强散热性能的目的，如图 3-107 所示。

（a）塑封体背面

（b）基岛内埋塑封体背面

图 3-107 基岛外露增强散热性能的设计示意图

图 3-108 所示为 SOP 散热性能与 SOP-PP 散热性能仿真对比图。在功耗为 0.5W 的条件下，SOP 的热阻为 78.8℃/W，SOP-PP 的热阻为 62.4℃/W，后者比前者大约下降了 20.8%，大幅改善了散热效果。

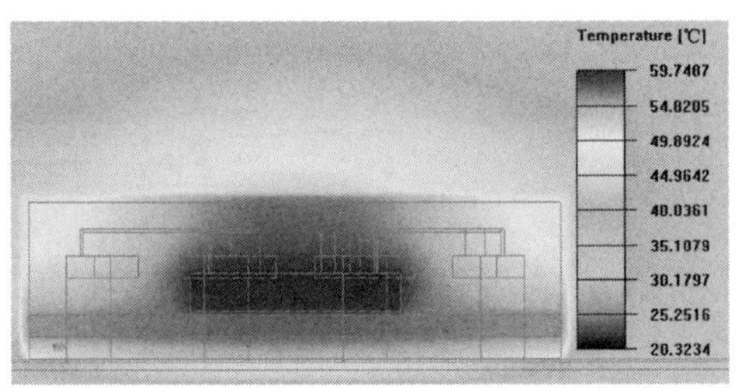

图 3-108 SOP 散热性能与 SOP-PP 散热性能仿真对比图

2. 基板类封装

以系统级封装 PA 芯片为例，如果芯片发热源数量多、密度高，那么芯片温度会大幅升高，如图 3-109 所示。

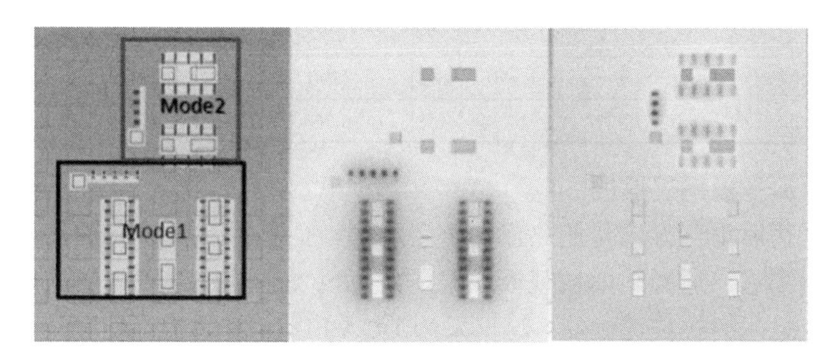

图 3-109　系统级封装 PA 芯片温度分布示意图

在图 3-109 中，左图为芯片两种工作模式（Mode 1 和 Mode 2）的热源分布，其中颜色较深的区域为发热源，Mode 1 的发热源数量比 Mode 2 的发热源数量多；中间图是芯片在 Mode 1 模式下的温度分布图；右图是芯片在 Mode 2 模式下的温度分布图。可见，Mode 1 整体温度比 Mode 2 整体温度高。

针对常规基板类封装一般采用如下优化措施进行散热性能的改善。

（1）基板绿漆开窗及使用导热装片胶。

基板类系统级封装的主要散热通道是从芯片到 PCB。其中第一个环节是装片胶，其导热系数直接决定了热量能否顺利快速向下传递。此外，基板的绿漆是导热系数比较低的材料，其导热系数一般为 0.2～0.3W/(m · ℃)。一般采用导热装片胶与绿漆开窗相结合的方式来改善封装的散热性能。这里采用 BGA 14m×14m 封装进行仿真验证。仿真结果表明，采用导热装片胶与绿漆开窗相结合的方式可以使热阻下降 9%，如表 3-8 所示。

表 3-8　基板绿漆开窗及使用导热装片胶对热阻的影响

仿 真 项 目	导热装片胶导热系数/（W/(m · ℃)）	绿漆是否开窗	θ_{JA}/（℃/W）	热阻性能对比
1	1.2	否	19.4	NA
2	1.2	是	19	-2%
3	20	是	17.65	-9%

（2）增加基板通孔数量。

通孔是贯穿基板的重要结构，是封装体向下传递热量的重要途径之一，如果没有通孔，芯片的热量就会被导热系数很低的基板芯材阻隔，热量很难传递到锡球并散出。这里采用 BGA 18mm×18mm 封装进行仿真验证。仿真结果表明，当通孔数量从 20 个增加到 100 个后，热阻下降 7%，此时通孔数量对导热性能的影响达到饱和，即继续增加通孔数量，热阻下降效果不明显，如表 3-9 所示。

表 3-9 基板通孔数量对热阻的影响

通孔数量（个）	20	50	100	150	200
热阻/（℃/W）	18.002 7	17.244	16.703 7	16.446 8	16.295 6

（3）增加基板铜层厚度。

通孔是基板垂直方向传递热量的重要途径，而基板水平方向的热量传递则主要依靠基板线路。适当地增加基板线路厚度可以增强基板水平方向的导热能力，从而提升封装体的热传递性能。这里采用 BGA 14×14 封装进行仿真验证。仿真结果表明，在四层基板构架中，如果增加中间两层铜层的厚度，那么热阻下降 5.9%，如表 3-10 所示。

表 3-10 基板铜层厚度对热阻的影响

结　构	θ_{JA}/（℃/W）
基板线路（18μm/18μm/18μm/18μm）	18.6
基板线路（18μm/35μm/35μm/18μm）	17.5

（4）塑封体上表面（Mold Cap Surface）增加散热片。

在塑封体上表面安装散热片，从而增加封装表面到空气的散热量也是常用的方法之一，特别是对于功率密度集中的系统级封装体，增强热量的扩散非常重要。

传统塑封体的导热系数比较低（1W/(m · ℃)左右），高温区域主要集中在芯片上方，很难向外扩散，如图 3-110 所示。

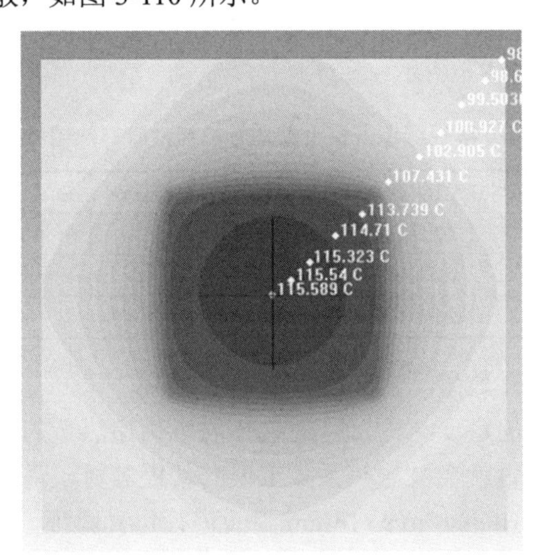

图 3-110 传统塑封体上表面温度分布示意图

仿真结果表明，增加了散热片后，热量分布得更加均匀，芯片的局部热量得到有效分散，从而增强与空气的对流散热，提高散热效率，如图 3-111 所示。

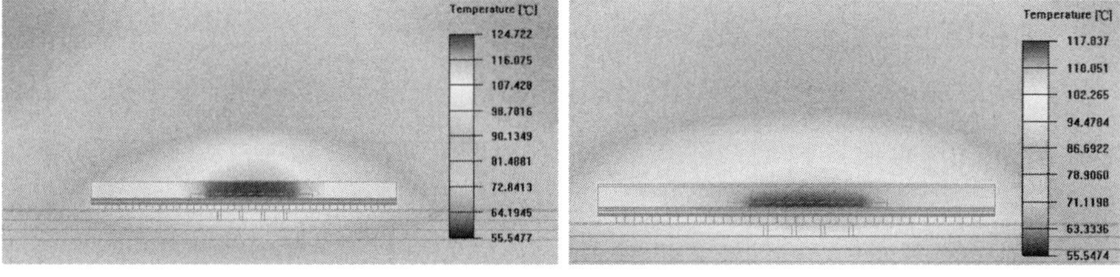

图 3-111　塑封体上表面有散热片和无散热片的温度分布示意图

3.5　机械性能的分析与优化

系统级封装通常涉及多种异质材料，主要包括芯材、基板材料、装片胶材料、塑封料等。每种材料都有各自的特性。系统级封装体在外界压力或温度变化的作用下，各种材料会按照各自的属性收缩或膨胀，产生形变，引发一系列的应力问题。

3.5.1　材料常规机械属性

封装材料常见的机械属性包括热膨胀系数、杨氏模量（Young's Modules）、泊松比（Poisson Ratio）等。

1．热膨胀系数

温度的变化会使物体的长度或体积发生相应变化的现象称为热膨胀。其本质是晶体点阵结构间的平均距离随温度变化而变化，常用线膨胀系数或体膨胀系数来描述。线膨胀系数是指固态物质每升高一单位温度时，其长度的变化量与原始长度的比值，计算公式为

$$\alpha = \Delta L / \left(L \times \Delta T \right)$$

封装中常见材料的热膨胀系数：铜（17×10^{-6}/℃）；硅（2.8×10^{-6}/℃）；塑封料（α_1，10×10^{-6}/℃；α_2，40×10^{-6}/℃）。

2．杨氏模量

根据胡克定律，在物体的弹性极限内，应力与应变的比值称为材料的杨氏模量，如图 3-112 所示。杨氏模量反映了材料的刚性。杨氏模量越大，材料越不容易发生形变。

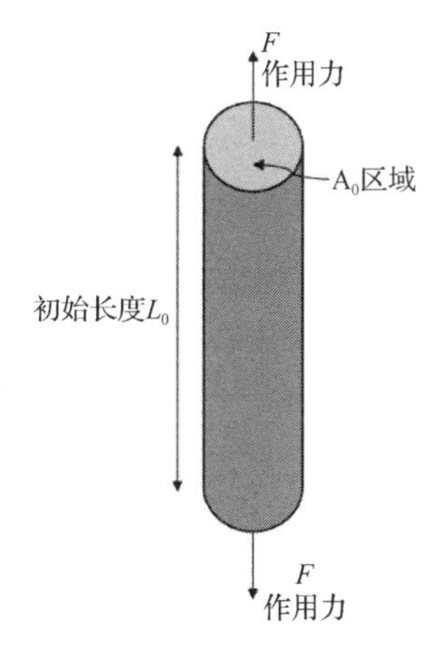

图 3-112　杨氏模量

$$E=\text{拉伸应力}/\text{拉伸应变}=\sigma / \varepsilon =\left(F / A_0\right)/\left(\Delta L / L_0\right)$$

3. 泊松比

材料沿载荷方向被拉伸（或压缩）变形的同时，垂直于载荷的方向会产生缩短（或伸长）的变形。材料的泊松比是垂直方向上的应变 $\varepsilon_{\text{axial}}$ 与载荷方向上的应变 $\varepsilon_{\text{trans}}$ 比的负值。如果用 ν 表示泊松比，则 $\nu=-\varepsilon_{\text{trans}}/\varepsilon_{\text{axial}}$。在材料弹性变形阶段内，$\nu$ 是一个常数，材料的泊松比一般通过试验测定。

4. 玻璃转换温度（Glass Transition Temperature）

非晶聚合物有三种力学状态，分别是玻璃态、高弹态和黏流态。当温度较低时，材料形态表现为刚性固体状，与玻璃形态接近，此时材料的杨氏模量较大，在外力作用下只发生非常小的形变，此状态即为玻璃态；当温度升高至一定程度时，材料形变明显增加，并在随后的一定温度区间形变相对稳定，此时材料的杨氏模量较小，材料比较软，为高弹态；温度继续升高，材料形变量又逐渐增大，材料逐渐变成黏性的流体，此时形变无法再恢复，此状态即为黏流态。通常把材料在玻璃态和高弹态之间相互转化的温度称为玻璃转换温度（或玻璃转化温度）。

3.5.2 封装中的应力优化

仿真是前期预判风险及优化分析的重要手段之一，通过仿真可以进行 DOE 试验设计的快速迭代，并找到最好的优化方向，缩短工程开发周期，减少费用。

1. 翘曲仿真优化

对于大尺寸的系统级封装体，翘曲的控制非常重要，尤其是无引脚形式的系统级封装体对翘曲的控制要求更加严格。过大的翘曲容易在系统级封装体表面贴装时产生短路或开路，而一般无铅焊锡的凝固点为 230℃左右，故在高温段封装的翘曲更敏感。

下面以高密度大尺寸系统级封装体为例进行仿真分析，封装结构参数如表 3-11 所示，封装材料属性如表 3-12 所示。

表 3-11　封装结构参数

封装体尺寸	最大长度/最大宽度:34mm/26mm
封装体厚度	1.2mm
基板厚度	0.515mm

表 3-12　封装材料属性

参　数		单　位	绿　漆	塑 封 料	芯　片	芯　材
			PSR-4000	G760L	Si	R-A555
玻璃转换温度		℃	100	150	NA	200
热膨胀系数	α_1	$\times10^{-6}$/℃	60	9	2.8	13
	α_2	$\times10^{-6}$/℃	130	46		6
杨氏模量		MPa	6200@25℃ 230@260℃	23500@25℃ 700@260℃	131000	9000@ 25℃ 5000@ 260℃
泊松比			0.29	0.3	0.3	0.2

仿真的几何模型示意图如图 3-113 所示。

仿真采用的网格模型示意图如图 3-114 所示。

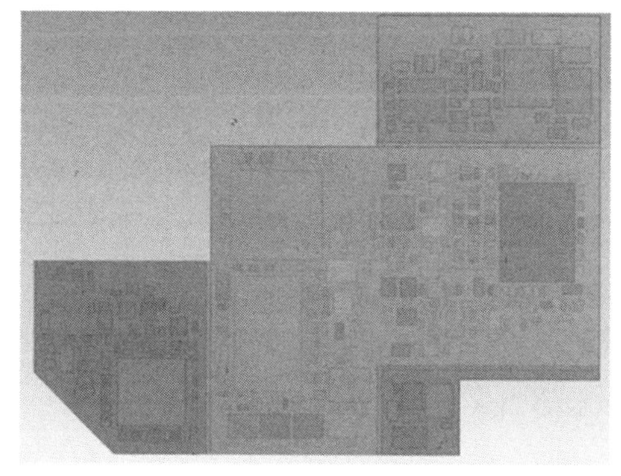

图 3-113　仿真的几何模型示意图

图 3-114　仿真采用的网格模型示意图

此外，仿真需要进行如下假设。

（1）假设整个翘曲过程为线弹性过程。

（2）假设 175℃为零应力点。

（3）假设封装体内的温度变化是均匀的。

（4）假设封装体中各种材料之间都是完全结合的。

仿真时对封装体进行适当固定，防止刚体位移的产生，并加以 260℃的温度载荷，得到翘曲值为 386μm，如图 3-115 所示。

同时将实际样品进行投影波纹技术（Shadow Moire）测试，得到实际翘曲平均值为 380μm，如图 3-116 所示。

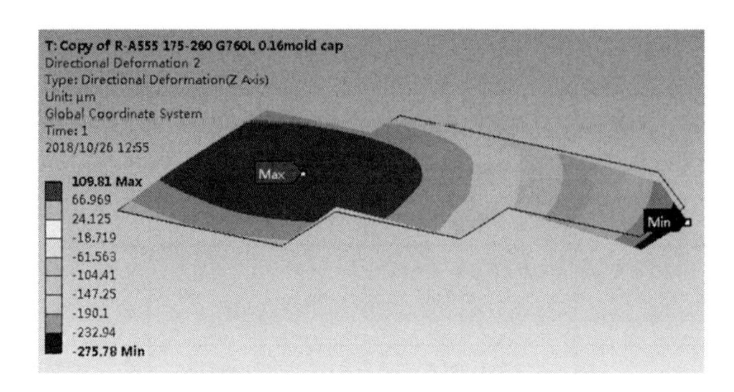

图 3-115　仿真翘曲结果示意图

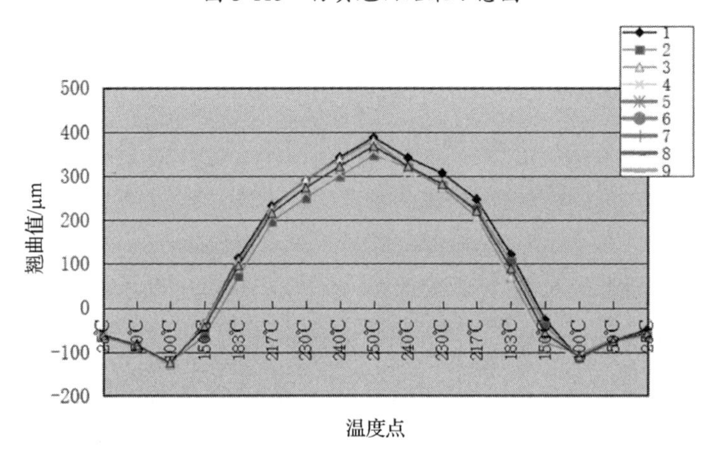

图 3-116　用投影波纹技术测试翘曲值

由以上仿真数据及实测数据可知，在高温阶段，塑封料的热膨胀系数为 α_2，即 46×10^{-6}/℃，这个值大于基板材料的热膨胀系数，翘曲呈现哭脸。针对这一翘曲问题，可以尝试采用相关解决方案。翘曲仿真结果如表 3-13 所示。

表 3-13　翘曲仿真结果

解 决 方 案	翘曲值/μm
原始结构	386
塑封体厚度由 1.6mm 减至 1.2mm	310
塑封料 α_2 由 46×10^{-6}/℃降低至 36×10^{-6}/℃	212
塑封料 α_2 由 46×10^{-6}/℃降低至 39×10^{-6}/℃， 塑封料高温模量由 700MPa 降至 350MPa	159

根据仿真结果，减薄塑封体厚度、改善塑封料的热膨胀系数、减小塑封料杨氏模量均可以大幅降低翘曲值。

2. 倒装芯片回流应力仿真优化

对于倒装芯片回流应力仿真，建立如下仿真模型，凸点部位的细节如图 3-117 所示。

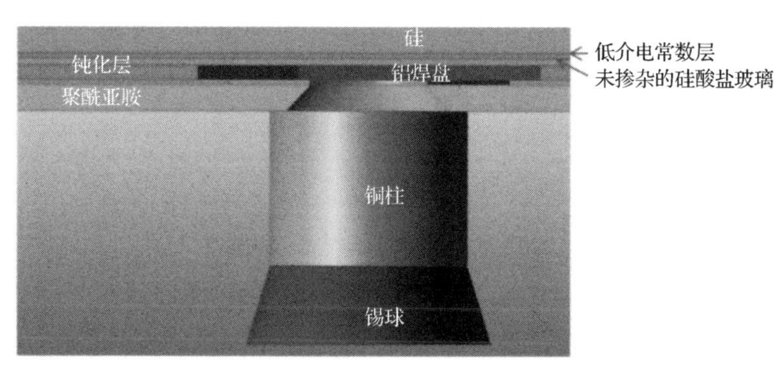

图 3-117　凸点部位的细节

根据仿真结果，影响低介电常数（Low-k）芯片应力的因素主要包括凸点直径、聚酰亚胺开口（PI Open）尺寸、聚酰亚胺（PI）厚度、铜柱高度、芯片厚度、基板厚度。仿真的结果主要考虑对以下三种芯片应力的影响，即等效应力（Equivalent Stress）、拉伸应力（Tensile Stress）和压缩应力（Compression Stress），如图 3-118 所示。

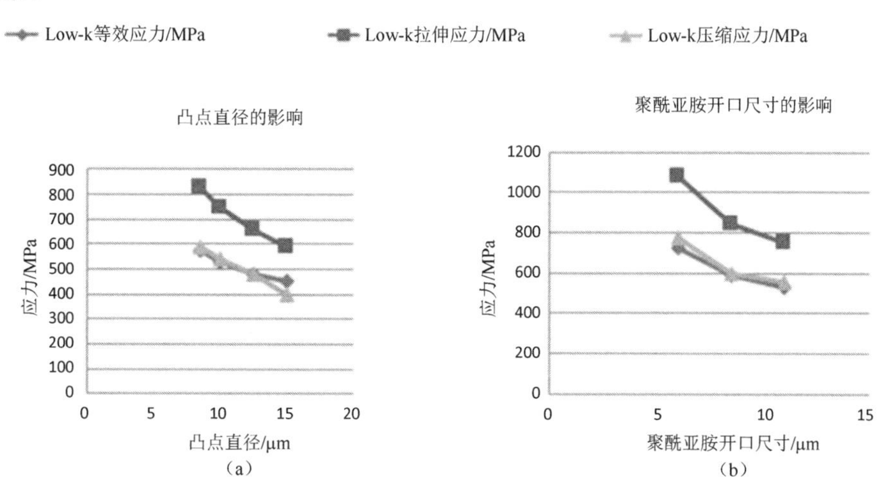

图 3-118　低介电常数层的三种应力与凸点直径、聚酰亚胺开口尺寸、聚酰亚胺厚度、铜柱高度、芯片厚度、基板厚度的关系

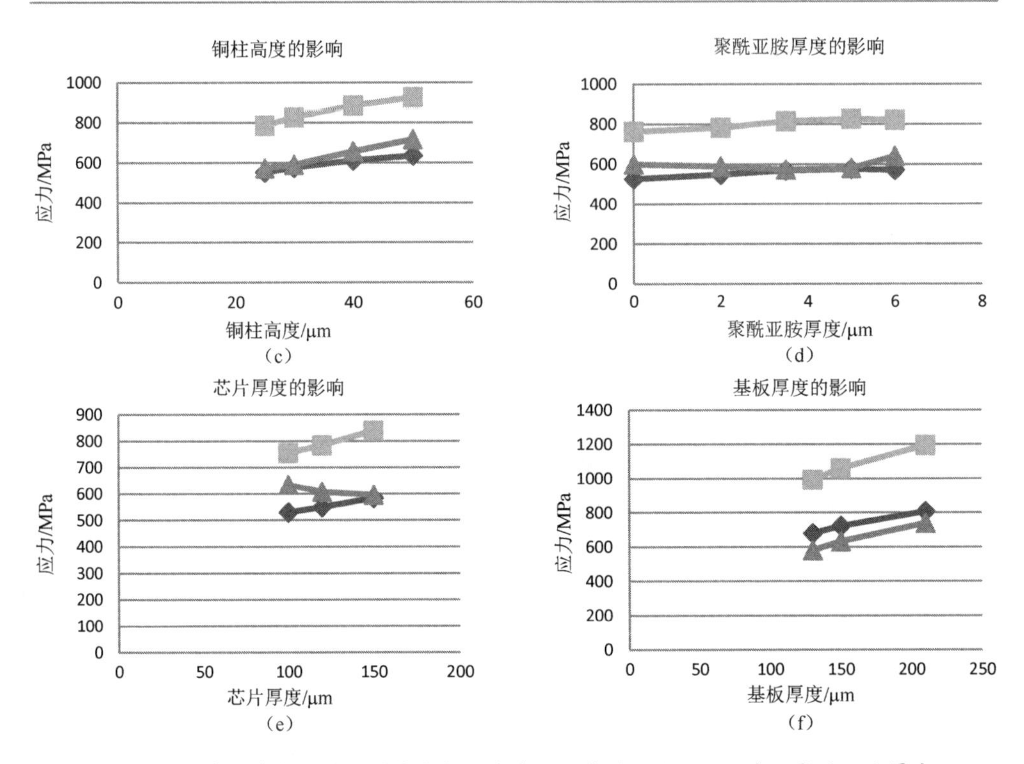

图 3-118 低介电常数层的三种应力与凸点直径、聚酰亚胺开口尺寸、聚酰亚胺厚度、铜柱高度、芯片厚度、基板厚度的关系（续）

通过仿真计算，还可以得到基板热膨胀系数和三种应力的关系，如图 3-119 所示。

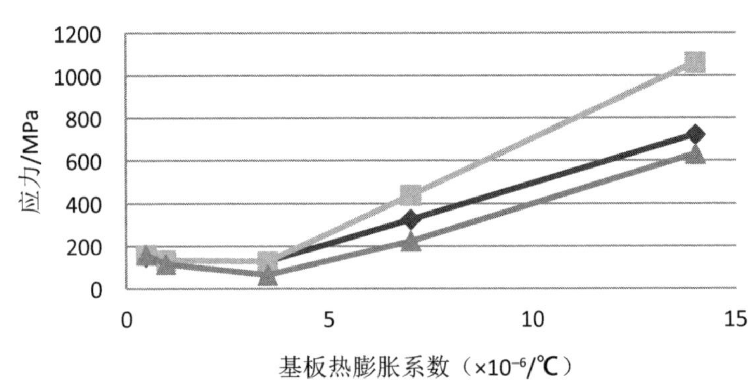

图 3-119 基板热膨胀系数和三种应力的关系

以上仿真结果表明，封装体中的芯片低介电常数层应力优化需要考虑以下方面。

（1）低介电常数材料的应力随着聚酰亚胺厚度的增加略微增加。

（2）随着铜柱高度的增加，低介电常数层应力也会增加。

（3）芯片材质脆而硬，当芯片厚度变薄时，更容易变形；当基板受热膨胀变形的时候，芯片可以随之产生微小的形变，从而降低铜柱对低介电常数层应力的影响。

（4）芯片与基板之间热膨胀系数的差异会导致低介电常数层应力过大，基板的热膨胀系数大于芯片的热膨胀系数是造成低介电常数层开裂的主要原因。减薄基板的厚度，减小基板体积，可以减小低介电常数层的应力。

（5）选用与芯片热膨胀系数相接近的芯材，可减小基板与芯片之间的热收缩差异，在回流过程中，铜柱的形变减小，低介电常数层所受的应力也随之减小。

根据仿真结果，引起低介电常数层失效的主要原因是倒装芯片与基板的热膨胀系数不匹配。从应力分布图可以看出，凸点外侧的低介电常数层区域受到拉伸应力，凸点内侧的低介电常数层区域受到压缩应力。与实际失效图片对比可以看出，拉伸应力是导致低介电常数层开裂的主要原因。解决低介电常数层开裂问题可以从两方面入手；一方面减小芯片与基板间的热膨胀系数差异；另一方面通过其他方式释放或转移应力分布，如采用底部填充方式，以避免低介电常数层上的应力集中。

参 考 文 献

[1] 房丽丽．ANSYS 信号完整性分析与仿真实例[M]．北京：中国水利水电出版社，2013．

[2] 于争．信号完整性揭秘：于博士 SI 设计手记[M]．北京：机械工业出版社，2013．

[3] 夏班尼．传热学：电力电子器件热管理[M]．北京：机械工业出版社，2013．

[4] High Effective Thermal Conductivity Test Board for Leaded Surface Mount Package. EIA/JEDEC Standard.JESD51-7， ELECTRONIC INDUSTRIES ALLIANCE and JEDEC Solid State Technology Associatio，1999．

[5] 刘勇，梁利华，曲建民．微电子器件及封装的建模与仿真[M]．北京：科学出版社，2010．

[6] 姚焕．基于 Ansys Icepak 的板级回流焊接建模与仿真[D]．廊坊：北华航天工业学院．

[7] 许路加．非制冷红外微测辐射热计多孔硅绝热层热学与力学研究[D]．天津：天津大学．

[8] 王强．微电子封装中无铅焊料 SnAgCu 的材料 Anand 本构模型参数试验测定和焊点寿命预测[D]．杭州：浙江工业大学，2007．

[9] 邓定宇．热与振动联合作用下塑料球栅阵列封装中焊点可靠性分析[D]．南京：南京航空航天大学．

[10] 刘文强．半导体封装产品分层问题浅析[D]．连云港：江苏中鹏新材料股份有限公司．

[11] 刘勇，梁利华，曲建民．微电子器件及封装的建模与仿真[M]．北京：科学出版社，2010．

第4章

系统级封装集成基板

系统级封装的基板是指在芯片、无源元器件、有源元器件、封装引脚之间实现系统线路互连的载板。随着材料与工艺的发展，基板技术方案也呈现出多元化发展的格局。薄膜、厚膜及低温烧结陶瓷（Low Temperature Co-fired Ceramics，LTCC）基板等传统陶瓷基板仍然在系统级封装中发挥着独特的作用。随着引线框工艺的不断演变，出现了高密度引线框基板等。有机基板及预包封引线互联系统（Molded Interconnect System，MIS）基板在单层、多层及埋入式结构上不断发展，以适应市场多样化、多层次的需求。硅基转接板通常又称为硅基板，主要用于 2.5D 或 3D 系统级封装中超高密度的互连。另外，小型化、高密度的线路需求还催生了扇出型晶圆级封装（Fan-Out Wafer Level Package，FOWLP）无基板重布线连接技术。

4.1 陶瓷基板

系统级封装陶瓷基板按制作工艺可分为厚膜/薄膜陶瓷基板和低温共烧/高温共烧陶瓷基板。厚膜/薄膜陶瓷基板通过厚膜工艺、薄膜工艺在陶瓷基板上制作导线，以及电阻、电感、电容等元器件，属于多芯片溅射（Multi-Chip Module–Deposit，MCM-D）基板。低温共烧/高温共烧陶瓷基板在完成生瓷膜片制作、导体印刷后烧结成陶瓷，并经电镀等处理后封装成陶瓷基板，属于多芯片陶瓷（Multi-Chip Module-Ceramic，MCM-C）基板。系统级封装陶瓷基板材料通常具有低介电常数、低介电损耗、高导热系数、适宜的热膨胀系数、良好的化学性能等特点。

4.1.1 厚膜陶瓷基板

厚膜陶瓷基板（Thick-Film Ceramic Substrate）通过厚膜丝网印刷、烧结等工序，在陶瓷基板上制作电阻、电感、电容等元器件，以及互连导线、绝缘介质，形成具有一定功能、可以贴装或焊接芯片的封装载体。厚膜陶瓷基板通常为平板形状。厚膜陶瓷基板可以为组装在其上的元器件提供机械支撑保护、电互连功能，起到绝缘作用，并将它们产生的热量向四周扩散。厚膜陶瓷基板是高性能电子部件、整机、子系统实现所需功能的构建技术之一，既是一种组装技术，也是电子元器件与整机系统之间的一种接口技术。

陶瓷基板按材料主要分为氧化铝、氧化铍、氮化铝、碳化硅、氮化硅等类型。由于陶瓷基板具有良好的导热性能、高温稳定性、绝缘性，并且热膨胀系数较低，因此在高电压、大电流和功率密度较大，以及高温、高湿、高压力、多灰尘等场合获得广泛应用，如 LED 照明、仪器仪表、汽车电子、雷达、航空航天、通信等领域。

陶瓷基板材料性能直接决定和影响陶瓷基板性能。对陶瓷基板而言，陶瓷基板材料的导热系数、热膨胀系数、耐热性、耐电压性等都是非常关键的参数指标，必须符合 GB/T 9531—1988《电子陶瓷零件技术条件》等相关技术要求。陶瓷基板参数的检测依据相关国家标准，如 GB/T 5594—2015《电子元器件结构陶瓷材料性能测试方法》、GB/T 5598—2015《氧化铍瓷导热系数测定方法》、GB/T 5597—1999《固体电介质微波复介电常数的测试方法》、GB/T 18791—2002《电子和电气陶瓷性能试验方法》等。

陶瓷基板材料的成分和工艺差异会使其性能参数有所不同。厚膜陶瓷基板材料典型的性能参数如表 4-1 所示。

表 4-1　厚膜陶瓷基板材料典型的性能参数

基板材料	组　成	熔点 /℃	密度 /（g/cm³）	抗弯强度 /MPa	相对介电常数（@1MHz）	导热系数 /（W/(m · ℃)）	热膨胀系数（×10⁻⁶/℃）
氧化铝	Al_2O_3	1860	3.63	300～400	8.5～10	17～40	6.0～8.0
氮化铝	AlN	2470	3.26	280～320	8.5～10	140～270	3.3～5.0
氧化铍	BeO	2350	3.03	170～240	6.5～8.9	200～300	6.0～6.8
碳化硅	SiC	2830	3.2	450		250～270	3.7～4.2
氮化硼	BN	3000	2.27	40～80	3～5	55～60	2.0～3.0
氮化硅	Si_3N_4		2.4～3.4	255～690	5～10	25～35	2.3～3.2

AlN、BeO、SiC 陶瓷的电阻率都大于 $10^{14}\Omega \cdot cm$，是优良的电绝缘体，导热系数为 140～200W/(m · ℃)，接近甚至超过金属铝的导热系数［25℃时为 170W/(m · ℃)］，是 Al_2O_3 陶瓷导热系数的 6～10 倍。BeO 陶瓷在加工过程中会产生具有毒性的粉尘，所以被限制使用。AlN 陶瓷没有 BeO 陶瓷的毒性问题，并且

热膨胀系数和硅的热膨胀系数最接近，故部分 BeO 陶瓷被 AlN 陶瓷取代。SiC 陶瓷介电常数偏高，只适合作为热沉积材料，不适合作为对传输速率、延迟等有要求的封装基板。Al_2O_3 陶瓷具有优良的机械强度，良好的热稳定性和化学稳定性，较低的介电常数和介质损耗，批量生产工艺成熟稳定，价格低廉且易获得等特点，在陶瓷基板中的应用最为广泛。

厚膜陶瓷基板的电阻、导体、介质层的膜厚通常大于 10μm，导体的宽度、间隙等主要由丝网印刷工艺能力及电性能设计要求综合决定。厚膜陶瓷基板的典型制造工艺包括印刷网版设计、丝网制作、浆料准备、浆料印刷、浆料烘干、烧结、激光调阻、基板分割。厚膜陶瓷基板典型制造工艺流程图如图 4-1 所示。

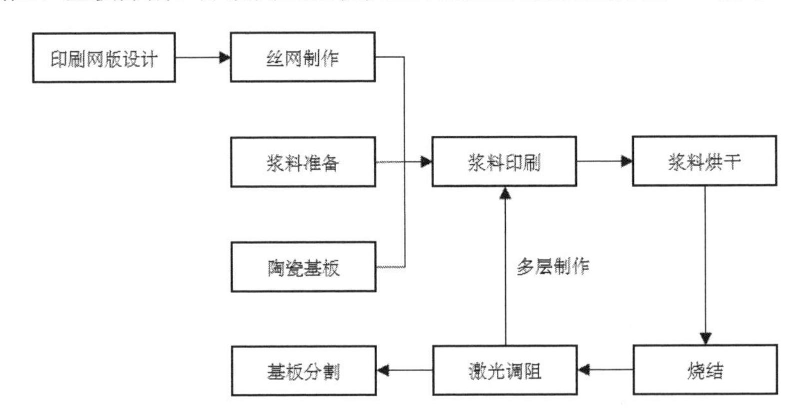

图 4-1　厚膜陶瓷基板典型制造工艺流程图

厚膜陶瓷基板的浆料通常由功能相、黏接相和载体三部分组成。浆料中的功能相决定了厚膜的电性能和机械性能；浆料中的黏接相通常是玻璃、金属氧化物或二者的组合，其作用是将厚膜黏接到陶瓷基板上。用作导体的浆料，其功能相通常为贵金属或贵金属混合物（如 Ag-Pd、Ag-Pt 微细粉）；电阻浆料中的功能相通常为金属合金或钌系化合物；高介电常数的电容层、多层介质层、密封剂基本由玻璃或玻璃-陶瓷等无机相组成。与浆料有关的固体含量、细度、黏度、分辨率、方阻、附着力、可焊性和耐焊性等的测定参见 GB/T 17473—2008《微电子技术用贵金属浆料测试方法》。浆料主要供应商有湖南利德电子浆料股份有限公司、厦门信瑞昌电子科技有限公司、西安宏星电子浆料科技有限责任公司、苏州固锝电子股份有限公司、江苏鼎启科技有限公司、杜邦（Dupont）、ESL、德国 Heraeus、法国福禄等。

厚膜陶瓷基板通常采用多层布线，利用丝网印刷技术将浆料按预定方案涂覆在陶瓷基板表面，经过干燥和 600～950℃高温烧结依次制备导体层、电阻层、绝缘层、介质层及其他功能层。为防止未干燥的浆料相互污染，以及过厚浆料在烧结时产生变形、开裂等缺陷，每一层均须经过印刷、干燥、600～950℃高温烧结后再制备下一层。厚膜陶瓷基板典型单面布线工艺流程和结构图如图 4-2 所示。

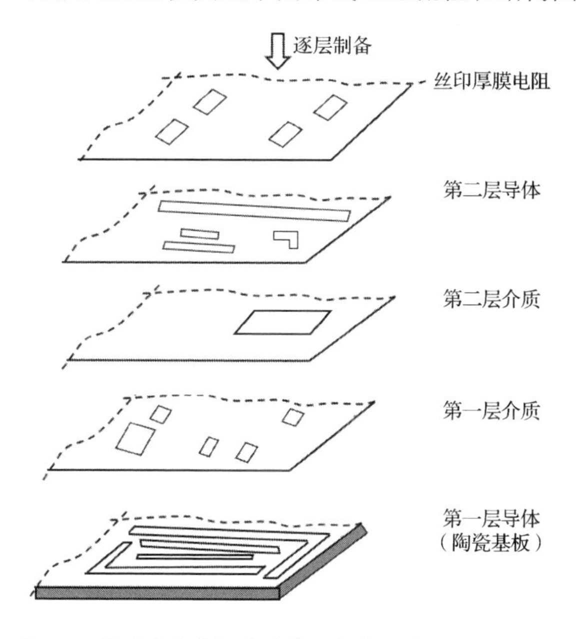

图 4-2　厚膜陶瓷基板典型单面布线工艺流程和结构图

双面厚膜陶瓷基板还涉及激光打孔（或超声钻孔）、印刷填孔等工序。厚膜陶瓷基板产品图如图 4-3 所示。

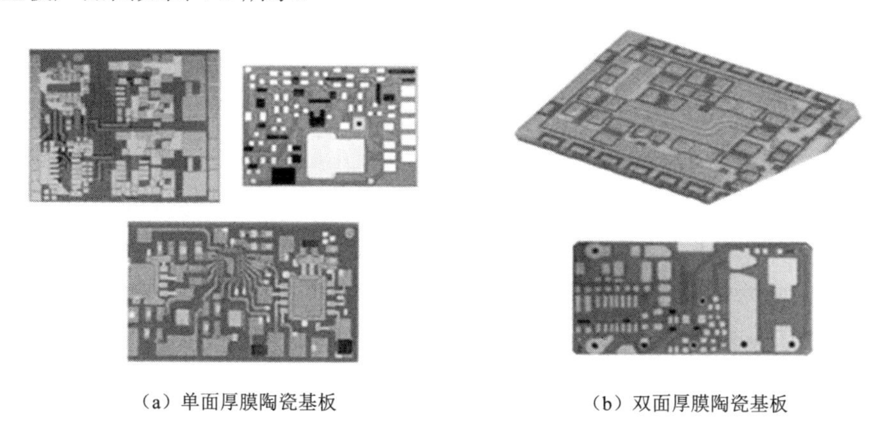

（a）单面厚膜陶瓷基板　　（b）双面厚膜陶瓷基板

图 4-3　厚膜陶瓷基板产品图

厚膜陶瓷基板的生产设备主要有浆料用真空脱泡搅拌机、丝网印刷机、烘干机、高温烧结炉（空气、氮气或还原气体，根据浆料确定）、激光打孔机等，投资相对较少。

厚膜陶瓷基板除需要检验尺寸、外观、互连关系、电性能等外，还需要检验膜层结合强度、可焊性、耐焊性、耐热性、热冲击等可靠性。膜层结合强度根据GB/T 17473.4—2008《微电子技术用贵金属浆料测试方法 附着力测定》进行测定，可焊性和耐焊性根据GB/T 17473.7—2008《微电子技术用贵金属浆料测试方法 可焊性、耐焊性测定》进行测定。在进行耐热性测定时，将厚膜陶瓷基板置于根据用途设定温度的加热板上加热规定时间后，观察厚膜有无起泡、变色、剥落、起皮等缺陷，无这些缺陷则表示合格。在进行热冲击测定时，将厚膜陶瓷基板样品放入热冲击试验机中，在根据用途设定的试验条件（如空气介质、液体介质、温度范围等）下进行试验，记录厚膜陶瓷基板出现脱膜、分层、裂纹等现象时的循环次数，若大于20次，则表示合格。

随着厚膜元器件功率的不断增大，耗散功率密度提高，陶瓷基板脆性增大，机械加工性能变差，抗热冲击能力减弱，厚膜陶瓷基板部分采用厚膜金属基板、复合基板。厚膜陶瓷基板技术进一步发展为多层陶瓷共烧技术，包括高温共烧陶瓷（High Temperature Co-fired Ceramics，HTCC）技术和低温共烧陶瓷（Low Temperature Co-fired Ceramics，LTCC）技术。

4.1.2 薄膜陶瓷基板

薄膜陶瓷基板（Thin-Film Ceramic Substrate）与厚膜陶瓷基板一样，也是在陶瓷基板上制作导体、电阻等元器件，只是二者的制膜工艺不同。也有在石英玻璃等基板上制作薄膜的。薄膜通常采用真空溅射、真空蒸发、化学气相沉积（Chemical Vapor Deposition，CVD）、电镀（包括化学电镀）、旋涂等成膜工艺。薄膜材料可以是金属、金属合金、金属氧化物、玻璃、陶瓷、聚合物等。薄膜图形绘制主要依靠光刻、激光蚀刻等图形成形技术。薄膜分为导电薄膜、电阻薄膜、介质薄膜和绝缘薄膜四种。导电薄膜用作互连线、焊接区和电容极板（通常有黏附层、阻挡层和导电层，部分直接用金属作为导体），电阻薄膜形成各种规格微小尺寸的电阻，介质薄膜形成各种规格微型电容的介质层，绝缘薄膜用作交叉导体等的绝缘层及薄膜电路的保护层。薄膜具有图形平整光洁，线宽、线与线间隙更精细等优点。

薄膜陶瓷基板表面均为抛光面，经过清洗及烘干后，通过蒸发、溅射等工艺制膜，剥离光刻胶以形成电阻、导线、介质等图形，对于导线等需要增加厚度的还可利用低成本、高效率的电镀工艺来加厚。在薄膜制备过程中，根据需要可以采用多种工艺组合的方式，并设计合理工艺分层及工艺流程，使工艺简便，生产效率高。薄膜陶瓷基板的典型工艺流程图如图 4-4 所示。

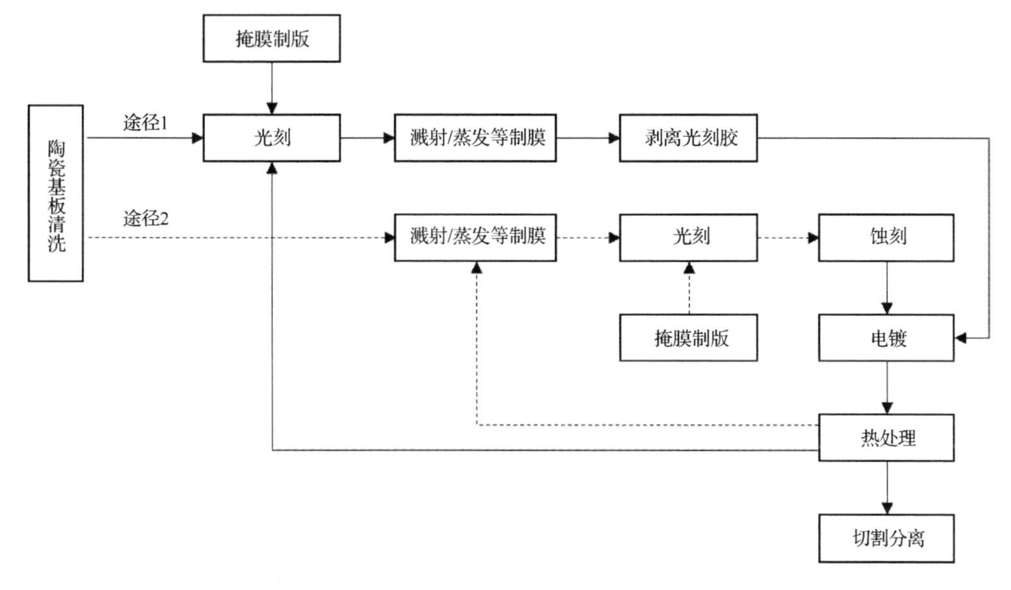

图 4-4　薄膜陶瓷基板的典型工艺流程图

薄膜陶瓷基板产品图如图 4-5 所示。

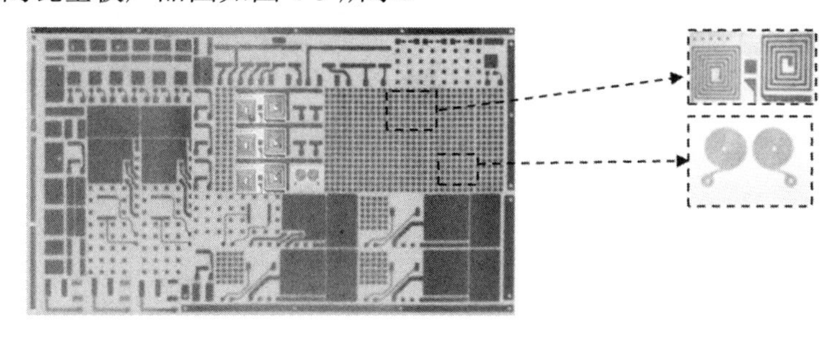

图 4-5　薄膜陶瓷基板产品图

薄膜陶瓷基板生产设备主要有清洗机、光刻机、真空溅射或蒸发台、金属及介质蚀刻机、电镀线、高温烘箱、激光调阻机、基板切割机等。相比于厚膜陶瓷基板，薄膜陶瓷基板投资较大。

薄膜陶瓷基板的质量检验方法、可靠性检验标准绝大多数都与厚膜陶瓷基板相同，只是薄膜陶瓷基板的表面粗糙度、引线键合可焊性等需要按相关检验方法及技术标准进行检验。

由于薄膜陶瓷基板只能在表面布线形成各类元器件，因此大尺寸的元器件制作受限，需要与低温共烧陶瓷基板结合以提高封装密度。

4.1.3 低温共烧陶瓷基板

低温共烧陶瓷基板（LTCC Substrate）利用玻璃-陶瓷或微晶玻璃具有可低温烧结，并且可与低熔点、高导电性金属共烧的特性，实现多层陶瓷、多层布线、通孔、嵌入式无源元器件（如电阻、电感）等的一体固化。低温共烧陶瓷基板比厚膜陶瓷基板、薄膜陶瓷基板具有更高的集成密度。低温共烧陶瓷基板需要根据产品功能、性能，以及产品使用环境、可靠性等要求，结合低温共烧陶瓷材料的特性进行电性能、热性能、结构强度及可靠性等的设计。

常用高导电性金属有 Cu、Au、Ag、Cu-Mo、Ag-Pd 等，为使这些金属导体在与玻璃-陶瓷共烧过程中损失较小且受控，低温烧结的温度必须低于这些金属的熔点（Cu 的熔点约为 1083℃，Au 的熔点约为 1063℃、Ag 的熔点约为 960℃）。

低温共烧陶瓷基板的典型工艺流程图如图 4-6 所示。

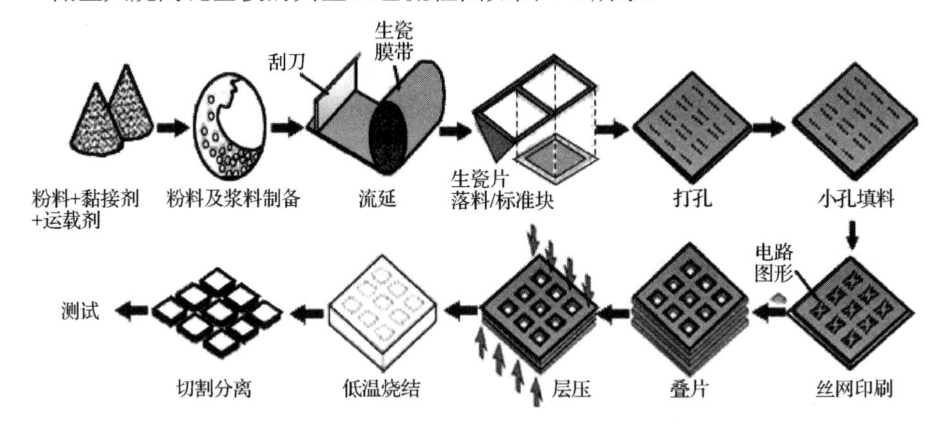

图 4-6 低温共烧陶瓷基板的典型工艺流程图

低温共烧陶瓷基板产品图及典型封装结构如图 4-7 所示。

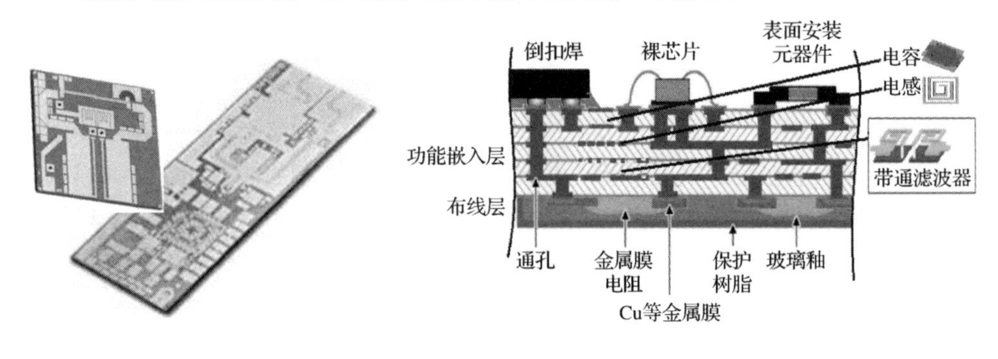

（a）低温共烧陶瓷基板产品图　　（b）低温共烧陶瓷基板典型封装结构

图 4-7 低温共烧陶瓷基板产品图及典型封装结构

低温共烧陶瓷基板主要工艺设备包括球磨机、真空脱泡机、流延机、切片机、激光打孔机（或冲孔机）、通孔印刷机、丝网印刷机、叠片机、层压机、气氛烧结炉、切割机、飞针测试仪等。

低温共烧陶瓷基板的工艺重点在于电性能参数的测试，尤其是高速、高频的阻抗、噪声等参数。

低温共烧陶瓷基板技术在向多功能、强性能、高功率密度、小型化、轻薄化发展的同时，其陶瓷材料具有了可适应更薄需求的高抗弯强度。为适应高速、高频需求的低介电常数和低介电损耗等分化，还出现了为适应倒扣焊芯片封装互连可靠性、二次组装可靠性的不同需求而提高热膨胀系数或降低热膨胀系数的分化。芯片组装、板级组装可靠性对低温共烧陶瓷基板尺寸变化率的影响如图 4-8 所示。

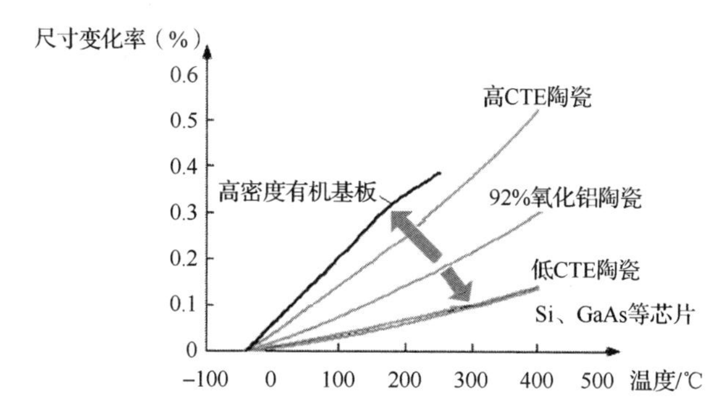

图 4-8　芯片组装、板级组装可靠性对低温共烧陶瓷基板尺寸变化率的影响

调节低温共烧陶瓷基板热膨胀系数，若与 Si、GaAs 等芯片材料的热膨胀系数接近，则芯片与陶瓷基板封装互连可靠性高；若与高密度有机基板或 FR4 基板的热膨胀系数接近，则低温共烧陶瓷基板封装后的模块、微系统产品二次组装（又称为板级组装）的可靠性高。此外，低温共烧陶瓷基板技术还可以与薄膜技术结合，在低温共烧陶瓷基板内部制作电源层、接地层，埋入无源元器件而将信号线、微带线设置在基板表面，以满足高频、高速组件和微系统对陶瓷基板的要求。

4.1.4　高温共烧陶瓷基板

高温共烧陶瓷基板（HTCC Substrate）与低温共烧陶瓷基板的主要区别是，前者共烧温度高，通常在 1500℃以上的温度下烧结。高温共烧陶瓷基板抗弯强度高、导热系数大，如高强度氧化锆和氧化铝高温共烧陶瓷基板、高导热 AlN 高温共烧陶瓷基板、SiC 高温共烧陶瓷基板。

高温共烧陶瓷基板的导体通常用难熔的 W、Mo 等金属制作，电阻率比低温共烧陶瓷基板的导体金属（如 Au、Ag-Pd 等）电阻率高，如表 4-2 所示。

表 4-2　不同金属的电阻率（室温 20℃）

导 体 材 料	电阻率/（μΩ · cm）
W	5.5
Mo	5.2
Cu	1.7
Au	2.2
Ag	1.6
Pd	10.8

高温共烧陶瓷基板通常不集成电容、电感、电阻。这是因为烧结后，电容、电感、电阻的实际测试值与设计值之间的偏差更大(相比于薄膜工艺下的该参数)。高温共烧陶瓷基板的表面通常进行化学镀镍及致密化烧结，必要时还会通过电镀镍、电镀金等方式满足对电性能参数的要求。

4.2　高密度金属引线框架基板

随着数字化、信息化技术的迅猛发展，对电子设备的性能和速度要求越来越高。运算速度、稳定性，以及个人电子产品对便携性的迫切需求，都推动着封装技术朝着轻、薄、小的方向发展。早期传统的插入式封装已逐渐向贴片式高密度封装转变。

引线框架具有优良的材料特性和独特的制造工艺，尤其是高密度金属引线框架、大功率金属引线框架作为高导热基板已经成为非常重要的系统级封装集成载板。引线框架通常包含芯片焊盘与引线，IC 通过装片胶黏接在芯片焊盘上。引脚用于实现芯片和外部（如 PWB）的电气连接。芯片和引脚之间的连接通过引线键合或凸点键合来实现。

IC 引线框架材料的选择需要考虑可焊性、导电性、导热系数、黏接性能、热膨胀系数等与塑封体的匹配程度，并要考虑成本等。引线框架材料一般为铜或铁镍合金。目前，DIP、QFP、SMT 封装主要采用的是铜。

4.2.1　金属引线框架材料

引线框架作为IC的载体而存在，借助装片胶、装片膜、焊料等黏接材料，实现芯片与外部引脚的电气连接，形成电气回路。引线框架是半导体封装的关键零部件，随着市场上高密度PCB的需求不断增加，高密度引线框架的需求也在逐渐增加。

金属引线框架材料通常需要具有以下特性。

（1）导热性能、导电性能好，以便将芯片在工作时产生的热量及时地发散出去。可以从两个方面改善导热性能：一是适当增加基板芯材的厚度；二是选用导热系数较大的材料，如铜合金材料的导热系数比铁镍合金材料的导热系数大得多。

（2）具有较低的热膨胀系数，铁镍引线框架的热膨胀系数较低，与芯片接近，而铜合金引线框架的热膨胀系数更接近塑封树脂的热膨胀系数，通常与芯片的热膨胀系数不太匹配。引线框架材料的选择也影响芯片黏接材料的选择。例如，树脂导电胶黏接材料具有较强的韧性，能在一定程度上吸收芯片和铜合金材料之间的应变，而如果用共晶工艺黏接芯片，则选择热膨胀系数大的铜材料就不太合适了。

（3）良好的匹配性、耐腐蚀性、耐热性和耐氧化性。在耐热性方面，通常要求软化温度高于400℃，能够承受潮湿环境中水气的腐蚀而不发生引脚断裂。

（4）具有足够的强度。

（5）平整度好，易加工成型，不易起毛刺。

（6）成本尽可能低，以满足大规模商业化需求。

随着电子科技的迅猛发展，IC的种类也快速增加，对金属引线框架材料的需求也日趋多样化。

铜合金一般按所含元素分类。目前应用广泛的铜合金可以分为Cu-Fe、Cu-Cr、Cu-Ni-Si、Cu-Sn、Cu-Zr五个系列。

常见的引线框架合金种类及性能如表4-3所示。

铜合金作为引线框架的重要基材，充分发挥了高导电、高导热、高硬度及高强度等良好的综合性能。随着半导体IC产业的飞速发展，人们对封装行业的要求越来越高，对框架材料的需求、品种规格及产品质量的要求也越来越高，需要不断研发新工艺、技术，拓展新材料体系，以满足新一代芯片功能的发展需求。

表 4-3　常见的引线框架合金种类及性能

材　料	成分（wt%）	热膨胀系数（10^{-6}/°C）	导热系数/（W/(m·°C)）	弹性模量/MPa	电导率（%IACS）	电阻率/（Ω·cm）	拉伸强度/MPa	延展度（%）	微氏硬度/Hv	密度/（g/cm³）
Alloy 42 FeNi42	铁基材料 Ni: 42 Si: 0.3max Mn: 0.8max C: 0.05max P: 0.025max S: 0.025max Cr: 0.25max Co: 0.5max	4.0～4.7	0.025	148	2.9～3.0	69	55～76	5～35	180～220	8.12
C7025	铜基材料 Ni: 2.2～4.2 Mg: 0.05～0.3 Si: 0.25～1.2	最大为 17.7	0.38	130	>40	4.3	62～74	>6	180～220	8.82
A194 （C194）	铜基材料 Fe: 2.1～2.6 Zn: 0.05～0.2 P: 0.015～0.15	最大为 17.6	0.55	123	>60	2.54	1/2H: 37.4～45 FH: 42.2～49.5 SH: 49.0～53.6 ESH: 51.4～60.3	>6	1/2H: 115～135 FH: 125～145 SH: 140～155 ESH: 150～170	8.78～8.92
EFTEC-64T	铜基材料 Cr: 0.2～0.3 Sn: 0.23～0.27 Zn: 0.18～0.26	最大为 17.0	0.72	127	>70	2.3	50～60	>10	160～195	8.9
KFC	铜基材料 Fe: 0.05～0.15 P: 0.025～0.04	最大为 17.5	0.87	128	>85	1.87	36～44	>4	100～125	8.9
C151	铜基材料 Mn: ≤0.005 Ag: ≤0.005 Zr: 0.05～0.15	最大为 17.7	0.86	123	>90	1.8	1/2H: 30～36 3/4H: 33～39.4 FH: 37.3～43.6	>5	1/2H: 100～115 3/4H: 100～120 FH: 110～135	8.39～8.94

4.2.2　金属引线框架的制造工艺

金属引线框架的主要制造工艺可以分为机械冲压框架和化学蚀刻框架。机械冲压框架单价较低，冲压速度快，适合大批量生产，但需要开发特定的冲压模具且交付周期较长，高脚数冲压存在技术瓶颈，适用于低脚数、低密度的 QFP、SOP、SOT 等封装形式。化学蚀刻框架开发周期较短，模具费用较低，精度高，可生产较高脚数产品，单价较高，生产速度较慢，适用于高脚数的 QFN、QFP 等封装形式。

从工艺制造流程来看，机械冲压框架与化学蚀刻框架流程有很大不同。图 4-9 所示为机械冲压框架工艺制造流程。图 4-10 所示为化学蚀刻框架工艺制造流程。

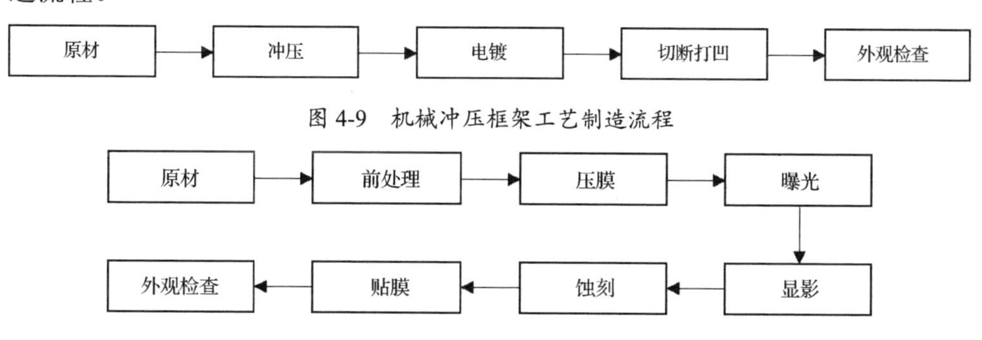

图 4-9　机械冲压框架工艺制造流程

图 4-10　化学蚀刻框架工艺制造流程

随着 IC 应用端对产品的可靠性等级要求越来越高，引线框架需要在铜合金表面或镍钯金表面进行粗糙化处理，增大表面接触面积，并增大引线框架和塑封料界面的结合力，从而提高产品的可靠性。如果界面结合力小，没有达到相关要求，那么产品将出现分层问题，如图 4-11 所示。

电常规铜表面与电粗化铜表面对比如图 4-12 所示。

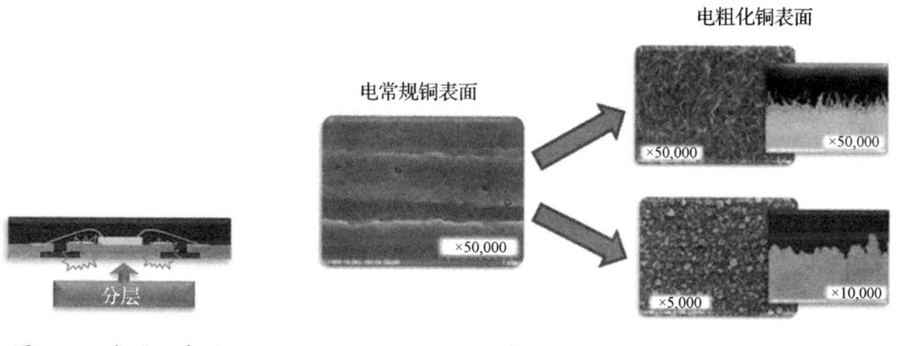

图 4-11　分层示意图

图 4-12　电常规铜表面与电粗化铜表面对比

经过粗化和未经过粗化的引线框架金属表面与塑封料的界面结合强度对比如图 4-13 所示。

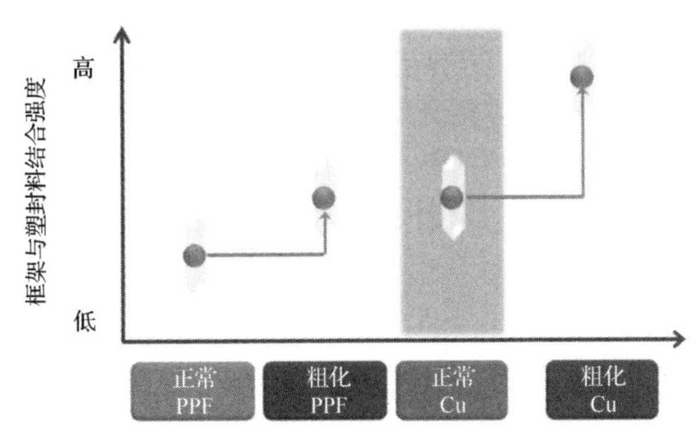

图 4-13 经过粗化和未经过粗化的引线框架金属表面与塑封料的界面结合强度对比

对于不同的引线框架金属表面，需要采用不同的表面粗化方式。铜镀银框架常用粗化方式有微蚀刻、电镀粗铜、棕氧化。镍钯金框架常用粗化方式为镀镍粗化，还可以通过药水蚀刻进行微蚀刻粗化，形成凹凸不平的表面，如图 4-14 所示。

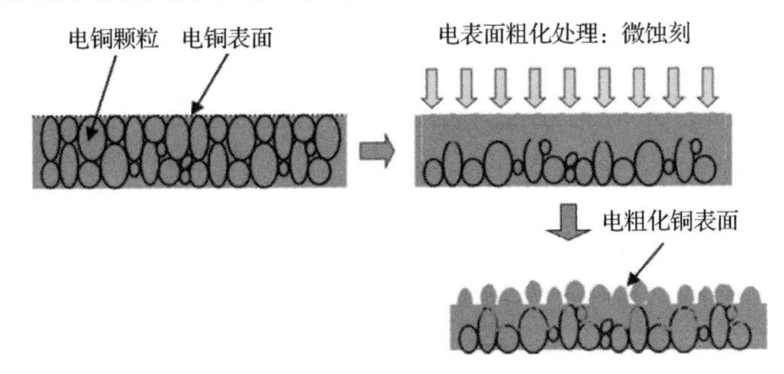

图 4-14 微蚀刻粗化

电镀粗铜：在铜表面电镀一层粗化的铜，如图 4-15 所示。

棕氧化：在铜表面进行化学处理，使铜表面生成一层粗糙的金属络合物，如图 4-16 所示。

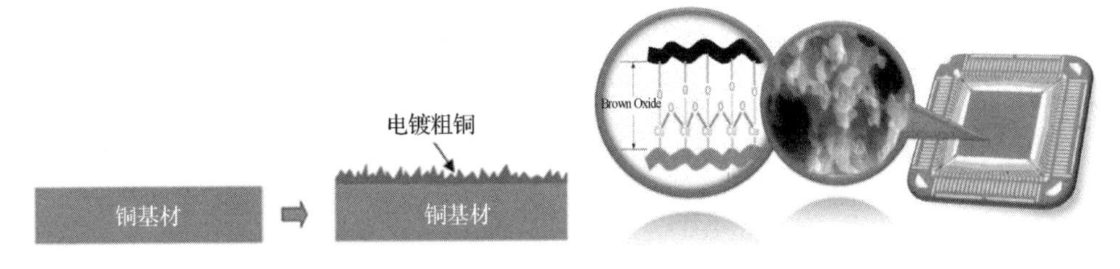

图 4-15 电镀粗铜

图 4-16 棕氧化

镀镍粗化：电镀粗化镍，如图 4-17 所示。

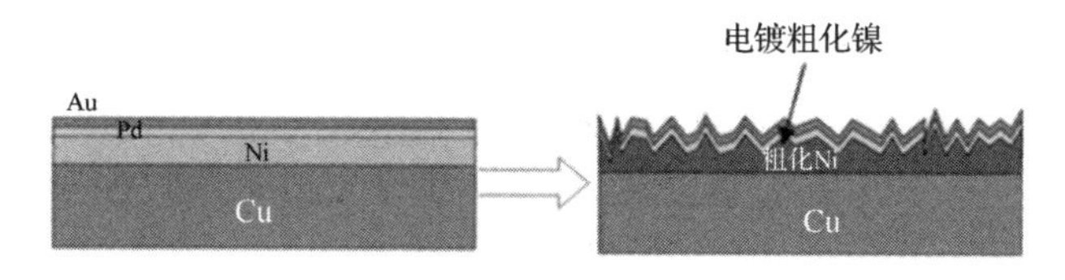

图 4-17　镀镍粗化

4.2.3　高密度金属引线框架

高密度金属引线框架已成为近几年引线框架发展的主要趋势。随着封装密度的不断提高，金属引线框架具备了优异的导电导热性能，金属引线框架逐渐发展为系统级封装大功率高散热产品的重要基板平台。

为了增加金属引线框架的线路密度，基于传统的机械冲压成型或化学蚀刻成型制造工艺，人们提出了化学半蚀刻工艺。通过控制正反面不同的蚀刻参数，生成两面不同的线路和互连形状，从而实现引线框架线路的高密度。相比传统引线框架，高密度引线框架的外引脚 PIN 与线路制作更加密集。它是大多数系统级封装产品必须具备的，封装内部可集成多芯片或多元器件，线路与 PIN 比传统引线框产品的线路和 PIN 更加不规则，大多数较为密集、非标准、需要定制化。图 4-18 所示为半蚀刻高密度引线框架单元结构示意图。图 4-19 所示为产品内部结构示意图。图 4-20 所示为产品 I/O 外形结构示意图。

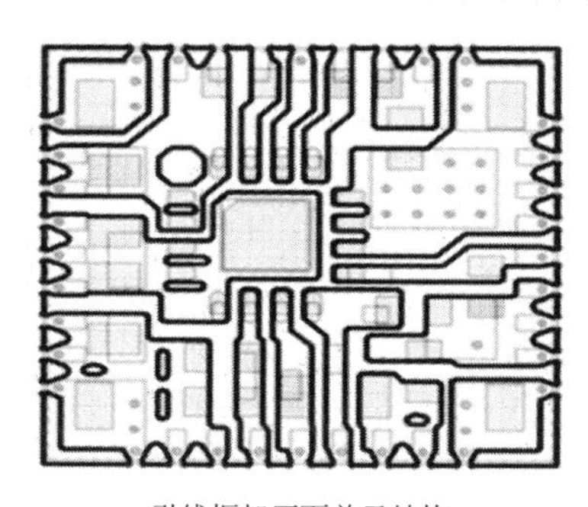

引线框架正面单元结构

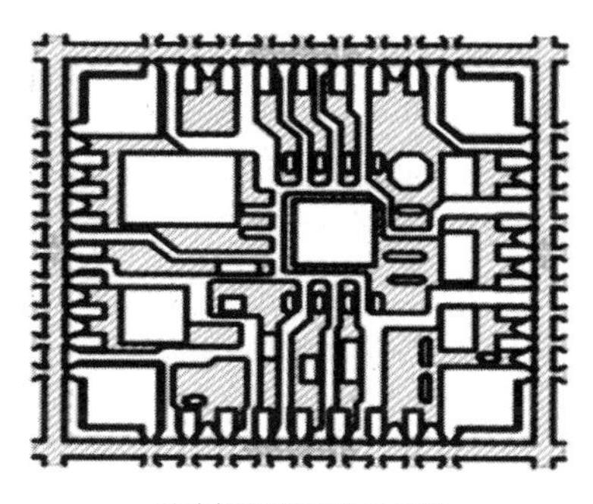

引线框架背面单元结构

图 4-18　半蚀刻高密度引线框架单元结构示意图

以高密度引线框架为封装载体，将电阻、电感、电容等元器件及芯片或 QFN 产品，通过 SMT 工艺、包封等工序进行互连，形成所需要的高密度 IC 基板。高密度引线框架封装成本低，线路密度高，可以大大增加封装设计的灵活性，实现芯片封装小型化、高密度、高性能、多功能、低成本。高密度引线框架基板为组装在其上的元器件提供机械支撑保护、电互连并实现绝缘，同时将耗能产生的热量向四周扩散，是高散热、高性能电子部件、整机、子系统所需的重要集成技术之一。

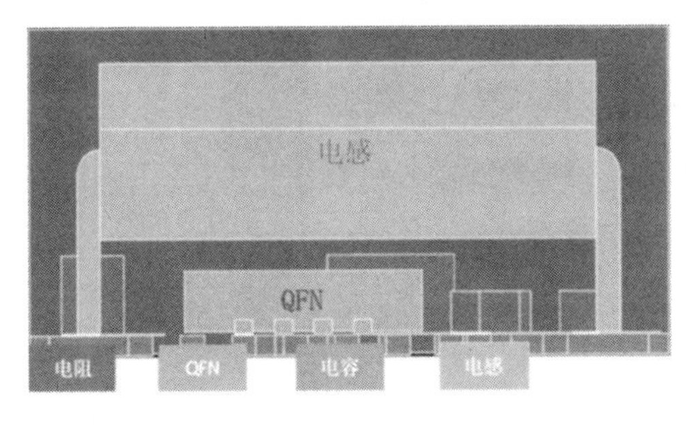

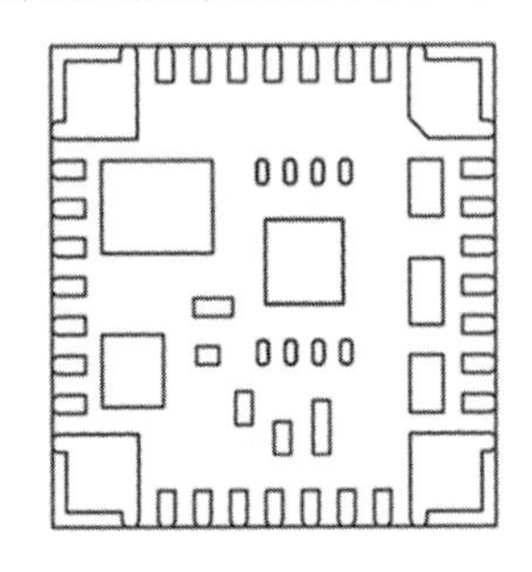

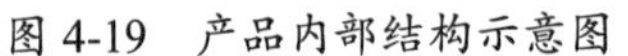
图 4-19　产品内部结构示意图

图 4-20　产品 I/O 外形结构示意图

随着电子产品的集成度不断提高，体积越来越小，质量越来越轻，电子产品上的高密度封装引线框架密度越来越高，引线框架的厚度将越来越薄，PIN 间距也将越来越小。

4.2.4　大功率金属引线框架

功率半导体封装体有两个显著特点：结构紧凑和较大的输出功率。半导体功率元器件是各类电子产品的重要组成部分，用途较多，具有节能的功效，广泛应用于通信、电子等领域。基于功率半导体的功率系统级封装（Power System in Package）逐渐成为功率元器件的主要封装方向之一。

常规功率引线框架的散热片和引线使用同一金属基板材料一体冲压成型，如图 4-21 所示。

大功率的金属引线框架采用铆接结构，将厚度更大的散热片和标准尺寸的引线分别用两块金属基板材料冲压成型，较薄的金属基板材料通过冲压形成引线框架。散热片上具有放置芯片的位置，将散热片和引线铆合在一起，形成铆接结构的引线框架。该框架的铆接结构相对简单，十分牢固可靠，有效提升了生产效率，使用范围广，所生产的 IC 散热性能好，能满足大功率产品的需求。铆接结构的引线框架如图 4-22 所示。

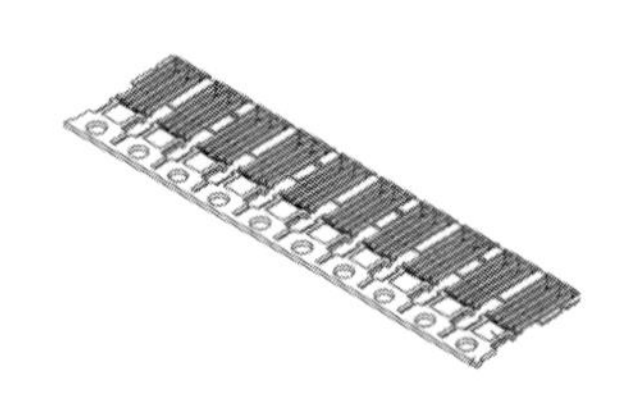
图 4-21　常规功率引线框架

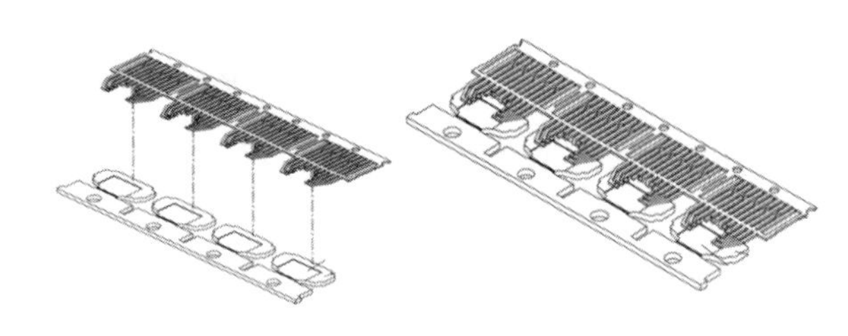
图 4-22　铆接结构的引线框架

4.3　高密度有机基板

高密度有机基板是系统级封装常用的基板材料，性能、可加工性、质量、成本等在很大程度上由基板材料决定。大多数有机基板都采用耐高温的 BT（Bismaleimide Triazine）环氧树脂等有机材料，基板芯材与半固化（Pre-Preg，PP）材料的玻璃转换温度（T_g）、热膨胀系数（CTE）、介电常数（Dielectric Constant）、散逸系数（Dissipation Factor）、吸湿能力、弯曲系数等都是非常关键的性能参数。基板的发展演化如表 4-4 所示。

表 4-4　基板的发展演化

时　间	第一代	第二代	第三代	第四代		
	起始年份为 1955 年	起始年份为 1960 年	起始年份为 1975 年	起始年份为 1995 年	起始年份为 1993 年	起始年份为 1997 年
覆 铜 板	FR-1	FR-4	FR-4	FR-4	FR-4，BT	高温 Tg FR-4
树　脂	苯酚	环氧树脂			多功能环氧树脂，BT 环氧树脂	
基板芯材	纸	玻璃纤维编织				
PCB	单面	双面	多层	加法多层	多层	加法多层
线宽/线距/（μm）	250/250	200/200	200/200	100/100	30/30	15/15→10/10
应　用	PCB				封装基板	

4.3.1　有机基板材料组成

基板无铅化组装的影响、潜在解决方案及相关考虑如表 4-5 所示。

表 4-5　基板无铅化组装的影响、潜在解决方案及相关注意事项

组 成 部 分	无铅化组装的影响	潜在解决方案	相关注意事项
树脂系统	装配温度的峰值会达到树脂的初始分解点。 温度越高，热膨胀程度越大，镀层孔上的应力也越大。 在无铅装配温度下，吸收水分的蒸汽压要高得多，可能导致起泡、分层。 酚醛无铅兼容材料往往不能提供较好的电性能，尤其是损耗因子	制定分解温度较高的树脂体系。 制定较低的热膨胀系数。 评估材料的吸湿/释湿特性；PCB 制造和/或组装中的干燥过程。 评估非氰胺/非酚醛层压材料	新配方会对电气性能和可制造性产生不利影响。 会影响机械性能和可制造性。 PCB 在制造期间和组装前的存储条件更为重要，尤其是湿度条件。 成本/性能权衡。新的材料可以提供更多的选择性

续表

组成部分	无铅化组装的影响	潜在解决方案	相关注意事项
玻璃纤维	树脂和玻璃结合面上的热量和应力，可挥发材料也会对这种键合面产生压力	清洁度、抗湿性和选择合适的偶联剂对树脂的黏接更为重要	热循环过程中树脂与玻璃的附着力降低会影响抗 CAF 性能
铜箔	树脂和铜结合面上的热量和应力	铜起瘤和粗糙度，改善附着力的处理，即偶联剂	粗糙度会影响信号衰减，尤其是在高频时

（1）主体树脂。

在 PCB 中，应用最广泛和最成功的树脂系统是环氧树脂系统。环氧树脂持续作为 PCB 主要应用材料的原因是，环氧树脂比其他树脂具有更好的机械、电气和物理特性，成本相对较低。除此之外，环氧树脂系统相对容易加工处理，在一定程度上降低了制造成本。

常用 BT（Bismaleimide Triacine）基板材料和型号特征参数如表 4-6 所示。

表 4-6　常用 BT 基板材料和型号特征参数

MGC						
分　　类		CCL-HL832	CCL-HL832EX	CCL-HL832HS	CCL-HL832NXA	CCL-HL832NXA-HS 2L core≤0.1
T_g TMA/℃		180	185	185	200	200
T_g DMA/℃		210	215	215	230	230
热膨胀系数（$\times10^{-6}$/℃）	*X*-axis（α1）	15	14	14	14	14
	Y-axis（α1）	15	14	14	14	14
	Z-axis（α1）	55	35	35	30	30
	Z-axis（α2）	220	150	140	140	140
介电常数（@1GHz）		4.3	4.6	4.7	4.9	4.9
损耗因子（@1GHz）		0.016	0.01	0.013	0.011	0.011
弯曲模量/（GPa）		24	28	28	28	28
吸湿性/（wt%）		0.42	0.36	0.34	0.44	0.44
剥离强度（18μm 铜箔）/（N/mm）		1.2	1.2	1.1	0.95	0.95

当环境温度达到玻璃转换温度时，有机树脂材料的特性会发生巨大变化，并且这种变化具有不可逆性。所以基板树脂材料的玻璃转化温度越高，基板材料尺寸稳定性越好，在表面贴装 230～260℃高温回流工艺中越容易实现稳定的锡焊，从而保证良好的焊接品质和可靠性。有机基板材料受热不均会在镀通孔时产生镀

层断裂、孔环凸起、孔环铜箔破裂或层间分离等不良现象，有可能导致电路断开，从而使终端电路产品报废。因此，热膨胀系数相对较低的材料更易于高密度封装体的加工组装，Z 轴方向热膨胀变形越小，越容易镀通孔，也更适合制作 4～5 层甚至层数更多的多层基板。介电常数过大，会造成高频信号在传输线路中传播时，经常出现杂讯、失真、振荡等现象。信号的高速传输一般选用介电常数低的材料。此类材料也更加适合作为高频率微波及高速位化的基板材料。若散逸系数相对较低，则信号在传输过程中的效率较高。弯曲系数越大，通常意味着抗弯能力越强，即基板的应力承受能力越好。

（2）添加剂。

树脂系统包含多种添加剂，用于改善树脂的固化特性，或者优化某些其他方面的特性。添加剂主要包括固化反应物、促进剂和阻燃剂。环氧树脂系统包含共同反应，以提高聚合和交联的有机成分。固化反应物和促进剂用于提升这些反应的速度。胺基固化剂通常用于固化树脂。

（3）玻璃纤维强化物。

尽管有多种强化物可以使基材强度增强，但编织玻璃纤维布仍是目前通用的一种，其他强化物包括纸、毛玻璃、非编织芳纶和各种纤维。编织玻璃纤维布的优势在于，机械性能和电学性能实现了良好结合，拥有多种型号，可以获得各种层厚，具有很好的经济性。

编织玻璃纤维布的制造工艺始于融化特定等级玻璃的不同无机成分。融化的玻璃首先穿过一个炉子，然后流过特别衬套形成的单独玻璃纤维丝和玻璃纱，最后这些玻璃纱被用于编织工艺，制作成玻璃布。各成分的相对浓度都会影响玻璃纤维化学、机械和电学性质。不同玻璃的成分如表 4-7 所示。

表 4-7　不同玻璃的成分

组成部分（%）	E-Glass	NE-Glass	S-Glass	D-Glass	Quartz
二氧化硅	52～56	52～56	64～66	72～75	99.97
氧化钙	16～25	0～10	0～0.3	0～1	
氧化铝	12～16	10～15	24～26	0～1	
氧化硼	5～10	15～20			
氧化钠和氧化钾	0～2	0～1	0～0.3	0～4	
氧化镁	0～5	0～5	9～11		
氧化铁	0.05～0.4	0～0.3	0～0.3	0.3	
氧化钛	0～0.8	0.5～5	0～0.3	0.3	
氟化物	0～1.0				

采用不同的玻璃成分、线径、纱型，结合大量可用的不同编织图案，可能的玻璃纤维布种类可以接近无限，玻璃织物对基材的影响由这些因素决定。此外，织物数量，即经纱和纬纱的数量也在一定程度上影响玻璃织物和基材的性质。不同规格的玻璃纤维布如表 4-8 所示。

表 4-8 不同规格的玻璃纤维布

类 型	近似玻璃纤维厚度 /in	经 纱	填 充 纱	计数 (Ends/in)	质量 (Oz/Yd²)
104	0.0013	ECD 900-1/0	ECD 1800-1/0	60 × 52	0.55
106	0.0014	ECD 900-1/0	ECD 900-1/0	56 × 56	0.73
1067	0.0014	ECD 900-1/0	ECD 900-1/0	69 × 69	0.71
1080	0.0023	ECD 450-1/0	ECD 450-1/0	60 × 47	1.42
1280	0.0026	ECD 450-1/0	ECD 450-1/0	60 × 60	1.55
1500	0.0052	ECD 110-1/0	ECE 110-1/0	49 × 42	4.95
1652	0.0045	ECD 150-1/0	ECG 150-1/0	52 × 52	4.06
2113	0.0028	ECD 225-1/0	ECD 450-1/0	60 × 56	2.31
2116	0.0038	ECD 225-1/0	ECE 225-1/0	60 × 58	3.22
2157	0.0051	ECD 225-1/0	ECG 75-1/0	60 × 35	4.36
2165	0.0040	ECD 225-1/0	ECG 150-1/0	60 × 52	3.55
2313	0.0029	ECD 225-1/0	ECD 450-1/0	60 × 64	2.38
3070	0.0031	ECDE 300-1/0	ECDE 300-1/0	70 × 70	2.74
3313	0.0033	ECDE 300-1/0	ECDE 300-1/0	60 × 62	2.40
7628	0.0068	ECG 75-1/0	ECG 75-1/0	44 × 32	6.00
7629	0.0070	ECG 75-1/0	ECG 75-1/0	44 × 34	6.25
7635	0.0080	ECG 75-1/0	ECG 50-1/0	44 × 29	6.90

（4）导电材料。

在 PWB 中，主要的导电材料是铜箔。随着电路密度的提高，铜箔技术也取得了进一步的发展。此外，铜箔及其后沉积的其他金属合金被用于制造印制电路。在形成电气图形后，需要在焊盘处用化学镍金和电镀金方法进行表面处理，以提高焊盘的抗氧化性和可焊性。

（5）ABF（Ajinomoto Build-up Film，膜状塑封料）基板。

ABF 基板也是一种常用的基板，由 Ajinomoto 公司（日本味之素）子公司 AFT（Ajinomoto Fine-Techno Co. Inc）研发和推广。ABF 使用特定的固化剂来提升各项指标性能，Intel 主导了 ABF 的研发，以制作应用于倒装芯片的高密度基板。ABF 基板线路较细，适用于引脚数多、传输速率快的 ICIC，如 GPU、CPU 及 MCM 等。

相比 BT 类材料，ABF 厚度更薄、成本更低、更具有发展潜力。铜箔基板可以不经过压合过程，直接附着 ABF。ABF 倒装过去存在厚度问题，随着铜箔基板技术的发展，目前采用薄板已经解决了这一问题。

ABF 产品进一步从高绝缘性能向环保可持续方向发展，并在保证可靠性的同时减薄厚度，由初期的 ABF-SH 系列发展到现在的无卤素 ABF-GX 系列。ABF 的主要特点是能形成更精细的电路图形、结合高热阻薄膜后具有更低的热膨胀系数、低介电常数和低介质损耗角正切值（电容小，微波耦合能力弱）。ABF 适用于高频电路。ABF FC CSP 可以应用于更细的线路，符合未来市场发展的趋势。BT FC CSP 在微小化方面受限，市场发展也将受到限制。

4.3.2　多层基板

传统基板以偶数层基板为主，如两层板、四层板、六层板等，在基板加工过程中，层数的叠加以成对的方式进行，可以防止产生翘曲问题。

多层偶数基板的典型制造工艺及工艺流程示意图如图 4-23 所示。

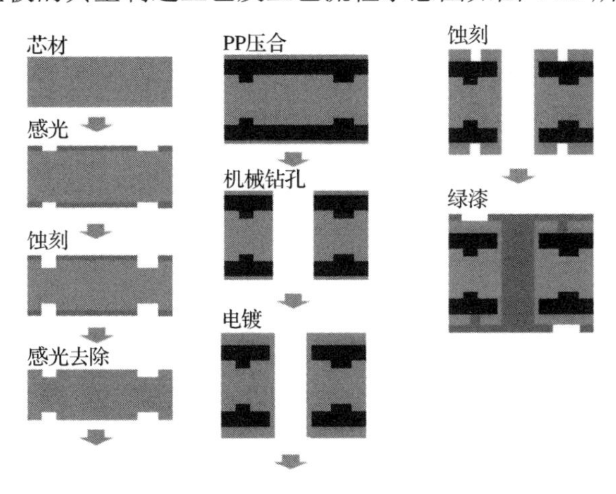

图 4-23　多层偶数基板的典型制造工艺及工艺流程示意图

4.3.3　无芯基板

随着科技的发展，芯片的集成度越来越高，基板的线路也越来越密集，但是基板厚度却向着越来越薄的趋势发展，如何制作层数更多而厚度更薄的基板成为挑战。基于此，多层无芯（Coreless）基板应运而生。常用的基板芯材是一种标准且可塑性较低的材料，有固定的来料厚度，如 40μm、60μm 等。芯材通常是双面材料，使用芯材的基板都是偶数层。预压合 PP 是一种半固化材料，可塑性较高，厚度最薄为 20μm，可以单层累加。只要可以实现层数单层累加，芯材就能完全被 PP 取代。

在加工基板时，通过载板将两块基板贴合在一起制作，可以在生产过程中将奇数层转化为偶数层，从而防止翘曲问题的发生。无芯基板的典型制造工艺及工艺流程示意图如图 4-24 所示。

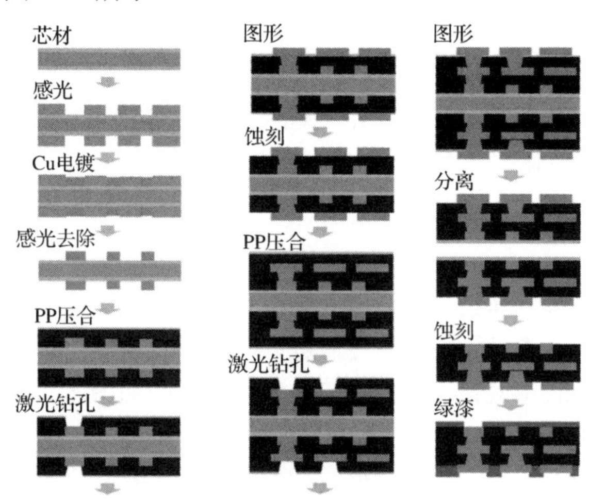

图 4-24　无芯基板的典型制造工艺及工艺流程示意图

从图 4-24 中可以看出，与载板相邻的铜层高度与介质层 PP 的高度一致，所以无芯基板也可以制成线路埋入式基板。由于线路侧边有 PP 保护，在生产过程中的损耗更小，因此线路埋入式基板的密度可以更高。

4.3.4　超薄单层基板

超薄单层基板的生产工艺与多层无芯基板的生产工艺类似，但由于单层基板的厚度很薄，在后续塑封过程中容易产生较大程度的翘曲，因此单层基板成品一般都会携带载板，出货到封装厂，在塑封完成后，再去除载板。单层基板结构示意图如图 4-25 所示。

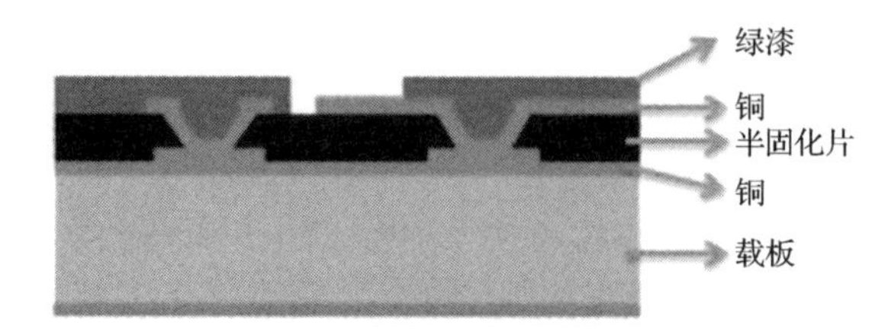

图 4-25　单层基板结构示意图

单层基板的制造工艺包括载板材料烘烤、线路制作、压合、钻孔、镀铜、分板、刷油墨、表面处理。

4.3.5　埋入式基板

埋入式基板是指埋入了无源元器件的基板。随着产品的功能越来越多，运行速度越来越快，无源元器件越来越多地被贴装在基板上。这样，基板上的有效空间越来越少，埋入式基板由此诞生。埋入式基板的典型制造工艺流程示意图如图 4-26 所示。

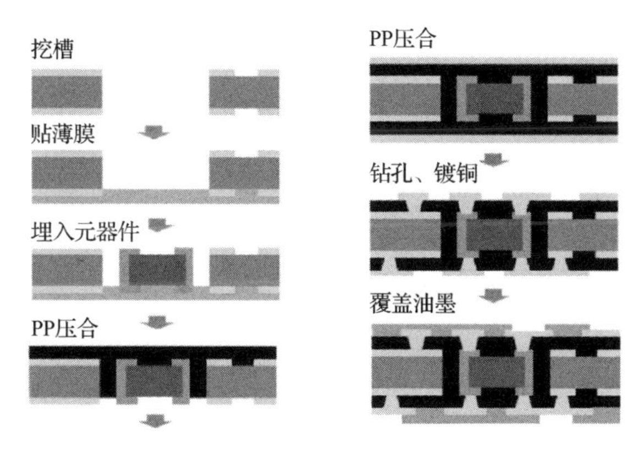

图 4-26　埋入式基板的典型制造工艺流程示意图

4.3.6　有机基板制造工艺

有机基板制造工艺流程图如图 4-27 所示。

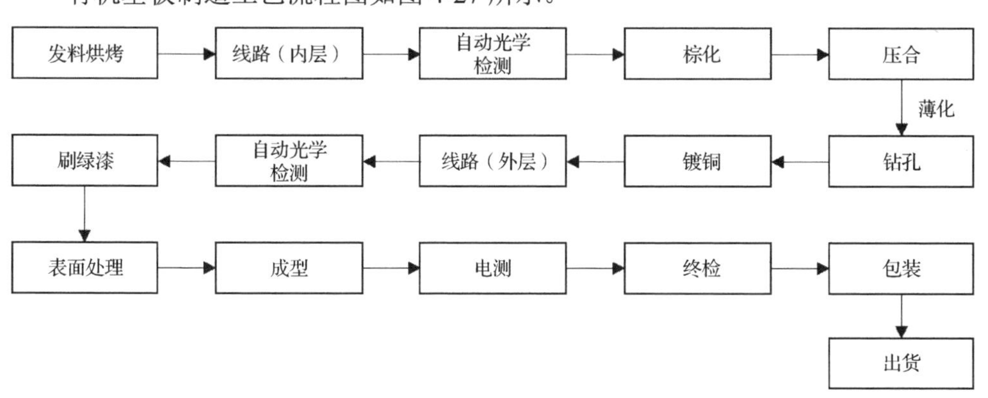

图 4-27　有机基板制造工艺流程图

1．发料烘烤

发料烘烤起到消除基板应力，防止板弯翘，固定基板尺寸，减少基板材料涨缩的作用。

2．线路（内层）

在制作内层线路时，需要先使用硫酸和双氧水微蚀铜面，使铜面形成较佳粗糙度，以利于光阻干膜附着于铜面，然后将两铜面贴附上干膜光阻剂，再在干膜上形成线路图像，使用显影液和蚀刻液制作出所需线路图形，最后使用剥膜液处理。

3．自动光学检测（Automated Optical Inspection，AOI）

每制作完一层线路都须进行一次自动光学检测，主要检测制作好的线路是否有短路、开路、线路缺口等缺陷。

4．棕化与压合

对做好内层线路的产品进行棕化，在内层表面黏着一层棕色有机物质，以增大内层表面与树脂的结合力；将芯材内层、PP 及外层铜箔叠合成组，利用热压工艺将 PP 压固成多层板；在多层板上制作定位孔，并将压合后的多余边料裁切，由此得到多层结构。

5．钻孔

钻孔有四种类型：机械钻孔、激光钻孔、双面激光钻孔、铜柱过孔。双面激光钻孔与铜柱过孔侧面图示意图如图 4-28 所示。

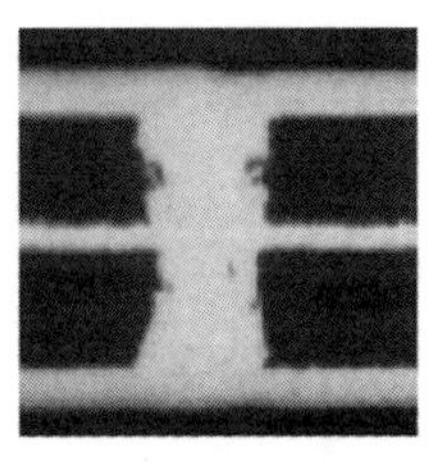

（a）双面激光钻孔

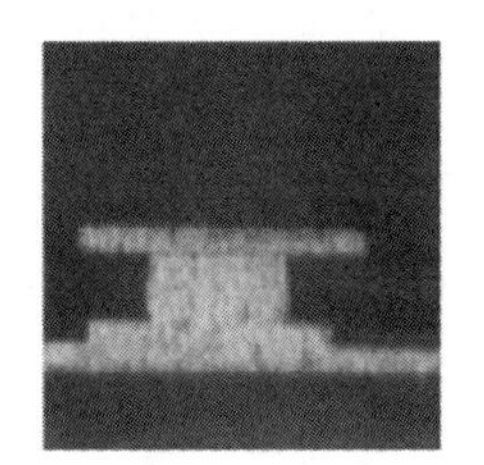

（b）铜柱过孔侧面图

图 4-28　双面激光钻孔与铜柱过孔侧面图示意图

机械钻孔：由钻头钻出的孔受到钻头直径大小的影响，孔径为固定值，如 0.1mm、0.15mm 等。

激光钻孔：由激光烧制而成的孔，孔径大小受能量汇聚的限制，无法做大，一般为 0.1mm 左右。

双面激光钻孔：制作过程与激光钻孔制作过程一致，但是由于能量有限，激光钻孔只能烧穿一层铜箔，所以当芯材层需要制作激光钻孔时，需要双面都用激光钻孔。

铜柱过孔：铜柱的生产原理与钻孔原理不同，而与线路生产原理相同，铜柱由干膜显影电镀而成，所以在形状、数量、大小方面的限制小，自由度高。铜柱工艺在线路完成之后，PP 压合之前。铜柱工艺完成之后会压合 PP，通常使用的 PP 厚度值比铜柱高度值略大，压合之后采用磨板的方式使铜柱与 PP 处于同一平面。磨板之后，铜柱表面会产生一些划痕，对后续制作的线路表面平整度产生影响。如何管控磨板划痕是铜柱工艺的技术难点。

6. 镀铜

对完成过孔工艺的基板进行高压水洗、超音波水洗，将钻孔产生的孔壁料渣去除，在孔壁沉积附着良好的铜层，之后在表面及孔内电镀铜至所需厚度，由此完成基板各层之间的相互连通。

7. 线路（外层）

不同工艺的密集度与成本不同，在进行蚀刻时，需要咬噬的铜箔厚度越来越薄，以制作更细的线路，达到越来越密集的目的。从成本角度考虑，密集度与成本成正比，在设计时合理利用空间显得尤为重要。

8. 刷绿漆

刷绿漆前先粗化铜面以增加绿漆与铜面的附着性，然后进行第一面印刷，预烘烤使绿漆局部硬化，再进行一次印刷烘烤后方可曝光显影，制作出绿漆层。

9. 表面处理

镀镍金是最常见的表面处理方式。先用水洗、微蚀等方法去除表面油脂及异物，再电镀镍至所需厚度，之后进行水洗、酸洗预镀一层薄金作为后镀金的介质，然后水洗、电镀金至所需厚度。镀镍金主要借助贵金属的不氧化特性，使基板的接点处能长时间维持低电阻连通，并利用镍层阻绝铜原子与金原子之间的迁移，在长期使用时，避免铜原子逐渐迁移至金层中，导致金层的纯度下降，进而造成接触电阻升高，破坏接点原有的功能。

10. 成型

将固定基板材料的 PIN 安置在机台上，放上基板，依照程式切出产品外形，取出并清洗基板以去除切出的粉屑。

11．电测

为确保成品的线路与原设计线路相符，需要用测试专用机将开/短路（Open/Short，I/O）检出，以保证品质。

12．终检（Final Visual Inspection，FVI）

检查镀金表面是否有金凸、金凹、金污染等缺陷，并进行绿漆表面检查等。

4.4　预包封引线互联系统基板

预包封引线互联系统（Molded Interconnect System，MIS）是一种全新的封装技术，其优异的产品性能体现在超小、超薄，高品质射频电性能与散热性，同时具有一级湿气敏感性（Moisture Sensitivity Level，MSL1）的高可靠性。MIS 产品能完成多圈及全阵列外引脚设计，在同一封装体上可实现 2～500 个外引脚分布及灵活多样的设计要求，能够支持 WB、FC、芯片堆叠及封装堆叠设计。本节将围绕单层 MIS 基板、多层 MIS 基板、埋入式 MIS 基板，介绍 MIS 基板结构与主要制造工艺。

4.4.1　单层 MIS 基板

单层 MIS 基板技术最为成熟、成本最低，是 MIS 的主要应用结构。单层 MIS 基板区域厚度仅为 100μm，可以实现超薄封装厚度（0.3mm），已应用在高端手机的 Wi-Fi、蓝牙模块中。单层 MIS 基板结构示意图如图 4-29 所示。

图 4-29　单层 MIS 基板结构示意图

单层 MIS 基板制作采用 MIS 及 MIS-a 两个常用的流程，如图 4-30 所示。

MIS-a 采用了 ABF。ABF 和传统塑封料（Molding Compound）的性能对比如表 4-9 所示。

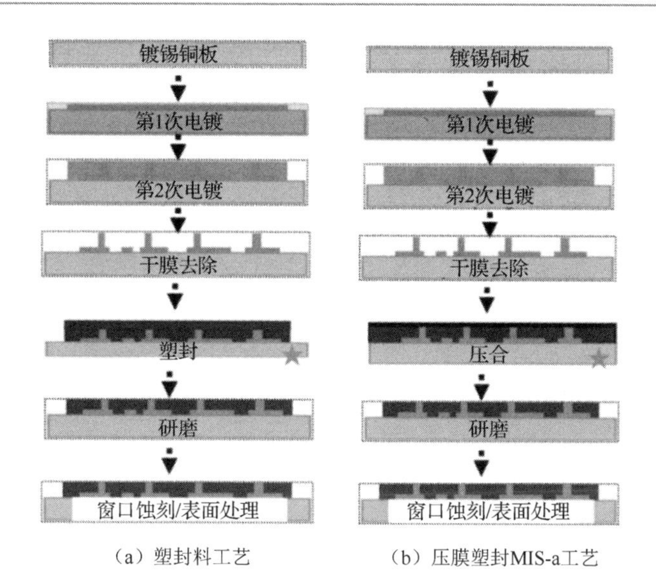

（a）塑封料工艺　　（b）压膜塑封MIS-a工艺

图 4-30　单层 MIS 基板制作流程图

表 4-9　ABF 和传统塑封料的性能对比

分　类		ABF	传统塑封料
玻璃转换温度/℃	TMA	157	166
热膨胀系数 1（$10^{-6}\times10^{-6}$/℃）		7	11
热膨胀系数 2（$10^{-6}\times10^{-6}$/℃）		21	37
杨氏模量/MPa		7000	19500
弯曲模量/MPa		9500	1800
SiO_2（wt%）		82	86
平均填料尺寸/μm		约 3	约 35
介电常数（DK）	5.8GHz	3.2/3.4	3.4
吸水性（PCT 20h）（wt%）		0.3～0.4	0.35
导热系数	W/(m · ℃)	0.7～0.8	1.0

单层 MIS 基板可以应用于 WB 和 FC，分别如图 4-31 和图 4-32 所示。

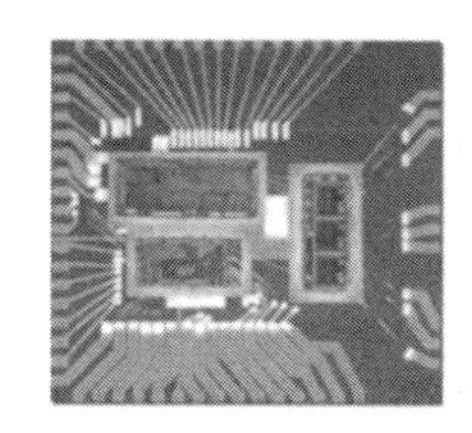

图 4-31　WB MIS 应用 QFN-MIS 10mm×10mm 57L

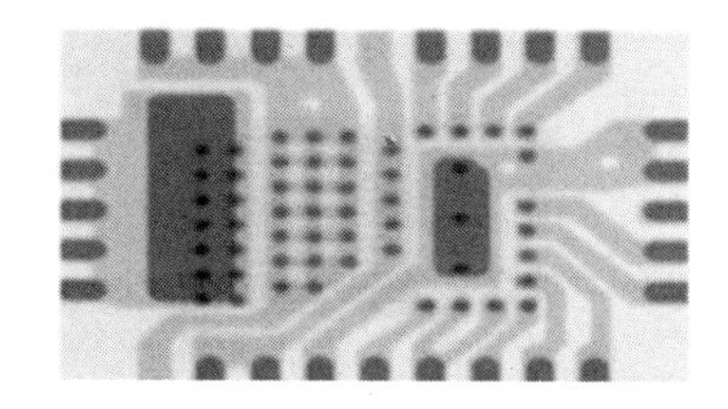

图 4-32　FC MIS 应用 3.5mm×6mm 21L

基于特定的制作工艺和设计灵活性，MIS 基板可以与高密度 QFN 引线框架或部分单层基板相兼容，在封装上不需要进行特殊设计。

4.4.2 多层 MIS 基板

在单层 MIS 基板的基础上重复电镀，并采用预塑封工艺，可以制作多层 MIS 基板。3 层 MIS-a 流程示意图如图 4-33 所示。

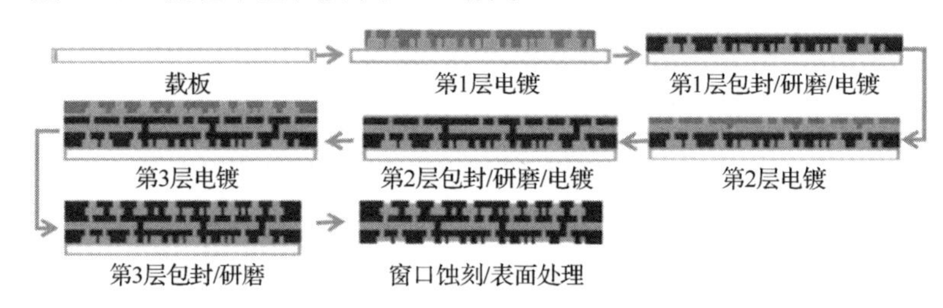

图 4-33 3 层 MIS-a 流程示意图

4.4.3 埋入式 MIS 基板

利用 MIS 技术也可以实现 3D 埋入式 MIS 基板。利用电镀铜柱与 FC 等技术，可以在带有 3D 铜柱的基板上叠装无源元器件与芯片，并通过预包封与减薄工序实现埋入结构。此类封装在实现优良电性能的同时，实现了更小的封装体积。一款穿戴式应用的 3D 埋入式 MIS 基板的封装流程示意图如图 4-34 所示。

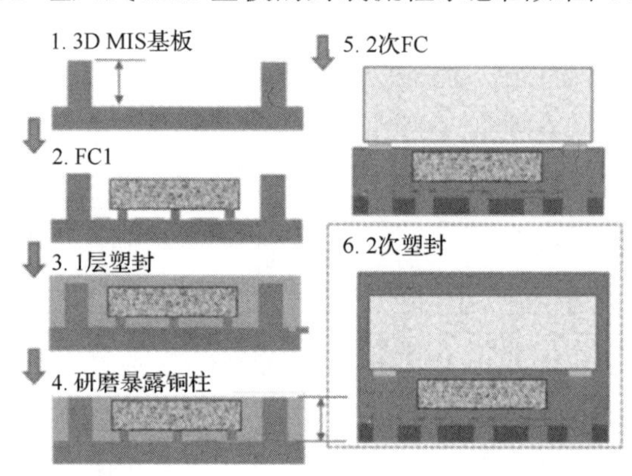

图 4-34 一款穿戴式应用的 3D 埋入式 MIS 基板的封装流程示意图

4.4.4 MIS 基板的制造工艺

MIS 基板的主要制造方法：首先，在双面覆铜金属基板上进行掩膜图形光刻，通过电镀的方式镀上线路和铜柱；然后通过预包封工序把线路掩埋在塑封体内部，实现机械保护和电性隔绝的目的；再通过研磨工序露出外引脚；最后通过蚀刻的方式露出内引脚。典型 MIS 基板制造工艺流程示意图如图 4-35 所示。

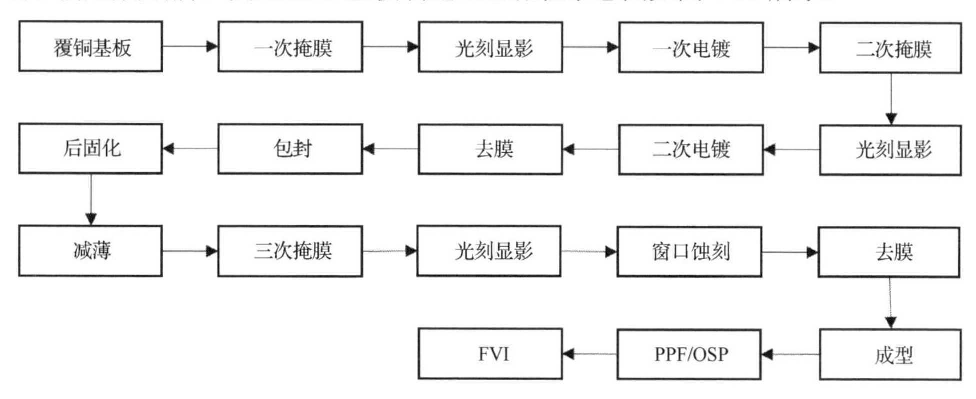

图 4-35　典型 MIS 基板制造工艺流程示意图

（1）覆铜基板：基板需要经过前处理，清洁基板表面，去除油脂、氧化物、污染物，同时控制粗糙度以增大镀层结合力。

（2）一次掩膜：将光阻干膜附着在基板两面。干膜厚度由镀层铜厚、线宽及线距决定。

（3）光刻显影：使用紫外线透过印有图形的菲林片照射干膜，使干膜选择性固化后，用药水去除未固化的干膜，形成图形，再通过电镀的方式在图形位置填上铜，形成线路。

（4）按照（2）（3）顺序镀第二层线路。

（5）去膜：使用去膜药水去除一次光刻和二次光刻的干膜。

（6）包封：包封前处理使镀铜超粗化，增大包封结合力，减少刷痕，清洁面板后，用包封机填充线路间隙，实现机械保护和电性隔绝的目的。

（7）后固化：包封完后，需要进行后固化工序，以使塑封料完全固化，同时降低塑封料内部应力。

（8）减薄：将塑封体厚度减薄到客户要求的规格，保证外引脚露出塑封体。

（9）三次掩膜：在蚀刻基板前再次掩膜，覆盖边框等不能蚀刻的位置，露出应力槽等区域。

（10）窗口蚀刻：去除背面基板。

（11）成型：将大板切割成便于作业的小板。

（12）PPF（Pre-Plated Frame，引线框）/OSP：电镀镍钯金或 OSP，防止引脚铜面氧化、污染，完成后，需要进行引线键合试验，以确保工艺正常。

（13）FVI：检验产品外观，保证出货产品外观性能，同时标记不良产品。

4.5 转 接 板

在有机基板布线密度不足的背景下，通过 TSV 封装技术可以大幅提高芯片整合与互连密度，这对于先进硅制程工艺的纳米级芯片系统集成尤其重要。图 4-36 所示为采用引线键合和 TSV 3D 堆叠的 DRAM 芯片结构对比。

（a）采用引线键合的 DRAM 芯片结构

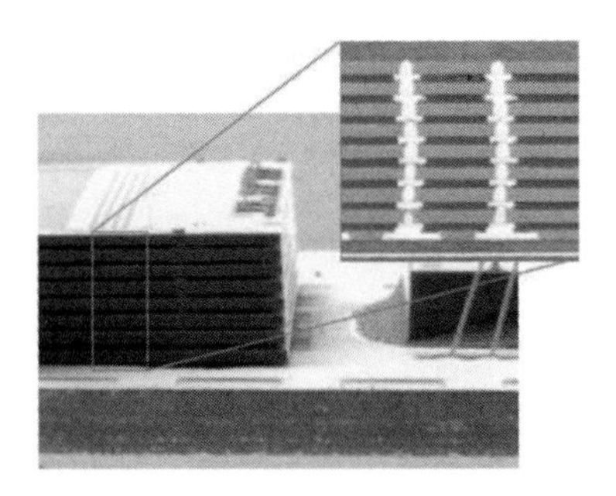

（b）采用 TSV 3D 堆叠的 DRAM 芯片结构

图 4-36 采用引线键合和 TSV 3D 堆叠的 DRAM 芯片结构对比

系统级封装 3D 堆叠封装技术的开发初衷是通过 TSV 技术将芯片堆叠在一起，实现更小的体积、更短的连接距离和更低的时延。然而，这需要芯片有相同的尺寸、引脚布局，同时需要考虑电特性、机械性能、热特性、封装成本、生产良率等因素，限制了应用范围。系统级封装 3D 堆叠封装技术目前仅适用于一些特定领域，如使用功能相同内存裸芯片的 DRAM 或 Flash 等。

在此背景下，将芯片功能模块设计成尺寸较小的几个芯片，采用不同的制程工艺，通过转接板实现系统级封装集成，可以增加设计灵活性和重复使用性，缩短开发时间，提高封装制造良率，从而有效降低开发与生产成本。

4.5.1 转接板的主要类型及应用

1. TSV 转接板

TSV 转接板借助于晶圆级半导体制造技术，是结合了 RDL 和 TSV 技术的硅片。在系统级封装集成中，将不同功能的芯片在转接板的同一面互连，称为 2.5D 转接板。在此过程中，转接板相当于连接多个芯片和同一 PCB 的桥梁，通过 TSV 实现芯片堆叠和底部有机基板的互连。

对于目前业内先进的 2.5D 硅转接板，RDL 线宽可以做到小于 1μm，TSV 深宽比可以做到小于 50∶5，由此实现线宽小、节点间距小、布线密度高、芯片之间连通距离短等优点，可以实现 PCB、柔性转接板和陶瓷基板等不能达到的高密度与高性能，尤其是在结构特征尺寸方面优势更加明显，是后摩尔时代的先进技术之一。

2.5D TSV 转接板封装技术以芯片转接板键合基板（Chip on Wafer on Substrate，CoWoS）方案技术为代表，可以有效实现系统集成，如图 4-37 所示，在 CIS、3D 内存堆叠、CPU、GPU、FPGA、RF 滤波芯片等高性能芯片封装中被广泛应用，能获得以下几个方面的改善。

（1）减小单个芯片尺寸，降低单个芯片成本。

（2）芯片设计简化，降低工厂流片成本，缩短开发周期。

（3）不同功能芯片采用不同制程，可以获得最优的成本和性能（芯片生产厂商投资减少）。

（4）芯片功能区域分割以优化存储、模拟、性能、电源管理等。

（5）减小芯片尺寸以获得较高的芯片良率。

（6）缩短封装模块的产品开发周期。

（7）设计可以聚焦特定功能的芯片，集成功能成熟的芯片，降低项目计划管理风险。

（8）采用高密度转接板，降低互连过程的功耗和性能损耗。

（9）系统升级时改变部分芯片即可，如存储技术的集成增加了带宽，降低了功耗，可以取代 SoC 中的嵌入式动态随机存储器（eDRAM）或嵌入式闪存（eFlash）。

采用 2.5D 硅转接板封装技术可以整合 2.5D 转接板、细间距 RDL、高密度 TSV 与微凸点（Micro Pillar/Solder Bump）等技术，通过硅转接板将四个芯片连接在一起，再用有机基板转接，实现力学芯片、热学芯片及叠层芯片的封装。此外，转接板还可作为功能芯片（纳米级）与下层基板（毫米级）的电学连接和应力缓冲结构，在保留系统高性能的同时，有效地平衡超大尺寸芯片制作成本与良率风险，如图 4-38 所示。

将 TSV 转接板应用在新一代的高性能计算（High Performance Computing，HPC）和超大规模运算芯片模组中，利用 CoWoS 技术将高性能计算芯片和高速存储芯片紧密集成在单个封装体内，可在能耗降低 50%的同时，提供三倍于传统架构的计算性能，如图 4-39 所示。

2.5D 转接板与 3D 转接板系统级封装集成的关键是采用 TSV 技术，用 3D 垂直方向的互连代替平面连接，缩短芯片互连距离，可减弱寄生效应、降低功耗等。

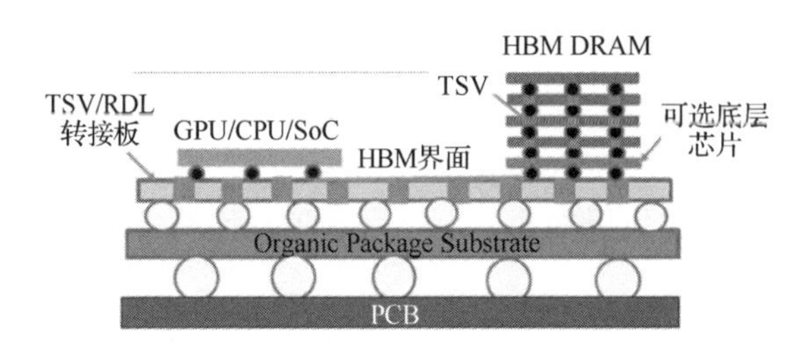

图 4-37　TSV 转接板和 CoWoS 2.5D 封装集成技术

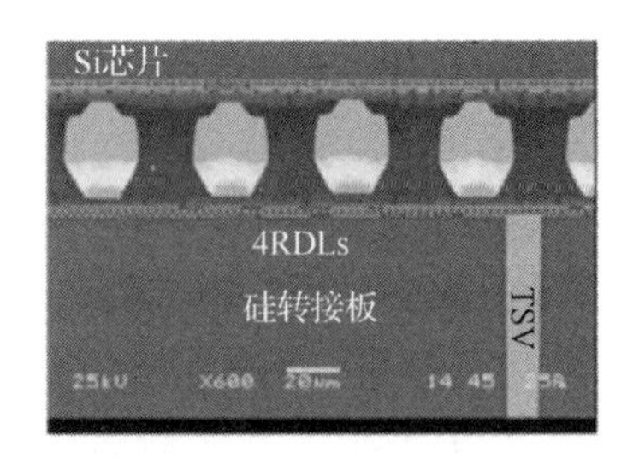

图 4-38　使用了 TSV 宽 I/O 端口的示意图

2. 无 TSV 转接板

TSV 制造工艺的高复杂性与低良率会使成本增加，一直是阻碍 2.5D 转接板推广应用的主要因素。在此背景下，无 TSV 的硅转接板和有机转接板技术应运而生。无 TSV 的硅转接板如图 4-40 所示。

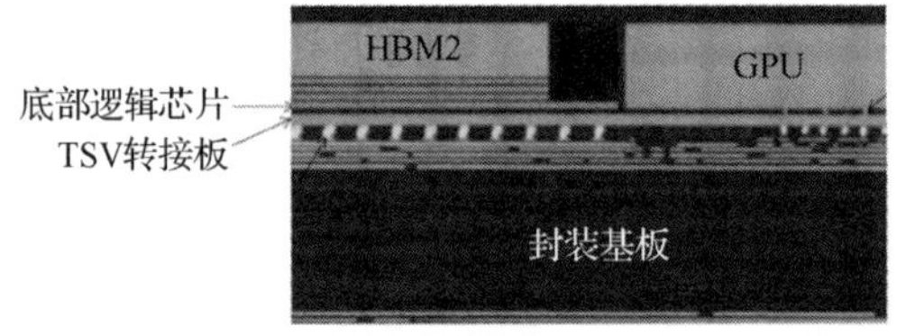

图 4-39　CoWoS 技术在 HPC 芯片中应用示意图

图 4-40　无 TSV 的硅转接板

普通无 TSV 的转接板技术难以满足 2.5D 或 3D 系统级封装的高密度堆叠需求，目前业内以 Intel 主推的埋入式多芯片桥连（EMIB）技术为发展方向。该结构采用高密度 RDL（最小线距为 2μm）的转接板（厚度小于 75μm），局部嵌入有机基板中，实现芯片之间的“3D-like”互连。使用 EMIB 转接板与 2.5D TSV CoWoS 进行集成的结构对比示意图如图 4-41 所示。

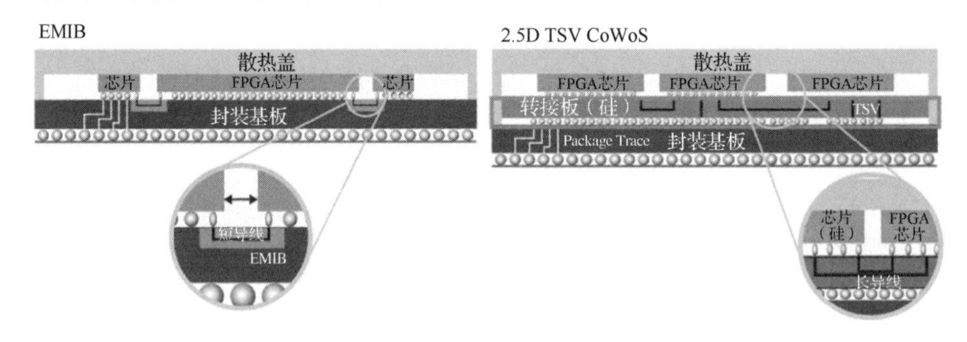

图 4-41　使用 EMIB 转接板与 2.5D TSV CoWoS 进行集成的结构对比示意图

3. 有机转接板

无 TSV 的硅转接板通常仅能提供芯片之间的互连，需要埋入基板中，与基板上的线路和通孔一起，可实现系统级封装内各芯片的互连。然而连接不同裸芯片并形成一个不规则的系统级封装结构后，会引发一系列潜在的问题。例如，硅与周围基板材料之间热膨胀系数存在 1 个数量级以上的巨大差异，使得芯片工作时转接板两端及其本身的热力学一致性难以保证，从而引发应力、连接、可靠性等问题。

当前，人们开发有机转接板技术，用低热膨胀系数与高模量的基板材料制作通孔，以替代成本高昂的硅转接板，并避免材料热膨胀系数差异过大导致的封装结构可靠性问题。有机转接板技术因极具独创性而备受关注。图 4-42 所示为有机转接板平面与切面结构示意图。

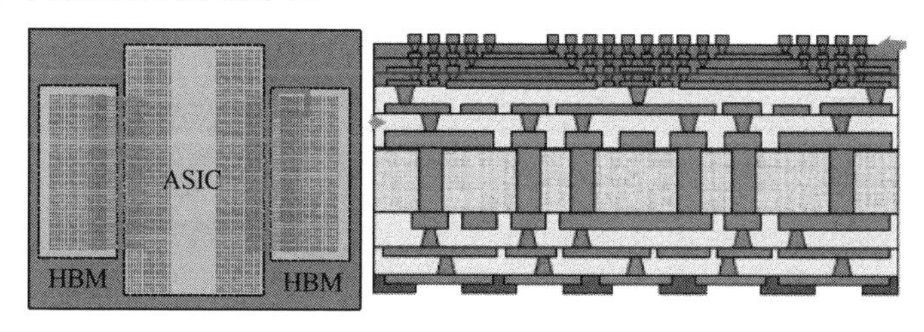

图 4-42 有机转接板平面与切面结构示意图

与采用硅基工艺制作的 2.5D/3D TSV 硅转接板相比，有机转接板的最小线宽、最小孔径与间距都较大，业内多集中在线宽、线距均大于 5μm 的开发与应用上，目前还没有具体产品上市。有机转接板参考技术路线图如图 4-43 所示。

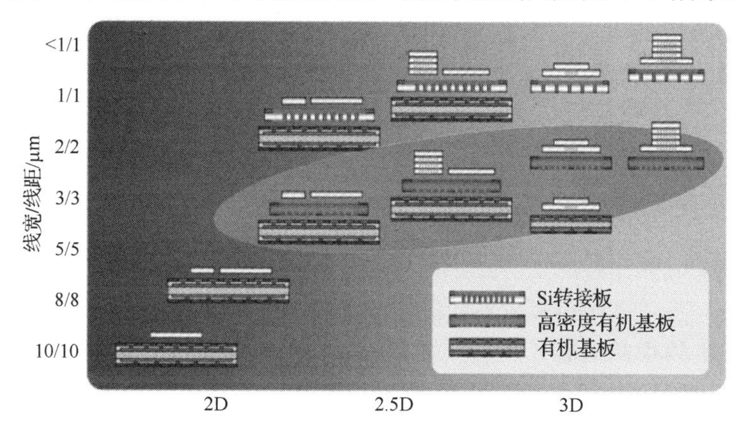

图 4-43 有机转接板参考技术路线图

近年来，尽管扇出型晶圆级封装（Fan-Out Wafer Level Package，FOWLP）和

扇出型面板级封装（Fan-Out Panel Level Package，FOPLP）技术不断发展并得到应用，但有机转接板技术仍有很多技术与制造难题需要解决。

4. 玻璃基板

玻璃基板的热膨胀系数与芯片的热膨胀系数非常接近（如高硼硅玻璃的热膨胀系数为 3.3×10^{-6}/℃左右），同时具有透明、渗透率低等优点，是一种重要的封装基板。

玻璃基板在系统级封装中主要有如下几种应用。

（1）玻璃通孔（Through Glass Via，TGV）基板材料。

TGV 通常用在 2.5D/3D IC 封装中。TSV 载板价格高，绝缘性能差。克服了这些缺点的玻璃通孔基板受到了重视。

玻璃相对于硅的一大优势是，热膨胀系数具有可调性，可以改善晶圆叠层造成的翘曲问题。玻璃通孔基板具有低电耗损率、低介电常数和优异的绝缘性能，是一种非常理想的基板。此外，相比于硅基板，使用玻璃通孔基板能获得更好的电性能、热通用性和可靠性。

2.5D/3D 玻璃中介转接层及其提供的新整合机会近年来被越来越多地关注。

（2）光学传感器的基板材料。

由于玻璃的透光性好，因此玻璃基板可用于相关光学传感器。

（3）玻璃覆晶封装（Chip on Glass，CoG）中的载板。

CoG 是一种将裸芯片与玻璃基板互连的技术，一般通过各向异性导电胶实现。与常规的 FC 技术相比，CoG 技术有很多优点，包括 I/O 端口密度高、超小间距、低温、不需要额外的底部填充和固化工艺等，同时成品率高。

随着 5G、AI、VR 及 HPC 时代的到来，对高性能、高密度等先进封装的需求愈发迫切，基于 TSV 的硅转接板技术将发挥重要的作用，应用市场前景十分广阔。

4.5.2 转接板的典型工艺流程

硅转接板成熟的做法是，在半导体生产线上生产高密度硅封装基板，有效利用硅转接板与芯片之间热膨胀系数差较小的特点。硅转接板在以高性能 ASIC 和 FPGA 为代表的中高端芯片封装领域有着广阔的应用前景，并将在未来部分取代无芯基板。

常见的 2.5D 硅转接板工艺流程如图 4-44 所示。

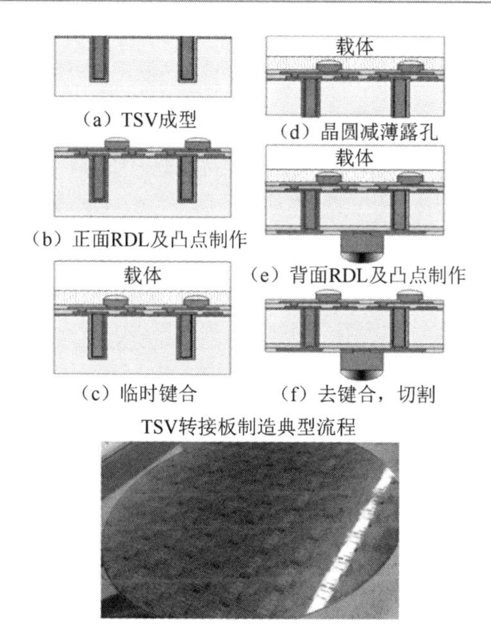

图 4-44　常见的 2.5D 硅转接板工艺流程（图片来源：中国科学院微电子研究所）

各步骤的基本工艺与工艺目的介绍如下。

（1）TSV 成型。该步骤的主要目的是预设上下导通的 TSV。

（2）正面 RDL 及凸点制作。通常此步骤为小间距、高密度的重布线层和微凸点的制作，用来连接各功能芯片。

（3）临时键合。该步骤的目的是在转接板减薄到 100μm 甚至更薄的情况下提供支撑避免碎片，抑制晶圆减薄后的翘曲，以完成后续的工艺加工。

（4）晶圆减薄露孔。此步骤用于将多余的硅磨去，并露出已经填充好的 TSV，为后续工艺做准备。

（5）背面 RDL 及凸点制作。此步骤制作的重布线层与金属凸点通常用来连接基板，线宽和线距通常较大。

（6）去键合，切割。完成双面重布线和触点工艺后，即可将转接板从载片上释放，进行下一步工艺，如划分单个芯片。

根据硅转接板目标封装芯片与系统设计的不同，以上工艺流程与工艺方法也会有所调整，仅用作学习与研究基础工艺。

4.5.3　转接板的关键工艺技术

在制作 TSV 转接板的过程中，以下几个工艺模块极为关键，需要在结构仿真与工艺实现过程中注意。

1. RDL 工艺

在转接板结构中，芯片通过倒装的方式焊接在转接板上，通常芯片的 I/O 端口数为数千甚至数十万，间距从大到数百微米到小至数十微米。传统基板受到工艺平台与工艺方法的限制，所实现的线距通常为数十微米到数百微米。在这些设计中，RDL 层密度不足且非常拥挤，布线密度也不足以处理大规模互联数据。

RDL 将原来设计的 IC 线路接点位置（I/O 焊盘）通过晶圆级金属布线制程和凸块制程进行改变，使 IC 能适用于不同的封装形式。特别是在没有使用最优化的 I/O 凸点分配方法情况下，使用 RDL 工艺将 I/O 焊盘重新分配到凸点焊盘，整个过程不需要设计公司改变芯片上的 I/O 布局就可以实现重置焊盘布局，以满足芯片间的互连需求。

2. 金属凸点

高性能芯片的 I/O 端口数成千上万，而芯片面积往往只有数十平方毫米，传统的锡焊球尺寸通常不小于 200μm，无论从空间排布、热预算，还是从电性能来看，都远远不能满足要求，故需要采用间距小、导热性能好且电流承载能力强的高密度金属凸点来替代传统的锡焊球，即在晶圆上形成微小的焊球或铜柱的制造工艺——晶圆级微凸点技术（Wafer Bumping Technology）。利用晶圆级微凸点技术可以在转接板上制造出直径为 15～100μm、高度为 25～200μm、间距为 25～300μm 的高密度金属凸点。

3. 露铜工艺

在转接板硅晶圆减薄过程中，通常采用表面 CMP（化学机械抛光）的方式将已经完成电镀 TSV 的金属铜柱露出。此过程的工艺关键是控制研磨过程中的晶圆内应力及由此产生的隐裂。同时，由于 TSV 是先填满铜再进行 CMP，因此工艺过程需要避免破坏铜与硅之间的绝缘层，以免铜与硅接触后发生扩散，引起电性能失效。

除 CMP 方式外，近年来还有使用研磨+腐蚀硅来实现铜柱露出工艺的方式，即采用研磨方式靠近 TSV 铜柱顶部，再蚀刻其表面的硅，露出铜柱并去除铜柱顶部的绝缘层，以减少铜与硅接触的风险。

4. 临时键合（Temporary Bonding）与解键合（Debonding）

硅转接板通常在其两面均需要进行 RDL 并制作微金属凸块，而其减薄厚度一般不超过 100μm，这样薄的晶圆无论是传输还是制造都容易发生翘曲或破片。为了解决这一问题，业内开发临时键合技术，采用临时键合材料，将完成一面图形结构制作的晶圆预先键合到载片上，继续完成背面减薄与背面结构工艺制作，加工完成后，再将减薄的晶圆和载片剥离。

4.6 扇出型晶圆级封装无基板重布线连接

传统封装的 RDL 是独立于芯片单独制备的。基板材料可以为有机高分子玻璃纤维、玻璃填料的复合材料或无机陶瓷低温共烧结厚膜材料。常规基板制备可以与芯片制备同时进行。常规有机基板的线宽和线距都大于 15μm。随着晶圆级封装竞争的日趋激烈，小至 2μm 或 1.5μm 线宽、线距的 RDL 也在无机 LTCC 陶瓷基板和有机基板上开发，分别如图 4-45 和图 4-46 所示。

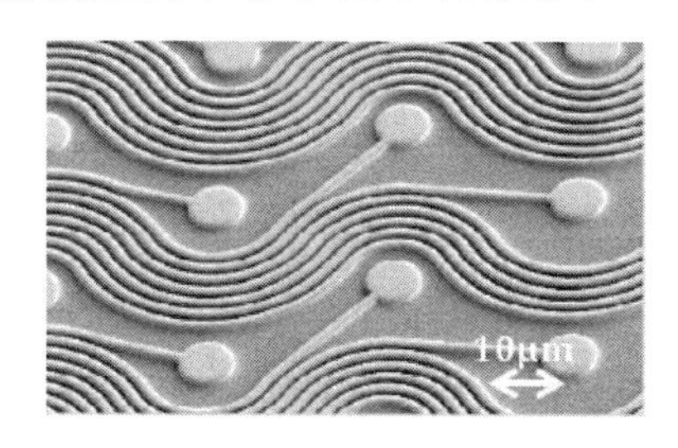

图 4-45　无机 LTCC 陶瓷基板上的 2μm 线宽、线距

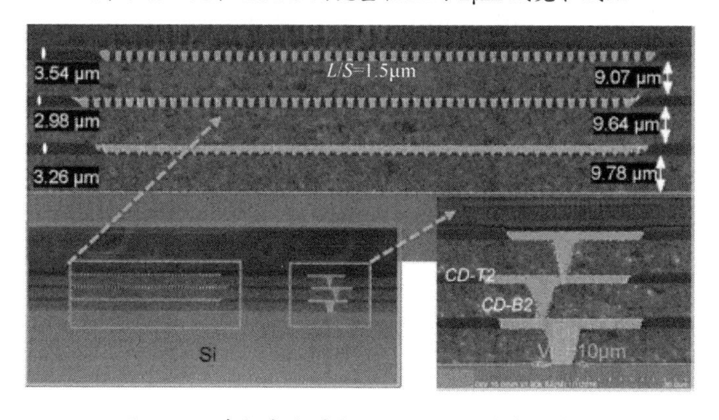

图 4-46　有机复合基板上的 1.5μm 线宽、线距

芯片与基板之间的电学连接一般是通过引线键合、FC 或其他键合方式工艺来完成的。这样的连接方式必然会导入一定的附加电感，从而影响电学，特别是高频性能。为进一步提供电性能而不同于传统的基板封装，扇出型晶圆级封装（FOWLP）RDL 层的第一层金属层与芯片直接连接，从而获得较好的电学表现。

第一层金属层与芯片直接连接，RDL 层在芯片制备完成后才能制备。芯片必须首先嵌入支持晶圆中，如塑封晶圆，然后在复合晶圆的芯片表面和塑封料表面进行 RDL。这样，总体的制备周期较长，但制备工艺的可控性得到了极大的提高。FOWLP 的 RDL 工艺与流程在根本上是与扇入型晶圆级封装（Fan-In Wafer Leave Package，FIWLP）的 RDL 工艺与流程一样，但需要采用低温固化的介电薄膜材料和工艺。

4.6.1 简介

图 4-47 所示为有基板的系统级封装体示意图。基板既可以是传统的 BT 基板，也可以是 LTCC 陶瓷基板。一个芯片采用 FC 锡/铜柱凸点的方式与基板连接，另一个芯片采用引线键合的方式与基板连接，而无源元器件则采用标准锡膏焊接的方式与基板连接。在塑封完成后，采用无铅锡球对整个基板或单个封装体进行植球工艺的制备，形成外引脚。

图 4-48 所示为无基板的 FOWLP RDL 系统级封装体示意图。重复排布的两个芯片和一个无源元器件先经过特定工艺同时被塑封在一起，形成一个复合晶圆，随后采用 RDL 工艺将两个芯片和一个无源元器件通过所设计的电路布线排布连接起来，最后采用无铅锡球对整个晶圆进行植球工艺，形成外引脚。

图 4-47 有基板的系统级封装体示意图

图 4-48 无基板的 FOWLP RDL 系统级封装体示意图

与有基板系统级封装体相比，无基板的 FOWLP 系统级封装体一般较薄和较小，主要原因在于后者采用了细线宽、线距工艺，具有较薄的介电绝缘层和塑封体厚度。

4.6.2 结构和材料

FOWLP RDL（扇出型晶圆级封装重布线）结构由高分子介电绝缘层和金属层组成。高分子介电结缘层主要有各种开孔和切割槽。这些开孔用于金属层之间的连接，包括与芯片和无源元器件的互连，以及布线层与第二级封装体的互连。切割槽用于封装体的最后切割对位和验证。

FOWLP RDL 结构示意图如图 4-49 所示。其中，a 层为第一聚酰亚胺（Polymide，PI）层，即第一 Passivation（PSV1）钝化层，也称为第一 Polymer Material

（PM1）高分子材料层；b 层为第一金属重布线（RDL1）层，RDL1 与芯片通过 PI 层的开孔（Via）形成直接欧姆接触，而 PI 层与芯片表面无间隔；根据性能和布线的需要，P 层和 RDL 可以重复堆叠在 PI 层和 RDL1 层之上；c 层为第二 Passivation（PSV2）钝化层；d 层为第二金属重布线（RDL2）层，RDL1 层与 RDL2 层通过 PSV2 钝化层的开孔形成直接欧姆接触；e 层为在 PSV2 钝化层和 RDL2 层上的第三 Passivation（PSV3）钝化层；f 层为 UBM（Under Bump Metallization，凸点下金属化层）；g 层为锡球凸点或铜柱。

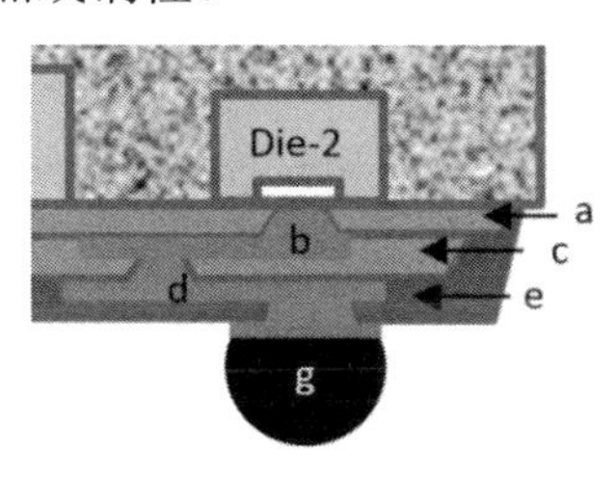

图 4-49　FOWLP RDL 结构示意图

FOWLP RDL 结构中通常有 1～4 层 RDL 层（RDL1～RDL4 层）。中低端的应用主要有 1～2 层 RDL 层。高端的应用主要有 3～4 层 RDL 层。UBM 根据具体的可靠性可加以选择。

PSV 材料和厚度：PSV 材料为高分子介电薄膜，如 Polyimide、酚醛基介电薄膜和环氧基介电薄膜。这些薄膜材料的初始状态为液体光刻胶，可以为正胶或负胶形态。在旋转涂胶、光刻、显影和固化成型后起到保护和隔离金属布线的作用。这些材料具有较好的工艺性能、机械性能、电学和介电性能、较大的工艺窗口、较好的分辨率（至少直径为 10μm 的开孔）、较小的收缩率（或较好的平整度）、低于 250℃的固化温度、在高低温下大于 25%（最好大于 40%）的延伸率和较低的热膨胀系数，以及较低的吸水率、较高的电阻率、较低的介电常数和介电损耗。PSV 厚度一般为 5～15μm。各层的材料可以为同一种材料或不同材料。典型高分子介电绝缘膜的性能如表 4-10 所示。

对金属 RDL 层结构和材料而言，RDL 通常为 Ti/Cu 或 TiW/Cu 结构，由 PVD 沉积的黏接层金属（Ti 或 TiW）和铜底层，以及在此之上采用光刻胶预定型后电镀形成的铜层组成。Ti（或 TiW）的厚度为 200～1000Å，底铜层的厚度为 1000～4000Å，电镀铜厚度为 2.5～30μm。

对于 UBM 的结构和材料，既可以与 RDL 相同，也可以不同。例如，采用相同的结构和材料，电镀铜的厚度一般为 5～15μm。若要提高可靠性，则可以在电镀铜层上电镀 Ni 等。

凸点一般为无铅锡银合金球或铜柱（Cu/SnAg1.8 或 Cu/Ni/SnAu1.8）。

表 4-10 典型高分子介电绝缘膜的性能

公　司	型　号	光敏感	显　影	化 学 基	固化温度/°C（1～2h）	电介常数（1kHz~1MHz）	损耗（1kHz~1MHz）	击穿电压/（V/μm）	玻璃转换温度/°C
Asahi Kasel	Pimel G7621	负胶	有机溶剂	Polyimide	>350	3.3	0.003	n.a.	355
Asahi Glass	ALX 211	负胶	有机溶剂	Fluoro-Polymer	190	2.6	0.001	410	>350
Dow Chemical	Cyclotene 4000	负胶	有机溶剂	Benzocyclobutene	210～250	2.65	0.0008	n.a.	>350
Dow Coming	Photoneece PWDC 1000	正胶	有机溶剂	Polyimide	320	2.9		n.a.	290
	WL 5150	负胶	有机溶剂	siicone	250	3.2	0.07	39	<250
Dupont	WPR	负胶	有机溶剂	Permanent dry Film, Acrylate	140	3.8	0.042	n.a.	75
	PerMX	负胶	有机溶剂	Permanent dry Film,Epoxy	150～250	2.9	0.006	46	220/300
FujiFilm	Durimide 7000 Series	负胶	有机溶剂	Polyimide	>350	3.3	0.007	340	>350/510
	Durimide 7500/7400/7300 Series	负胶	有机溶剂	Polyimide	350	3.2	0.003	345	285/525
	AP2210A	负胶	水溶	n.a.	350	3.1	0.003	272	325/518
	AN 3310	负胶	水溶	n.a.	350	3.0	n.a.	n.a.	305/475
HDM	PI 2730	负胶	有机溶剂	Polyimide	>350	2.9	0.003	n.a.	>350
	PIX 3400	负胶	有机溶剂	Polyimide	n.a.	3.4	n.a.	n.a.	450
	HD 4000	负胶	有机溶剂	Polyimide	375	3.3	0.001	250	410
	HD 7000	负胶	有机溶剂	Polyimide	375	3.2	0.002	250	410
	HD 8820	正胶	水溶	Polybenzoxazole	320	3.0	0.009	470	320
	HD 8921	正胶	水溶	Polybenzoxazole	250	3.0	n.a.	n.a.	260
	HD 8930	正胶	水溶	Polybenzoxazole	175～225	3.1	n.a.	n.a.	240

续表

公　司	型　号	光敏感	显　影	化　学　基	固化温度/°C（1～2h）	电介常数（1kHz~1MHz）	损耗（1kHz~1MHz）	击穿电压 /（V/μm）	玻璃转换温度/°C
JSR	WPR 1201	负胶	水溶	Nanofilled Phenol resin, CA, contains CI	190	3.6	0.03	n.a.	210
	WPR 5100	负胶	水溶	Nanofilled Phenol resin, NQD based	190	3.5	0.02	n.a.	210
MicroChem Corp	SU 8	负胶	有机溶剂	Highly branched Epoxy	100	3	0.08	n.a.	>200
Nippon Steel	Cardo VPA	负胶	水溶	Modified acrylic resin	200	3.4	0.03	n.a.	180
Rohm & Haas /DowChem	Intervia 8023	负胶	水溶	Epoxy	200	3.2	0.033	>100	160
Shin Etsu	SINR	负胶	有机溶剂	Siloxane+aromatic hydrocarbons	<250	2.9～3.0	0.003	280～300	200
Silecs	SAP 200	负胶	水溶	siloxane	175 -190	3.7	n.a.	400	>200
Sumltomo Bakellte	Excel CRC 800	负胶	水溶	Polybenzoxazole	320	2.9	0.01	260	550
Toray	Photoneece BG 2400	负胶	有机溶剂	polyimide	>350	3.2	n.a.	n.a.	255
	Photoneece UR 5480	负胶	有机溶剂	polyimide	>350	3.2	0.002	n.a.	>350
	Photoneece PW 1000	正胶	水溶	polyimide	>350	2.9	n.a.	n.a.	290

4.6.3 工艺流程及特点

基板上的 BGA 封装工艺流程与 FOWLP RDL 的 BGA 封装工艺流程有所不同，有基板封装与 FOWLP 无基板 RDL 的工艺流程图对比如图 4-50 所示。

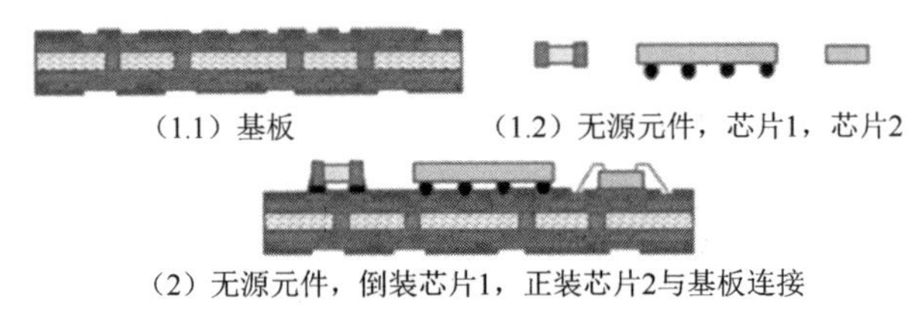

（1.1）基板　（1.2）无源元件，芯片1，芯片2

（2）无源元件，倒装芯片1，正装芯片2与基板连接

（3）塑封无源元件，芯片1，芯片2

（4）在基板上植球

（a）有基板封装工艺流程图

（1）无源元件，芯片1，芯片2

（2）以晶圆形式塑封无源元件，芯片1，芯片2

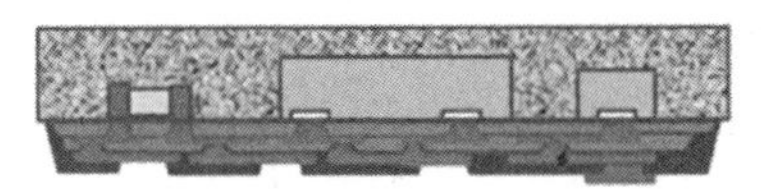

（3）在含嵌入元器件和芯片的塑封晶圆上进行重布线
将各元器件和芯片连接，并形成其他设计路线

（4）在以塑封晶圆为载体的重布线上植球

（b）FOWLP 无基板 RDL 工艺流程图

图 4-50　有基板封装与 FOWLP 无基板 RDL 的工艺流程图对比

图 4-50（a）为有基板封装工艺流程图，对于基板封装体，基板与元器件、芯片的制备可以同时进行。芯片采用倒装或正装引线键合的方式与基板连接。元器

件采用锡焊的方式与基板连接。随后的塑封工艺会将各种元器件和芯片塑封在基板上。在塑封完成之后，BGA 植球工艺会在基板上继续进行。最后封装板会被切割成单个封装体。

图 4-50（b）为 FOWLP 无基板 RDL 工艺流程图，各种元器件和芯片首先被塑封在一起，形成一个塑封晶圆。FOWLP RDL 工艺会在含有嵌入元器件和芯片的晶圆上进行，设计互连的元器件和芯片。各元器件和芯片与 RDL1 层为直接欧姆接触。以含嵌入元器件和芯片的塑封晶圆为载体，BGA 植球工艺会在此载体的布线层上进行。最后封装晶圆会被切割成单个封装体。

4.6.4　FOWLP 与有机基板封装的性能对比

FOWLP 无基板 RDL 结构具有较短的互连线路，具有比倒装芯片球栅阵列（Flip Chip Ball Grid Array，FCBGA）基板封装更好的电性能。FCBGA 和典型 FOWLP 封装的埋入式晶圆级球栅阵列（Embedded Wafer-Level BGA，EWLB）结构和建模示意图如图 4-51 所示。

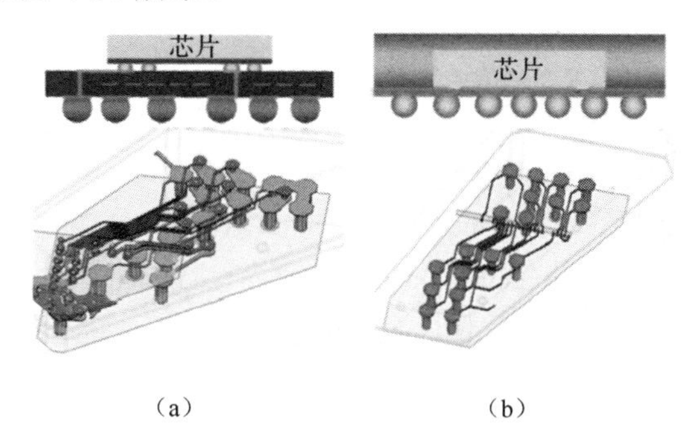

图 4-51　FCBGA 和典型 FOWLP 封装的 EWLB 结构和建模示意图

当频率为 1GHz 时，FCBGA 和 EWLB 的寄生电组、电容、电感（RLC）值对比如图 4-52 所示。

FCBGA 和 EWLB 的射频性能对比如图 4-53 所示。从图 4-53 中可以看出，FOWLP RDL 封装具有较低的寄生 RLC 值、较好的 S21 和较低的 S11。

FOWLP 具有较薄的封装体和 RDL 层，拥有比 FCBGA 基板 BGA 封装体好的热性能，但热性能与 LTCC 系统级封装体相比仍有较大的差距。相关人员将 INFO PoP 与 FC-PoP、3D IC 系统级封装体的热性能进行了对比。

从可靠性的角度来看，由于较薄的 RDL 层在封装体与主板之间作为缓冲层的效果相应较低，因而 FOWLP 系统级封装体的 TCT（Temperature Cycle Test，温度循环试验）可靠性比 FCBGA 系统级封装的 TCT 可靠性低。

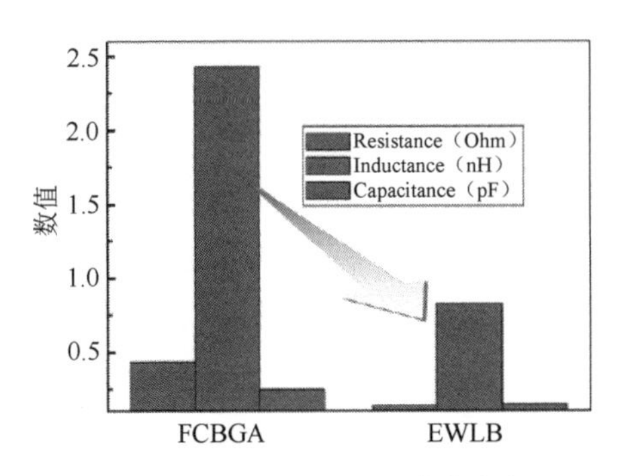

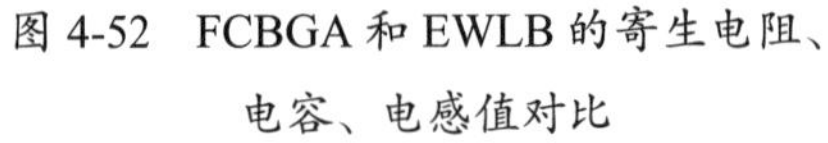
图 4-52　FCBGA 和 EWLB 的寄生电阻、电容、电感值对比

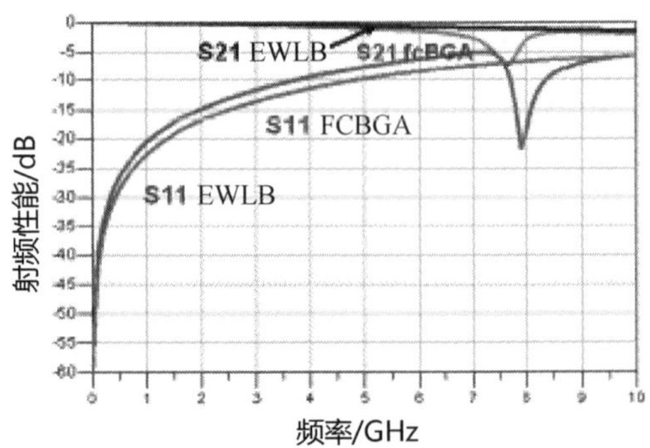

图 4-53　FCBGA 和 EWLB 的射频性能对比

参考文献

[1] TUMMALA R R，RYMASZEWSKI E J，KIOPFENSTEIN A G，et al．微电子封装手册（第二版）[M]．北京：电子工业出版社，2001．

[2] 陈仲贤，朱敦友．集成电路引线框架铆合结构：中国，CN2849968Y[P]．2006．

[3] TOPPER，FISCHER M，BAUMGARTNER T，et al．A Comparison of Thin Film Polymers for Wafer Level Packaging[C]//Electronic Components & Technology Conference．IEEE，2010．

[4] WANG C T，YU D．Signal and Power Integrity Analysis on Integrated Fan-Out PoP（InFO_PoP）Technology for Next Generation Mobile Applications[C]//Electronic Components & Technology Conference．IEEE，2016．

[5] HSIEH C C，WU C H，YU D．Analysis and Comparison of Thermal Performance of Advanced Packaging Technologies for State-of-the-Art Mobile Applications[C]//Electronic Components & Technology Conference．IEEE，2016．

[6] System-in-Package, Package-on-Package and Redistributed Chip Packaging.NXP/Freescale White Paper，2007．

[7] HUNT J，ASE group．Fan-out－Simple to Complex．Semicon Taiwan Forum，2017．

第 5 章

封装集成所用芯片、元器件和材料

本章将介绍 IC 系统级封装的芯片分类、封装形式及元器件的细分类型，包括无源元器件、集成无源元器件（Integrated Passive Device，IPD）、滤波器、晶振、天线、传感器等，并综合介绍封装关键材料，如装片胶、凸点材料、引线键合材料、塑封材料、锡焊球材料等。

5.1 芯　　片

在微电子领域中，需要将半导体、无源元器件等电路微缩化，通过在晶圆上对半导体材料进行蚀刻、注入、布线等，实现某些特定功能，芯片由此应运而生。芯片制作包括芯片设计、芯片制造、封装、成品测试等若干环节。其中，芯片制造和封装十分复杂。

半导体芯片最早出现在 20 世纪中期，开创了信息时代的先河。其发展遵循摩尔定律（芯片上可容纳的元器件数目每隔 18 个月便会增长一倍，性能也将提升一倍）。半导体芯片被广泛应用于各大领域，包括计算中心、消费电子、信息通信、汽车电子，以及公共设施和军事设备等，已经成为经济发展的支柱产业，有力保障了国家信息安全。

芯片的功能决定了集成系统的主要功能。芯片的形式及其对应的封装互连技术在很大程度上决定了系统级封装技术的选择。

5.1.1 芯片的分类

1. 按半导体材料分类

半导体按照材料组成通常分为元素半导体和无机化合物半导体。在已知的 11

种单元素半导体材料中，锗和硅是应用较为广泛的半导体材料。用于晶体管的第一代半导体材料是锗单晶。硅在自然界储量丰富，提纯技术已经非常成熟，制作成本低，更关键的是硅的化学性能和物理性能非常稳定，可以满足半导体芯片在各种环境下的应用。而锗晶体管在温度高于 75℃时，电导率会发生大幅变化。另外，由于锗晶体管的漏电电流大于硅晶体管的漏电电流，锗芯片性能不稳定，所以目前硅单晶是制造芯片的主要材料。

无机化合物半导体包括二元系、三元系、四元系等类型。这些化合物半导体被用于各种特殊性能的器件中，具有优于硅的禁带宽度和能带结构。二元化合物砷化镓（GaAs）、磷化镓（GaP）等 III-V 族化合物在高频高温下特性优异，以其较大的禁带宽度和能带，成为高频大功率射频半导体芯片的核心材料。射频芯片是系统级封装技术的主要应用领域之一。手机功放模块（Power Amplifier Module，PAM）、开关芯片等都会大量使用砷化镓材料。

对于宽带隙半导体材料的氮化镓（GaN）、碳化硅（SiC）和氧化锌（ZnO）等，其禁带宽度都在 3eV 以上，工作温度可以非常高，如碳化硅在 600℃以上依然能正常工作，是新一代高能高效功率半导体的主要材料，广泛应用于功率系统级封装（Power System in Package，P 系统级封装）等模块中。

2. 按晶体管结构和制造工艺分类

芯片已经从 20 世纪 60 年代初的在一个很小的硅片上集成少量晶体管，发展到可以在一个较大的单硅衬底上集成几十亿个晶体管的超大规模水平。芯片的工艺实现技术主要有金属氧化物半导体（Metal-Oxide Semiconductor，MOS）和晶体管-晶体管逻辑（Transistor-Transistor Logic，TTL）。在 MOS 系列产品中，CMOS 已经成为主流元器件，具有高抗扰性和低静态功耗的特性，常应用于微处理器、微控制器等电路中。TTL 兼具逻辑和放大功能，广泛用于计算机、工业控制、测试设备、电子产品中。考虑到这两种技术具有不同的优势，在实际应用中，可以采用 BiCMOS 技术将两种独立的半导体元器件集成到同一芯片上。

3. 按芯片功能分类

芯片按照工作方式可以分为模拟（Analog）芯片、数字（Digital）芯片、混合信号（Mixed Signal）芯片、MEMS 芯片和存储（Memory）芯片等几种类型。

模拟芯片（如电源管理芯片和运放芯片等）是通过处理连续信号进行工作的。数字芯片通常由一个甚至上亿个逻辑门、触发器、多路复用器等构成，具有通信速率快、功耗小和成本低的优点，如微处理器和微控制器等，利用二进制“0”和“1”信号进行工作。混合信号芯片将模拟电路和数字电路进行组合来产生特定的功能，如模/数（A/D）转换器和数/模（D/A）转换器。混合信号芯片面积小、成本低，在设计这类芯片时，需要重点考虑信号干扰问题。

与传统的机械结构相比，MEMS 芯片的尺寸更小、质量更轻、集成度更高。MEMS 芯片封装除需要对芯片提供保护、支持和导通路径等传统封装功能外，还需要与外部测试环境之间形成一个接触面并获得非电信号，如速度、压力、加速度、光信号等。内部的传感器会将这些非电信号转换为电信号，再经过内部的 IC 处理实现自动控制。

MEMS 芯片广泛应用于陀螺仪、加速器、麦克风、压力传感器、汽车雷达等领域。MEMS 陀螺仪基于压电效应进行工作，能够识别重力的变化，典型的应用是智能手机能够根据重心的变化而自动旋转页面。MEMS 加速器能够灵敏地检测汽车的碰撞，提升驾驶的安全性。MEMS 麦克风的体型更小、灵敏度更高。MEMS 汽车雷达能够实时监测与其他物体的距离，主要用于盲点检测、防碰撞、自动泊车、制动辅助、紧急制动和自动距离控制等，以提升驾驶的安全性，是智能驾驶的重要组成部分。

存储芯片是用来保存数据的。按照电流关掉后，所存储的数据是否消失，存储芯片可以分为非易失性存储芯片（Non-Volatile Memory，NVM）和易失性存储芯片（Random Access Memory，RAM）。NVM 中应用比较广泛的是快闪存储器（Flash Memory），可以进一步分为 NAND Flash 和 NOR Flash。RAM 可以进一步分为静态 RAM（SRAM）和动态 RAM（DRAM）两大类。二者的差异在于 DRAM 需要由存储器控制电路按一定周期对存储器刷新才能维系数据保存；SRAM 的数据则不需要刷新过程，在上电期间，数据不会丢失。双倍数据速率同步动态随机存取存储器（Double Data Rate Synchronous Dynamic Random Access Memory，DDR）是一种高速 CMOS 动态随机访问的内存。

4. 按设计方式分类

芯片按设计方式可以分为现场可编程逻辑门控制器（Field Programmable Gate Array，FPGA）芯片、专用 IC（Application Specific Integrated Circuit，ASIC）芯片、微控制单元（Micro Controller Unit，MCU）芯片等。FPGA 芯片把整个系统，包括处理器、存储和特定功能等全部快速地在单一芯片上实现，用户可以根据实际情况重新配置，解决新出现的设计问题，产品快速迭代。对芯片厂家来说，FPGA 可以节省芯片设计费用。ASIC 是固定的电路，如果设计更新，则新一代芯片需要重新设计和加工生产。MCU 芯片集成了控制电路、存储、D/A 转换器及各种接口，能够应用在各种工业控制场景中，如机械臂、汽车电子、物联网等。

5.1.2 芯片的封装形式

大部分应用于系统级封装的芯片形式均为裸芯片晶圆。根据不同的芯片制造工艺，芯片晶圆直径有150mm（6英寸）、200mm（8英寸）和300mm（12英寸）等几种。作为系统级封装集成重要的特性之一，系统级封装最终芯片的良率取决于全部组成芯片及元件的复合良率。这就要求所有的芯片及元件功能正常。

1. 裸芯片

根据芯片外接I/O端口互连的形式，裸芯片可以分为正装、倒装和背金导电芯片等典型形式。

正装芯片通过焊线将芯片焊盘与外部基板连接起来，是常见的芯片互连形式。焊盘排布的形式有单圈和多圈两种。图5-1所示为两圈焊盘的芯片表面及通过焊线连接芯片与基板。焊线将芯片与外部基板互连，形成导通路径。图5-2所示为焊盘的截面示意图。下面两层是芯片的布线层及互连的过孔，与焊线接触连接的是铝层，铝层上面是两层钝化层及一层聚酰胺层，用来保护焊盘。芯片的焊盘形状一般是矩形，尺寸一般为45～70μm，根据产品的应用范围有一定的变化。

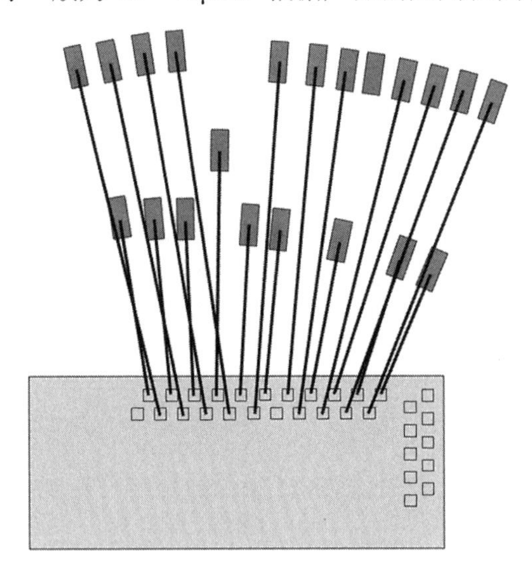

图5-1 两圈焊盘的芯片表面及通过焊线连接芯片与基板

焊线的材料一般为金、铜及合金。常见的焊线直径有0.6mil、0.7mil、0.8mil、1.0mil及1.2mil等。焊线芯片的引脚数一般不会超过2000个。

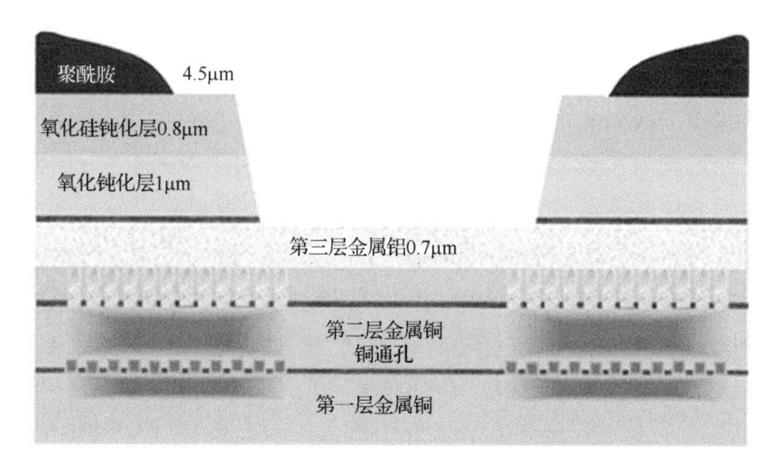

图 5-2　焊盘的截面示意图

与一般正装芯片相比，化合物半导体芯片（如 GaAs PA 功率放大器芯片）正面通过焊线与基板互连，而背面需要接地，正面和背面通过晶圆通孔（Through Wafer Via，TWV）相连。GaAs 材料导热性能差，通过 TWV 延长芯片表面至基板铜层的导电和散热路径，从而大幅改善接地和散热效果。同时芯片的背面进行背金处理，使高导热胶与基板上的接地铜层互连，以提供更大的散热接触面积，如图 5-3 所示。

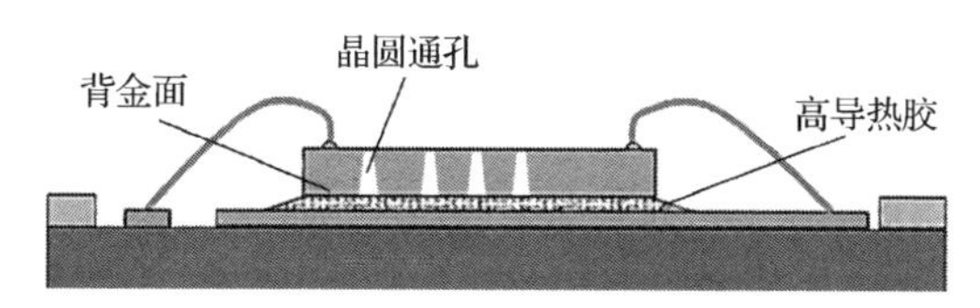

图 5-3　GaAs 芯片的 TWV 及背金处理示意图

倒装芯片通过金属凸点与基板互连。凸点一般分为两种形式，即锡球凸点（Solder Bump）和铜柱凸点（Cu Pillar Bump）。目前无铅锡球凸点的主要成分是锡，还有少量的银和铜。铜柱凸点主要由上下两部分组成，下部分是铜柱，上部分是锡，可参见图 3-9。

与锡球凸点相比，铜柱凸点的直径及间距更小、密度更高，可以支持更多的引脚。封装时将芯片倒扣在基板上，芯片通过凸点与基板互连，形成凸点导线键合（Bump on Trace，BOT），可参见图 3-11。由于不再使用面积较大的圆形对接焊板，因此布线互连密度可以得到提高。与正装芯片相比，倒装芯片的导通路径更短，有利于保证信号的完整性。

2. 封装成品芯片

在特定的情况下，当系统级封装芯片无法通过裸芯片晶圆制备时，可以使用预封装成品芯片。预封装成品芯片主要包括通用分立元器件、标准功能芯片和内存芯片。在使用预封装成品芯片时，需要确保来自不同供应商芯片的良品和尺寸统一，通过标准化实现芯片使用成本的最低化。系统级封装成品芯片常用的封装有四面扁平引脚封装（Quad Flat Package，QFP）、四面扁平无引脚（Quad Flat No-Lead，QFN）封装、球栅阵列（Ball Grid Array，BGA）封装、芯片级封装（Chip Scale Package，CSP）、晶圆级封装（Wafer Level Package，WLP）等。

二极管、三极管等低引脚数分立元器件在系统级封装体中应用广泛。为了满足系统级封装体小尺寸、高密度的互连要求，这些分立元器件通常选用最小尺寸的 SMT 封装形式，如小外形晶体管（Small Outline Transistor，SOT）封装、SOP、TSOP 等。更强功能芯片外引脚的增加可以采用 QFP 实现，引脚数量可超过 100 个。JCET 公司的 QFP 实物图如图 5-4 所示。QFP/QFN 芯片封装形式常见于模拟或混合电路的控制处理芯片，由于需要预封装并占用额外的面积，因此一般在大功率系统级封装集成中使用，以确保这些功能芯片的良好测试性能和可靠性。

BGA 封装和倒装芯片级封装（Flip Chip Chip Scale Package，FCCSP）通过芯片底部外引脚锡球的 2D 阵列排列，可以大幅增加引脚数量，最多可支持 1000 个引脚。BGA 实物图如图 5-5 所示。BGA 或 FCCSP 在 PoP 技术中大量使用，典型的应用包括手机主处理芯片（Application Processor，AP）。该芯片利用封装芯片堆叠技术将底部的 FCCSP AP 芯片和顶部的引线键合细间距球栅阵列（Fine-Pitch Ball Grid Array，FBGA）封装 DRAM 芯片进行 3D 上下互连，形成处理器芯片+DRAM 芯片的系统级封装集成。

图 5-4　JCET 公司的 QFP 实物图

图 5-5　BGA 实物图

WLP 是在晶圆工艺平台上直接形成 CSP 体，也称为晶圆级芯片封装（Wafer Level Chip Scale Package，WLCSP）。与常规封装晶圆芯片先切割后封装的流程不同，WLCSP 先在整片晶圆上封装，之后切割成多个独立的小尺寸 IC。晶圆级封装芯片的尺寸，即裸芯片的尺寸，适用于移动便携设备。在性能方面，传输路径的缩短带来了传输速率的提升与更加可靠的稳定性。晶圆级封装芯片的尺寸介于凸点 FC 尺寸和 FCCSP 芯片尺寸之间。

3. 存储芯片

存储芯片是当前用量最大的芯片。根据销售额的比例，存储芯片数量可占所有芯片总量的 25%～30%。存储芯片的常见封装形式有两种：一种采用裸芯片堆叠+引线键合工艺将芯片与芯片、芯片与基板连接起来，如图 5-6 所示；另外一种通过 TSV 将芯片与芯片直接堆叠，同时利用凸点进行互连，如图 5-7 所示。采用 TSV 方案芯片的互连长度更短、电性能更好，并且产品厚度更薄。存储芯片和计算处理芯片的集成采用的是常见的系统集成技术。

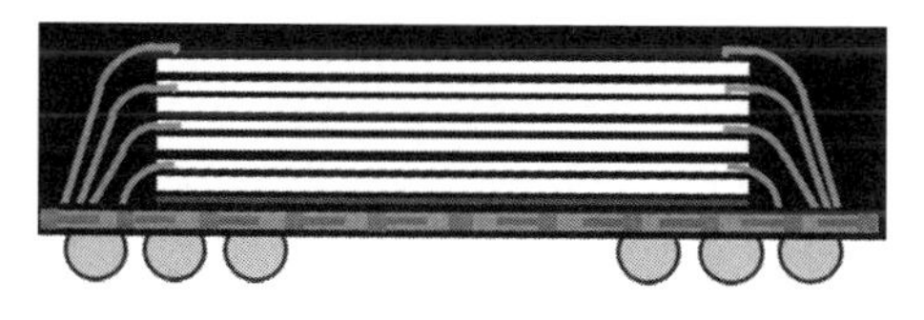

图 5-6 采用裸芯片堆叠+引线键合工艺的存储芯片封装体示意图

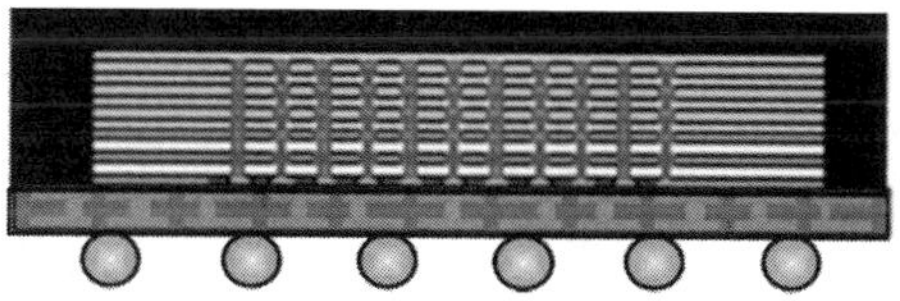

图 5-7 采用 TSV 工艺的存储芯片封装体示意图

DDR 系列内存芯片从推出至今，设计、封装、工艺等都趋于完善，整体性能更加优异。表 5-1 所列为 DDR3～DDR5 的比较。

表 5-1 DDR3～DDR5 的比较

芯 片 类 型	最大芯片容量/Gbit	最大数据速率/（Gbit/s）	通道数（个）	工作电压/V
DDR3	4	1.6	1	1.5
DDR4	16	3.2	1	1.2
DDR5	64	6.4	2	1.1
LPDDR5	32	6.4	1	1.05

利用系统级封装技术也可以将存储芯片和控制芯片组合成集成度更高的系统级内存，提供一体化的存储解决方案，将主控、Flash、DDR 等芯片结合，可以组成埋入式多媒体卡（Embedded Multi Media Card，EMMC）、埋入式多芯片封装（Embedded Multi Chip Package，EMCP）与通用闪存存储（Univesal Flash Storage，UFS）等集成度更高的模块。EMMC 包含主控芯片和 Flash 芯片。EMCP 在 EMMC 的基础上集成了 DDR 芯片，如图 5-8 所示。UFS 可以看作 EMMC 的加强版，弥补了 EMMC 仅支持半双工运行模式的缺陷，可以在全双工模式下运行，传输速率可以提高一倍。

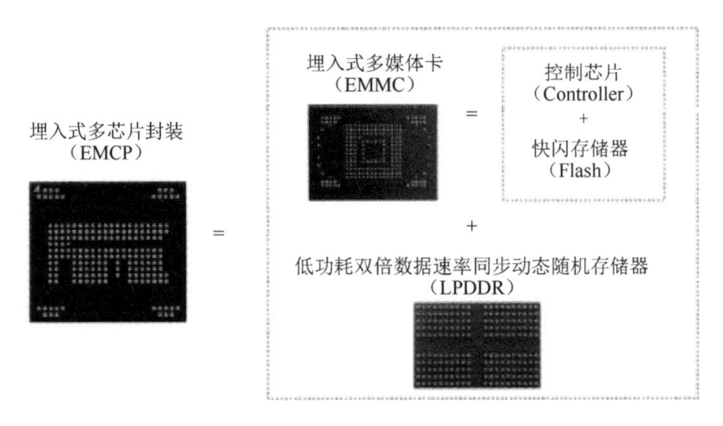

图 5-8　内存模块 EMMC 和 EMCP 内存集成方案示意图

存储芯片的主要厂商有三星、海力士、美光、北京兆易创新科技股份有限公司、长江存储科技有限责任公司、合肥长鑫集成电路有限责任公司等。一般 EMMC、EMCP 与 UFS 芯片的封装都采用多芯片堆叠方案。图 5-9 所示为典型 EMCP 芯片的封装截面图，共包含 15 个芯片（4 个 NAND Flash、8 个 DRAM、2 个隔板和 1 个控制芯片），最薄芯片的厚度仅为 30μm，产品总厚度为 1.3mm。

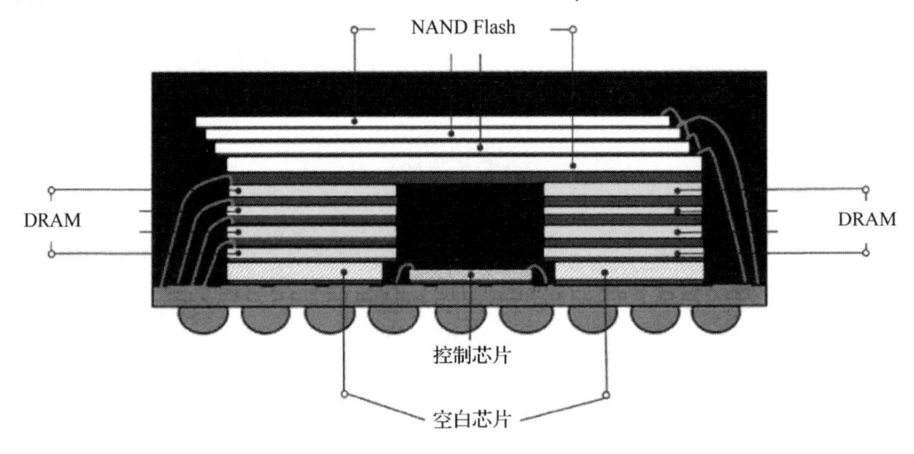

图 5-9　典型 EMCP 芯片的封装截面图

5.2　无源元器件

为了实现完整的系统功能，系统级封装芯片需要使用大量的无源元器件。相比有源元器件，无源元器件不改变信号特征，自身不获得功率，也不消耗电能，不会把电能转化成其他形式的能量。另外，无源元器件无法对信号进行放大，在不需要外加激励源的情况下，输入信号就能够正常工作。无源元器件通常包括电阻、电容、电感、滤波器、谐振器、转换器、开关、混频器和渐变器等。这些元器件通过表面贴装回流技术焊接在基板或 PCB 上，是系统级封装集成的重要组成部分。

系统级封装集成使用的无源元器件最初来源于 PCB 组装使用的常规 SMT 无源元器件。系统级封装技术与 SMT 技术目前可以依然在大部分应用中相互共享。但系统级封装因为采用芯片封装技术来实现更高的封装密度，从而对无源元器件提出很多特殊的要求，包括更小的元器件尺寸、更薄的厚度、更加稳定的电热性能等，所以系统级封装是推动 SMT 元器件持续微型化的最大动力。

系统级封装中常用的贴片电阻、电容和电感如图 5-10 所示。其标准尺寸规格分为 01005、0201、0402、0603、0805，具体如表 5-2 所示。

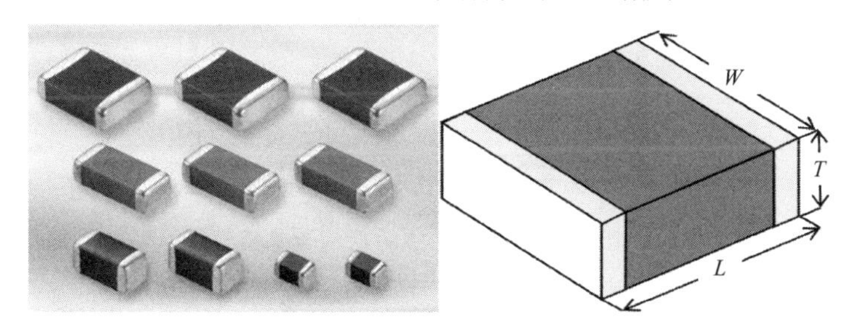

图 5-10　系统级封装中常用的贴片电阻、电容和电感

表 5-2　系统级封装中常用的贴片电阻、电容和电感标准尺寸参数

英　制	长（L）/mm	宽（W）/mm	高（T）/mm
01005	0.4±0.02	0.2±0.02	0.13±0.02
0201	0.6±0.03	0.3±0.03	0.23±0.05
0402	1.0±0.05	0.5±0.05	0.30±0.10
0603	1.6±0.10	0.8±0.10	0.40±0.10
0805	2.0±0.20	1.25±0.20	0.5±0.10

0201、01005 及更小尺寸的电容、电感、电阻都是先在新一代更小尺寸的系统级封装芯片上使用再逐步推广的。系统级封装目前是这些微型元器件最主要的应用市场。

5.2.1　贴片电阻

常见的电阻有碳膜电阻、金属膜电阻、线绕电阻、薄膜电阻、厚膜电阻等。系统级封装中使用的电阻主要为贴片电阻。贴片电阻按照制造工艺可以分为两大类：厚膜电阻和薄膜电阻。相比于厚膜电阻，薄膜电阻的主要成分是 Al_2O_3，特点是温度系数低、温度漂移小、电阻精度高。

贴片电阻的结构示意图如图 5-11 所示。图中，①是陶瓷基板，主要成分是 Al_2O_3；②是正面电极；③是背面电极；④是电阻体，主要成分是氧化钌、玻璃；⑤是一次保护层，主要成分是玻璃；⑥是二次保护层，主要成分是玻璃或树脂；⑦是标记；⑧是端电极；⑨是中间电极，主要成分是镍；⑩是外部电极，主要成分是锡。贴片电阻的制备流程图如图 5-12 所示。

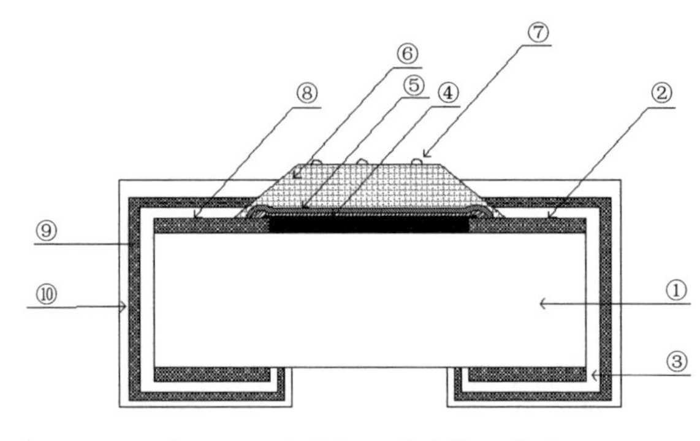

图 5-11　贴片电阻的结构示意图

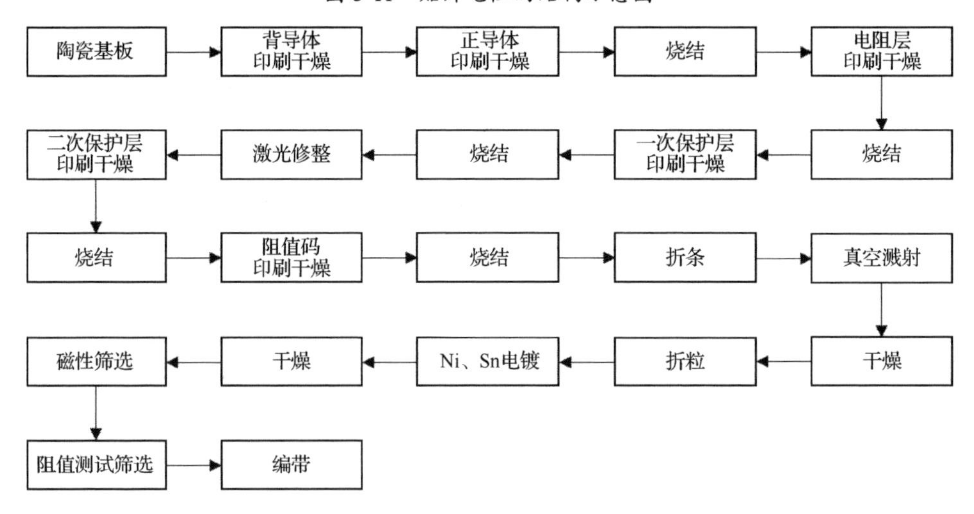

图 5-12　贴片电阻的制备流程图

5.2.2　贴片电容

常见的电容有陶瓷电容、电解电容、聚丙烯电容、云母电容等。系统级封装中常见的贴片电容多为陶瓷电容，在陶瓷两面喷涂银层，高温烧结成银质薄膜。

多层片式陶瓷电容（Multi-Layer Ceramic Capacitor，MLCC）由陶瓷介质、内

部电极和外部电极等组成，结构示意图如图 5-13 所示。陶瓷介质与内部电极交替叠层，外层电极由电镀层、阻挡层和终止层组成。

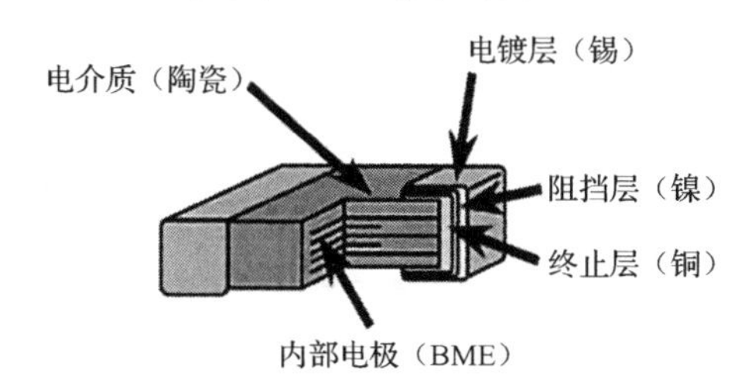

图 5-13　MLCC 的结构示意图

MLCC 的基本工艺流程图如图 5-14 所示。

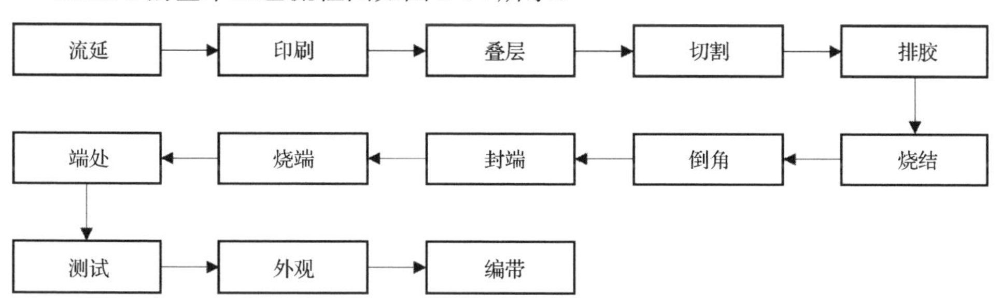

图 5-14　MLCC 的基本工艺流程图

5.2.3　贴片电感

按照构造和工作原理，贴片电感分为叠层贴片电感、绕线贴片电感等。在系统级封装中，叠层贴片电感应用比较多，具有良好的磁屏蔽性、烧结密度高、机械强度大。叠层贴片电感具有耐热性好、可焊性高、外形规则等特点，更适合自动化的表面贴装生产，结构示意图如图 5-15 所示。叠层贴片电感的生产工艺流程图如图 5-16 所示。

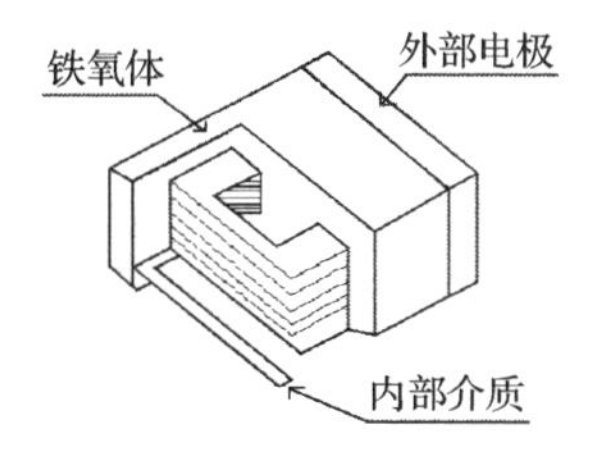

图 5-15　叠层贴片电感的结构示意图

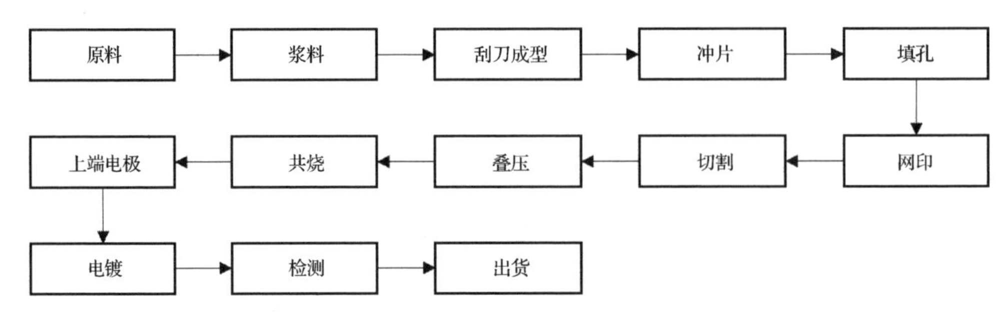

图 5-16　叠层贴片电感的生产工艺流程图

需要大电感特殊功能的系统级封装集成应用经常使用绕线贴片电感，其结构示意图如图 5-17 所示。

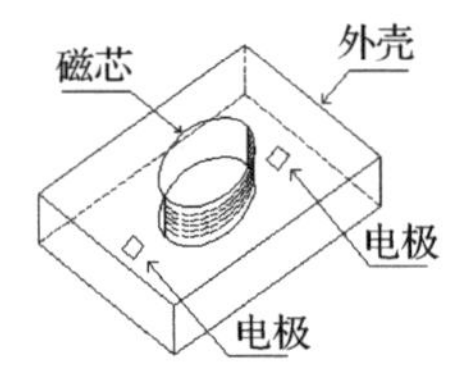

图 5-17　绕线贴片电感的结构示意图

5.3　集成无源器件

集成无源器件（Integrated Passive Device，IPD）可以把多个无源元器件集成在一个器件内，利用和系统级封装同样的集成概念，实现无源元器件的多元集合。IPD 可以进一步减小功能器件的尺寸，并通过优化的设计结构实现最佳综合性能。常见的 IPD 包括滤波器、双工器、巴伦、耦合器、功分器、衰减器和特定设计的无源功能模块，目前主要的结构和制造工艺有低温烧结陶瓷（Low Temperature Co-fired Ceramic，LTCC）、晶圆级无源元器件集成和无源元器件埋入式基板集成。

5.3.1　表面贴装陶瓷集成无源器件

无源元器件（如电阻、电容和电感）可以实现无源集成，通过相同种类及相同参数值元器件的组合排列，可以直接提高这些无源元器件的综合性能。如果需要将不同种类和不同参数值的电容、电感和电阻组合，则通常选用相对复杂的 LTCC 技术，在生瓷带上利用打孔、印刷方式加工出图形层，同时将电阻、电容、滤波器等元器件埋入陶瓷内部，最后压合形成电极。LTCC 技术的加工流程图如图 5-18 所示。

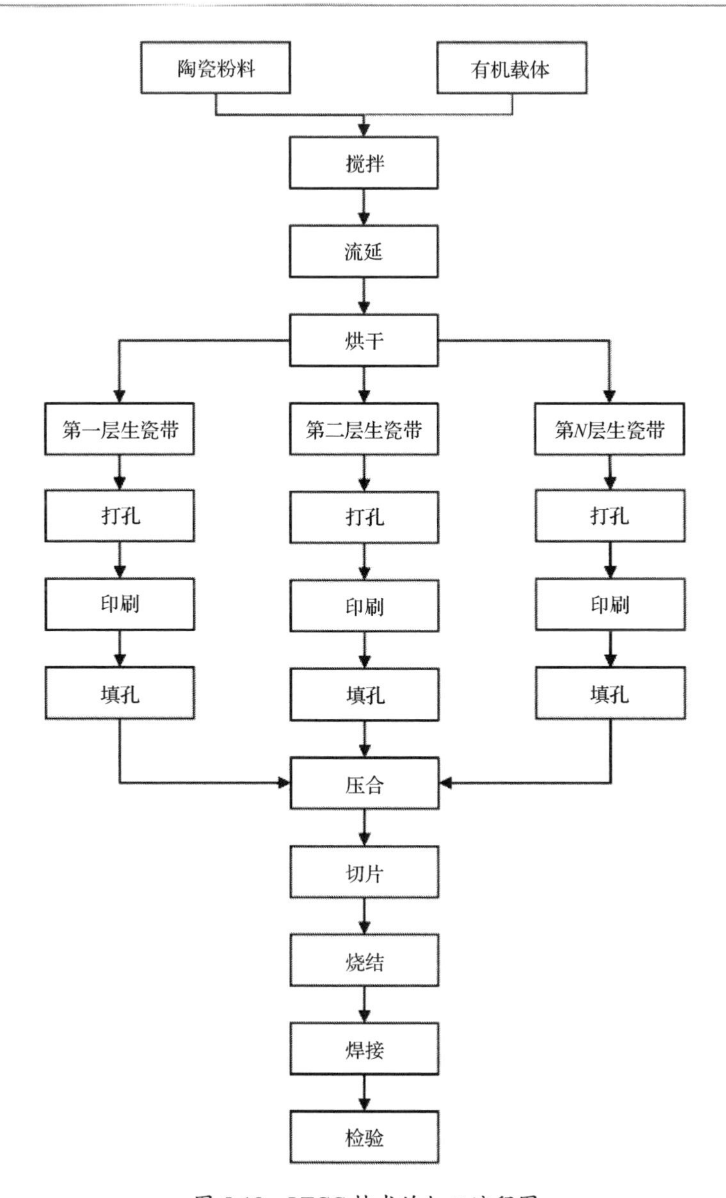

图 5-18　LTCC 技术的加工流程图

LTCC 技术可以集成不同类型的元器件，优势如下。

（1）优良的高频电性能及品质因数。

（2）耐高温和大电流，散热性能好。

（3）在表面贴装有源元器件，实现有源元器件和无源元器件的更高密度集成。

（4）工艺过程绿色、环保。

5.3.2 晶圆级集成无源器件

晶圆级集成无源器件（IPD）通过晶圆制造平台和工艺实现无源元器件的集成。晶圆级 IPD 工艺能够提供更加精细的晶圆级线路间距，更准确的薄膜厚度控制，从而得到更好的电容、电感性能，也可以采用类似芯片设计的方法进行特定设计，提高成品的灵活性。晶圆级 IPD 近几年发展迅速，以高集成度和微小尺寸的优点，在系统级封装领域的应用需求持续增长。

静电放电（Electro-Static Discharge，ESD）保护和 EMI（电磁干扰）保护是晶圆级 IPD 目前的主要应用。利用晶圆级薄膜沉积技术可以制造出高性能平面结构电容、电感和电阻等。晶圆级 IPD 结构和功能示意图如图 5-19 所示。针对所需要的 IPD 性能，人们还开发出了各种介电材料和电阻材料。晶圆级 IPD 通常以晶圆裸芯片为基础，可以采用焊线、焊盘或凸点倒装的方式在系统级封装体中实现晶圆裸芯片与基板的互连。

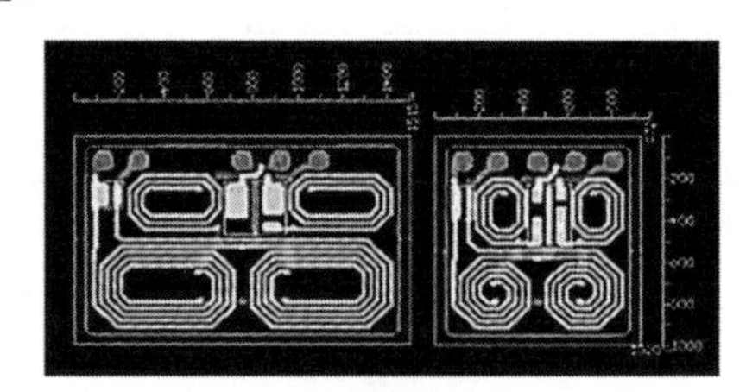

（a）GSM高低频段中的IPD巴伦

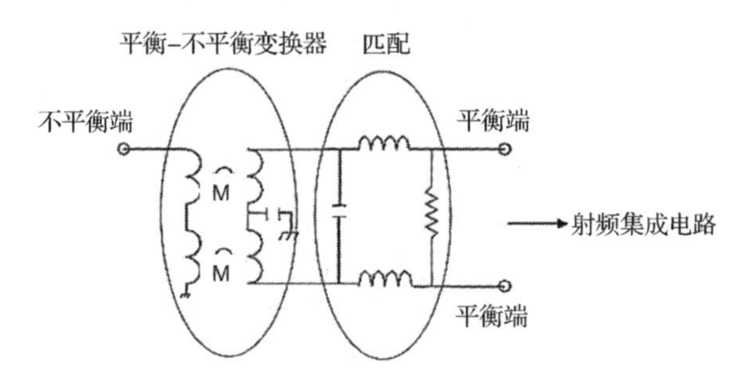

（b）输出匹配电路和变压器功能

图 5-19 晶圆级 IPD 结构和功能示意图

传统工艺技术远远无法满足高端智能处理器对高电容密度的应用需求，晶圆级硅深沟槽工艺可以获得更高的电容密度，基于尺寸的大幅减小，可以在微处理器的凸块与凸块之间放置更多的电容，从而显著改善 AP 处理器系统集成的综合性能。

5.3.3　无源元器件埋入式基板集成

电阻、电容也可以介质膜的方式埋入多层基板中，以满足特定产品对无源元器件集成的需求。埋阻埋容基板在加工线路层的时候会把电阻、电容等电介质层预先埋入基板内部，如图 5-20 所示，以减少后续的封装流程。埋阻埋容基板能够有效提高基板的集成度，减小封装芯片的厚度和尺寸。埋入式元器件可以缩短信号回路，改善电性能。另外，多层线路基板可以屏蔽外部电磁信号对埋入元器件的影响，有利于产品的性能稳定。但受电阻、电容电介质材料和基板有机材料物理性能必须匹配的限制，导电体尺寸精度不高，埋阻埋容基板集成性能有限，波动范围也比较大。这种技术广泛应用于硅麦克风（Si Microphone）等芯片的系统集成。

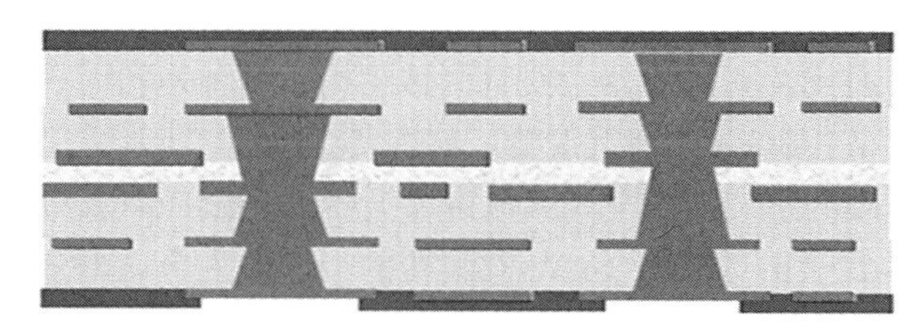

图 5-20　埋入电阻、电容介质层的多层基板

5.4　滤波器、晶振、天线、指纹传感器

随着高频高速通信电子元器件的不断发展，需要越来越多的无源组件和有源组件同时集成在一个封装体中，形成一个包括滤波器、晶振和天线等具有完整功能的系统。这些具有特定功能的电子元器件的工作原理和结构往往不同，与之对应的封装工艺方案也不尽相同，由此发展出带空腔的基板、芯片埋入式基板及双面封装基板等不同方案。

5.4.1　信号滤波器

表面声波（Surface Acoustic Wave，SAW）滤波器将表面机械声波信号与电平信号相互转换，机械声波信号的传播介质和通道为压电晶体表面层，振动单元的质量和体积由压电晶体的表面层质量和体积决定。SAW 滤波器的原理示意图如图 5-21 所示。

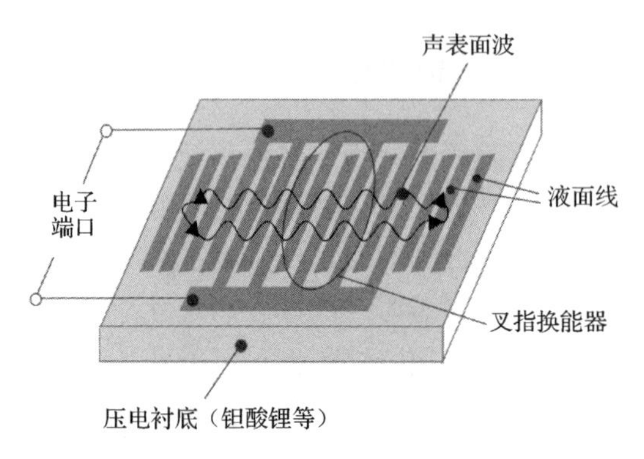

图 5-21　SAW 滤波器的原理示意图

相比于 SAW 滤波器，体声波（Bulk Acoustic Wave，BAW）滤波器的体积更小，机械声波信号在介质体内垂直传输，涉及更大的体积和质量，适合处理更高频率的信号。目前 BAW 滤波器主要有两种结构：一种是利用多层不同特性的薄膜堆叠形成布拉格（Bragg）声反射器，如图 5-22（a）所示；另一种是利用空气间隙形成空腔薄膜的空气间隙型薄膜体声谐振器（Film Bulk Acoustic Resonator，FBAR），如图 5-22（b）所示。SAW 滤波器的上下层为金属电极，中间层为压电材料，利用空气间隙层实现滤波的最佳效果，但复杂的制作工艺导致其成本较高。通常在频率较高时采用 BAW 滤波器，无须高频应用时，采用成本较低的 SAW 滤波器。

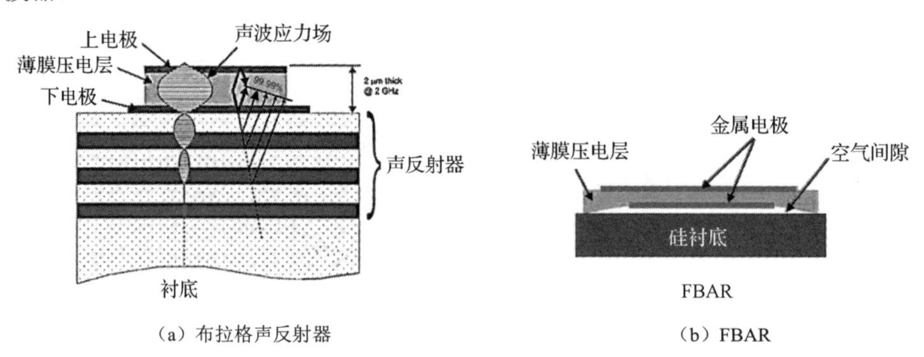

（a）布拉格声反射器　　（b）FBAR

图 5-22　BAW 滤波器原理示意图

相比于 SAW 滤波器，BAW 滤波器在适用频段、插入损耗、功率阈值等方面具有明显优势。SAW 滤波器和 BAW 滤波器的对比如表 5-3 所示。

表 5-3　SAW 滤波器和 BAW 滤波器的对比

滤　波　器	成　本	频　段	插入损耗	功率阈值
SAW 滤波器	低	2.5GHz 以下	高	低
BAW 滤波器	高	1.5GHz～6.0GHz，最大可达 10GHz	低	高

SAW 滤波器和 BAW 滤波器的原理相同，都是把电磁波信号转换成机械声波信号，利用机械波的共振原理使设定的共振频率得以保留，去除不需要的噪声信号。机械波需要自由振动环境，不能受封装体的约束和阻碍。这个基本要求与标准的绝对静止芯片封装完全不同，需要在封装体上构造一个空腔来保证机械波的自由振动。对于含有 SAW 滤波器和 BAW 滤波器的系统级封装工程，需要保证空腔体的完整。另外，封装工艺不能对机械波振动体产生额外的应力，需要确保共振频率不受偏移的影响。

和 01005、0201 等 SMT 元器件相比，SAW 滤波器和 BAW 滤波器的尺寸较大，并且有多个引脚，在封装体的包封过程中容易填充不良，如空洞和回包，从而产生可靠性风险。针对此风险，需要从基板设计、材料及模具设计等方面综合考虑，避免填充异常的产生。

在基板设计方面，需要增大元器件下方绿漆的开窗尺寸，但要避免焊接时引脚间短路情况的发生。在材料方面，需要换用更小颗粒直径的塑封料来改善填充效果。在模具方面，需要设计精度更高的模流匹配。

由于滤波器对环境压力非常敏感，因此封装过程中需要使用压塑成型（Compression Molding，CM）工艺。与传统的转移成型塑封（Transfer Molding，TM）工艺相比，在压塑成型塑封工艺中，粉末状的塑封料被放置在模具型腔底部加热，基板和芯片被放置在模具型腔表面，合模后完成塑封，如图 5-23 所示。

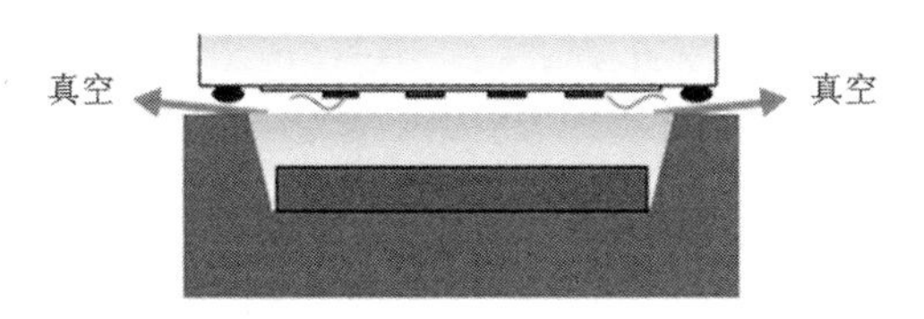

图 5-23　压塑成型塑封工艺示意图

相比于转移成型塑封工艺，压塑成型塑封工艺在塑封料利用率、注塑压力、流速、产品厚度方面具有很大优势，如表 5-4 所示。

表 5-4　两种不同塑封工艺的对比

参　　数	压塑成型塑封	转移成型塑封
塑封料利用率	100%	70%左右
芯片及焊线的受力	低	模流冲弯线弧
模流印记	无印记残留	有印记残留
封装厚度可变性	模具厚度可调	模具厚度不可调

5.4.2　晶振

晶体振荡器（简称晶振）利用石英晶体（二氧化硅结晶体）的压电效应，产生稳定的振荡频率，在线路系统内起到时钟的作用。根据材料分类，晶振既可以采用金属外壳封装，也可以采用陶瓷或塑料封装。主流应用趋势是将晶振集成在系统级封装体内部，成为系统级封装体的重要组成部分。典型晶振示意图如图 5-24 所示。

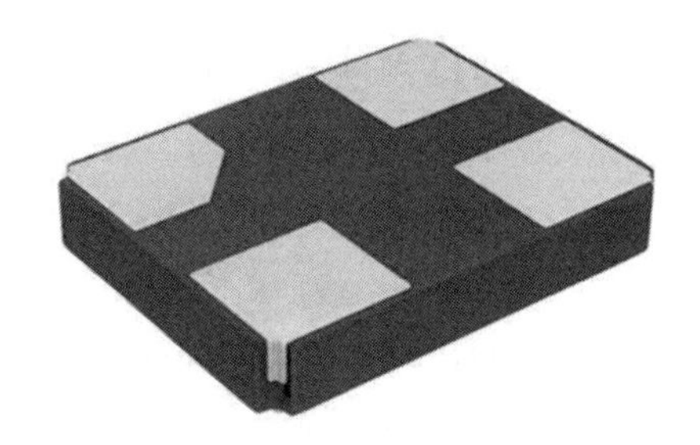

图 5-24　典型晶振示意图

与贴片电阻、电容等元器件相比，SAW 滤波器、BAW 滤波器、晶振的厚度比较大，通常超过 0.5mm，导致系统级封装芯片总厚度增加。为适应目前产品持续小型化和超薄化的趋势，各种新的基板技术、封装工艺相继开发，包括带有空腔（Substrate Cavity）的基板（见图 5-25）、芯片埋入式基板（见图 5-26）、双面封装基板（见图 5-27）等。

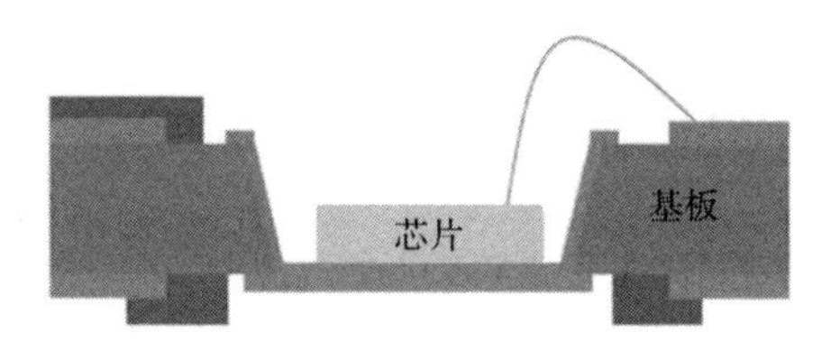

图 5-25　带有空腔的基板

图 5-26　芯片埋入式基板

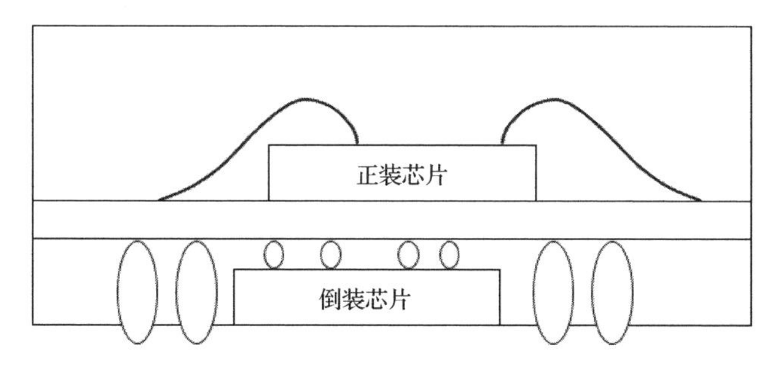

图 5-27　双面封装基板

与标准基板相比，带有空腔的基板能够将芯片装在空腔里，从而使芯片高度小于基板高度，降低了引线键合的高度，减小了封装体总厚度。芯片埋入式基板一般适用于倒装芯片，不仅能减小封装体总厚度，还能提供屏蔽功能，削弱干扰信号的影响。双面封装基板的应用场景一般是包含多芯片、多元器件（如电阻、电感、电容及晶振等）的系统级封装。在保证一定厚度的前提下，充分利用空间，提高密度，同时搭配 EMI，能够实现完整的系统级功能。三种基板的性能对比如表 5-5 所示。

表 5-5　三种基板的性能对比

基　板	成　本	屏蔽功能	密　度	厚　度
带有空腔的基板	低	弱	中	中
芯片埋入式基板	高	强	低	小
双面封装基板	中	中	高	大

类似滤波器，尺寸偏大的晶振在封装的包封过程中也容易引起填充不良，从而产生可靠性风险，需要从基板设计、材料及模具设计等方面综合考虑，避免填充异常的产生。

5.4.3　天线

随着移动通信技术的发展，天线技术也经历了技术上的更新换代。第一代天线以手提电话为例，采用的是固定柱式天线，后续优化为可伸缩柱式天线。第二代天线以诺基亚公司产品为例，采用的是内置 PCB 或立式结构的天线。由于金属手机壳对天线性能屏蔽作用较大，因此当时的手机壳基本上都是用塑料制成的，在塑料支架上用激光形成图形化的金属天线，这种技术被称为激光直接成型（Laser Direct Structuring，LDS），如图 5-28 所示。

到了 3G、4G 时代，以手机为代表，把手机的部分金属框作为天线，将天线与金属机身搭配使用，可以在实现天线功能的同时节约空间，并提高手机内部的集成度，从而实现更多的功能，如图 5-29 所示。

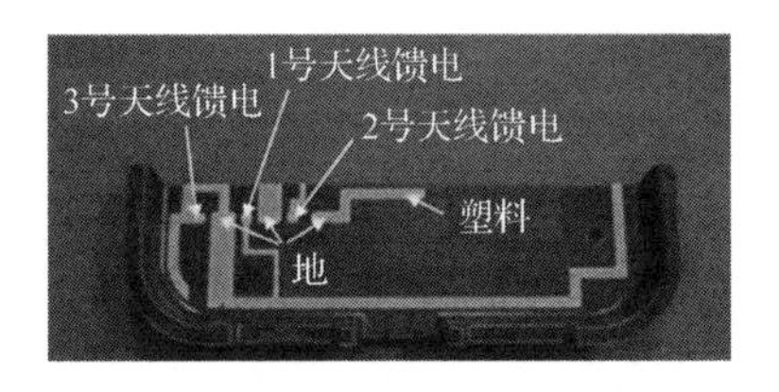

图 5-28 采用 LDS 技术的天线示意图

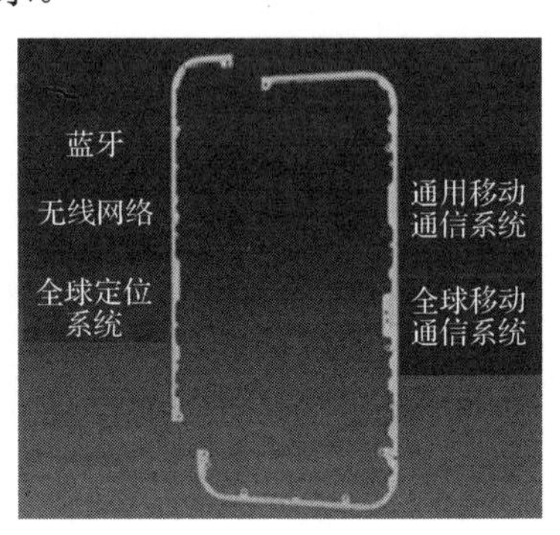

图 5-29 3G、4G 手机天线示意图

除了主通信芯片用于连接运营商网络，手机还有 Wi-Fi、蓝牙、全球定位系统（Global Positioning System，GPS）及近场通信（Near Field Communication，NFC）功能。这些功能需要用具有不同设计参数的天线实现。不同频段和波长的天线设计参数如表 5-6 所示，天线长度随用途不同而不同。

表 5-6 不同频段和波长的天线设计参数

名　称	频　段	1/4 波长
2G	0.8～1GHz，1.8GHz	5～7.5cm
3G	1.8～2.2GHz	3～5cm
4G	1.8～2.7GHz	2.5～4cm
5G	低频 3～5GHz	1.5～2.5cm
	高频 20～30GHz	2.5mm
Wi-Fi	2.4GHz	3cm
	5GHz	1.5cm
蓝牙	2.4GHz	3cm
GPS/北斗	1.2～1.6GHz	4.5～6cm
NFC	2.4GHz	3cm
	13.56MHz	近场传输；线圈电场耦合
无线充电	13.56MHz	
	22kHz	

5G 通信时代频率越高，波长越短，天线长度也越短。高频、毫米波一方面可以带来更快的网速；另一方面，短波的衍射能力差，长距离通信时信号的衰减比较严重。因此，天线需要按照阵列的形式内置在手机中，通过不同天线之间的干涉，延长特定方向信号的传输距离，降低时延，如图 5-30 所示。

目前，毫米波天线的设计有两种方案，分别为板上天线（Antenna on Board，AoB）与封装内天线（Antenna in Package，AiP）。AoB 方案有利于散热但须占用更多的空间。AiP 方案集成度更高，将天线与芯片集成在封装体内实现系统级功能，性能更佳但散热效果差。

在当前主流的 AiP 方案中，一般采用倒装工艺将芯片及无源元器件贴装在封装体背面，封装体正面用来制作天线阵列。按照天线的加工工艺，AiP 方案还可以分为分立天线封装（Discrete Antenna in Package）和埋入式天线封装（Embedded Antenna in Package）。分立天线封装中的天线可以是单独的基板，在封装过程中完成和主板的连接。埋入式天线封装中的天线在基板加工的时候通过线路的成型实现，与基板是一个整体，集成度更高，但对设计及加工的要求也更高，如图 5-31 所示。

图 5-30　5G 阵列天线示意图

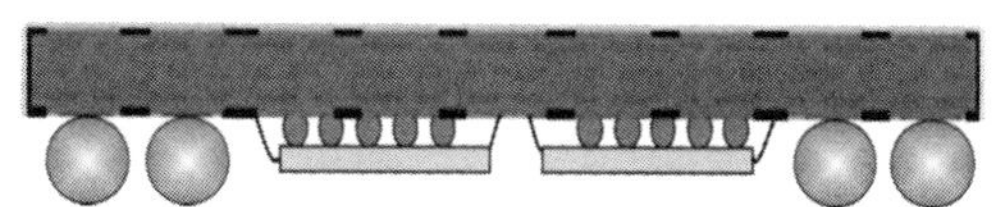

图 5-31　埋入式天线封装方案示意图

5.4.4　指纹传感器

近年来，随着相关技术的进步，成本的降低，性能和可靠性的提高，各种传感器已迅速在可穿戴设备、无人驾驶、医护，健康监测、工业控制等领域得到应用，在发展经济、推动社会进步方面发挥着愈加重要的作用。指纹传感器在智能手机上的推广应用提升了智能手机的安全性，也方便了用户使用，已经成为和摄像头同级别的标配。这些快速成长的应用极大地推动了指纹传感器技术的飞速发展。

指纹传感器可以分为两大类：电容式指纹传感器和光学式指纹传感器。电容式指纹传感器的两个电极分别是手指和电容芯片。当手指按压在电容式指纹传感器的芯片表面时，由于手指纹路高度差的存在，指纹的波峰和波谷之间产生电荷差，手指与传感器芯片之间的距离会随着波峰与波谷的变化而不同，因此形成的电容值也不同。电容式指纹传感器原理图如图 5-32 所示。

光学式指纹传感器通过镜面反射采集指纹图像，由指纹识别模块处理器将指纹的图像信号转换为电信号，如图 5-33 所示。

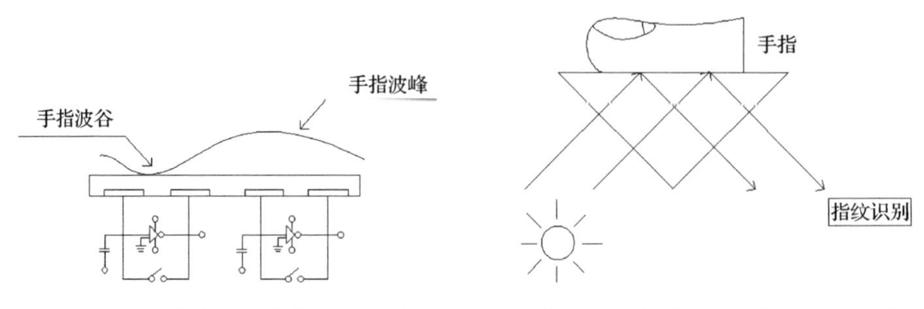

图 5-32　电容式指纹传感器原理图　　　　图 5-33　光学式指纹传感器原理图

指纹传感器的封装结构目前比较常见的有引线键合与包封结构、挖槽（Trench）结构和 TSV 结构。

引线键合与包封结构采用成熟的封装工艺，完成引线键合后用 EMC 保护，此封装结构良率高、成本低，产品厚度比较大，尺寸比较大，如图 5-34 所示。

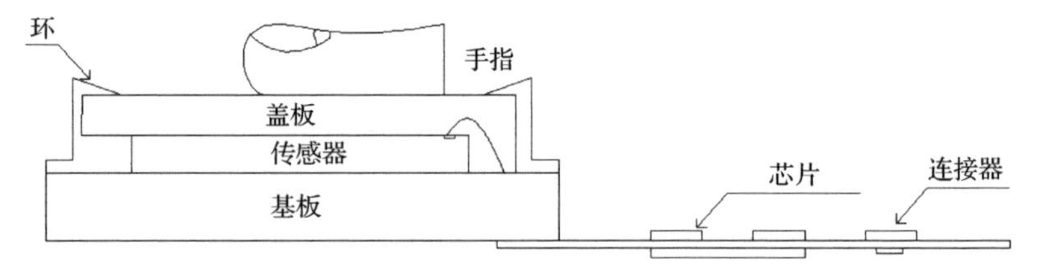

图 5-34　指纹传感器的引线键合与包封结构示意图

挖槽结构通过在芯片上挖槽降低引线键合弧高和减小塑封体厚度，从而减小产品总厚度，满足产品轻薄化的需求，如图 5-35 所示。

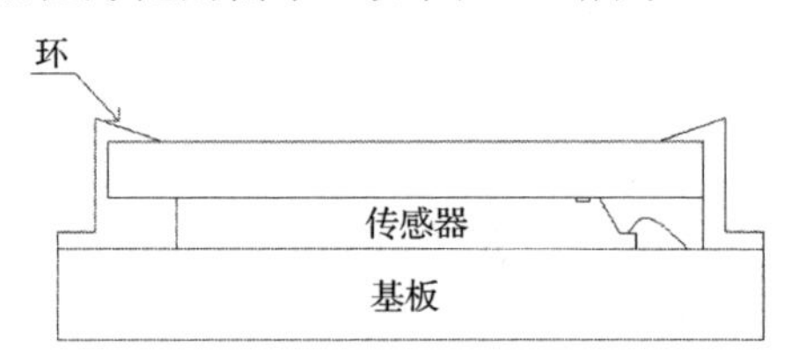

图 5-35　指纹传感器的挖槽结构示意图

TSV 结构通过在芯片上打孔并 RDL，省略了引线键合和基板，显著减小了产品厚度，更能满足产品轻薄化和小型化的需求，如图 5-36 所示。

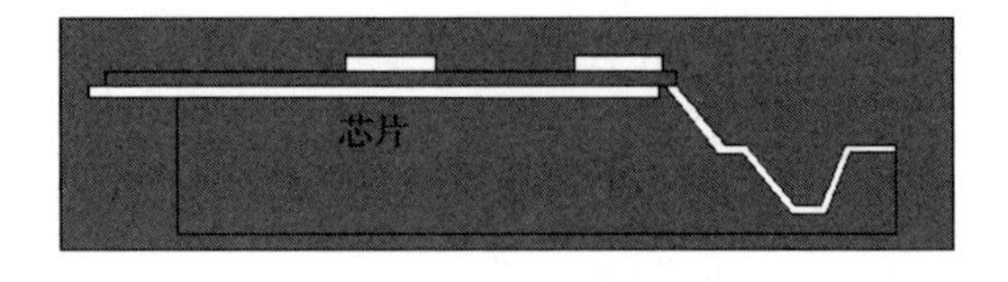

图 5-36　指纹传感器的 TSV 结构示意图

5.5　封装关键材料

封装材料的特性和选择往往决定了封装产品的品质与性能，在设计过程中，需要熟悉封装材料的特性，掌握封装材料的一般选择原则。本节将介绍系统级封装关键材料及其特性，包括装片胶材料、凸点材料、引线键合材料、塑封料、锡焊球材料。

5.5.1　装片胶材料

在半导体封装过程中，需要使用装片胶将芯片牢固黏接在引线框架或基板等上。装片胶可以是导电的或非导电的。装片胶需要对芯片和基板表面有良好的黏接性。

装片胶材料包括基础树脂、硬化剂、金属导电填料（非导电型装片胶无填料）、催化剂等，可分为固相装片胶材料和液相装片胶材料。固相装片胶为装片胶薄膜，是半固化状态的树脂系统，通常直接贴覆在芯片背面。液相装片胶材料包括膏状装片胶和底部填充材料。不同类型装片胶的主要组成材料如表 5-7 所示。

表 5-7　不同类型装片胶的主要组成材料

项　　目	环 氧 树 脂	装片胶薄膜	膜　埋　线	底 部 填 充
目的	芯片对芯片、基板	芯片对芯片、基板	芯片对芯片	芯片对基板
基础树脂	树脂、双马来酰亚胺、酰亚胺	丙烯酸共聚物、树脂		树脂
硬化剂	树脂/苯酚、胺、芳香醇或脂肪醇			苯酚/胺/酸酐
填充剂	银、二氧化硅、聚四氟乙烯、氧化铜、苯甲基、氧化铝	二氧化硅	二氧化硅	二氧化硅
添加剂	柔化剂、固化剂、加速剂、催化剂、稀释剂、助结合剂			

填充剂和环氧树脂构成了 70%以上的装片胶材料。不同装片胶中的组分、含量及其作用如表 5-8 所示。

表 5-8　不同装片胶中的组分、含量及其作用

组　　分	作　　用	含量（质量%）			
		环氧树脂装片胶	薄膜式装片胶	WIF	底部填充胶
填充剂	增加强度； 控制热膨胀系数； 控制黏稠度和流动性	70～75	5～30	20～40	50～70

续表

组　分	作　用	含量（质量%）			
		环氧树脂装片胶	薄膜式装片胶	WIF	底部填充胶
树脂	薄膜形成； 黏接	10～15	50～70	40～60	15～30
硬化剂	提高黏接强度； 控制固化速度	5～10	5～15	5～15	5～15
稀释剂	控制黏稠度	5～10	5～10	5～10	5～10
增韧剂	降低交联密度	<1	<1	<1	<5
促进剂	减少固化时间和降低固化温度	<1	<1	<1	<1

下面通过不同装片胶材料的缺陷来说明选用和使用原则。

1. 环氧树脂装片胶（膏状装片胶）

常见的环氧树脂装片胶典型缺陷如图 5-37 所示。

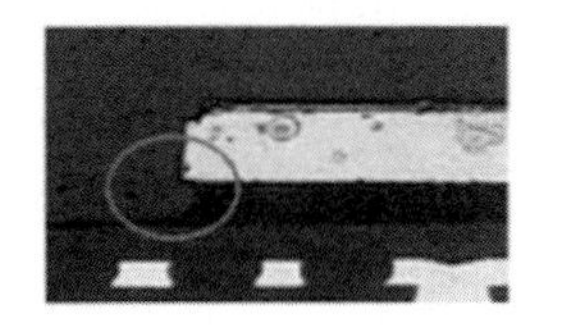

回缩

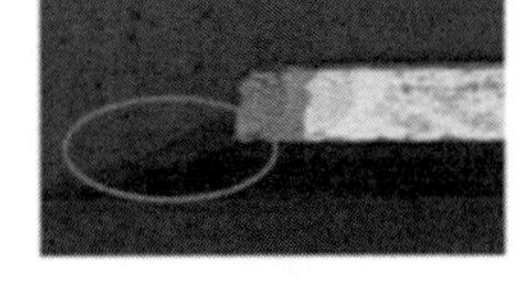

渗漏

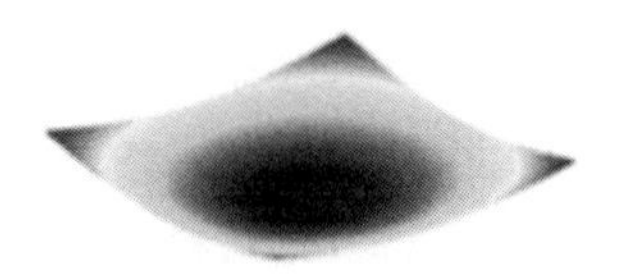

封装体翘曲

图 5-37　常见的环氧树脂装片胶典型缺陷

环氧树脂装片胶常见的关键影响因素、缺陷类型、改善方向如表 5-9 所示。

表 5-9　环氧树脂装片胶常见的关键影响因素、缺陷类型、改善方向

关键影响因素	缺 陷 类 型	改 善 方 向
点胶和扩散性能	晶粒或引脚上有胶； 电性失效	黏度
环氧树脂数量； 芯片厚度	回缩和渗漏	根据芯片尺寸调整
黏接强度； 基板韧性	分层	减小湿气吸收； 减小填充剂尺寸（微米）
模量	封装体翘曲	小尺寸芯片用高模量装片胶； 大尺寸芯片用低模量装片胶

2. 薄膜式装片胶

常见的薄膜式装片胶典型缺陷如图 5-38 所示。

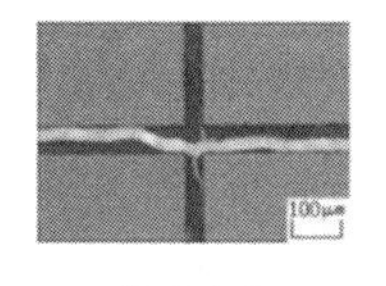

薄膜残骸

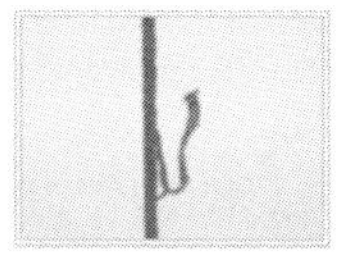
薄膜毛刺

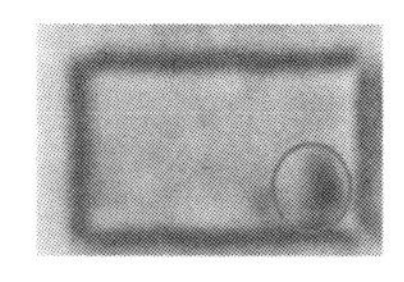
空洞

芯片桥连

图 5-38　常见的薄膜式装片胶典型缺陷

薄膜式装片胶常见的关键影响因素、缺陷类型、改善方向如表 5-10 所示。

表 5-10　薄膜式装片胶常见的关键影响因素、缺陷类型、改善方向

关键影响因素	缺 陷 类 型	改 善 方 向
切割条件	薄膜残骸、薄膜毛刺	调整切割条件（刀和进料速度）
熔体黏度	空洞	低熔体黏度
装片胶参数	金线扫动/摇摆	装片胶、焊线参数优化
黏接强度； 基板韧性	分层	减少湿气吸收； 减小填充剂尺寸（微米）
模量	封装体翘曲	小尺寸芯片用高模量装片胶； 大尺寸芯片用低模量装片胶
电导率和湿气吸收	可靠性失效； 焊线短接	低电导率； 低湿气吸收

3. 底部填充胶

底部填充胶的典型缺陷如图 5-39 所示。底部填充胶常见的关键影响因素、缺陷类型、改善方向如表 5-11 所示。

窄间隙中的空洞

分层

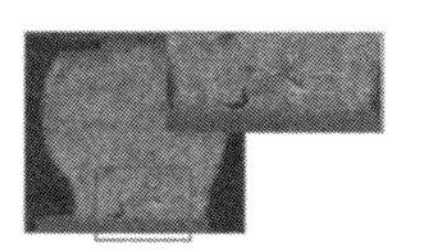
无铅焊料中的凸点裂隙

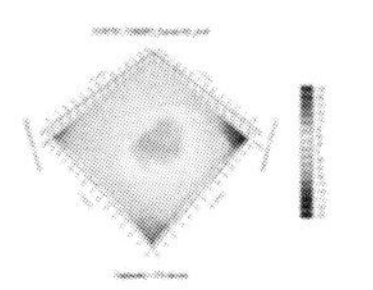
封装体翘曲

图 5-39　底部填充胶的典型缺陷

表 5-11　底部填充胶的常见的关键影响因素、缺陷类型、改善方向

<table>
<tr><th>关键影响因素</th><th>缺 陷 类 型</th><th>改 善 方 向</th></tr>
<tr><td rowspan="5">制造节点；
凸点节距；
凸点金属；
凸点高度；
晶粒尺寸</td><td>凸点裂隙</td><td rowspan="3">低热膨胀系数；
优化模量和玻璃转换温度</td></tr>
<tr><td>分层</td></tr>
<tr><td>封装体翘曲</td></tr>
<tr><td>空洞（挥发和空气捕获）</td><td>低黏度；
更细的填充剂</td></tr>
<tr><td>渗漏</td><td>抗渗漏反应物</td></tr>
</table>

5.5.2 凸点材料

凸点材料主要包括金、锡焊料和铜。金凸点的制作方法包括钉头法和电镀法。锡焊料凸点根据合金成分的不同可分为共晶凸点、高铅凸点、无铅焊料凸点。铜凸点根据结合方式的不同主要分为铜柱凸点、铜柱凸点的圆形焊盘。

金凸点、锡焊料凸点和铜凸点的特性与应用比较如表 5-12 所示。

表 5-12 金凸点、锡焊料凸点和铜凸点的特性与应用比较

	分 类	特 性	应 用
金凸点	钉头凸点	钉头凸点和饼压过程； 引线键合设备兼容； 配合各向异性导电胶、非导电装片胶工艺需要使用热压焊	产品设计快速验证； 芯片电性能验证
	电镀凸点 Au Bump Al PAD	在 UBM 上电镀金； 晶圆上采用聚酰亚胺； 最小 15μm 凸点节距	显示产业的驱动电路
锡焊料凸点	共晶凸点	传统倒装互连（可控塌陷芯片连接，C4）； 63Sn37Pb 低熔点（0～183℃）； 最小 145μm 凸点节距，依赖预制焊料能力； 环境不友好材料	移动、便携装置； 计算和高端网络、通信市场； ASIC，图形芯片； 根据环境保护法令，限制使用
	高铅凸点	传统倒装互连（可控塌陷芯片连接，C4）； 高铅凸点上的共晶预制焊料，有相对较低的熔点（0～183℃）； 通常采用 5Sn95Pb 或 3Sn97Pb； 最小 150μm 凸点节距； 环境不友好材料	移动、便携装置； 计算和高端网络、通信市场； ASIC，图形芯片； 根据环境保护法令，限制使用
	无铅凸点	传统倒装互连； 相对较高的熔点（227℃）； 通常 Sn1.8Ag 组分，Sn0.7Cu 可用； 最小 125μm 凸点节距，依赖预制焊料能力； 环境友好材料	移动、便携装置； 计算和高端网络、通信市场； ASIC，图形芯片

续表

	分 类	特 性	应 用
铜凸点	铜柱凸点	铜柱上有无铅锡帽； 路径效率高的引脚上凸点连接结构； 精细的凸点节距，可达90μm； 更小封装尺寸，更低的寄生电阻、电容、电感	移动、便携装置； 计算和高端网络、通信市场； ASIC，图形芯片
	铜柱凸点的圆形焊盘	铜柱上有无铅锡帽； 最小125μm凸点节距，依赖预制焊料能力	移动、便携装置； 计算和高端网络、通信市场； ASIC，图形芯片

5.5.3 引线键合材料

引线键合常用于芯片与芯片、芯片与基板或芯片与引线框架的互连。常用的引线键合材料有金、铝、铜、铝硅（1%）丝、银铜合金丝等。键合模式主要有球焊（以金丝键合为例进行说明）和楔形焊（以铝丝键合为例进行说明）。

1. 金丝键合

金丝键合是消费类电子产品中最常用的键合模式。高纯金太软，为增加其强度，一般掺入$5\sim10\times10^{-6}$铍或$30\sim100\times10^{-6}$铜。

（1）金丝与铝焊盘键合。

金丝与铝焊盘键合是十分常见的组合，通过形成金属间化合物（Intermetallic Compound，IMC）提高键合强度。

（2）金丝与镀金焊盘键合。

金丝与镀金焊盘键合十分稳定，尤其是在高温环境下。

2. 铝丝键合

铝丝中一般掺入1%硅或1%镁，目的是提高强度。

（1）铝-铝键合。

铝-铝键合可靠性高，一般键合方式为超声。

（2）铝-铜键合。

在进行铝-铜键合时，必须采用无氧高导电铜。

3．引线键合选材要求

引线键合选材关键要素包括材料种类、引线直径、引线电导率、机械性能（剪切强度、抗拉强度、硬度等）、热膨胀系数等。除此之外，与引线键合相关的焊盘选材关键因素包括电导率、可键合性、柯肯达尔效应（Kirkendall Effect）、硬度、抗腐蚀能力、热膨胀系数等。

除需要考虑以上键合材料属性外，还需要考虑成本。例如，目前工业界采用铜线或银铜合金线代替金线来降低成本。

5.5.4 塑封料

塑封过程用转移成型法或压铸成型法包封半导体芯片、引线和凸点等，实现它们之间的互连。塑封使用的塑封料是环氧塑料（Epoxy Molding Compound，EMC）。塑封料的成分和作用如表 5-13。

表 5-13 塑封料的成分和作用

成　分		比例（wt%）	作　用
主要成分	环氧树脂	7～30	基体树脂，便于流动成型
	硬化剂	3.5～15	交联聚合反应
	催化剂	0.5～1	促进聚合反应
	填充料	60～90	提高导热系数和模量，减少树脂溢出和降低援用系数等
次要成分	阻燃剂	1～5	阻止燃烧
	脱模剂	<1	润滑，协助脱膜
	耦合剂	<1	促进有机相与无机相的联结
	着色剂	<1	减缓光子反应，使产品不透明
	低应力添加剂	<5	抑制裂纹蔓延，防止初期裂纹产生

1．环氧树脂

环氧树脂主要成分为酚醛、双酚，一般含有氯离子，易造成半导体线路的腐蚀，选用含氯较低且热变形温度较高，有良好的耐热性和耐化学腐蚀性，以及硬化剂有良好反应的环氧树脂非常重要。

2．硬化剂

用来与环氧树脂进行交联的硬化剂大致分为三类：胺化合物、酸酐、酚醛。硬化剂受热硬化达到某一硬度的时间可决定塑封的时间。硬化剂的选择除需要考虑作业性外，还需要考虑电气性能、耐湿性、保存性、价格及对人体的安全性等因素。

3．催化剂

由于塑封料要求固化时间短，因此需要添加催化剂。催化剂在塑封过程中会吸热，不断地进行交联硬化反应，因此必须将塑封料保存在低温环境下，减缓塑封料的硬化速度，延长保存期限。

4．填充料

填充料的作用如下。

（1）降低塑封料固化后的收缩率、热膨胀系数，提高塑封料的导热系数。

（2）吸收反应中产生的热。

（3）对硬化树脂进行改性，包括机械和电学方面的特性。

填充料用量及环氧树脂的黏度对流动长度有影响。一般而言，塑封料黏度越高，流动长度越短，高的黏度会造成线弧（Wire Sweep）不良，低的黏度会造成溢胶，流动长度会随着填充料含量的增加而缩短，固化后的收缩程度也会随着填充料的增加而减小。填充料的多少、形状、颗粒分布都会影响塑封料成型时的流动性及封装后成品的电气特性，在选用填充料时都需要考虑。

环氧树脂的热膨胀系数为 $50\sim60\times10^{-6}$/℃，硅片的热膨胀系数为 $2\sim4\times10^{-6}$/℃，铜框架的热膨胀系数约为 17×10^{-6}/℃，与环氧树脂相差很大，导致塑封过程中内应力不匹配，加入填充料可以减小热膨胀系数。此外，环氧树脂的导热系数很低，元器件工作时热量不易散出。

5．塑封料常规技术规格

（1）螺旋流动长度：在 6895KPa 和 175℃的条件下塑封料所能流动的最长距离，单位是 cm 或 in。该测试指标可以反映一定温度和压力条件下的黏度效应、受压后熔融和固化速度，即反映塑封料的流动性。

（2）凝胶时间（Gel Time）：在螺旋流动长度测试中，从冲杆接触到塑封料固化，冲杆停止移动时所经历的时间，即反映塑封料的可流动时间，单位是 s。

（3）玻璃转换温度：塑封后塑封料在受热时从玻璃般坚硬的状态转换为凝胶状态的温度。在状态转换过程中，物理特性和电气特性会产生可逆的转变。

（4）热膨胀系数：塑封料会随着温度增加而膨胀，随着温度减小而收缩。

（5）弯曲模量（Flexural Modulus）：塑封料的弯曲模量会随着温度的升高而减小。

（6）导热系数（Thermal Conductivity Rate）：塑封料每单位面积可散发的热量。由于塑封料内的芯片和导线在工作时会产生热量，过高的温度会影响产品性能和可靠性，所以塑封料有散热的作用。导热系数也可以反映塑封料的散热能力。

（7）体积阻抗（Volume Resistance）：塑封料单位体积的阻抗值。体积阻抗对产品电性能有影响。

（8）塑封收缩率（Mold Shrinkage）：塑封料在固化反应后体积的收缩程度。

6. 塑封料的失效模式及应对措施

塑封料的选择非常关键，选择不当就会产生可靠性问题，甚至导致产品失效。下面对主要失效模式及应对措施进行说明。

（1）铜线封装中的塑封料问题及应对措施如表 5-14 所示。

表 5-14　铜线封装中的塑封料问题及应对措施

铜 线 问 题	失 效 模 式	应 对 措 施
高湿、高温环境下的腐蚀或迁移	可靠性试验的开路失效	减少离子杂质； 离子捕获； 优化 pH 值
塑封料薄层导致的结合力不足	高低温循环试验的开路失效	降低应力
细线	引线缠绕	降低流动性

（2）FC 产品中的塑封料问题及应对措施如表 5-15 所示。

表 5-15　FC 产品中的塑封料问题及应对措施

封装结构	趋　　势	技术问题/应对措施	
MUF	细间距（<150μm）小空隙； 低温塑封； 无铅凸点； 铜凸点	FC 下无空洞； 低温快速固化； 增加结合力； 低应力	小尺寸（10～100μm）填充料； 优化填充料分布； 优化流动性； 树脂/助化剂优化； 成分组合优化
塑封	大芯片、薄塑封； WB/FC 混合	芯片背面结合力； 低应力； 低流动性； 芯片表面填充能力	成分组合优化； 低流动性树脂； 填充料尺寸分布； 优化流动性

（3）产品翘曲问题及应对措施。

封装体是多种材料的混合体，为减少翘曲与应力风险，通常需要特别关注芯材、基板材料、封装体材料三大主材之间的平衡。封装体的热膨胀系数、玻璃转换温度、弯曲模量尤其重要。一般的选材原则是，尽可能使材料的热膨胀系数相近。

5.5.5　锡焊球材料

锡焊球通常用于倒装芯片与基板、封装体与 PCB、封装体与封装体之间的焊接互连。锡焊球起到将电信号和热能从芯片通过封装基板传导到 PCB 的作用。锡焊球材料根据材料成分可分为含铅焊料和无铅焊料。

含铅焊料也称为软焊料，锡的质量比例为 5%～70%。锡的浓度越高，含铅焊料的拉伸强度和剪切强度越大。电子焊接常用的共晶合金是 Sn63/Pb37，其共晶熔点是 183℃。含铅焊料具有导电性强、抗氧化、抗腐蚀性强、抗疲劳特性好、浸润性好、熔点较低等优点。但由于铅元素有毒，国际上对铅的使用进行了严格限制，因此含铅焊料正逐渐被无铅焊料取代。

目前使用较多的无铅焊料包括锡银铜合金、锡银合金及锡铜合金。其中，广泛使用是锡银铝合金，其熔点较低（217℃），低于 Sn—3.5Ag 的共晶点 221℃和 Sn—0.7Cu 的共晶点 227℃。

无铅焊料具有比含铅焊料高的杨氏模量，更易受到外加形变影响。当贴有电子元器件的 PCB 受到挠应力时，可能出现焊接缝劣化，从而出现裂纹，这种现象称为焊料开裂。无铅焊料会降低产品使用寿命。

1．锡焊球

（1）锡焊球尺寸。

常见锡焊球尺寸如表 5-16 所示。

表 5-16　常见锡焊球尺寸

尺寸/mm	容差/mm
0.15～0.25	±0.003
0.275～0.33	±0.010
0.35～0.45	±0.020
0.50～0.76	±0.025

（2）锡焊球类型。

常见的锡焊球类型及其熔点如表 5-17 所示。

表 5-17　常见的锡焊球类型及其熔点

类　型	成　分	熔点/℃
有铅	63Sn/37Pb	+183/−0.2
抗疲劳有铅	63Sn/34.5Pb/2.0Ag/0.5Sb	178～210

续表

类　型	成　分	熔点/℃
无铅	95.5Sn/4.0Ag/0.5Cu	217～219
	96.5Sn/3.0Ag/0.5Cu	217～219
	96Sn/2.5Ag/1.0Bi/0.5Cu	215～217
	98.295Sn/1.2Ag/0.5Cu/0.05Ni	217～225
	96.2Sn/2.5Ag/0.8Cu/0.5Sb	217～219
	98.5Sn/1.0Ag/0.5Cu	217～227
	96.8Sn/3.0Ag/0.2Cu	217～219
	96.5Sn/3.5Ag	218～223
	96.36Sn/3.0Ag/0.6Cu/0.04Ni	218～223

2. 金属间化合物

金属间化合物具有明显的晶相特征，通常在高延展性固溶物基体中以包容物形式存在。金属间化合物通常较硬且脆，在延展性基体中精细分布的金属间化合物可形成较硬的合金，而非均匀分布可形成较软的合金。随着金属成分发生变化，金属和焊料之间通常会形成一系列不同化学成分的金属间化合物，如铜和锡可形成 Cu_3Sn、Cu_6Sn_5 等，如图 5-40 所示。

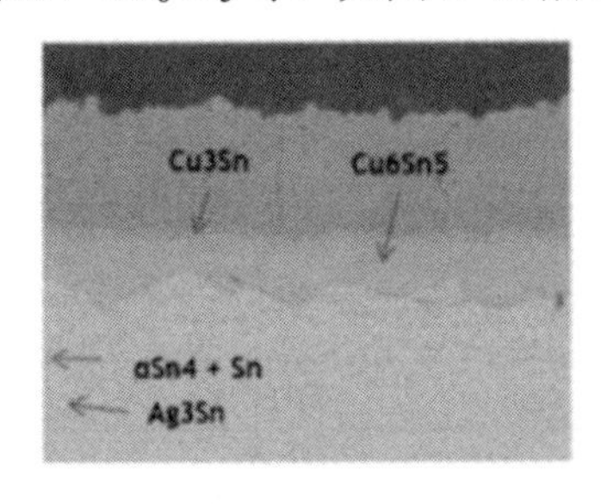

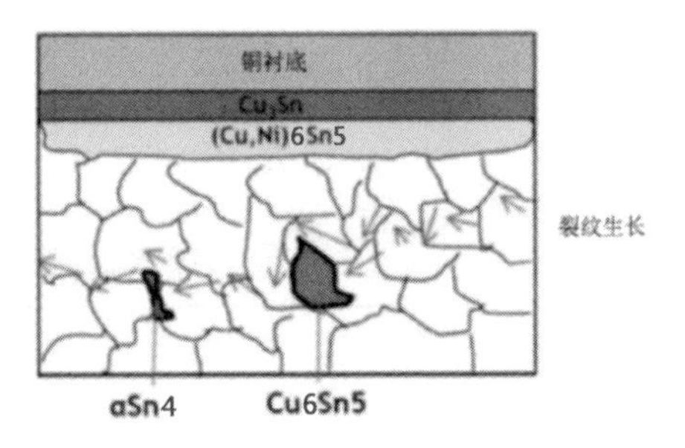

图 5-40　金属间化合物生长的微观图像与机理示意图

参 考 文 献

[1] 万莲友．浅谈服务器虚拟化技术在高校机房中的应用[J]．电子世界．2018．

[2] 云振新．现代圆片级封装技术的发展与应用[J]．电子与封装，2005，5（10）：1-5．

[3] TAN Y Y，YANG Q L，SIM K S，et al．Cu-Al Intermetallic Compound Investigation Using ex-situ Post Annealing and in-situ Annealing[J]．Microelectronics and Reliability，2015，55（11）：2316-2323．

第6章 封装集成关键技术及工艺

系统级封装利用高密度、精细的封装加工技术，在框架或基板等载体上将芯片、无源元器件或其他功能元器件，经过贴装、倒装、引线、塑封等流程，封装成系统级封装结构。和传统的单芯片封装相比，系统级封装需要利用表面贴装技术（SMT）将无源元器件集成到基板上。SMT 起源于 PCB 组装行业，但芯片级的集成密度远高于普通的 PCB 集成密度，因此对设计、工艺、材料、设备等都提出了更高的要求。这些无源元器件会对系统级封装体造成特定的影响，相比于传统单芯片的封装，系统级封装在设计、工艺、材料等方面需要更复杂、更精准的管控。本章将对系统级封装过程中常用的关键技术和工艺，包括相应的材料、设备、关键控制，进行综合论述。

6.1　表面贴装工艺

SMT 是一种将电子元器件通过高速 SMT 整套设备锡焊组装到 PCB 上的技术。SMT 具备多功能、高灵活性、高速、高效、高可靠性、高质量、低成本等诸多优势，是目前电子组装行业中十分流行的一种技术和工艺。

SMT 诞生于 20 世纪 60 年代，经过几十年的发展，已进入相对成熟的阶段。随着电子产业的飞速发展，电子产品不断小型化，高密度组装难度加大，SMT 也逐步进入半导体封装领域，伴随系统级封装的成长，掀起新的发展浪潮。

近年来，采用 SMT 除能够贴装微型元器件［如 01005（0.4mm×0.2mm）、CSP、BGA 等元器件］外，还能实现超微元器件［如 008004（0.2mm×0.1mm）、Flip-Chip］混合贴装。SMT 已从一般性生产技术逐步演变为高密度混合技术，已是系统级封装不同电子产品的关键技术。

6.1.1 SMT 工艺

SMT 采用自动化组装设备将电阻、电容、电感和芯片直接贴装、焊接到 PCB 表面或其他基板表面，使电子产品的组装工艺朝着高效率、高密度、高可靠性、超薄和低成本的方向发展。

电子产品贴装工艺具有非常灵活的流程设定特性，不同封装形式对应不同的贴装工艺流程，同一组装方式也可以有不同的工艺流程。一种高效、合理、符合工艺特点及品质控制要求的 SMT 工艺主要依据如图 6-1 所示的流程评估建立。

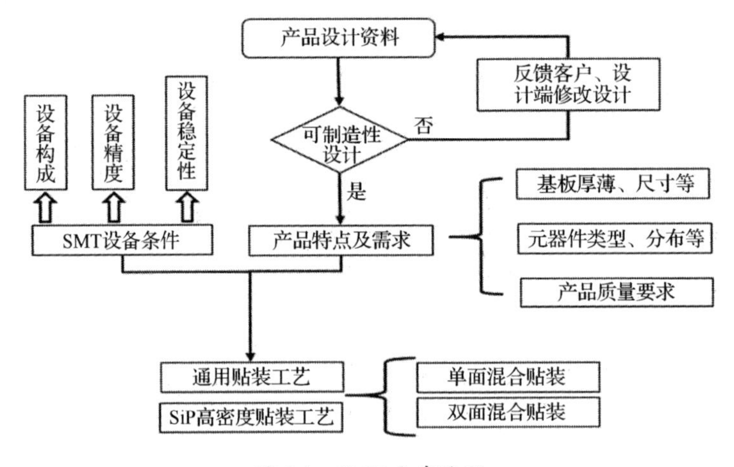

图 6-1　SMT 方案流程

客户或设计端提供产品设计规格和图纸，工艺设计单位根据资料并结合工厂工艺能力进行可制造性设计（Design For Manufacture，DFM）。

DFM 分析完毕后，根据产品特点及需求，包括基板厚薄和尺寸、元器件类型分布、产品质量要求等，进行组装工艺的设定。

SMT 可以分为通用贴装工艺和系统级封装高密度贴装工艺。无论是通用贴装工艺还是系统级封装高密度贴装工艺，它们根据产品的特点、需求及工厂内设备条件都可分为单面混合贴装和双面混合贴装。

通用贴装工艺应用于目前绝大多数电子产品中。例如，家电类产品的 PCB、汽车控制 PCB、机器设备 PCB、计算机/手机 PCB、电子玩具 PCB 等。这类 PCB 的特点是，电子元器件尺寸较大，无源元器件尺寸通常以 0402 及以上为主，少数手机及手持式电子设备控制 PCB 有设计尺寸要求，会用到 01005、0201 尺寸的元器件。元器件类型复杂，包含各类连接器插口、信号输出端口、天线、保险丝，以及大尺寸 BGA、QFP、PLCC 等。

表面贴装元器件数量可以极多或极少，如计算机、手机、设备主控 PCB 等设备中的元器件数量一般大于 500 个，有的甚至达到几千个，其他如电子玩具 PCB、中转 PCB 等设备中的元器件只有几个到几十个。通用贴装工艺一般生产流程如图 6-2 所示。

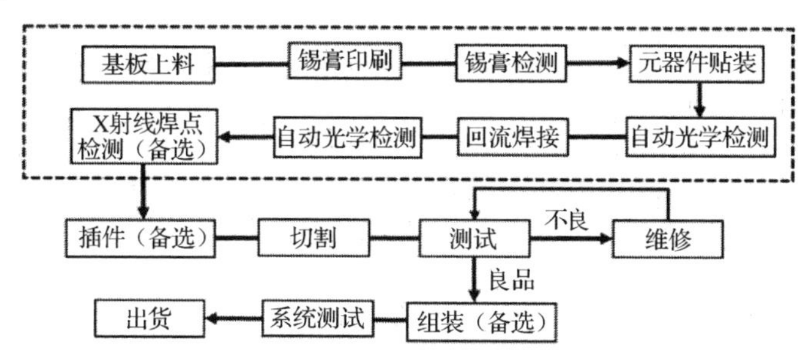

图 6-2 通用贴装工艺一般生产流程

通用贴装工艺涉及的工序主要为锡膏印刷（Solder Printing）、锡膏检测、元器件贴装、回流焊接、自动光学检测、X 射线焊点检测。

（1）锡膏印刷：利用钢网将锡膏印刷到 PCB 或基板的相应焊盘上，便于后续元器件的贴装。

（2）锡膏检测：检查锡膏印刷是否存在漏印、偏移、少锡、多锡、桥连等异常。现代锡膏检测仪均采用非接触式测量，依靠高精度照相机及激光等技术手段对 PCB 印刷后的锡膏进行 2D 或 3D 测量，精度在微米级。检测原理：将图像传感装置放置在对象物（如 PCB 及锡膏）的垂直方向，将激光相机放置在对象物侧面，从而实现从斜上方自动计算基板及锡膏的平面高度，焊盘上有高出位置时就可以拍摄到条纹及相对基面印刷位置的位移图像，再利用三角测量方法将偏移量等换算成高度数据。得到的结果也可以通过机台上的显示器直观显现出来。

（3）元器件贴装：采用贴装设备将相关元器件快速、准确地贴装到 PCB 指定区域，为焊接做准备。

（4）回流焊接：将贴装后的 PCB 或基板上的锡膏融化，使表面贴装元器件与 PCB 牢固焊接在一起，实现电性能导通。

（5）自动光学检测：检查元器件回流焊接后的品质，如是否存在空焊、立碑、桥连、多件、少件、极性错误、脏污、破损等缺陷。对于贴装元器件较多、密度较高、成本及良率管控较严格的 SMT，通常会在贴片后回流前额外配置自动光学检测仪，用于及时检测贴装异常，避免批量产品不良。自动光学检测技术已应用到各行各业，都是先通过光学手段获取物体图形，然后通过软件算法进行分析及判断。这种技术代替了人工检查，节省了人力成本及避免了人员漏检风险。

（6）X 射线焊点检测。现代混合 SMT 在基板上贴装的元器件多种多样，除常规无源元器件外，还包括很多芯片，如各种 BGA、QFN、FC 等，这些元器件焊接完成后没有办法通过目视或自动光学检测从表面检查其品质，此时就需要用 X 射线检测仪检查其焊接品质。在 X 射线检测的过程中，射线管首先发出电子束穿过待测样品，然后由图像探测器将黑白影像输送到计算机屏幕上。电子束上加速电压越高，X 射线穿透能力越强。靶电流越大，X 射线功率越大，可以得到更高分辨率，最小可以看到 1μm 的缺陷。

其他插件工艺适用于无法进行表面贴装的元器件，如电源接口、网络接口、高清晰度多媒体接口（High Definition Multimedia Interface，HDMI）、音频接口、USB 接口等。

表面贴装完成后，如果没有其他特殊需求，产品即可出货。但部分电子生产工厂为了提高产品竞争力及整体服务水平，会按照客户要求对产品进行整机组装，避免客户产品在不同服务商间流转造成品质风险和生产时间成本浪费。

在通用贴装工艺中，考虑到生产成本等因素，在线检查设备可以由 SPI 替代，如在车间统一架设 3D 光学测厚仪监控锡膏厚度。对于非封装类 SMT 工艺，目前业界一般采用免清洗型锡膏，贴装完成后不需要清洗，可以直接进行测试。对于封装类 SMT 工艺，因存在产品性能要求、设计布局、工艺要求等因素，并且存在基板厚度急剧变薄（一般≤0.55mm）、元器件小型化（主流元器件如 0201、01005）、元器件类型多样化（无源元器件如电感、电阻、电容，有源元器件如 FC、CSP，同时有保险丝、振荡器等）、元器件密度高/间距小（≤0.25mm）等因素，产品无法维修，并且后制程（如 DB、WB、Molding、SPT）等工艺成本高，一旦 SMT 工艺不良而续流，对后续封装工艺造成的损失难以估量，所以 SMT 工艺各制程间的品质检查非常重要。

6.1.2 系统级封装高密度贴装工艺

从发展趋势来看，系统级封装是未来电子产品生产工艺的主要方向，先将一个电子产品各个功能组分割成不同的子芯片和元器件，分别进行加工生产、功能调试，再组装成一个符合系统性能要求的产品。这种工艺具有研发速度快、效率高、成本低等优势。系统级封装高密度贴装工艺和通用贴装工艺并无本质区别，但由于系统级封装高密度贴装工艺使用的基板厚度通常小于 0.3mm，产品本身元器件密度高、间距小（≤0.15mm）、类型多（LRC、CSP、Crystal、FC），因此系统级封装高密度贴装工艺对机台精度、稳定性要求很高。二者的重要区别是，系统级封装高密度贴装工艺必须使用高温无铅焊料，这是因为芯片封装工艺涉及高温、高压，尤其是系统级封装 PCB 在二次回流组装工艺上涉及高温和高压，无铅焊料可以耐高温，从而可以避免焊点失效。

系统级封装高密度贴装工艺区别于通用贴装工艺体现在系统级封装为整个封装工艺的一部分，完成 SMT 工艺后还有后续若干封装工艺。如果以每一种工艺为一部分来进行处理，那么 SMT 工艺只占系统级封装集成封装整体流程的 30%甚至更少。因此，SMT 所有品质不良品都需要被准确检测出来，避免不良品流入后续其他封装生产工序，造成更大的成本损失及品质风险。同时，系统级封装产品比普通 PCB 元器件尺寸小，需要将多个产品集成为特定尺寸的基板组装条进行生产，SMT 工艺生产过程中无法返修不良品，并且完成 SMT 工艺后无法立即或在很短时间内进行测试，因此需要对生产过程中的产品进行严格控制。

系统级封装高密度贴装工艺流程示意图如图 6-3 所示。

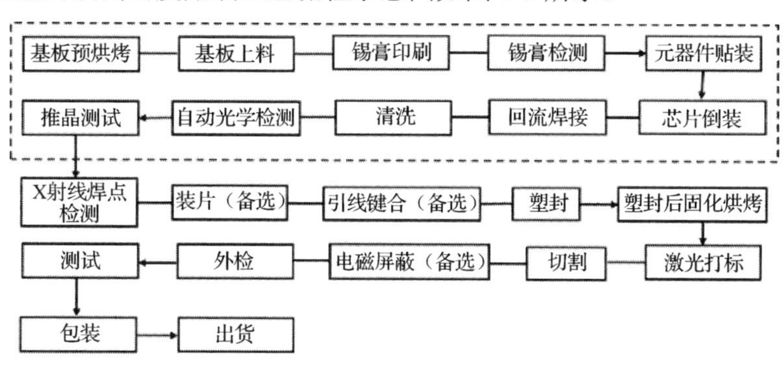

图 6-3 系统级封装高密度贴装工艺流程示意图

区别于通用贴装工艺，系统级封装高密度贴装工艺增加了基板预烘烤和清洗两个流程。基板预烘烤主要是为了去除基板内湿气，避免造成生产过程中基板翘曲及其他工序不良。清洗主要是为了清除基板回流焊接后锡膏内残留助焊剂，避免封装过程中残留的助焊剂引起 SMT 工艺不良而续流。

在单面混合贴装中，基板只有一面（正面）需要贴装各类型元器件，而另一面（背面）无元器件贴装需求，如图 6-4 所示。

图 6-4 单面混合贴装示意图

在双面混合贴装中，基板两面均需要贴装各类型元器件，如图 6-5 所示。这类贴装工艺一般应用于电子设备控制板上元器件较多，仅有一面无法满足需求等场合，常见于计算机、服务器、手机等主板上。

图 6-5 双面混合贴装示意图

正反面混合贴装相当于进行两遍表面贴装，但其工艺控制要求远高于两次单面贴装的工艺控制要求，需要综合考虑基板翘曲、元器件耐热性、元器件质量、印刷机结构、贴片机结构、回流炉结构等，如图 6-6 所示。

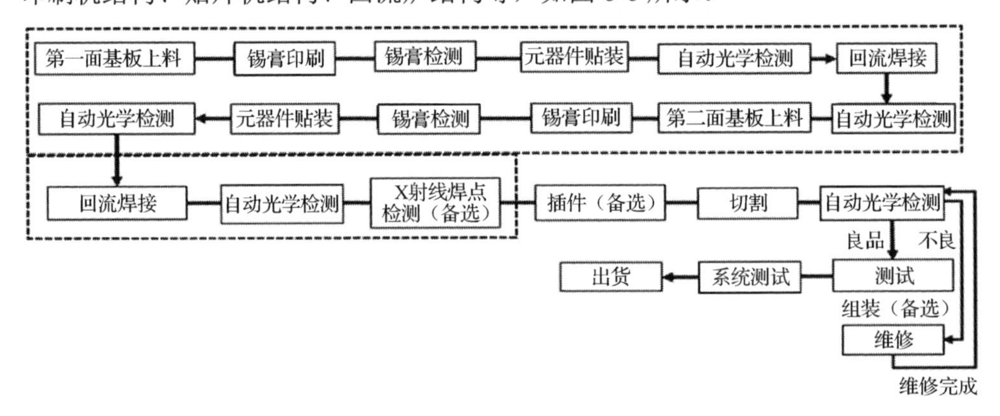

图 6-6 正反面混合贴装工艺流程示意图

6.1.3 SMT 工艺关键技术

SMT 工艺关键技术主要体现在以下几个方面。

（1）锡膏印刷及锡膏检测。因为锡膏印刷导致的不良占整个贴装工艺不良的 70%，所以锡膏品质管控尤为重要。锡膏检测可以有效防止印刷异常导致的品质风险。锡膏检测仪的检测原理示意图如图 6-7 所示。

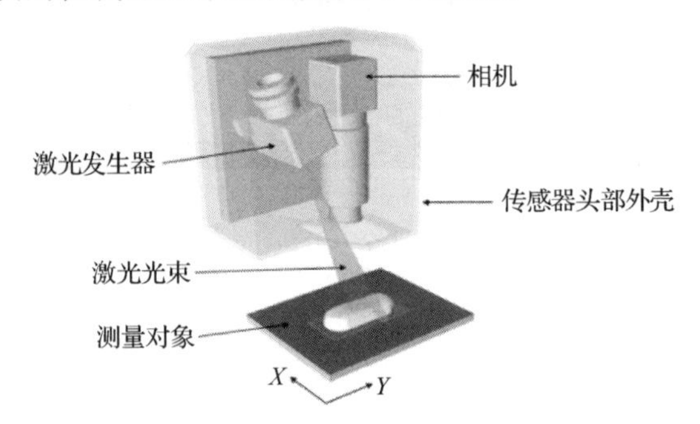

图 6-7 锡膏检测仪的检测原理示意图

（2）小型元器件贴装。未来电子产品发展趋势为小型化，SMT 工艺只有通过缩小元器件尺寸及元器件间距才能提高安装密度。小间距产品对机台贴装精度及稳定性要求较高，定期保养及精度校正是保持机台稳定的关键。小尺寸元器件贴装技术发展趋势示意图如图 6-8 所示。

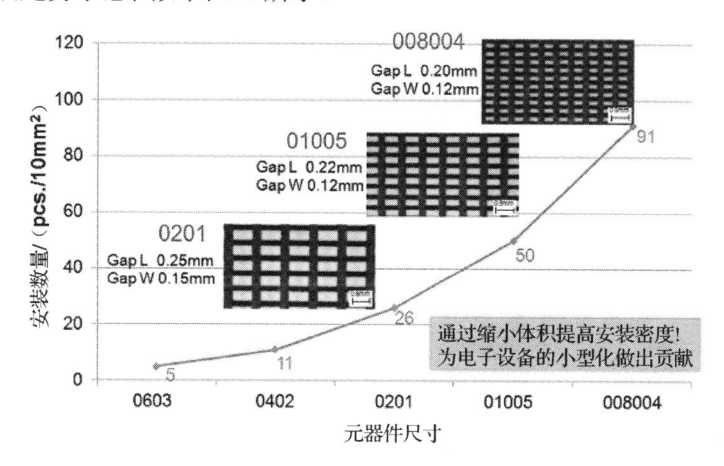

图 6-8　小尺寸元器件贴装技术发展趋势示意图

（3）设置回流焊接温度曲线（Reflow Profile）。温度曲线设置和优化是回流工艺的关键，理想的回流焊接温度曲线可以保证元器件焊接的最佳条件。回流焊接温度曲线优化包括设定、测量、调整三个步骤。而在实际的操作中要得到一条适合产品特点的回流焊接温度曲线是要经过多次测量和调整的。一条完美的回流焊接温度曲线不仅可以得到光亮、结构紧密的焊点，还能够对印刷、贴片等不良工序起到一定的修复作用。

（4）印刷钢网开口设计。印刷钢网开口设计在整个贴装工艺中起到关键作用，印刷钢网开口的好坏直接影响产品焊接品质。好的印刷钢网开口可以弥补前期设计缺陷，提升产品良率。

（5）混合钢网印刷网板厚度。同一基板上存在 FC、RC 及大型电感元器件，每种元器件对锡膏量的要求都不同。工艺方面需要从钢网的开孔面积或钢网厚度来改善。使用两台印刷机印刷不同锡膏厚度，可以满足此类特殊工艺要求。

图 6-9 所示为混合钢网印刷原理示意图，第一块钢网印刷后再进行第二次印刷，而需要关注的是首次印刷的位置，钢网背面需要采用半蚀刻方式来避免二次印刷对首次印刷的影响。

（6）QFN 焊盘空洞、晶振底部空洞。QFN 焊盘空洞、晶振底部空洞是业界难题，锡膏在回流过程中，助焊剂产生挥发气体，由于焊盘较大，因此气体的逃逸路径较长，这就导致气体被包裹在焊点中间形成空洞。

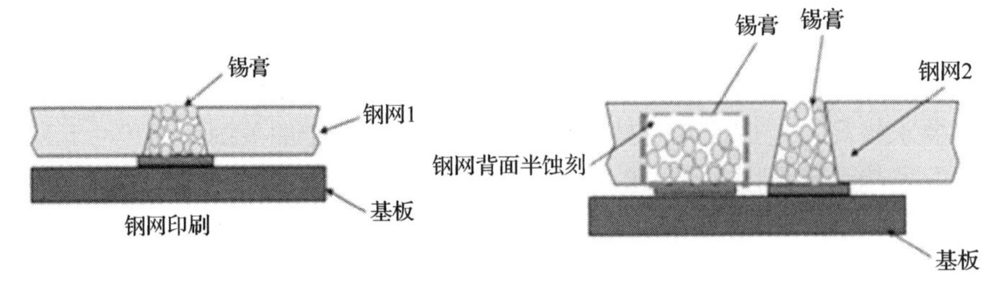

图 6-9　混合钢网印刷原理示意图

图 6-10 所示为 QFN 焊盘空洞及改善示意图。

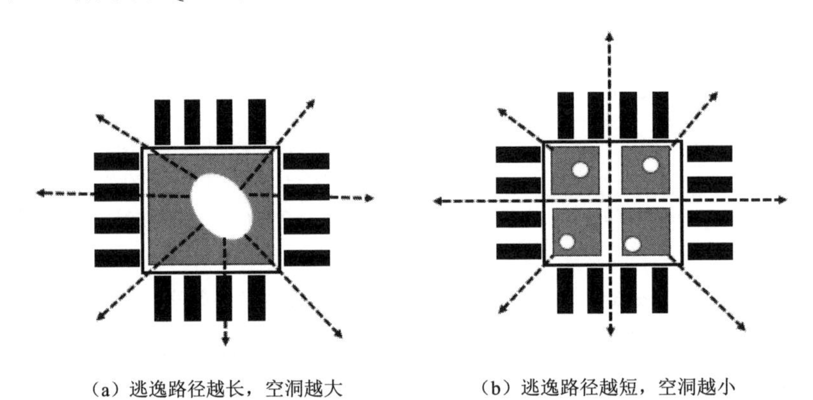

（a）逃逸路径越长，空洞越大　　（b）逃逸路径越短，空洞越小

图 6-10　QFN 焊盘空洞及改善示意图

（7）系统级封装高密度贴装干涉、撞件。在混合贴装时，元器件高低差异较大且密度较高，传统软件优化模式已无法满足作业要求。图 6-11 所示为吸嘴贴装干涉原理示意图。如果吸嘴尺寸过大，那么容易在作业过程发生元器件飞离及芯片飞离的异常情况，因此需要选择合适的吸嘴尺寸。

混合贴装时元器件高低差异较大，元器件贴装的路径优化也是至关重要的，图 6-12 所示为元器件贴装顺序示意图。

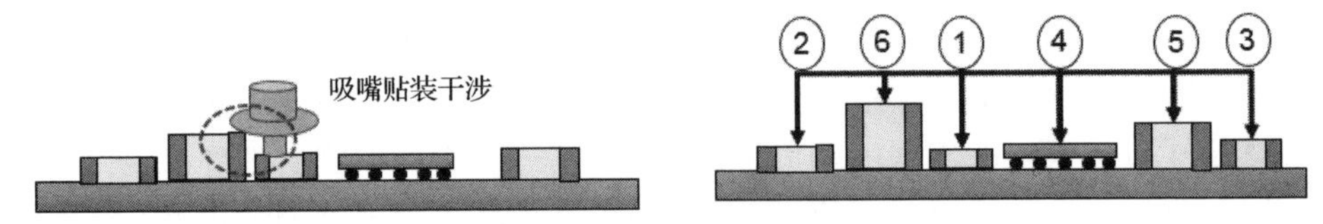

图 6-11　吸嘴贴装干涉原理示意图　　图 6-12　元器件贴装顺序示意图

（8）贴装工艺的选择。FC 无论采用何种类型的贴装工艺，都会被要求贴装各类型倒装元器件（如 BGA、pBGA、WLCSP 等），其 I/O 端口及接地端子都是通

过锡球或铜柱与基板互连的。这类 FC 的贴装需要考虑使用何种贴装工艺，如印刷锡膏后贴装、印刷助焊剂后贴装、贴片机黏助焊剂贴装等，无论选择哪种方式都需要使用精度较高、稳定性较好、性能较优的贴片机完成贴装。此外，贴装过程中的材料品质确认、工艺控制方式、品质检查监控机制也尤为重要。

（9）混合系统级封装炉温的设定。混合系统级封装通常都会集成两种或两种以上功能区块为一体，为满足功能需求，还会要求组装各类型晶振、电感、QFN、双面无引脚（Dual Flat Non Lead，DFN）、WLCSP、大小不一的无源元器件等，炉温设定需要充分考虑各种材料的耐热性及回流热需求，防止电子元器件热损伤及焊接不良。

（10）系统级封装产品双面贴装。随着对产品功能要求越来越高，一般系统级封装产品在设计上采用单面贴装已经无法满足需求。双面贴装技术是指当第一面完成所有工艺流程后，通常至少完成塑封后，进行第二面贴装。控制完成塑封后的基板翘曲值是整个第二次贴装工艺的首要难点。SMT 工艺灵活多变，每道工序都有其特定的工艺要求，只有所有工序的工艺要求都设定合理才能产出品质良好的电子产品，所以贴装工艺关键在于各工序制定合理的工艺参数。

以目前 SMT 的发展水平来看，已经实现只要焊垫、元器件有对应焊接点，就能用 SMT 生产。而影响生产能力的因素除各工厂工艺能力外，尤为重要的是 SMT 主要设备的能力。

6.1.4 SMT 设备

电子产品贴装从 20 世纪 80 年代开始得到广泛应用，已成为现代电子组装行业的主流趋势，表面贴装元器件已取代了必须依靠占用 PCB 正反两面的插入式波峰焊接元器件。SMT 的发展离不开相关设备的支持，这些设备的发展、更新迭代速度决定了 SMT 的发展速度。

SMT 设备包括贴装关键设备、辅助设备、检测仪、返工设备等：

（1）关键设备包括印刷机、贴片机、回流炉，系统级封装 SMT 工艺制程还必须配备助焊剂清洗设备等。

印刷机的主要功能是将锡膏或助焊剂转印到基板或 PCB 对应焊盘位置，以便后续作业。

贴片机安装在印刷机之后，是通过机械手把电子元器件准确地放置到 PCB 指定区域的设备。贴片机早期采用低速机械定位方式，目前已经发展为高速模块化光学定位，并且可以根据不同场地随意搭配模组满足不同客户产能需求。

回流炉回流焊接是 SMT 的关键工艺技术，各种 PCB 上的元器件都是通过这种工艺焊接形成电气互连的。这种设备内部每个温区上下都安装有加热管，炉膛密闭且安装有氮气管道，保护元器件焊接过程中不被氧化。通过热风电动机将加热管产生的热量循环吹送到PCB表面，元器件周围温度升高到锡膏熔点后，元器件两侧的锡膏融化并与主板结合。这种工艺的温度控制稳定且有氮气保护，能避免氧化。

（2）辅助设备包括自动上下料机、一分二平移机、三合一传送轨道等。辅助设备为现代自动化制造工艺不可缺少的部分，其目的是用机械方式代替人工作业，降低制造风险，形成高效、高速、低风险的生产加工流程，同时有效降低生产制造成本。上料机一般放置在投料站，作业人员只需要根据工作需要将指定基板放入上料机，设备会根据设定将基板投入印刷工序，自动化轨道连接SMT工艺生产各个位置，直到生产完成由收料机收料。

（3）检测仪包括锡膏检测仪、自动光学检测仪、X射线检测仪、离子浓度检测仪等。前三者已在6.1.1节介绍过，这里介绍离子浓度检测仪。离子浓度检测仪属于高精尖微设备，通常只在高校实验室或一些科研机构使用。但是在现代表面贴装行业，特别是进入21世纪后，由于电子产品更新换代速度加快及功能多样化，对电子产品本身的可靠性要求极其严格，PCB或基板上残留离子污染物在温度和湿度的作用下会产生电化学迁移，影响PCB的可靠性，进而影响电子产品的稳定性和使用寿命。因此，在表面贴装过程中需要确认清洗后基板表面离子污染物的残留情况，离子浓度检测就是其中一项被认为可量化的检测方法。离子污染来源于电镀、波峰焊、回流焊接和化学清洁等工艺过程，主要成分为残留助焊剂、电离的表面活化剂、乙醇、氨基乙醇和人体汗液等。

6.1.5 SMT材料

与SMT相关的主要材料包括无铅焊锡、助焊剂和清洗剂等。除无铅焊锡外，其余材料统称为电子组装辅助材料。

（1）无铅焊锡：通常为合金，应用于系统级封装的无铅焊锡通常为基于锡和银的合金，如Sn96.5Ag3.5在221℃形成共晶点，这个温度远高于铅锡合金Sn63Pb37的共晶点183℃。高的熔点温度增强了系统级封装焊点的高温可靠性，这是因为需要焊接的金属导体通常是铜，在锡银共晶合金中添加少量铜（如0.5%～1.5%），可以有效辅助液态铜在焊锡中快速溶解。常用的无铅锡银合金有SAC 305（Sn96.5Ag3Cu0.5）和SAC 307（Sn96.3Ag3Cu0.7）等。除以上材料外，熔点在235～245℃的Sn95Sb5合金也应用广泛。

（2）锡球尺寸。在系统级封装高密度贴装工艺中，焊点的间距和尺寸随着表面贴装元器件的不断微型化越来越小，对应的锡球尺寸也越来越小。3 号（直径为 24～45μm）和 4 号（20～38μm）尺寸的锡球较为常用，但 01005 和更小尺寸的元器件会用到 5 号（15～25μm）及 6 号（5～15μm）超细锡球，对应的锡膏印刷网板厚度和工艺参数设定都要随之调整。

（3）助焊剂。助焊剂在回流过程中的作用是去除 PCB 焊盘表面氧化物，降低焊锡张力，增加锡膏润湿性，避免表面封装焊盘在高温回流过程中二次氧化，促进锡膏回流过程的流动性。助焊剂主要由松香组成，其熔点为 150℃左右，焊锡金属熔化前助焊剂已经熔化并迅速润湿扩散。助焊剂对于形成良好的焊点键合非常重要，其关键的性能要求包括扩展率大于 90%，黏度和密度低于金属焊料的黏度和密度，焊接时不产生锡球飞溅、有毒气体，焊接完成后残渣易去除，不吸湿、不导电、不腐蚀、焊后不沾手、不易拉尖，常温下存储稳定，当温度大于 100℃时仍具有良好的热稳定性等。

（4）回流焊接清洗。系统级封装芯片内的焊点周围不允许有任何助焊剂和添加剂的残留，高压高温水洗是最常用的清洗工艺，对应的焊膏需要采用水洗型的配方。为了把助焊剂对焊点的影响降低到最小，可以采用无清洗型锡膏，锡膏回流后的残留物必须使用高温化学有机溶液进行清洗，对应的设备、材料及工艺相对复杂，但清洗效果可以得到充分保障。

6.2　引线键合工艺

为满足高集成度产品设计要求，与封装相关的芯片焊盘开窗尺寸小、键合引线数量多的高端产品已逐渐在封装中成为主流，这种芯片设计不仅优化了产品设计空间，还降低了耗材和设计成本。系统级封装集成和高端化为封装工艺中的引线键合工艺带来了全新的挑战，对引线精确度的要求极高，引线键合的技术水平和精确度直接影响产品的性能、质量和市场竞争力。

6.2.1　引线键合过程

引线键合是芯片封装中基本且重要的互连工艺，通常使用直径为 0.7～1mil 的引线焊丝，导通基板引脚与芯片表面电路，实现电路连接。引线键合工艺示意图如图 6-13 所示。

1．金属引线键合原理

在一定温度和压力的作用下，通过超声波摩擦，金属引线丝的焊点与键合面

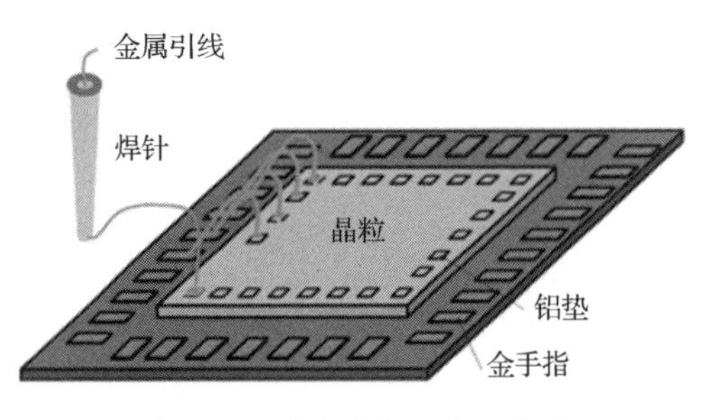

图 6-13　引线键合工艺示意图

形成共晶。金属引线丝常用的有金丝、铜丝和合金丝，在键合过程中，加热是为了加速共晶的形成。

机台的超声波发生器发出周期振荡能量，形成挤压研磨，通过换能器变幅传递到键合劈刀键合点，在键合点产生超声键合力，并且在劈刀上作用恒定的键合压力，使引线和焊盘的金属形成紧密接触，在超声波、压力的作用下，引线和焊盘金属产生超声振动，该振动可以清除引线与焊盘表面的氧化物和吸附层。另外，在键合的结合面会产生一定的热量，使键合的焊丝和焊盘均产生形状变化，增加接触面积，焊丝与焊盘紧密接触并结合在一起，形成一层共晶界面。

图 6-14 所示为金属引线键合步骤示意图，具体介绍如下。

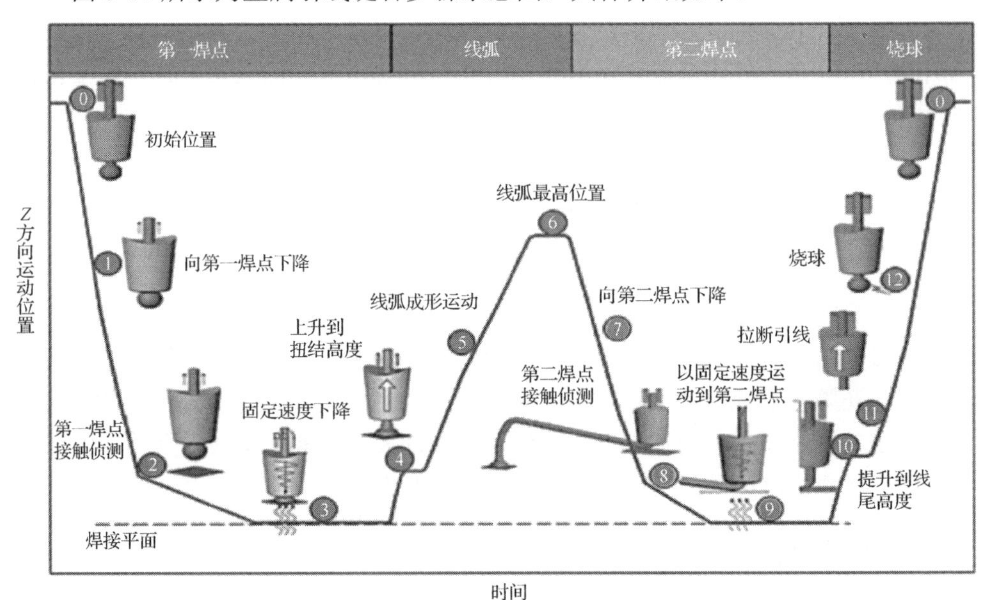

图 6-14　金属引线键合步骤示意图

⓪～②：在焊头顶端烧结一个金属焊球，并对准需要芯片键合的位置。

③：焊球在超声波、键合压力、键合温度的作用下，与芯片金属层以化学反应的形式完成结合。

④～⑦：焊头离开焊球，并以设定的引线形状拉伸。

⑧：焊头移动至基板对应的键合位置。

⑨：引线在振荡功率、压力、温度的作用下，以继续嵌入的方式与基板金手指形成结合。

⑩：拉断引线，当前引线键合完成。

⑪～⑫：电流点火烧球。引线键合形成，准备键合下一根引线。

2．超声功率、键合压力和键合时间

超声功率、键合压力和键合时间是引线键合的三个重要参数。

（1）超声功率：依靠超声振动使劈刀振动，进而使引线形变并清除键合面的氧化物。引线的直径越大，要求机台输出的超声功率越大。超声功率是完成键合的基本条件。

（2）键合压力：在键合过程中施加键合压力，目的是让引线与芯片焊盘表面接触更加紧密，是键合的必要条件。如果键合压力设定偏大，则会引起焊球的形变过大，劈刀会完全切断焊丝而无法正常烧球，或者导致芯片焊盘下方的线路受损。如果键合压力偏小，则在键合过程中劈刀不能牢固地压住焊球，从而导致超声能量无法有效传送到键合的交界面，无法实现键合，影响键合效果。

（3）键合时间：在设定的压力和超声功率条件下，良好的键合需要持续的时间。如果键合时间过短，引线与焊盘表面氧化层和吸附物质没有得到有效清除，则结合面不能形成原子与原子的共晶键合，从而引起键合不良。超声振动的作用时间是超声键合的充分条件。

3．键合过程的三个关键阶段

（1）第一阶段：瞬间高压产生的电弧将金属丝熔化，促使金属丝的端头形成一定的球形状态。图6-15所示为金属引线烧球过程与效果示意图。

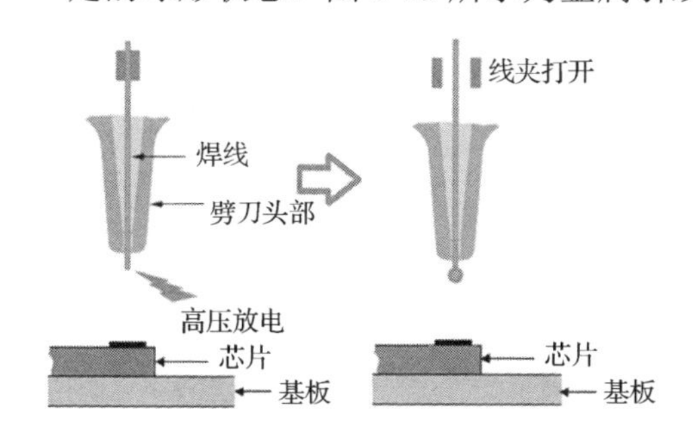

（a）金属引线烧球过程

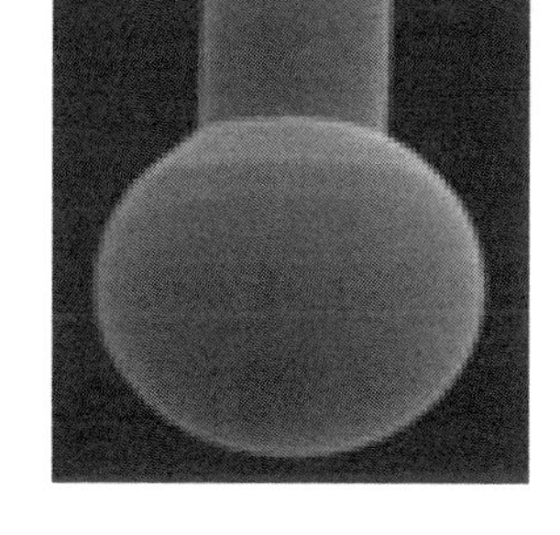

（b）金属引线烧球完成的效果

图6-15 金属引线烧球过程与效果示意图

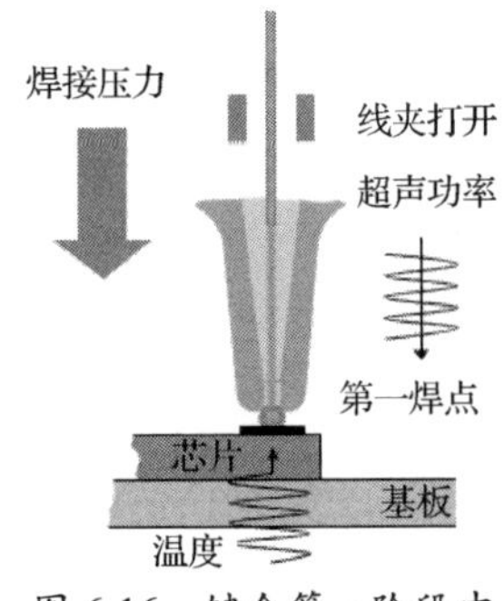

图 6-16 键合第一阶段中第一焊点的位置示意图

图 6-16 所示为键合第一阶段中第一焊点的位置示意图。在这个阶段中，金属引线端头的焊球与芯片表面的金属焊盘进行互连键合，在键合过程中主要利用机台超声振动功率和压力的输出，并利用劈刀将金属丝端头的金属球传递到芯片焊盘的第一焊点位置进行键合。利用超声水平振荡并施加适当的压力，能促使金属球与芯片焊盘表面的金属层形成金属与金属间的共晶合金层，从而使金属球与芯片焊盘的金属层之间有良好的键合，如图 6-17 所示。

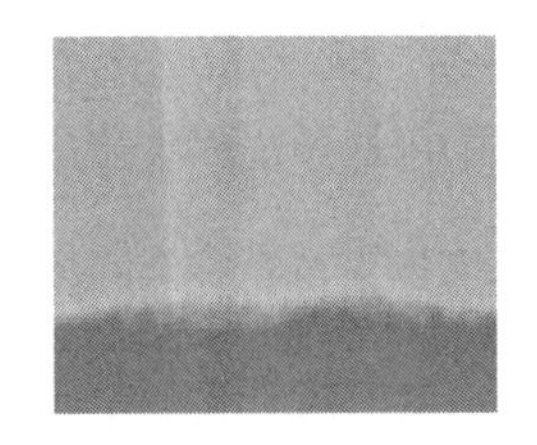
（a）金属与金属间的共晶合金层

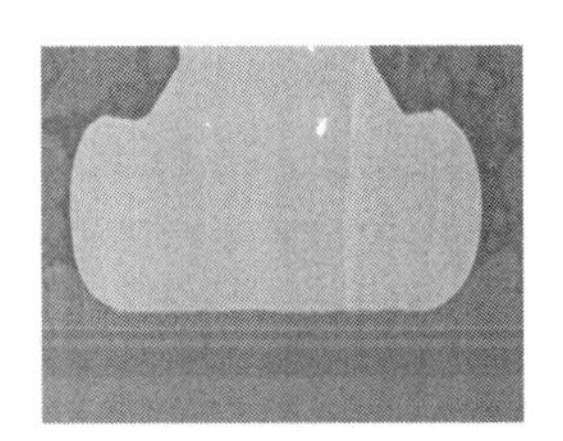
（b）金属球与芯片焊盘之间良好的键合

图 6-17 金属球与芯片焊盘键合后的剖面情况示意图

（2）第二阶段：在机台设定引线线弧模式和运动轨迹，以及引线的放线长度和劈刀运动轨迹，形成线弧键合形状。图 6-18 所示为第一焊点到第二焊点过程中的线弧效果示意图。

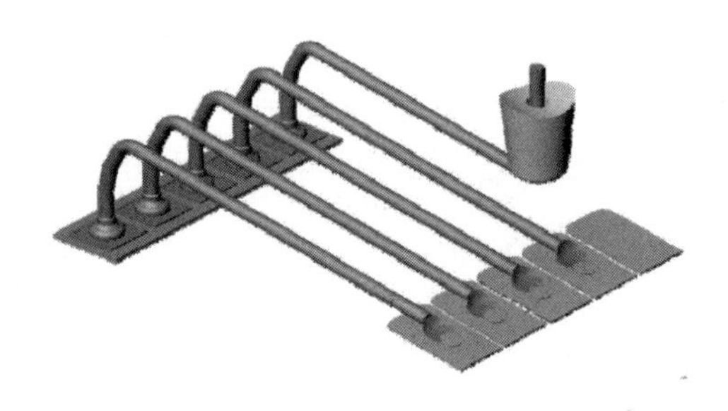
图 6-18 第一焊点到第二焊点过程中的线弧效果示意图

（3）第三阶段：利用金属丝完成第二焊点，形成金属丝与基板焊盘的键合。在超声振动、压力的作用下，在一定时间内用劈刀将引线压合到有机基板的金手指表面，并切断金属丝末梢，实现金属丝与有机基板金手指的电气互连，如图 6-19 所示。图 6-20 所示为第二焊点鱼尾键合在金手指上效果的电子显微镜图像。

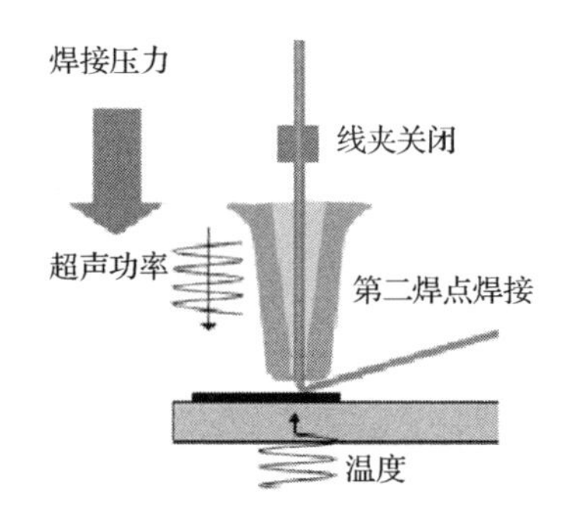

（a）第二阶段中第二焊点的位置示意图

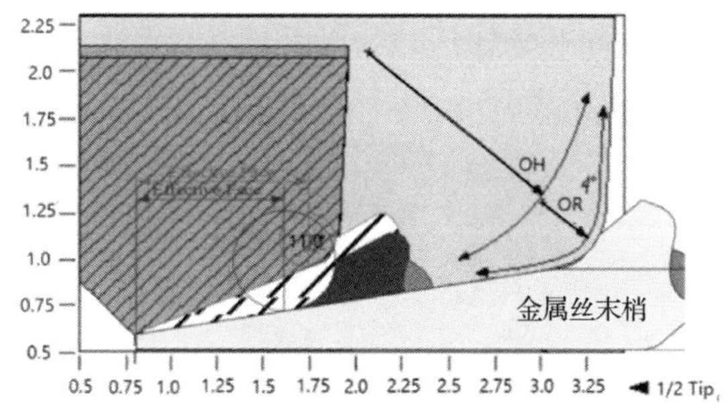

（b）第二焊点的结构示意

图 6-19　第三阶段中第二焊点的位置和结构示意图

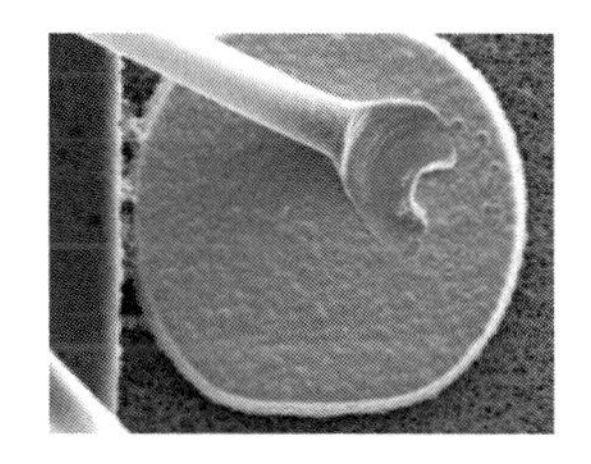

图 6-20　第二焊点鱼尾键合在金手指上效果的电子显微镜图像

6.2.2　金属丝引线键合的工艺难点

封装设计对引线技术不断提出新的挑战，以适应市场技术的不断变化。金属丝引线键合工艺经常遇到的难点如下。

（1）图 6-21 所示为引线线材硬度对比图，可见，在相同直径下，铜线的硬度比 4N 金线的硬度高 50%～70%，线材的硬度越大，键合的难度越大。

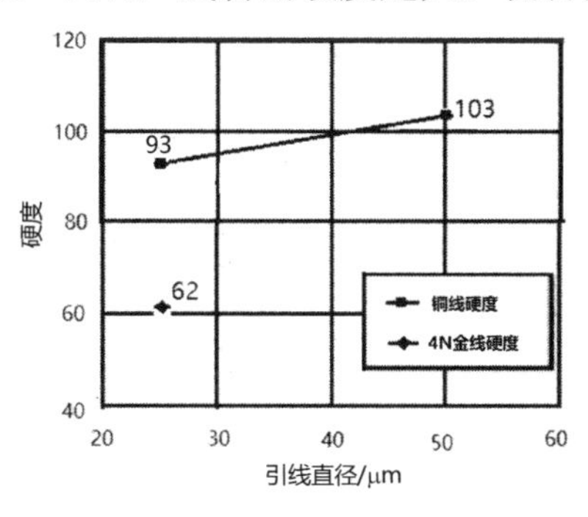

图 6-21　引线线材硬度对比图

（2）铜线、金线与铝垫键合过程中容易出现铝挤、电路挤破问题，焊盘铝层残留不足会导致焊盘下面的线路短路。铝层不足还会导致焊盘下面的线路损伤，不良短路和损伤均会导致产品性能失效。引线键合铝挤和残铝的剖面情况示意图如图 6-22 所示。

（a）芯片焊盘表面铝层被挤出

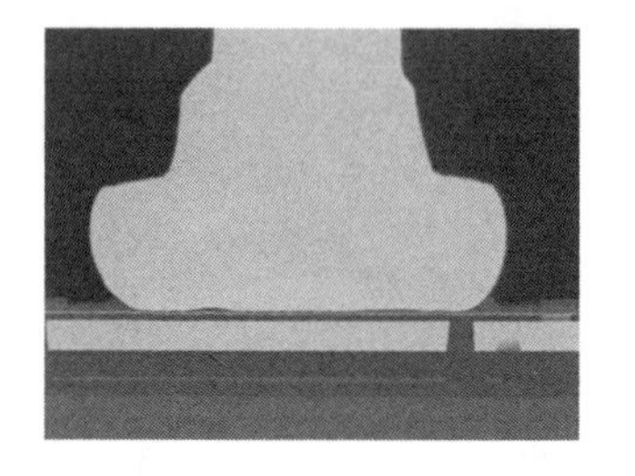

（b）芯片焊盘表层无铝层残留

图 6-22　引线键合铝挤和残铝的剖面情况示意图

（3）为了实现芯片高集成度，芯片表层的焊盘开窗尺寸，以及焊盘与焊盘之间的距离不断减小。在封装过程中，为满足设计要求，对焊球直径与厚度的控制越来越严格。图 6-23 所示为高密度芯片表层焊盘开窗尺寸减小的示意图。

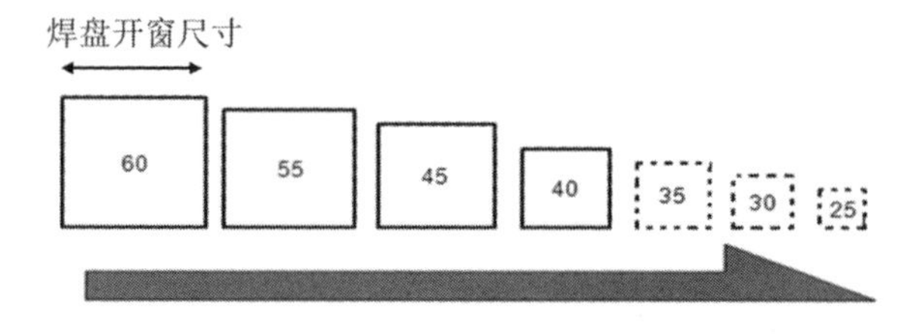

图 6-23　高密度芯片表层焊盘开窗尺寸减小的示意图

（4）布线设计得越来越密集，线弧的布线要求越来越严格，线数多、层次多、布线面积广、线长度值大、线高度值大，这些因素对封装线弧设定、稳定性提出了更高的要求。高密度超大线数键合示意图如图 6-24 所示。

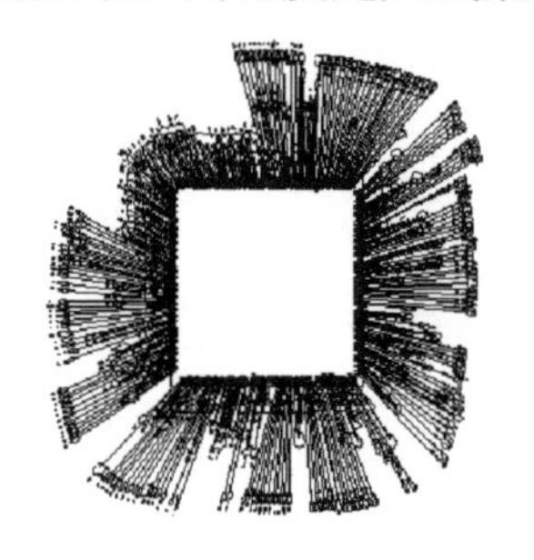

（a）高密度超大线数设计图

（b）高密度超大线数实际键合图

图 6-24　高密度超大线数键合示意图

（5）系统级封装对线弧形状、长度及第二焊点落点位置精度都有严格要求，封装输出必须严格控制在设计要求的范围内。尤其是射频产品，更要有很好的精度稳定性，以确保产品优越的性能。键合点位、线长、弧形要求的设计示意图如图 6-25 所示。

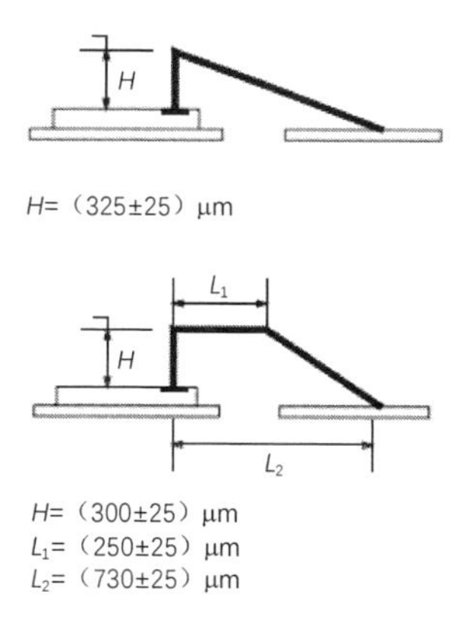

图 6-25　键合点位、线长、弧形要求的设计示意图

6.2.3　引线键合的精确控制

引线键合技术不断发展，从焊球铝挤的改善、小口径劈刀的研发成功、劈刀材质的强化，到焊球形成的优化、超高弧/超低弧引线键合技术的提升等，实现引线键合的精确控制，满足市场对封装技术不断变化的要求，下面举例说明。

1．引线键合参数优化克服铝挤问题

大量研究实验表明，使用预焊接参数模式，针对不同的产品和电路结构，研发出了多种参数搭配方法，针对不同产品设计及芯片焊盘结构等，灵活运用，有效克服了铝挤及电路挤破问题。

2．不同材质劈刀的开发

在劈刀材质上，针对铜线偏硬的特性，开发出不同材质的劈刀，能够满足不同硬度线材的键合。例如，使用红宝石材质的高硬度劈刀，在实际键合时可以实现低磨损、高稳定性。不同材质的劈刀能够满足不同引线直径、不同线材硬度的键合，同时能够提升键合品质和延长劈刀使用寿命，表 6-1 为劈刀材质特性对比表。

表 6-1　劈刀材质特性对比表

劈 刀 材 质	GFC	RUMAX	X（新）
密度/（g/cm³）	4.27	4.45	4.62

续表

硬度（HV）	2700	2800	2850
外　观			
优　点	高强度、耐磨损	高强度、高密度、耐磨损	高强度、高密度、耐磨损

3. 焊球形成的优化

氧化程度不同是铜线、金线和合金线之间的最大差异。引线键合过程中存在放电及热板加热现象，会形成氧化物，易氧化的焊球球形不圆，容易造成焊球不黏。使用惰性气体（如氮气）可以防止氧化，同时混入氢气能除去氧化层。然而氢气遇到氧气容易燃烧或产生爆炸，属于实验室危险气体，需要严格控制含量，试验研究发现，最佳比例为氮气 95%/氢气 5%。表 6-2 所列为氮氢混合气体对焊球形状的影响。

表 6-2　氮氢混合气体对焊球形状的影响

惰性气体	N_2（91%）+H_2（9%）	N_2（95%）+H_2（5%）	N_2（100%）
气体流量/（L/min）	0.6（Main）; 0.6（Sub）	0.6（Main）; 0.6（Sub）	0.6（Main）; 0.6（Sub）
FAB 尺寸/μm	最大值：125; 最小值：122; 平均值：123.6; SD：1.26	最大值：125; 最小值：120; 平均值：121.8; SD：1.54	最大值：117; 最小值：106; 平均值：111.1; SD：3.65
电子显微图像			
成　效	好	好	差

氮氢混合气体流量通常为 0.7～0.91（L/min），使用流量表精确控制，确保保护气体稳定，流量偏低时机台自动报警。

4. 超高弧/超低弧引线

为了实现高线弧、长线弧，可以使用 KL/PSA 等高阶线弧模式。引线键合已经实现了 480μm 超高线弧、线长大于 3500μm 产品的量产。超高线弧引线键合示意图如图 6-26 所示。

使用优化的 ULL 线弧能够实现正打和反打两种超低线弧。正打可实现弧高 60μm，反打可实现弧高 40μm，弧高波动稳定在-10～+10μm 之间。超低线弧引线键合示意图如图 6-27 所示。

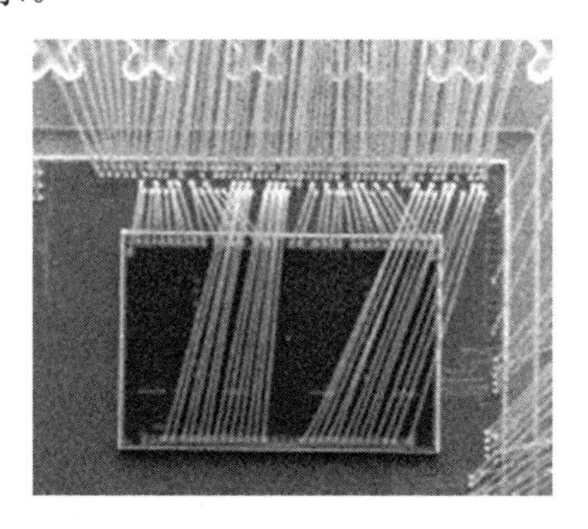

图 6-26 超高线弧引线键合示意图

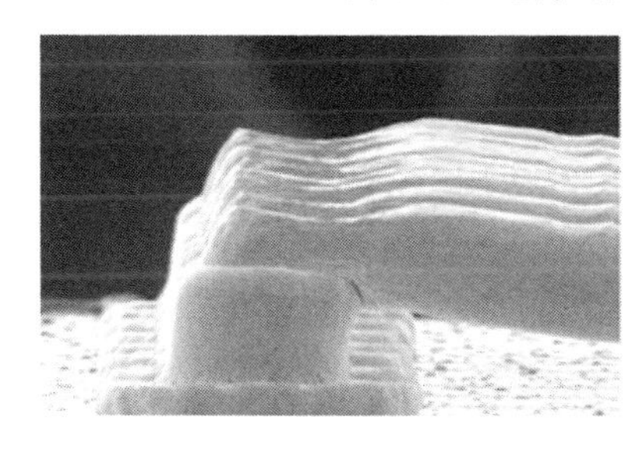

（a）反打嫁接金属球实现超低线弧

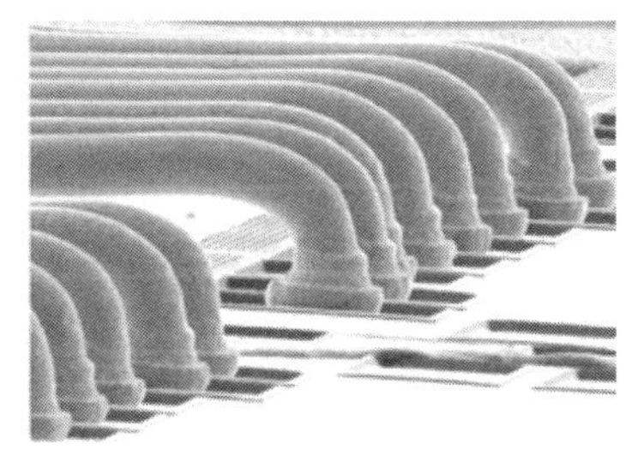

（b）低线弧正打

图 6-27 超低线弧引线键合示意图

5. 2D 线长/二焊点落点控制

射频线弧需要精确控制线弧长度，目前通过精确的控制可以实现产品设计的 2D 线长一致，波动范围为-2～+2μm，大幅低于业内常规的-25～+25μm 波动范围。第二焊点位置可以利用引线机台测量系统设定，通过三轴显微镜 500 倍率精确测量，使用引线机台校正，确保点位波动在-10～+10μm 范围内，大幅低于业界-25～+25μm 的要求。点位控制参数示意图如图 6-28 所示。

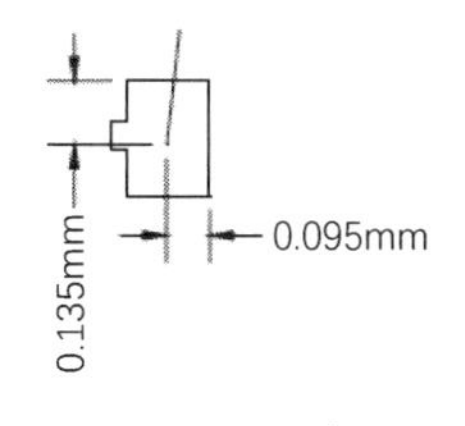

图 6-28 点位控制参数示意图

引线键合技术以高标准、高精度、高技术不断满足封装集成新的要求。

6.3 倒装工艺

倒装是系统级封装常用的高密度封装互连技术，通过 2D 排列的金属凸点将芯片的电路面朝下直接键合到基板、衬底或 PCB 上。相比于传统的引线键合工艺，倒装工艺在单位面积上可实现更高的互连密度和最短的互连路径，具有优越的热性能、电性能、更多的 I/O 端口和更小的封装体积。由于倒装工艺在多 I/O 端口情况下比传统引线键合具有成本优势，因此得到广泛应用。近年来，随着 I/O 端口的增加和芯片体积的缩小，系统级封装中的凸点间距不断变小，高密度窄间距微凸点倒装技术受到重视并得到高速发展，其应用范围也迅速扩大。

6.3.1 倒装工艺背景和历史

IBM 在 1960 年研制成功一种在芯片上制作凸点的倒装芯片键合技术，最早采用 Pb95Sn5 焊料包覆电镀了 NiAu 的铜球。1969 年，IBM 发明了使用 PbSn 凸点的可控塌陷芯片连接（Controlled Collapse Chip Connection，C4）技术。C4 技术具有优良的电学、热学性能，采用 C4 技术的芯片互连失效率预测值低至 10^{-7}%/kh。C4 技术很高的可靠性使倒装技术得到了广泛应用。倒装工艺大量应用于 IBM 的大型计算机主机等高端领域。1992 年，IBM 日本公司 Y. Tsukada 发表文章，提出采用低熔点的 Pb37Sn63 共晶凸点降低工艺温度，从而兼容在倒装芯片下填充树脂材料，使得带凸点的芯片可直接安装在基板上。这种技术即底部填充技术，底部填充后可将集中的应力分散到芯片各部分，大大改善了封装体的冷热循环可靠性。底部填充技术降低了倒装基板的成本，促进了倒装技术用于消费类电子产品，随着技术的逐步完善，20 世纪 90 年代后，倒装技术真正被广泛采纳，大规模应用于电子产品。

6.3.2 倒装芯片互连结构

图 6-29 所示为倒装芯片封装的结构示意图，该结构包括含有金属焊盘的基板、凸点、芯片，以及分布在芯片和基板之间的底部填充层。

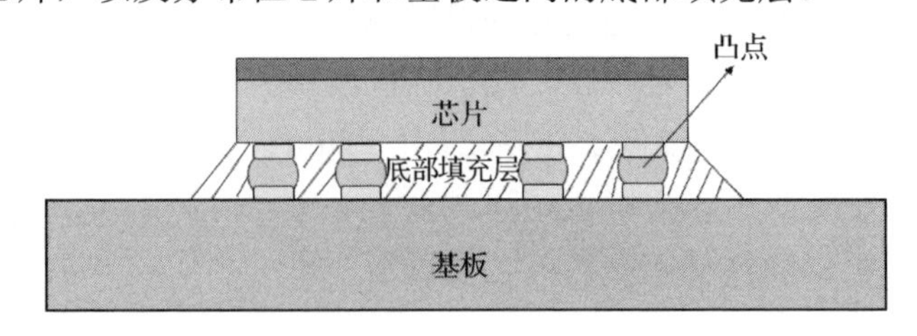

图 6-29 倒装芯片封装的结构示意图

6.3.3 凸点下层金属化

凸点既可以在 IC 晶圆上制备，也可以在基板上制备。由于凸点通常采用的是光刻、薄膜、电镀等工艺，在晶圆上制备具有工艺兼容性好、产量大、成本低等优势，因此通常倒装芯片元器件的凸点制备在晶圆上。

凸点下层金属化（Under Bump Metallization，UBM）设计在芯片的最终金属层和凸点之间，以使二者可以有效兼容。晶圆上的标准金属化层材料通常是铝或铜，晶圆表面典型的钝化材料为氮化物、氧化物及聚酰亚胺。由于焊料凸点与芯片上焊盘金属层直接接触时，存在凸点材料与铝浸润性不匹配，铝和铜容易氧化，以及焊料凸点和铝或铜容易形成脆性的金属间化合物（Intermetallic Compound，IMC）等问题，因此必须进行 UBM 以实现稳定可靠的互连。

根据凸点结构和 UBM 承担的功能，对 UBM 层有如下要求。

（1）必须与芯片焊盘金属层及芯片钝化层牢固结合。

（2）与芯片焊盘有很好的欧姆接触，在沉积 UBM 层之前要通过溅射或化学蚀刻的方法去除焊盘表面的铝或铜氧化物。

（3）必须在焊盘金属与凸点金属之间提供扩散阻挡层，避免二者互相扩散形成不利的金属间化合物。

（4）UBM 表面层与焊料具有良好的浸润性。

（5）要防止 UBM 过程中 UBM 层表面氧化。

（6）UBM 结构不能与其所接触的硅片产生很大的应力，否则会导致底部开裂、分层、硅片凹陷等可靠性问题。

根据功能要求和倒装芯片的结构特点，UBM 层一般由多层金属薄膜组成，具体如下。

- 种子黏附层：与芯片表面的金属层和钝化层牢固结合。种子黏附层材料通常为铬（Cr）、钛（Ti）、镍（Ni）、钨（W）等，厚度极薄。
- 扩散阻挡层：位于种子黏附层之上，或者与种子黏附层合二为一，起到防止金属扩散到芯片表面金属层的作用，通常使用铬、钛、钛钨（TiW）、镍、铬铜（Cr-Cu）、钯（Pd）和钼（Mo）等材料，典型厚度为 0.05～0.2μm。
- 焊料浸润层：位于扩散阻挡层之上，与凸点金属化层浸润及反应，形成金属间化合物并部分消耗。常见的焊料浸润层是一层厚铜，厚度通常为 1.0μm。其他典型焊料浸润层有镍层、钯层、铂（Pt）层，典型厚度为 0.05～0.1μm。
- 氧化阻挡层：通常是很薄的金层。采用薄金层是为了避免金与凸点材料形成脆性的金属间化合物，而使 UBM 层与凸点界面强度降低，影响可靠性。在保证金层无针孔（Pinhole）的情况下尽量减薄金层厚度，典型的金层厚度为 0.05～0.1μm。

经过长期的优化和实际应用，逐步形成了相对固定的 UBM 薄膜层组合，目前用于焊料凸点商业化产品中，常见的 UBM 薄膜层组合包括 Ti/Cu/Au、Ti/Cu、

Cr/Cu/Au、Ti/Cu/Ni、Ti/Ni/Au、TiW/Cu/Au、Ni/Au、Ni/Pd/Au、Mo/Pd 等。每一种 UBM 薄膜层组合都适应特定的焊料成分范围并经过了实际应用验证。UBM 的选用必须基于所要求的凸点金属化体系、芯片金属化结构、芯片工作条件、可靠性要求、电流传输要求、工艺流程要求等，包括多次回流焊接。

6.3.4 UBM 金属层的制备

UBM 金属层的沉积方法包括溅射、蒸镀、化学镀、电镀等多种。溅射是最常用的 UBM 金属层沉积方法。溅射必须在真空腔内进行，将需要沉积的材料做成阴极靶材，在真空腔内通入一定压力的惰性气体，如氩气（Ar），并通过电激发在阳极和阴极之间形成等离子体，具有一定能量的入射阳离子在对阴极固体表面进行轰击时，入射阳离子与靶材表面原子将发生能量和动量的转移，将靶材表面的原子溅射出来。在溅射开始前，可以将晶圆作为阳极，从而用等离子体去除晶圆表面的污染物和氧化层，这一过程称为反溅射，也能够改善 UBM 金属层的性能。

蒸镀是较为常用和最早采用的 UBM 金属层沉积方法。IBM 最早的 C4 工艺中的 UBM 金属层采用的就是蒸镀方法。蒸镀是指在真空腔中将被蒸发材料加热气化，这些材料会沉积在真空腔内物体表面上，包括晶圆表面。加热包括电阻加热和电子束加热等方式。与溅射相比，蒸镀设备简单，容易操作，蒸发的纯度较高，成膜快，但是附着力小，台阶覆盖性差，会受到饱和蒸汽压的影响。多组分材料不宜采用合金靶材，而要采取多源蒸发或顺序蒸发再高温退火的方法。

UBM 金属层的制备还可以采用化学镀、电镀等工艺。化学镀成本较低，有一定的市场。化学镀通常用于在芯片铝焊盘表面沉积 UBM 镍合金层。由于铝表面存在自然氧化层，化学镀层金属无法黏附，因此要对铝表面进行相应处理以清除氧化物层。一般的方法是在铝焊盘上进行锌酸盐处理（闪镀锌），此外还可以采用镀钯活化（Palladium Activation）、镍置换（Nickel Displacement）、直接镀镍等方法。

基板上的 UBM 层要求与芯片上的 UBM 层类似。与芯片不同的是，基板上的布线层材料通常是铜。在铜的表面较多采用进一步化学镀 Ni/Au、Ni/Pd/Au 等作为 UBM 层。

6.3.5 凸点材料的选择与制备

凸点材料的选择与制备是倒装芯片键合的关键。倒装芯片键合中的凸点有 3 种功能：芯片和基板之间的电连接；散热通道；芯片与基板之间的机械支撑，能承受一定强度的机械应力。根据芯片互连的需求，凸点材料有不同的选择方案，其制备工艺也多种多样。

凸点有焊料凸点、钉头凸点、电镀凸点、聚合物柔性凸点、导电胶凸点等类型。焊料凸点具有良好的回流焊接和自对齐特性。凸点自对齐是通过锡焊融化时强大的表面张力实现的，可以有效降低对芯片贴装的精度要求，同时降低对共面性的要求。出于环境保护的目的，SnAgCu 等无铅焊料凸点已成为主流。

早期凸点制备方法采用的是蒸镀，最早 IBM 的 C4 技术采用的就是蒸镀方法。以金属掩膜（Mask）或厚光刻胶为掩膜。金属掩膜由背板、弹簧、开孔的金属模板及夹子等构成。金属模板材料通常是钼或不锈钢，与芯片上的 I/O 端口对准，用夹具夹好后放入蒸发腔内蒸发。由于金属掩膜对准精度不高，不适用于多 I/O 端口及高密度封装。而厚光刻胶作为掩膜则精度较高，但是厚光刻胶制备工艺较为复杂，成本较高，并且剥离厚的凸点金属层有一定难度。

电镀是一种更为常用的凸点制备方法。可以电镀金凸点、铅锡凸点、锡银凸点、金锡凸点、铜锡凸点等。图 6-30 所示为电镀锡球凸点的工艺流程示意图。在该工艺中，首先溅射一层 UBM 层到整个晶圆的表面，该 UBM 层作为种子黏附层可以在电镀时使电流均匀地传导到整个晶圆表面开口的地方，从而使各处电镀速率尽可能一致。在 UBM 层上利用光刻胶形成掩膜，仅在需要电镀凸点的区域开口。然后电镀需要的凸点金属层可以是单层，也可以是多层。对于金线钉头（Gold to Gold Interconnection，GGI），其后续凸点不会软化，并且需要的凸点高度不高，电镀厚度小于光刻胶厚度。而对于焊料凸点，由于回流工艺对凸点的厚度有一定的要求，光刻胶通常较厚，因此增加了工艺成本和难度。为了降低工艺成本和难度，通常会采用蘑菇头形的电镀，即电镀厚度超过光刻胶厚度，电镀层高度超过光刻胶开孔限制高度后继续电镀，电镀层高度会继续增加，同时由于没有光刻胶限制，凸点会沿着光刻胶表面横向长大，从而形成蘑菇头形状。电镀完毕后去胶，并以电镀凸点层为掩膜，自对准去除凸点外的 UBM 层。最后通过回流形成大小均匀、表面光滑的凸点阵列。

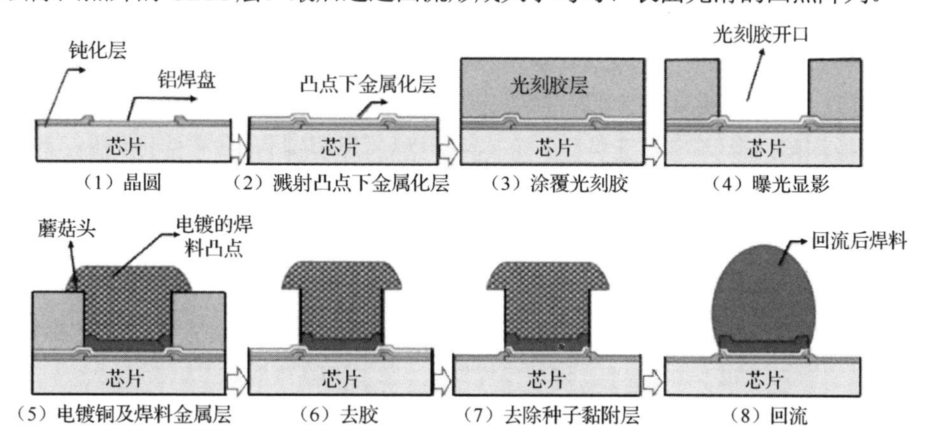

图 6-30　电镀锡球凸点的工艺流程示意图

印刷也是一种常用的低成本凸点制备方法。运用精密的模板和自动化的丝网印刷机，将芯片放置于有凸点开口的模板之下，并将开孔与 I/O 端口对准，在模板上添加特制的焊膏，用刮板漏印的方式将焊膏压入开孔，脱掉模板，在晶圆上即留下凸点焊膏，随后回流即可得到凸点。目前先进的印刷技术可以达到 250μm 的窄间距，但对于间距小于 250μm 的凸点，用印刷方法实现则较为困难。窄间距的凸点也有采用聚合物光刻胶作为掩膜，采用特制刮刀进行印刷涂布的。

引线钉头则采用引线键合中使用的球焊引线机，用引线键合中使用的标准方法来制备凸点，可以用金丝线、镍丝线、铜丝线、金锡丝线等制作。钉头凸点制备过程与引线键合过程基本相同，唯一的区别是，前者在焊球形成并键合到焊盘上后，收紧线夹使丝线马上从线尾端截断。这种方法要求 UBM 层与使用的丝线材料兼容。将得到的钉头凸点进一步通过压平方式变为圆滑的形状，实现高度统一。一般钉头凸点与导电胶或焊料配合使用以进行组装互连，也有采用 GGI 金线钉头的。

植球法是一种较为灵活的凸点制备方法。PacTech 公司研制了一种焊球凸点制备装置（焊球缓冲器），当植球头单元移动到指定植球位置后，送球单元将特定大小的球植入芯片的焊盘，在植球的同时，通过光纤施加激光脉冲进行回流焊接。

6.3.6 倒装键合工艺

倒装键合工艺即通过芯片凸点与基板实现电互连和键合。根据键合材料的不同，有多种键合方法。

1. 焊锡键合

焊锡键合有两种类型，具体介绍如下。

一种是完全浸润、可控塌陷球状焊料互连，锡球焊料凸点整体升温超过液相转变温度，充分浸润基板，并与基板金属层反应而充分键合。IBM 的 C4 技术就属于可控塌陷球状焊料互连类型。在这种类型的焊料键合中，芯片和基板之间的间隙高度由焊料的表面张力、焊料体积、基板和芯片上的焊盘大小决定。另一种焊锡键合是由柱状锡头（Copper Pillar Bump）回流焊接结构组成的。在这种焊锡键合中，高熔点焊球或金属柱通过低熔点的焊料合金键合到基板的布线上。最常见的结构是高铅（95Pb/5Sn 和 93Pb/7Sn，熔点超过 300℃）凸点与铅锡共晶焊料（63Sn/37Pb，熔点为 183℃）锡头通过低于 300℃的回流键合在一起。

焊锡键合的关键工艺是回流焊接，在回流焊接中需要根据工艺要求、芯片和基板情况、凸点类型选择合适的助焊剂和回流焊接温度曲线，以达到最佳效果。通常助焊剂需要去除残留。由于底部填充固化后无法返修，因此焊接完成后需要进行测试，以判断焊接是否合格并进入下一步底部填充工序。

2. 热压键合与热超声键合

凸点金属的互连也可以不采用回流焊接而采用热压键合或热超声键合工艺。热压键合是指通过加热、加压的方法实现芯片与基板的凸点连接。金凸点的热压键合温度为 300℃左右。

热超声键合在加热、加压的同时施加超声波在键合区，从而加速键合过程。相比于热压键合，热超声键合的优点是可以降低键合温度和缩短键合周期。热超声键合的缺点是可能在硅片上形成局部小的凹痕，这主要是由超声振动过强造成的。热超声键合通常可用于金线钉头等的键合。

3. 导电胶连接

导电胶连接是指将芯片上的凸点与基板布线，或者基板上的凸点与芯片上的焊盘用导电胶实现黏接并固化，从而实现电连接和机械结合的工艺，包括各向同性导电胶连接和各向异性导电胶连接。

导电胶连接具有工艺简单、固化温度低、连接后无须清洗的优点。但导电胶连接具有导电性能不如金属凸点的导电性能，导热系数不高导致连接热阻增加的缺点。

各向异性导电胶（Anisotropic Conductive Adhesive，ACA）呈膏状或薄膜状，在环氧树脂中加入一定量的金属颗粒或包覆金属的高分子颗粒即可制成各向异性导电胶。导电胶在连接前各个方向上都是绝缘的，连接后仅在凸点与基板连接的垂直方向导电。金属颗粒或高分子颗粒的表面金属涂层一般为金或镍。各向异性导电胶可以施加在整个芯片区域，固化后可以起到底部填充的作用。各向异性导电胶在键合过程中需要足够大的键合压力才能实现良好的电接触，并且由于不具有自对齐功能，因此对键合设备的精度、基板与芯片的平行度要求较高。对每个凸点，典型的键合压力为 20～100gf，这也限制了可以键合芯片的 I/O 端口数量。

各向同性导电胶（Isotropic Conductive Adhesive，ICA）是一种膏状的高分子树脂，内部含有一定量的导电颗粒，在各个方向都可以导电。导电颗粒通常为银颗粒。对于不允许使用银或要避免银迁移的系统，有时候也采用金片状粉末。各向同性导电胶在固化后各个方向都是导电的，可形成电互连。因此，各向同性导电胶只施加到键合区域。施加的方式可以是印刷到基板的焊盘上、芯片的凸点上，或者蘸涂到凸点上。无论采用哪种施加方式，导电胶的厚度在施加过程中都必须得到精确的控制。

6.4 底部填充工艺

底部填充是芯片倒装于基板封装结构中的重要工艺。底部填充材料位于芯片（或元器件）与基板之间，并要求侧爬到芯片侧壁一定的高度，一般为芯片侧壁中心点侧爬高度到芯片高度的 75%，而在芯片角头侧爬高度比为 50%。底部填充材料主要由高分子树脂和一定填充比例（不同直径比例）的绝缘圆颗粒组成。

在早期 IBM 的 C4 技术中，倒装芯片安装在陶瓷基板上，硅的热膨胀系数为 2.8×10^{-6}/℃，而陶瓷材料的热膨胀系数为（4.5～7）$\times10^{-6}$/℃，二者之间的热膨胀系数比较接近，由此引入的热机械应力相对较低，在陶瓷基板上倒装键合较小尺寸的芯片可以不进行底部填充。

但是，当芯片和基板热失配较大或芯片尺寸较大时，由热失配引入的热机械应力很大，会严重影响元器件可靠性。1992 年，IBM 为了在有机基板上使用倒装芯片，开发了倒装芯片下填充树脂填料，此后，底部填充技术大规模应用于消费类电子产品。

6.4.1 底部填充工艺的作用

一方面，芯片、元器件或封装体的热膨胀系数一般与基板或下一级 PCB 的热膨胀系数不同。例如，硅芯片的热膨胀系数为 2.8×10^{-6}/℃，而 FR4/BT 材料的热膨胀系数一般为（15～24）$\times10^{-6}$/℃。对于采用倒装封装的芯片，热膨胀系数不匹配必然导致在芯片和基板界面（如锡焊球或铜柱的界面）产生热机械应力，从而影响封装体的可靠性。芯片尺寸越大，其边缘连接所受的应力越大，从而导致连接失效，如键合的断裂和芯片 RDL 的分层。底部填充可以有效改善芯片和基板界面的应力分布和强度，从而提高封装体的可靠性，特别是芯片或元器件与基板之间的连接。日立公司在 1987 年证实了底部填充能有效提高芯片可靠性。另一方面，芯片与基板凸点键合中心距离减小或有高密度要求，芯片与基板之间的间距随之降低，随着集成度的提高，芯片尺寸也会增大，这些都会导致塑封料无法填充倒装芯片与基板的间隙，需要底部填充材料通过毛细作用来完全填充芯片与基板的间隙。底部填充工艺利用的是材料的毛细现象。倒装键合后芯片与基板的间隙较小，用针管将液态的底部填充料沿芯片单边涂布或芯片双边 L 形涂布，在毛细作用下，填充液会渗透到整个芯片底部。除了毛细填充方法，底部填充还可以将非流动型下填料在芯片倒装前涂布在基板上，并在芯片倒装时施加压力。涂布后在一定温度下使填充胶固化，完成底部填充工艺。

底部填充工艺具有如下作用。

（1）将芯片凸点位置的集中应力分散到底部填充体和塑封料中。

（2）可阻止焊料蠕变，并增加倒装芯片连接的强度与刚度。

（3）保护芯片免受环境的影响，如湿气、离子污染等。

（4）使芯片抗机械振动与冲击。

（5）极大改善焊点的热疲劳可靠性。

6.4.2　底部填充工艺和相关主要材料

底部填充工艺及其相应材料共有四种：毛细作用底部填充（Capillary Underfill，CUF）、塑封底部填充（Molded Underfill，MUF）、非导电胶热压型（Non-Conductive Paste，NCP）底部填充和非导电膜热压型（Non-Conductive Film，NCF）底部填充。

1. CUF 工艺及注射方式

图 6-31 所示为 CUF 工艺流程图，这种工艺是基本的底部填充工艺。

芯片首先被倒装在基板上，然后回流凸点与芯片键合，底部填充材料以一定的优化线路和温度被注射在芯片的边缘，由于芯片和基板的间距足够小，特殊配方的底部填充材料会基于毛细作用填充整个芯片和基板的间隙，并沿着芯片侧壁浸润爬高一定距离。底部填充材料的注射路线可以为单边（I 形）的一次（或两次）、连着的双边（L 形）或连着的三边（U 形）。以下因素可以影响注射路线。

（1）芯片的厚度和长宽。

（2）芯片上的锡球凸点或铜柱凸点的高度和排布。

（3）芯片和基板的表面材料，以及在进行底部填充之前的表面处理和工艺过程时间。

（4）底部填充材料的特性。

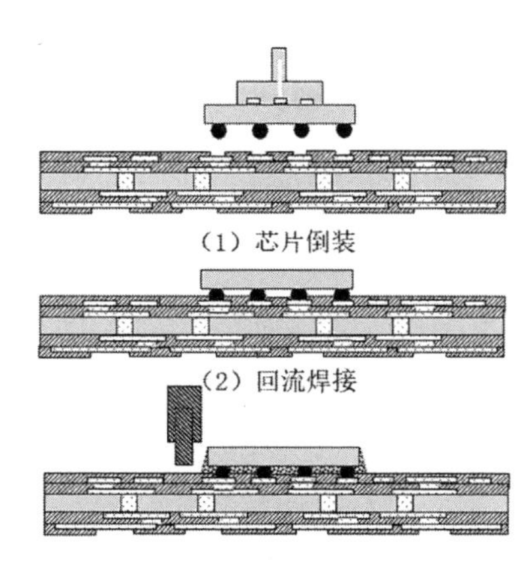

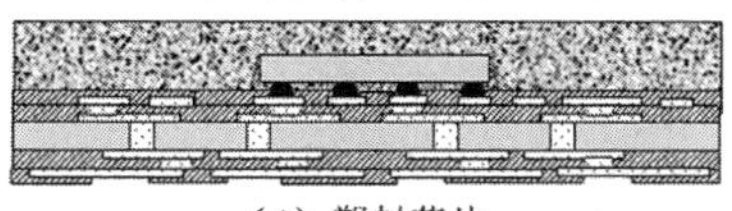

图 6-31　CUF 工艺流程图

2. MUF 工艺

MUF 工艺必须对芯片每个点、每条线进行顺序底部填充，其填充周期较长，生产效率较低，成本较高。对于特定的封装，特别是较小尺寸芯片的封装，由于对热膨胀系数匹配、杨氏模量和玻璃转换温度的要求不是很高，因此可以将塑封料和底部填充材料设计为同一种材料，从而避免单独增加底部填充工艺。这就需要对塑封底部填充材料的填充颗粒和树脂进行优化，并通过特殊的工艺设计加大底部间隙，以满足底部填充和塑封的综合要求。

芯片首先被倒装在基板上，并进行回流焊接，与基板线路互连。在经过优化的湿法清洗、去湿烘烤和等离子表面处理后，塑封底部填充材料在塑封工艺完成后被填充进芯片和基板的间隙中，同时塑封芯片。一般底部填充塑封材料可以为颗粒、粉末、流动液体等。MUF 工艺流程图如图 6-32 所示。

3. NCP 底部填充工艺

随着微细化和小型化需求的进一步扩大，倒装芯片的铜柱高度和间距都极大地减小，传统的 CUF 已经不能完全填充芯片和基板的间隙。在这种情况下，NCP 底部填充材料及相应的工艺被开发出来。

图 6-33 所示为 NCP 底部填充工艺流程图，NCP 首先按照优化的形状被排布在相应的倒装位置。具有热压功能的倒装头首先将芯片倒装并进行初步热压，然后用热压头进行主要的热压键合（Thermal Compression Bonding，TCB）。完全固化后，采用塑封工艺对芯片进行塑封。

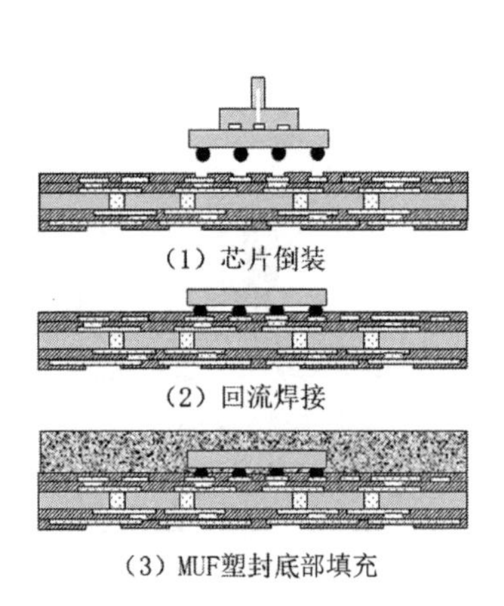

图 6-32　MUF 工艺流程图

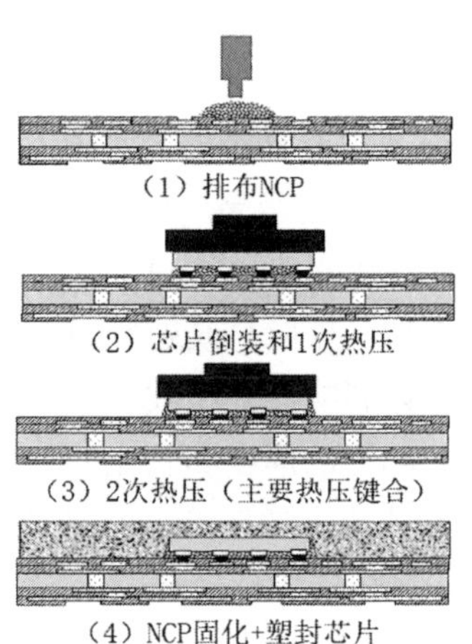

图 6-33　NCP 底部填充工艺流程图

4. NCF 底部填充工艺

随着系统级封装技术的进步和结构的紧凑化，需要控制底部填充材料在芯片边缘向附近的扩散。另外，3D 芯片叠加封装结构的开发也需要更薄的底部填充材料。由此，NCF 底部填充工艺相应地被开发出来。

图 6-34 所示为 NCF 底部填充工艺流程图，首先 NCF 被真空热压在铜柱晶圆上，并被切割。在切割之后，带 NCF 的芯片被倒装在基板上，然后进行热压键合。在底部填充材料完全固化后，用塑封工艺将芯片和其他元器件塑封在一起。

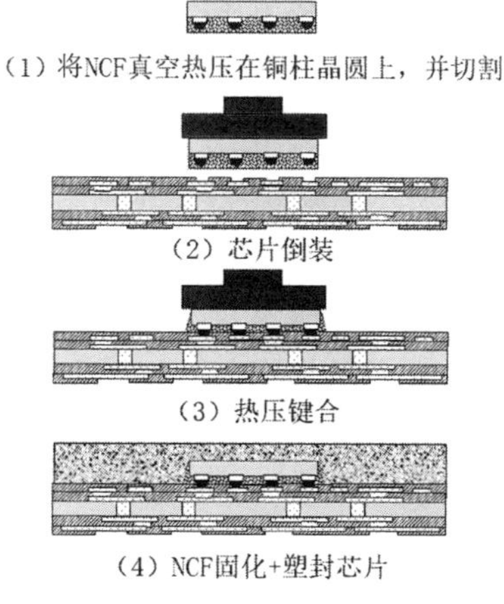

图 6-34　NCF 底部填充工艺流程图

6.4.3　底部填充材料的关键性能

除工艺性能和结合性能外，底部填充材料的关键性能还包括热膨胀系数、杨氏模量、玻璃转换温度等。

树脂本身的性能会决定玻璃转换温度，而底部填充材料的热膨胀系数和杨氏模量主要是由固态填充料（Filler）与树脂的混合比例来调节的。如图 6-35 所示，底部填充材料的增加将导致热膨胀系数下降和杨氏模量提高。

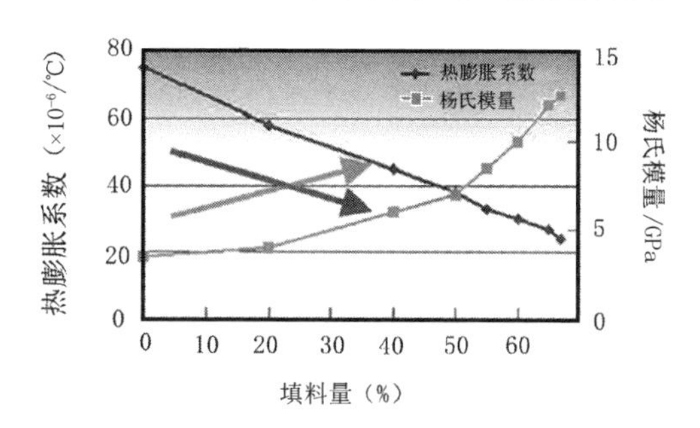

图 6-35　底部填充材料的热膨胀系数和杨氏模量与填料量的关系

作为一种中介缓冲保护材料，底部填充材料对于芯片封装体（Chip Package

Integration，CPI），特别是大尺寸芯片封装体，具有重要的作用。底部填充材料的玻璃转换温度、杨氏模量和热膨胀系数对封装体，主要是芯片/底部填充界面、键合界面和芯片后道（BEOL）的低介电常数材料层的可靠性有重要影响。

IBM 的 Marie-Claude Paquet 在大尺寸芯片封装体上对底部填充材料对芯片底部填充界面的应力影响进行了研究。图 6-36（a）所示为底部填充工艺涉及的典型失效模式，图 6-36（b）、图 6-36（c）和图 6-36（d）所示为底部填充材料的玻璃转换温度、杨氏模量和热膨胀系数与界面应力的关系。

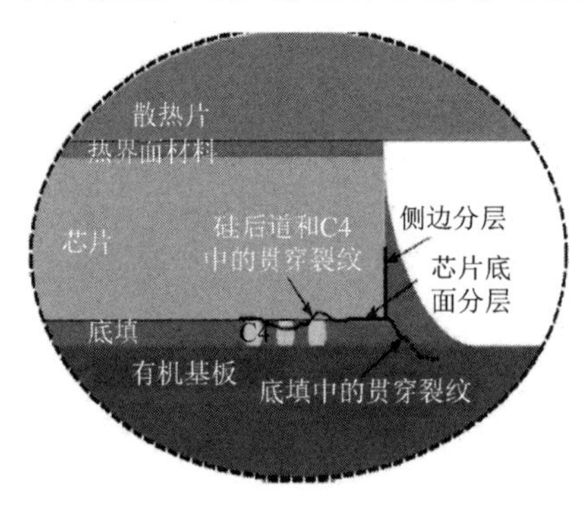

（a）底部填充工艺涉及的典型失效模式

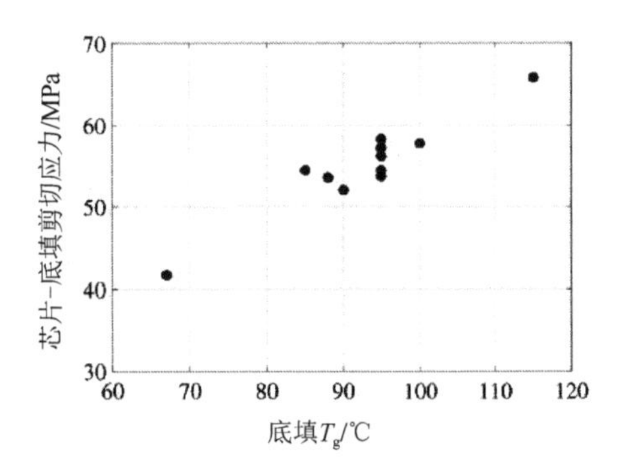

（b）底部填充材料的玻璃转换温度与界面应力的关系

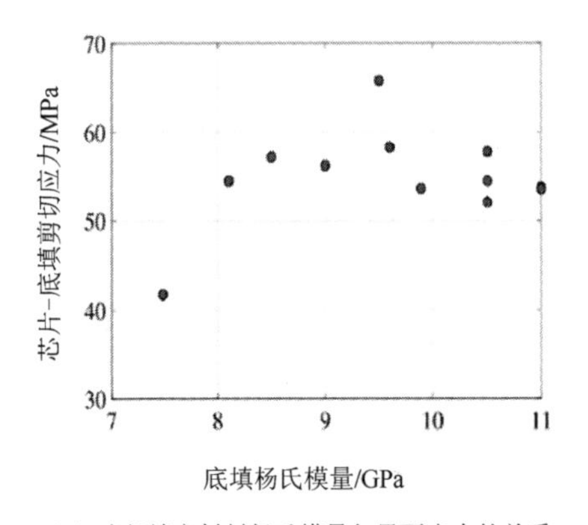

（c）底部填充材料杨氏模量与界面应力的关系

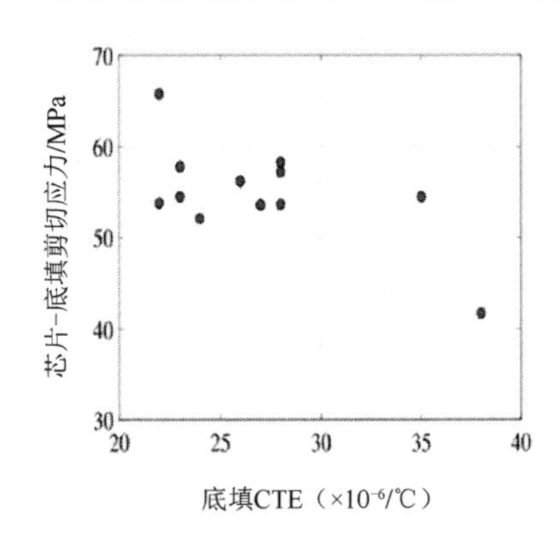

（d）底部填充材料热膨胀系数与界面应力的关系

图 6-36　底部填充材料的性能对芯片底部填充界面应力的影响

从芯片封装集成（Chip Package Integration，CPI）的角度考虑，底部填充材料对焊锡点及芯片后道低介电质层的应力也有影响，如图 6-37 所示。

对于倒装互连铜柱，底部填充材料的玻璃转换温度也需要考虑，较高玻璃转换温度的底部填充材料能有效降低界面应力，如图 6-38 所示。

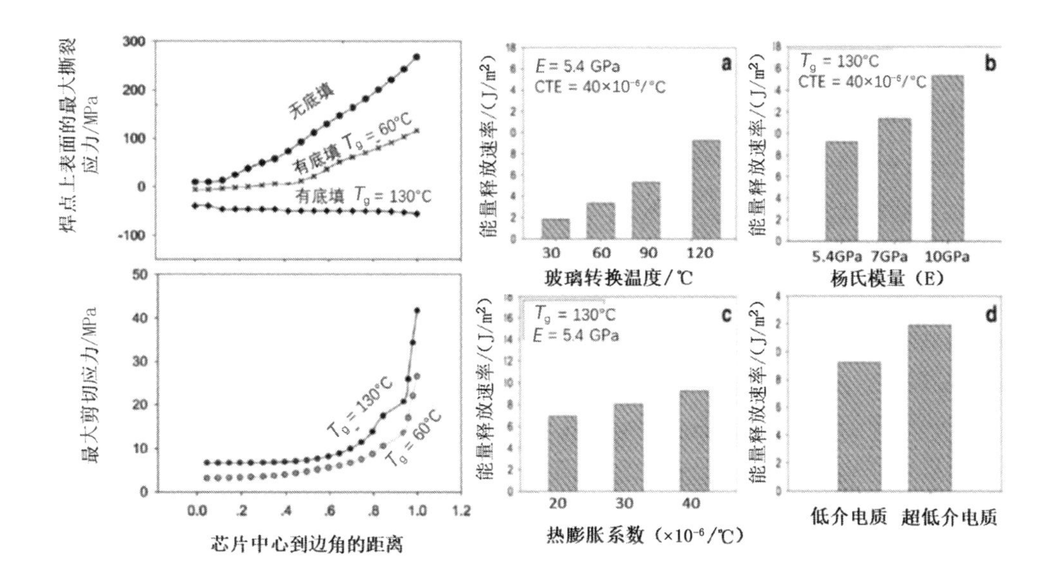

图 6-37　底部填充材料对焊锡点及芯片后道低介电质层应力的影响

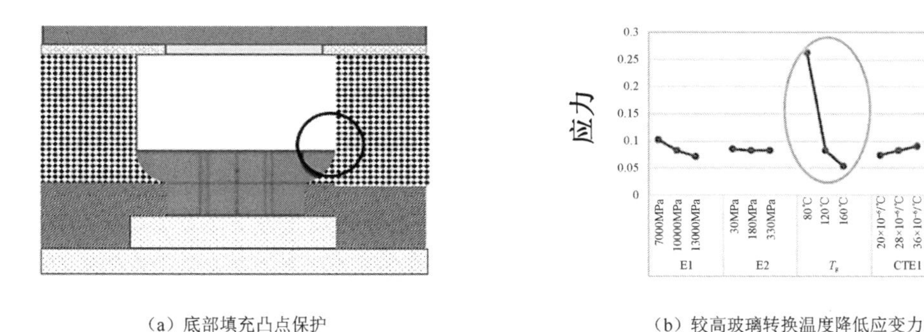

（a）底部填充凸点保护　　（b）较高玻璃转换温度降低应变力

图 6-38　底部填充材料对铜柱的应力影响示意图

6.4.4　底部填充材料的发展趋势

目前底部填充材料主要应用在高端超大尺寸芯片 FCBGA 的封装，包括高密度扇出型 2.5D FCBGA 和高可靠性的车载电子应用封装。底部填充材料供应商开发了低杨氏模量、低热膨胀系数、较高玻璃转换温度的底部填充材料，如表 6-3 所示。未来针对不同封装结构的需求，不同底部填充材料的结合也许是必要的。

表 6-3 典型车载电子封装应用中低杨氏模量、低热膨胀系数、高玻璃转换温度底部填充材料的性能

性能		标准底部填充材料	高玻璃转换温度底部填充材料	高玻璃转换温度、低杨氏模量、低热膨胀系数底部填充材料
玻璃转换温度/℃	DMA（动态热机械分析）	130	170	170
	TMA（热机械分析）	110	130	131
热膨胀系数（$\times10^{-6}$/℃）	小于玻璃转换温度	31	31	25
	大于玻璃转换温度	118	118	101
杨氏模量/GPa	小于玻璃转换温度	10.7	10.7	8.8
	大于玻璃转换温度	0.2	0.2	0.3
有限元仿真分析（相对值）	焊盘蠕变	100%	80%	74%
	底部填充侧爬顶部应力	100%	121%	82%
	底部填充芯片边角应力	100%	121%	97%

6.5 硅通孔工艺

硅通孔（TSV）是晶圆级先进封装方法发展过程中，由 2D 晶圆平面封装转向 3D 晶圆堆叠封装的关键技术。不同于堆叠打线工艺和倒装工艺，TSV 工艺是一种实现垂直互连的 3D 封装，具有低功耗、小尺寸、高性能和高堆叠密度等优势，其封装密度已突破 1∶1。近几年，TSV 技术发展迅速，得到工业界的高度认可，广泛应用于主处理器、MEMS、CIS、HBM 存储器等领域，是延续摩尔定律发展的重要支撑技术之一。

作为 2.5D、3D 封装技术的核心，TSV 技术将芯片上下层之间的互连路径，或者芯片正面与背面的路径长度大大缩短，进而将平面型的芯片结构变成垂直型的叠层芯片结构，使得微电子元器件在外形尺寸、工作带宽及功能上都有了显著改进。缩短互连路径长度，降低信号时延，不仅可以减小损耗和寄生效应的影响，还能够实现不同层次芯片、晶圆、封装元器件的堆叠，同时避免芯片面对面安装堆叠引起的串扰问题。图 6-39 所示为采用 2.5D 转接板的封装结构示意图。

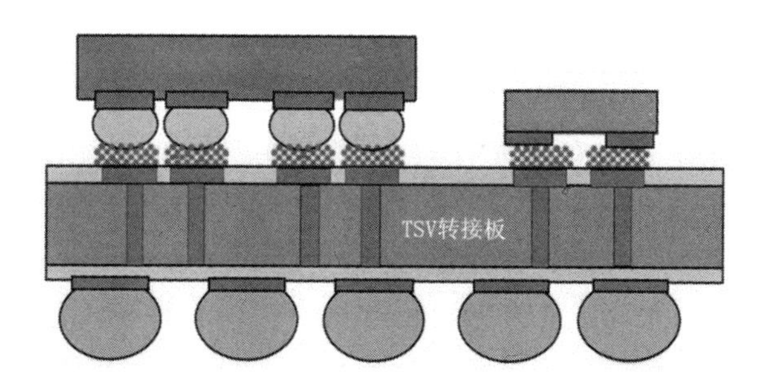

图 6-39　采用 2.5D 转接板的封装结构示意图

6.5.1　硅通孔制造工艺

在 2.5D、3D TSV 的工艺集成发展过程中，行业内提出了多种技术路线，这些技术路线通常根据 TSV 和转接板制作工艺的工序分为先通孔（Via-First）、中通孔（Via-Middle）和后通孔（Via-Last）三种类型。

（1）先通孔方案：TSV 在制作前道工序（Front End Of Line，FEOL）之前就已经完成。

（2）中通孔方案：在前道工序和后道工序所形成的工艺叠层之间加入 TSV，以形成上下叠层之间的铜互连。

（3）后通孔方案：在前道工序和中通孔工艺都完成之后，在晶圆的正面或背面制作 TSV。这种方案通常适用于 3D 互连密度相对较低的情况，通常根据前后应用工艺的特点来选择流程方案。

TSV 制造流程示意图如图 6-40 所示。

步骤 1：使用光刻胶蚀刻 TSV 所需的掩膜图形

步骤 2：使用等离子蚀刻法在硅晶圆的一面蚀刻出 TSV

步骤 3：采用化学气相沉积法在硅表面及 TSV 内部覆盖绝缘层

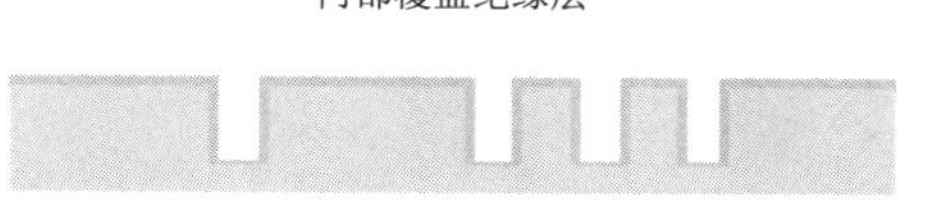

步骤 4：使用物理气相沉积法在 TSV 表面溅射种子黏附层

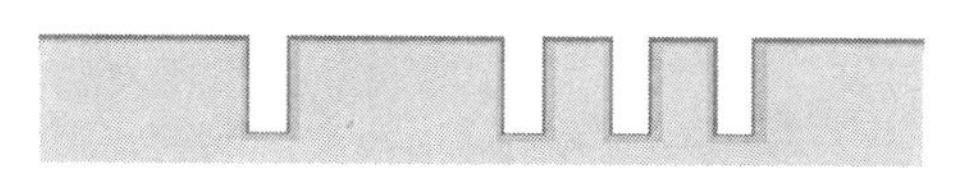

步骤 5：采用化学电镀方法在 TSV 中填充金属

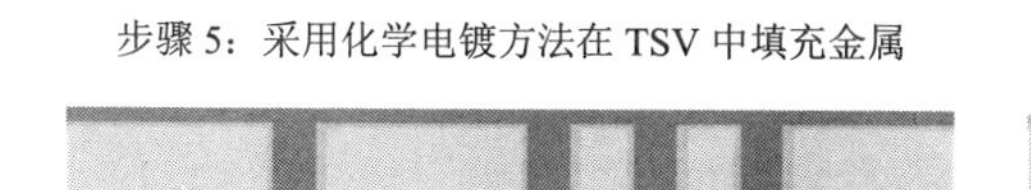

步骤 6：采用化学腐蚀或机械研磨的方式将表面金属去除，露出完成后的 TSV

图 6-40　TSV 制造流程示意图

6.5.2 深反应离子蚀刻

TSV 蚀刻是制造 TSV 的关键，对于垂直通孔结构，常用的工艺方法是反应离子蚀刻（Reactive Ion Etching，RIE）与激光钻孔（Laser Drill）。RIE 搭配掩膜图形（Mask Pattern）可实现不同图形与结构的同步蚀刻，以及高精度的尺寸控制，是目前行业内的主流工艺方案。近年来，伴随着蚀刻工艺的发展和 TSV 密度的提高，深反应离子蚀刻（Deep Reactive Ion Etching，DRIE）工艺逐步取代了传统的 RIE 工艺。分别采用激光钻孔、RIE 和 DRIE 制造的 TSV 微观形貌示意图如图 6-41 所示。

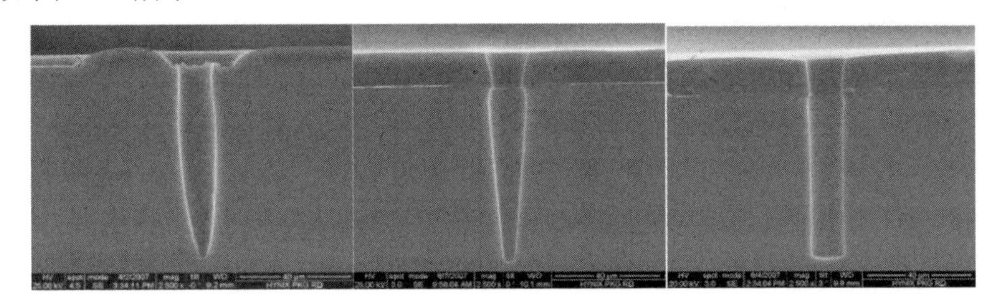

图 6-41 分别采用激光钻孔、RIE 和 DRIE 制造的 TSV 微观形貌示意图

DIRE 与 RIE 的原理相同，二者均是基于氟基气体，通过化学作用和物理作用进行蚀刻的高深宽比硅蚀刻技术。RIE 的各向异性性能不如 DRIE，二者的主要差异是 DRIE 采用钝化和蚀刻交替的方式，这种方式最早由 Bosch 提出并运用在 MEMS 元器件的蚀刻中，故又称为 Bosch 蚀刻工艺，如图 6-42 所示，Bosch 蚀刻工艺过程如下。

- 利用六氟化硫（SF_6）作为蚀刻剂进行硅蚀刻。
- 利用八氟环丁烷（C_4F_8）气体离化产生的钝化膜来保护蚀刻出的侧壁。
- 用定向六氟化硫（SF_6）等离子体进一步蚀刻底部的钝化层和硅层。
- 以上步骤交替反复，通过多次蚀刻循环（Loop）实现垂直 TSV 的蚀刻。

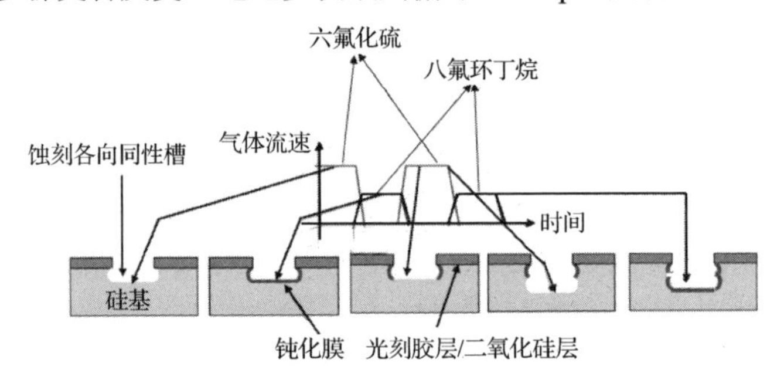

图 6-42 Bosch 蚀刻原理示意图

Bosch 蚀刻工艺的特点在于蚀刻与钝化过程的精准控制。

（1）DRIE 采用两个独立的射频源将等离子的产生和自偏压的产生分离，有效避免了 RIE 中射频功率和等离子密度之间的矛盾，可以实现很好的各向异性。目前 TSV 最大深宽比（Aspect Ratio，AR）可达 25∶1。

（2）DRIE 采用高密度等离子体，即感应耦合等离子体（Inductive Coupled Plasma，ICP），通常蚀刻速率高达 20μm/min。

（3）蚀刻和钝化交替进行的工艺：实现对侧壁的保护，能够实现可控的侧面蚀刻，可以制作出各种倾斜角度的侧壁，保证图形一致。

（4）C_4F_8 在钝化过程沉积的聚合物不仅维持了极佳的蚀刻轮廓角度（90°±1°），也提高了整个蚀刻过程对掩膜材料的选择性（Selectivity），通常选择光刻胶厚度为 50～100μm，对氧化物掩膜的蚀刻速率高达 200μm/min。

（5）在深硅蚀刻中，侧壁粗糙度受蚀刻和钝化两个流程的影响，会在侧壁造成类似荷叶边状的粗糙螺纹，如图 6-43 所示。螺纹的尖峰在接下来的工艺中会在一定程度上增大 TSV 的空隙，进而影响绝缘层、扩散阻挡层和种子黏附层的覆盖范围。如果没有进行妥善处置，则可能会造成漏电和可靠性问题。因此，随着 TSV 尺寸的减小，侧壁粗糙度需要控制至最小。

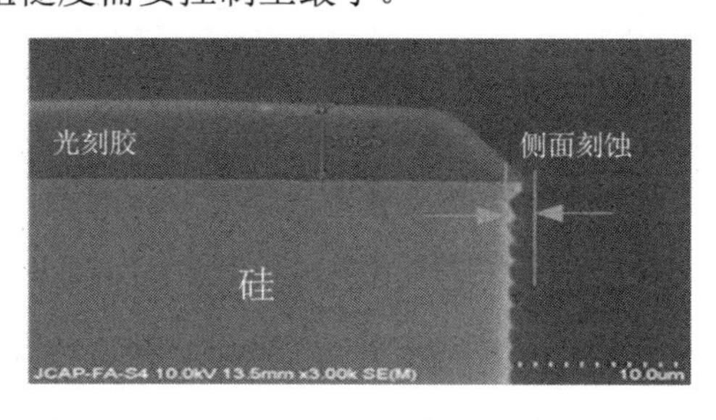

图 6-43　TSV 蚀刻过程形成的侧壁粗糙螺纹

（6）虽然从原理上看，利用 Bosch 工艺蚀刻的通孔应该是垂直的，但在实际的工艺中，还存在气体交换、排放等复杂影响因素，蚀刻后的通孔要做到理想的垂直是非常困难的，而且分布也不均匀，如图 6-44 所示。

在完成 DRIE 后，通常采用 Ar、O_2 气体对孔内侧壁进行处理，去除蚀刻过程中残留的聚合物，但往往由于气体离子扩散浓度与撞击程度不够，不能彻底清除，特别是 TSV 侧壁锯齿上含氟碳残留物。故仍需要使用专门的药水进行清洗，常用的药水一般是 APM（也称为 SC1）清洗液，其化学表达式为 NH_4OH∶H_2O_2∶H_2O，通常三者体积比例为 1∶2∶50。

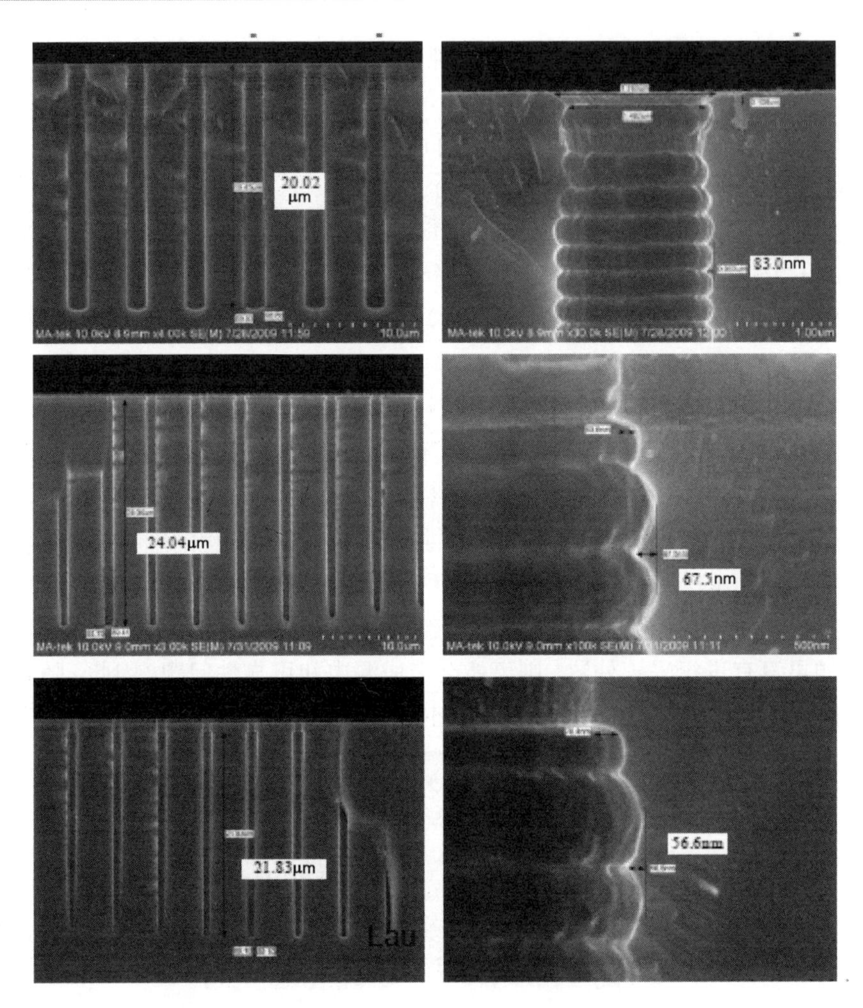

图 6-44 通孔结构在不同位置的典型电子显微图像

6.5.3 绝缘层沉积

TSV 的金属填充首先需要沉积绝缘层对硅衬底进行完全的电气隔离。绝缘层的主要性能要求包括孔内覆盖率、无漏电流、低应力、高击穿电压，以及通过匹配热膨胀系数兼顾后续工艺过程的加工温度。

绝缘层材料的选择非常重要，但由于在 TSV 中进行沉积，与单纯的平面沉积不同，因此需要保证深孔侧壁和底部所沉积的绝缘层厚度。氧化硅/氮化硅绝缘层是为了隔绝金属与硅基体，防止硅基体与通孔内金属之间短接而漏电。绝缘层在厚度只有纳米与微米量级的条件下，既需要有足够的绝缘性能，也需要和硅基体之间有很强的结合力，同时要保证和硅衬底之间热膨胀系数的匹配。通常绝缘材料以硅的氧化物为主，此外使用较多的还有硅基氮化物与硅基氧化物。

二氧化硅（SiO_2）或氮化硅（Si_3N_4）是常用于等离子体增强化学气相沉积（Plasma Enhanced Chemical Vapor Deposition，PECVD）或减压化学气相沉积（Sub-Atmospheric Chemical Vapor Deposition，SACVD）的绝缘层材料。为避免沉积过程中温度过高形成过大的晶圆应力，业内目前多采用 PECVD 来制作二氧化硅或氮化硅。

PECVD 的原理：借助微波或射频等使含有薄膜成分原子的气体电离，在局部形成等离子体，等离子体化学活性很强，很容易发生反应，在基体表面可沉积出所期望的薄膜。为了使化学反应能在较低的温度下进行，利用等离子体的活性来促进反应。PECVD 方式主要的优点是，工艺温度低（400～450℃）、沉积速率快（大于 2000Å/min）、成膜质量好、针孔较少，不易龟裂；缺点是孔内覆盖率不均匀，对深宽比超过 10∶1 的 TSV 或极小尺寸 TSV 覆盖率不足。TSV 孔内氧化层薄膜的台阶覆盖情况常用阶梯覆盖（Step Coverage）率（跨台阶处的膜层厚度 b 与平坦处膜层厚度 a 比值的百分数）和深宽比（Aspect Ratio，AR，TSV 深度 d 与直径 c 的比值）来表征。一般来说，深宽比越大，侧壁的阶梯覆盖率越小，如图 6-45 所示。

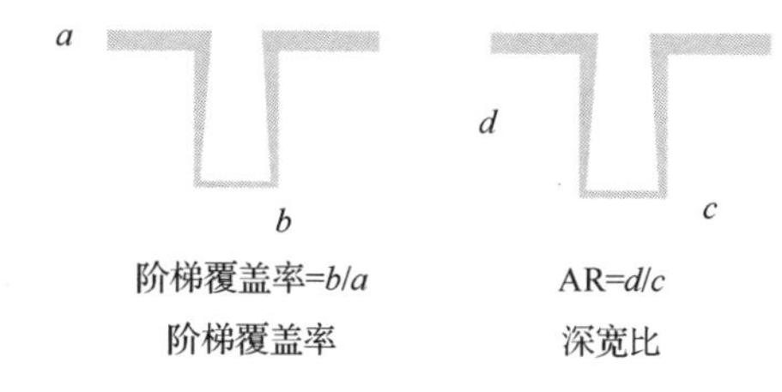

图 6-45　TSV 孔内侧壁的阶梯覆盖率和深宽比的示意图

沉积氧化硅的常用气体原料有两种：硅烷（Silane，如 SiH_4）和正硅酸乙酯（TEOS）。通常根据氧化硅 TSV 的尺寸、填充率及晶圆耐受温度等因素选择沉积气体。

硅烷为易燃易爆气体，一般与氧气（O_2）搭配使用，过程工艺温度较高，大多在 350℃以上，制备的氧化硅较为致密。硅烷也可以与氨气（NH_3）配合使用，用于制备氮化硅或氮氧化硅。硅烷的反应原理为

$$SiH_4 + O_2 \rightarrow SiO_2 + \text{Byproducts}\uparrow \text{（}SiO_2\text{）}$$

$$SiH_4 + NH_3 \rightarrow Si_3N_4 + \text{Byproducts（}Si_3N_4\text{）}$$

$$SiH_4 + NH_3 + N_2O \rightarrow SiON + \text{Byproducts（如 }SiON\text{）}$$

正硅酸乙酯常温下为液态，分子量较大，在增强型等离子体协助下，与氧气搭配制备氧化硅效率高，适合沉积较厚的氧化硅层，工艺温度也可以控制在较低温度，通常 250～400℃是比较适宜的温度区间。正硅酸乙酯的反应原理为

$$TEOS + O_2 \rightarrow SiO_2 + Byproducts（如 SiO_2）$$

通常采用 TEOS-PECVD 工艺的氧化硅具有更好的填充能力和覆盖率，与 Silane-PECVD 工艺相比，其填充能力至少提高了 3 倍。

通常利用 PECVD 工艺沉积的绝缘层均匀分布在通孔顶部，侧壁的绝缘层厚度较大，随着通孔深度的增加，侧壁的绝缘层厚度逐渐减小。在通孔底部与侧壁交界处，绝缘层厚度最小，通孔底部的绝缘层厚度和侧壁某一深度绝缘层的厚度保持一致。仔细观察侧壁上的绝缘层厚度，蚀刻过程中产生的荷叶边状的螺纹也有明显差异：在面向通孔顶部和凸出区域，绝缘层厚度较大，而在背向通孔顶部和凹下区域，绝缘层厚度相对较薄。不同反应沉积的氧化硅在 TSV 内覆盖效果对比（孔深为 130μm，直径为 55μm）如图 6-46 所示。

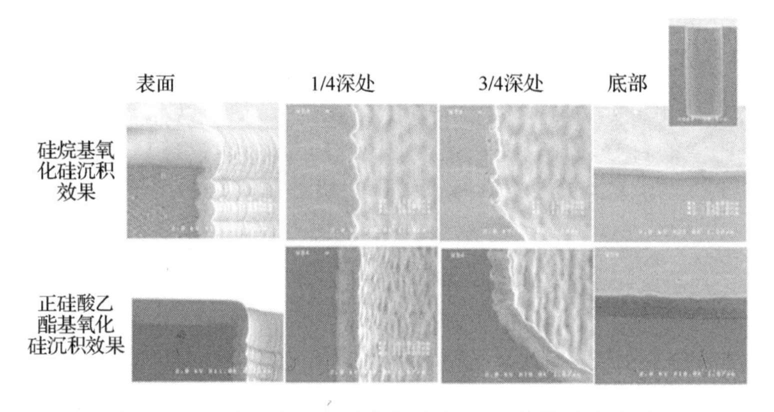

图 6-46　不同反应沉积的氧化硅在 TSV 内覆盖效果对比

绝缘层厚度分布的差异主要与 TSV 的深宽比、尺寸及沉积工艺参数有关，涉及复杂的过程控制。为实现理想的绝缘结构，TSV 表面处理至关重要。同时，绝缘层沉积的温度对绝缘材料的性能影响极大，通常较高的温度可以得到相对致密的绝缘层，从而得到比较好的绝缘效果。

此外，当 TSV 直径小于 5μm 或深宽比超过 15∶1 时，绝缘层更适合用原子层沉积（Atom Layer Deposition，ALD）。ALD 有诸多优势，如较低的热预算，比现有流程更好的阶梯覆盖率，无须进行表面处理等。ALD 的缺点是，工艺设备与材料成本昂贵，沉积速率较慢，一般只用于沉积较薄的绝缘层。

6.5.4　扩散阻挡层和种子黏附层的沉积

用于 TSV 填充以实现信号导通的材料一般是金属，如钨或铜。钨是 IC 晶圆制作过程中常用的通孔内填充材料，其热膨胀系数比较低，电阻率较大，在大尺寸 TSV 工艺中，逐步被电阻率小的铜取代。铜不仅有较好的导电性，而且熔点较高，与后续工艺温度匹配性好，逐步成为工业界通孔填充的标准材料。

表 6-4 所列为常见导体材料的熔点与电阻率。

表 6-4　常见导体材料的熔点与电阻率

材　料	符　号	熔点/℃	电阻率/（μΩ · cm）
硅	Si	1412	0～10^9
掺杂多晶硅	Si	1412	0～500
铝	Al	660	2.83
铜	Cu	1083	1.75
钨	W	3417	5.5
钛	Ti	1670	42
钽	Ta	2996	12.5
钼	Mo	2620	5.2
铂	Pt	1772	10

在使用铜作为电导通材料时，也要考虑铜在硅和氧化硅中都有较高扩散率的情况。为抑制铜的扩散，一般要在铜和氧化硅之间增加一层阻挡扩散用的金属薄膜。这层薄膜通常称为扩散阻挡层（Barrier Layer），以区别于电镀铜所须沉积的铜薄膜种子黏附层。

扩散阻挡层的作用是阻挡铜原子与硅或氧化硅的接触，并保持上下材料间较好的黏接性，满足这个要求的常见金属及化合物有 Ta、TiW、Ti 及 TiN。从成本、性能和工艺方法角度综合考虑，业界多采用物理气相沉积（Physical Vapor Deposition，PVD）的 Ti 层，通常需要保证孔内最小厚度不低于 100nm。

PVD 是指利用物理过程实现物质转移，将原子或分子由源转移到基材表面。PVD 的原理：将带电荷的粒子（通常是氩离子，在电场加速后具有一定动能）引向靶电极（阴极），将靶材原子溅射出来使其沿着一定的方向运动到衬底并最终在衬底上沉积成膜。利用 PVD 技术可以将有特殊性能的金属薄膜均匀地附着在基材表面上，获取更好的性能，如高强度，以及良好的耐磨性、散热性、耐腐蚀性。常见的 PVD 方法包括真空蒸发、溅射、离子镀等。

相比于平面沉积的标准溅射系统，TSV 孔内的金属溅射沉积还需要关注不同深宽比下金属的阶梯覆盖率。为了提高 TSV 内的金属覆盖率，一般多采用直流磁控溅射，在靶电极表面引入强磁场，利用磁场对带电粒子的约束来提高等离子体密度以增加溅射率。与标准的 PVD 相比，直流磁控溅射具有沉积速率更快、基材温度更低、对基材表面的损伤更低、填充能力更好和 TSV 侧壁附着力更强等优点。

在标准的溅射工艺中，为提高沉积速率和效率，通常采用原子靶材与晶圆小间距，定向离子沉积的模式。在用 PVD 进行 TSV 孔内薄膜沉积时，在孔顶部容易形成屋檐（Overhang），并且不能实现线性覆盖（Linear Fill），如图 6-47 所示。

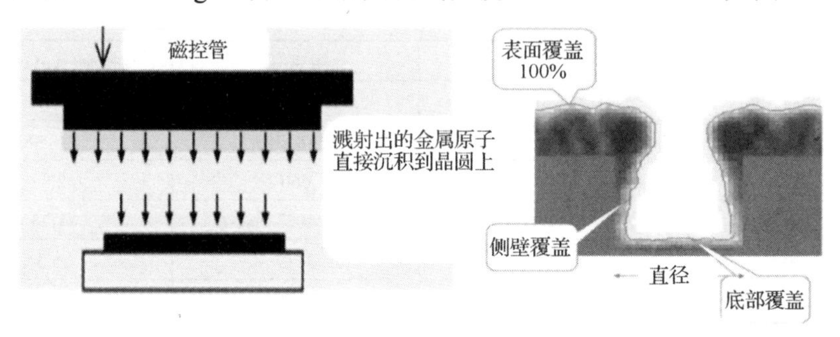

图 6-47　PVD 工艺在 TSV 孔内不同位置的金属阶梯覆盖率对比示意图

此外，当提高孔内侧壁覆盖率而提高平面厚度时，难以克服较厚的铜层带来的高薄膜内应力（Film Stress）。为解决这些问题，可以采用以下手段提高侧壁覆盖率。

（1）减小沉积过程中的压力，采用 Longthrow 技术增大靶材与晶圆距离，以缩短原子溅射路径和减小 TSV 夹角，如图 6-48 所示。

图 6-48　用于增大靶材与晶圆距离的 Longthrow 技术原理示意图

（2）采用 Collimator 技术在靶材与晶圆之间增加蜂窝滤网，减少散射原子溅射，增强方向性以增加覆盖率，如图 6-49 所示。

（3）在晶圆附近增加射频电磁场，提高等离子体密度并进行二次溅射（Re-Sputter），提高原子在侧壁的覆盖率，如图 6-50 所示。

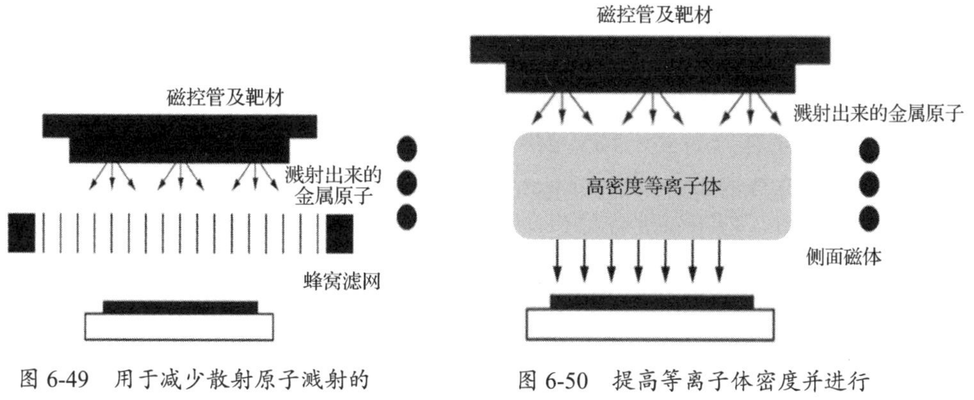

图 6-49　用于减少散射原子溅射的 Collimator 技术原理示意图

图 6-50　提高等离子体密度并进行二次溅射的原理示意图

所有相关技术在提高孔内覆盖率的同时往往都会带来沉积效率的降低。如图 6-51 所示，采用以上相关技术后，将 AR 为 5∶1（100μm∶20μm）与 AR 为 10∶1（100μm∶10μm）孔内不同位置覆盖厚度进行对比，可以发现，随着深宽比的增加，孔内覆盖厚度急剧减小。

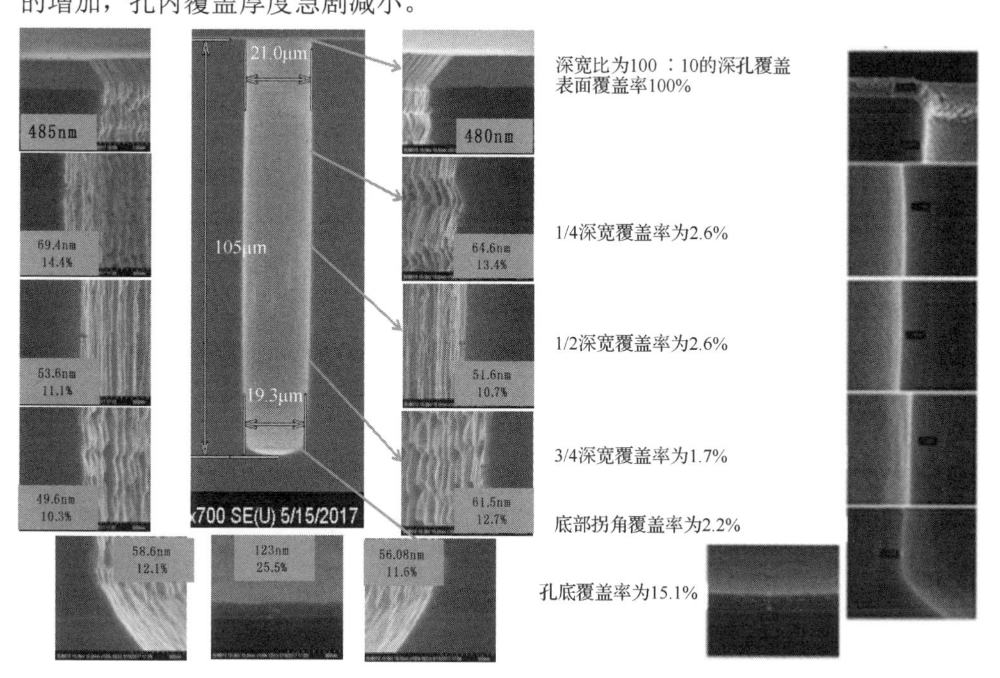

图 6-51　AR 分别为 5 : 1 与 10 : 1 时的孔内不同位置覆盖厚度的示意图

对于 AR 超过 10∶1 的 TSV 或小尺寸孔，ALD 比 PVD 具备更好的填充能力。但总体来说，考虑到成本，以及扩散阻挡层和种子黏附层的热预算，PVD 工艺仍是较好的选择。

6.5.5 硅通孔镀铜

由于采用溅射方式沉积种子黏附层，孔内厚度不足 1μm，因此需要进一步填充 TSV。结合工艺难易度、TSV 的特征尺寸、深宽比、工艺特点、可靠性、成本及材料导电性等因素，镀铜（Electro Plating）工艺具有工艺灵活、成本低、沉积速率快的优点，适用于大规模生产，现已成为 TSV 制备过程中通孔填充的主要方式。

根据填孔过程与形貌的不同，TSV 镀铜主要有以下工艺。

（1）均匀镀铜（Conformal Copper Plating）工艺。均匀镀铜工艺已经广泛应用于低成本晶圆级封装，通过合理调配镀液抑制剂与添加剂，电镀时通孔侧壁和底部均匀生长，凸出位置生长速度更快。均匀镀铜工艺不适用于小孔径、大深宽比的 TSV 填充。尤其是在尺寸较小的深孔填充过程中，容易出现底部未完成填充时，通孔开口可能已封闭的问题，在孔底部形成电镀空洞，如图 6-52 所示。

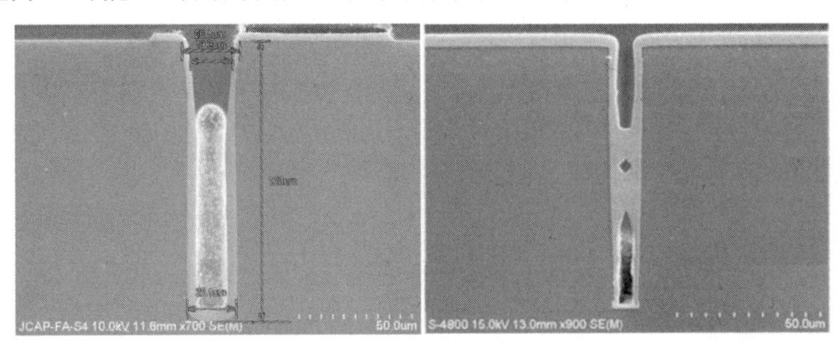

图 6-52　均匀镀铜填充效果（左）与非均匀填充缺陷（右）实例示意图

（2）自下向上的镀铜（Bottom-Up Copper Plating）工艺。自下向上的镀铜工艺可以满足无电镀孔洞的镀铜需求。通过使用特殊电镀添加剂、电镀设备及经过特殊设计的电场，在电镀时可减慢通孔外表面铜的沉积速率，加速通孔内部铜的沉积，该工艺的特点如下。

- 采用强吸附力抑制剂来抑制覆盖在铜表面的原子层。
- 改善加速剂成分来抵消抑制剂的作用，加速通孔底部铜的沉积。
- 采用整平剂和/或增亮剂消除表面曲率分布引起的高电场区域的沉积不均匀现象，减慢凸出表面位置的成核速率。
- 加速剂在通孔底部聚集，抵消抑制剂的作用，以此来加速通孔底部铜的沉积。
- 优化结构，设计特殊电场，通过减小流体边界层厚度，降低加速剂在晶圆表面的浓度，减慢铜沉积速率。

• 采用周期脉冲反向电流进行电镀，抑制通孔内壁尖锐表面的生长。

自下向上的镀铜工艺示意图如图 6-53 所示。

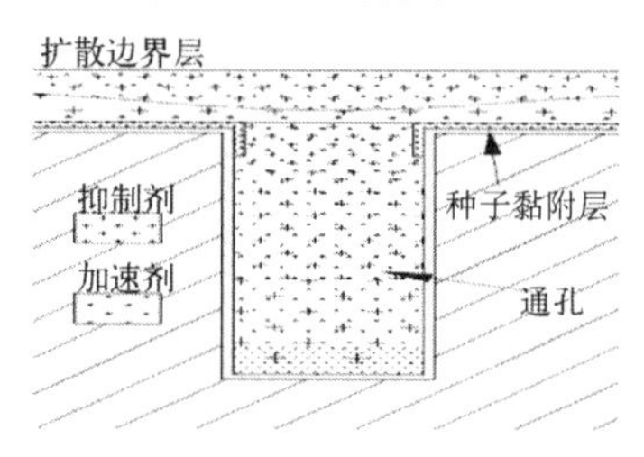

图 6-53　自下向上的镀铜工艺示意图

与均匀镀铜工艺类似，自下向上的镀铜工艺也容易出现底部未完成填充时，通孔开口可能已封闭的问题，如图 6-54 所示。需要从电镀前处理及电镀液配方等角度避免这种问题的发生。

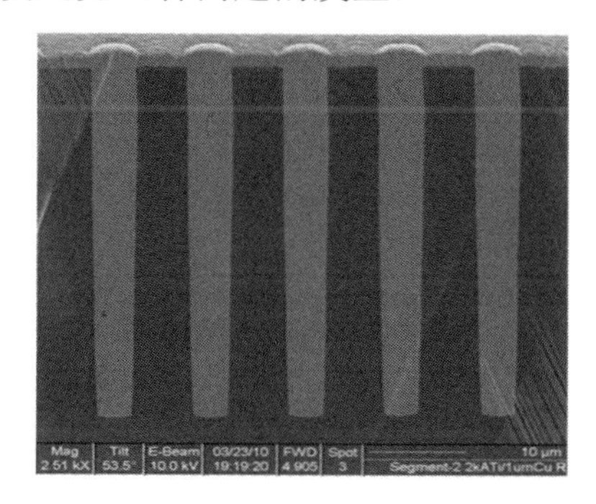

（a）完整 TSV 镀铜填充效果

（b）不完整 TSV 镀铜填充效果

图 6-54　完整与不完整 TSV 镀铜填充效果对比图

最后，使用化学腐蚀或化学机械抛光（Chemical Mechanical Polish，CMP）工艺来去除芯片表面的铜覆盖层和扩散阻挡层。通常需要两个步骤：第一步是去除通孔填充后厚的铜凹坑或凹槽，到扩散阻挡层停止；第二步是去除扩散阻挡层，到绝缘层停止。

目前，随着电镀设备和相关添加剂的发展，直径为 5～100μm 的 TSV 都可以用电镀铜工艺进行填充。电镀铜的优点在于串联电阻小、常温操作、成本低，可批量加工。但对于更大尺寸的通孔，如直径大于 100μm 的通孔，则更适合采用多晶硅来填充，这主要是因为多晶硅与硅的热膨胀系数更匹配。铜的热膨胀系数比硅的热膨胀系数大 5～6 倍，对于更大尺寸的通孔，减小应力应成为主要考虑的因素。

此外，对于尺寸较小的 TSV，还可以采用多晶硅、钨、铜来填充。这类填充工艺可以填充高深宽比（大于 10∶1）的 TSV，但通孔串联电阻较大，或者需要在较高的温度下退火，应用范围受到限制。

6.6 重布线工艺

在设计芯片时，只有极少数芯片的 I/O 端口是按照面阵列形式来进行设计的，尤其是对于高性能多 I/O 端口的芯片，有限的空间需要优先考虑各功能模块的排布。这样就需要开发重布线技术，在晶圆表面利用金属层与介质层形成相应的金属布线图形，将原来设计的芯片线路焊盘重新布线到新的、间距更宽的位置，使芯片能适用于更有效的封装互连形式。采用 RDL 技术的 2.5D 转接板切面示意图如图 6-55 所示。

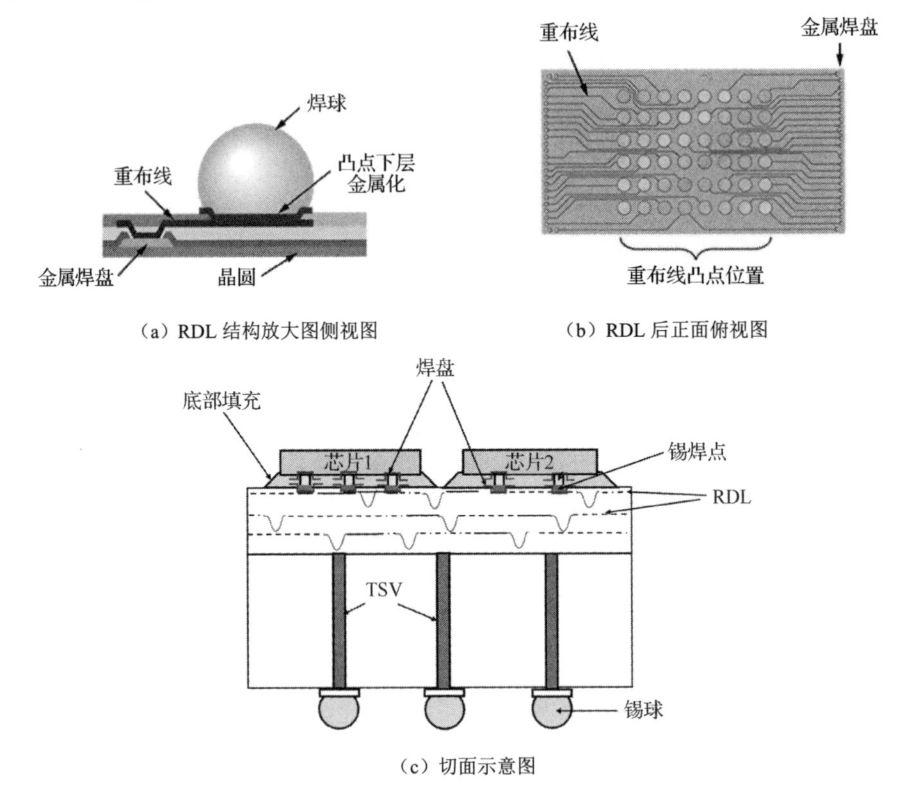

（a）RDL 结构放大图侧视图

（b）RDL 后正面俯视图

（c）切面示意图

图 6-55　采用 RDL 技术的 2.5D 转接板示意图

借助于 RDL 可改变线路 I/O 端口原有的设计，增加原有设计的附加价值。可加大 I/O 端口的间距，提供较大的凸块焊接面积，减小基板与元器件间的应力，提高元器件的可靠性。另外，封装工艺 RDL 可取代部分芯片线路，以缩短芯片开发时间。

在晶圆级金属 RDL 工艺中，常用的金属材料有铜和铝。铜线具有电阻率低、导热性好、工艺成熟、生产速度快且成本低的特点，是目前业内低时延、大电流与大功率元器件的最佳选择。铝线通常配合镀镍金或镍钯金来提高可靠性，用于影像传感器、MEMS 等工艺领域。

金属线路之间常用的介电绝缘薄膜材料主要有聚酰亚胺（Polyimide，PI）、聚苯并恶唑（Polybenzoxazole，PBO）和苯并环丁烯（Benzo-Cyclo-Butene，BCB），前两种材料具备光刻图形能力且与晶圆级封装工艺兼容，使用较为广泛。下面以铜线 RDL 制作方式为主要内容，介绍几种不同的 RDL 工艺流程。

6.6.1　电镀铜重布线

电镀铜层因具有良好的导电性、导热性和机械延展性等而广泛应用于电子信息产品领域，电镀铜技术也因此推广到了整个电子材料制造领域，从 PCB 制造到 IC 基板封装，再到大规模集成电路 RDL 工艺中。

图 6-56 所示为晶圆上基于 TSV 及孔内填充工艺实现 RDL 的流程示意图。

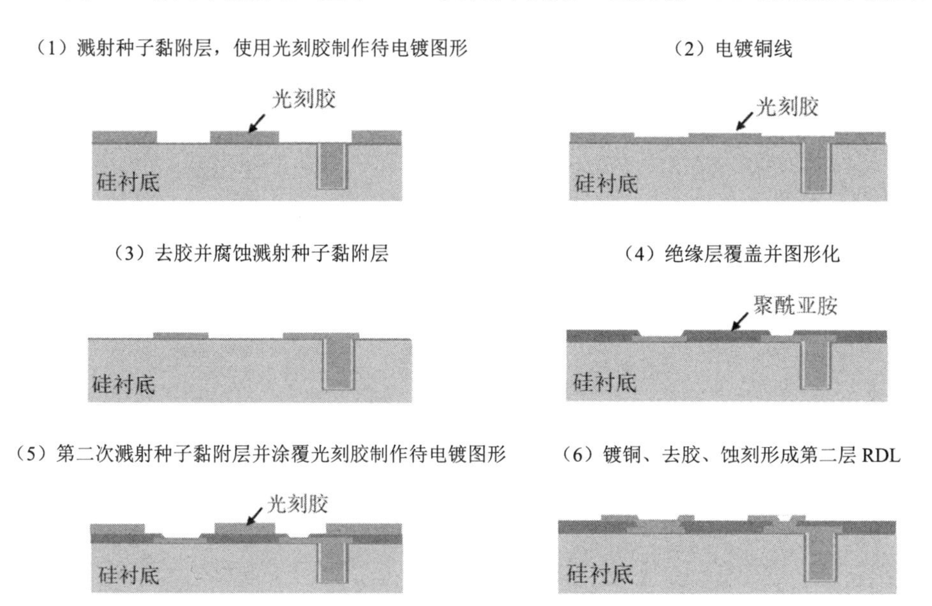

图 6-56　晶圆上基于 TSV 及孔内填充工艺实现 RDL 的流程示意图

（7）重复以上 RDL 与钝化层工艺，直至完成全部 RDL 结构

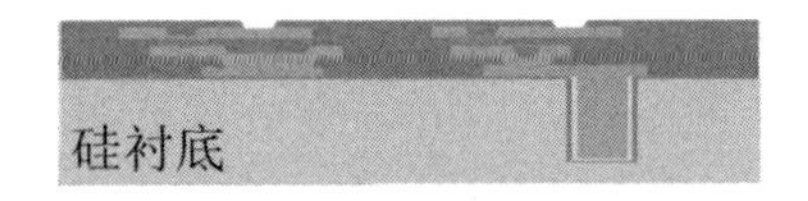

图 6-56　晶圆上基于 TSV 及孔内填充工艺实现 RDL 的流程示意图（续）

电镀铜 RDL 工艺简单，适合制作线宽/间距（Line/Space）在 5μm/5μm 以上的 RDL 结构。这种工艺的缺点是，当多层叠加时，交叉的线路层不平整，容易引起线条变形，造成线条之间的电容或电感变异。多层叠加 RDL 实例示意图如图 6-57 所示。

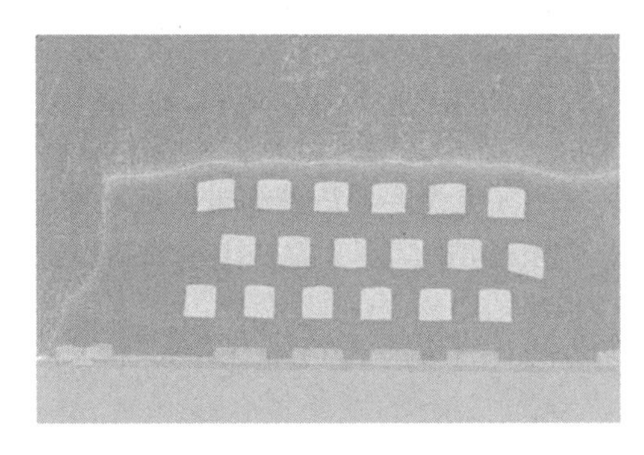

图 6-57　多层叠加 RDL 实例示意图

6.6.2　大马士革重布线

当 RDL 的线宽和线距为 2μm/2μm 甚至低于 1μm/1μm 时，受限于钝化层材料（如聚酰亚胺）的分辨率及电镀种子黏附层的腐蚀工艺等，电镀方式不再是最佳的工艺选择。利用前道晶圆制造里大马士革工艺（Dual Dam Secene）原理的 RDL 工艺应运而生，它是当前行业研究的重点工艺。大马士革 RDL 工艺流程示意图如图 6-58 所示。

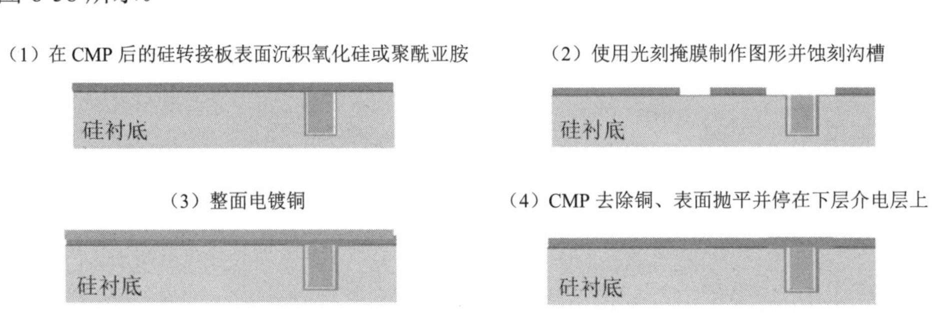

图 6-58　大马士革 RDL 工艺流程示意图

（5）第二层介电层沉积

（6）第二层线条与下层开口制作

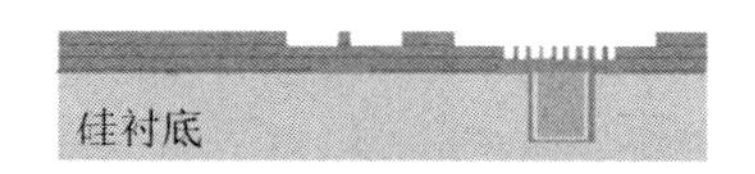

（7）第二层种子黏附层沉积、电镀、CMP 得到第二层 RDL

（8）重复以上 RDL 与钝化层工艺，直至完成全部 RDL 结构

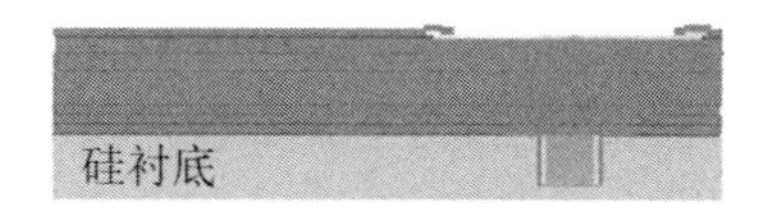

图 6-58　大马士革 RDL 工艺流程示意图（续）

目前业内除使用基于氧化硅 CMP 工艺的大马士革结构外，也在尝试使用集成聚酰亚胺的大马士革工艺。图 6-59 所示为基于大马士革工艺的双层 RDL 切面图，从图中可以看到，各金属层的厚度十分均匀。

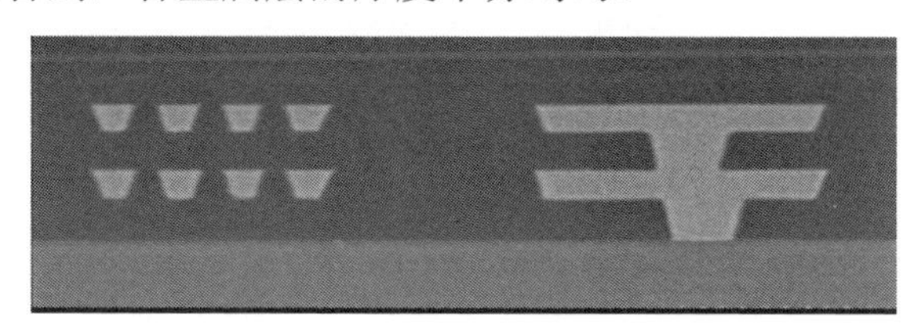

图 6-59　基于大马士革工艺的双层 RDL 切面图

6.6.3　金属蒸镀+金属剥除重布线

除上述两种 RDL 制作工艺外，还有采用金属蒸镀+剥除（Metal Lift Off，MLO）工艺来制作 RDL 的。该工艺对工艺设备与材料要求较低，并且比电镀铜的应力大，是一种低成本的高密度 RDL 制作工艺。金属蒸镀+金属剥除工艺流程示意图如图 6-60 所示。

（1）基材表面制作绝缘层

（2）采用特殊的光刻工艺制作 RDL 图形

（3）整面蒸镀金属

（4）剥离光刻胶及其表面金属，得到 RDL 铜线

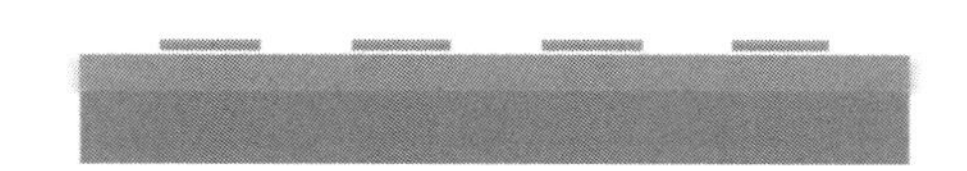

图 6-60　金属蒸镀+金属剥除工艺流程示意图

（5）涂覆第二层绝缘层并开口

（6）重复以上流程，直至完成全部 RDL 与钝化层结构

图 6-60　金属蒸镀+金属剥除工艺流程示意图

用金属蒸镀+金属剥除工艺得到的 RDL 尺寸一致性好，最小线宽、线距均为 1μm，并且所用材料不受限制。该工艺是制备滤波器等元器件常用的方法。图 6-61 所示为用金属蒸镀+金属剥除工艺制作的线宽、线距均为 3μm 的 RDL 与切面示意图。

图 6-61　用金属蒸镀+金属剥除工艺制作的线宽、线距均为 3μm 的 RDL 与切面示意图

带有 TSV 和高密度金属 RDL 的硅基转接板能将 TSV 技术与 RDL 技术集成在一起，两面与不同芯片互连，采用平面、3D 或平面与 3D 混合的方式，可以大幅提高系统集成密度，实现系统级的异质集成。从 IC 发展趋势和微电子产品系统集成发展趋势来看，在有机基板布线密度不足的情况下，使用中介层转接板提高芯片整合与互连密度是未来系统级封装技术的重要发展方向。

6.7　临时键合与解键合工艺

为满足 TSV 制造需求，晶圆减薄已是大势所趋，但由于超薄晶圆柔性较差且易碎，容易产生翘曲，因此需要一套支撑系统来使 TSV 加工顺利进行。在此背景下，临时键合与解键合工艺得到发展。根据解键合的原理不同，通常有以下几种常见的临时键合与解键合工艺。

6.7.1　热/机械滑移式临时键合与解键合

热/机械滑移式临时键合（Thermal/Mechanical Slide Type Temporary Bonding）与解键合的原理：借助于树脂材料在特定温度下的黏度变化，实现圆片的固定，

在固定好圆片后升温到树脂材料最小黏度的温度区间，通过受热滑移（Thermal Slide）或机械滑移（Mechanical Slide）解除键合。

图 6-62 所示为热/机械滑移式临时键合与解键合工艺的流程示意图。

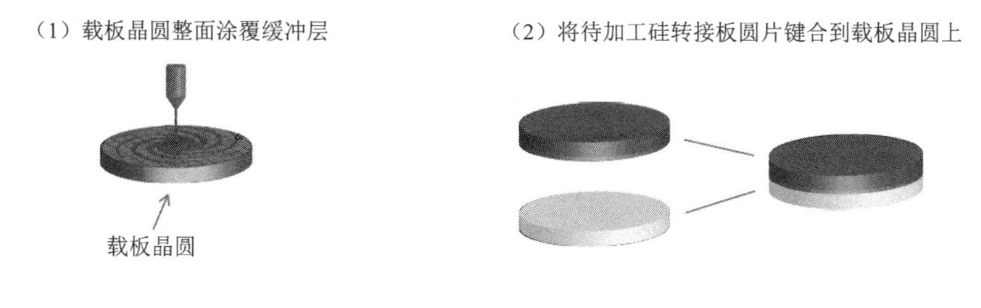

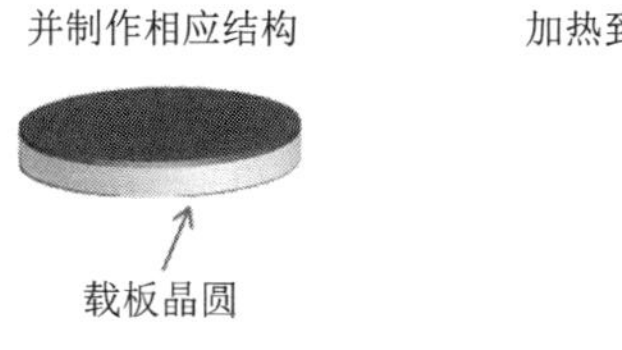

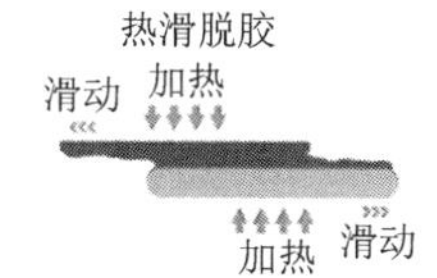

图 6-62　热/机械滑移式临时键合与解键合工艺的流程示意图

热/机械滑移式临时键合与解键合工艺对载板材料没有特殊要求，但对黏接剂材料特性要求较高，一般要求该材料最大耐热温度为 220℃（解键合温度大约为 180℃），实际工艺温度不宜超过 180℃。热/机械滑移式临时键合与解键合工艺比较适用于工艺流程简单、材料成本较低、工艺过程无高温或多次受热过程的封装工艺，不适用于过程中有聚酰亚胺固化或 PECVD 等涉及高温的工艺，这是因为在高温环境下会有提前受热分层的风险。除此之外，对于减薄到 100μm 或以下的圆片，热/机械滑移过程产生的应力还存在使圆片破片的风险，目前已逐步被化学解键合或激光解键合方式取代。

6.7.2　化学浸泡式临时键合与解键合

化学浸泡式临时键合与解键合工艺与热/机械滑移式临时键合与解键合的不同之处是，前者利用化学药液浸泡的方式将圆片与载板之间的黏接层去除，实现解键合的目的。

图 6-63 所示为化学浸泡式临时键合与解键合工艺流程示意图。

（1）载板整面涂覆缓冲层并制作边缘黏接层

（2）将待加工硅转接板圆片键合到载板上

（3）减薄加工硅转接板圆片并制作相应结构

（4）将键合圆片浸泡在化学药液中，当边缘黏接层软化并溶解分离后，移除载板

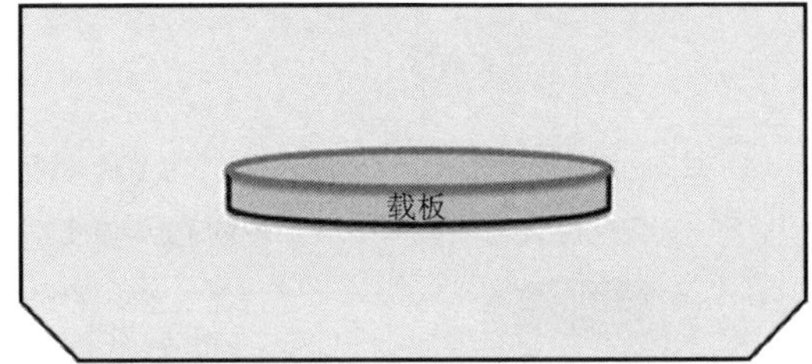

（5）清洗解键合之后的硅转接板圆片

图 6-63　化学浸泡式临时键合与解键合工艺流程示意图

化学浸泡式临时键合与解键合材料的热预算较低，对载板材料也没有特殊要求，可以根据情况使用玻璃或硅片。键合后的圆片一般可以耐受 250℃或更高的温度，实际工艺温度不宜超过 220℃。化学浸泡式临时键合与解键合工艺比较适用于工艺流程中有一定温度或需要多次回流的封装工艺，不适用于过程中有聚酰亚胺固化或 PECVD 等涉及高温的工艺，这是因为材料过度受热会造成解键合困难。化学浸泡式临时键合与解键合工艺的特点是键合结构中仅边缘黏接，中心区域为无应力附着状态，解键合过程依赖于药液对预设边缘结合区域的溶解，在药液浸泡过程中，缝隙较小，溶解不充分会难以察觉，在后续的解键合过程中易出现圆片破裂的风险。

6.7.3　激光式临时键合与解键合

激光式解键合是通过紫外激光照射激光敏感材料使该材料发生光化学反应，从而晶圆键合的激光敏感材料分解失去黏性，实现薄圆片的高效、室温、无应力分离，最后采用配套清洗剂去除圆片上残留的有机物。

图 6-64 所示为激光式临时键合与解键合工艺流程示意图。

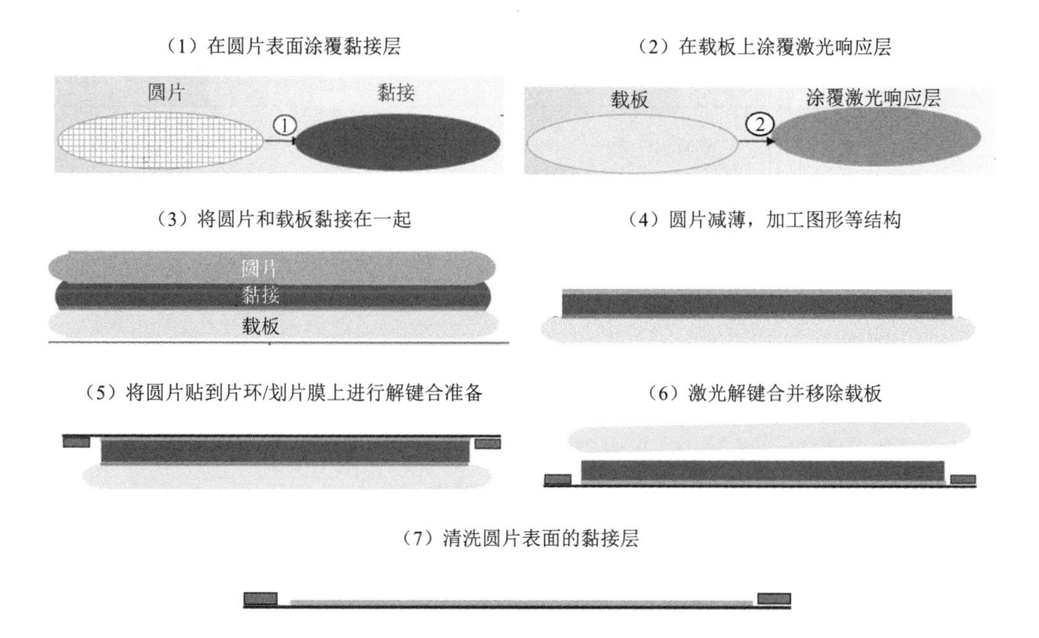

图 6-64　激光式临时键合与解键合工艺流程示意图

在激光式临时键合与解键合工艺中，使用的载板必须是透光玻璃，对激光透射率等有很高的要求，以使分离层（Release Layer）与黏接层（Adhesive Layer）在激光照射下分离。行业内的分离层材料多采用聚合物，可以极大地提高工艺的耐受温度，目前业内主流材料的耐受温度均已经提高到 250℃，最高可达 350℃。根据激光解键合的原理，当光源光子能量低于材料化学键能时，发生光热转换，这属于“热”加工。“热”加工激光解键合材料的代表产品是 3M 公司响应波段在 1064nm 红外的 LTHC。当光源光子能量高于材料化学键能时，光子可以使材料化学键断裂，发生光化学反应，这属于“冷”加工。“冷”加工激光解键合材料的代表产品是 Brewer 公司响应波段在 308～355nm 紫外的 BOND701。目前我国材料厂商已经开始研究激光解键合材料与设备，如深圳市化讯应用材料有限公司开发了紫外激光解键合技术。

表 6-5 所列为临时键合与解键合工艺的主要特性对比，在实际使用时可以结

合各自的工艺特点进行选择。

表 6-5　临时键合与解键合工艺的主要特性对比

工艺类型	载板材料	最大工艺温度/极限耐受温度/℃	抗化学性	可搭配特定缓冲层	高温机械强度
热/机械滑移式临时键合与解键合	任选	180/220	一般	是	低
化学浸泡式临时键合与解键合	任选	200/250	好	是	高
激光式临时键合与解键合	玻璃	300/350	好	是（不需要特定）	高

6.8　塑封工艺

塑封（Molding）采用专用模具，在一定压力和温度条件下用塑封树脂把键合后的芯片半成品封装固定与保护起来，从而达到保护芯片、元器件及引线，避免受损、污染、受潮、氧化，以及增强电热性能等作用。塑封后，芯片与外界隔离，一方面能防止空气中的杂质对芯片电路腐蚀而造成电气性能下降；另一方面，塑封后的芯片便于安装和运输。

6.8.1　塑封前等离子清洗

塑封前等离子清洗的目的是清除金属、陶瓷、塑料表面的有机污染物，该步骤可以显著使这些物体表面的黏性增加及黏接强度提高。表面活化、蚀刻、沉积等离子清洗技术可以改善绝大多数物质的性能，如洁净度、亲水性、疏水性、黏接性、标刻性、润滑性、耐磨性等。等离子清洗技术容易操作且可进行安全的重复操作。塑封前等离子清洗根据原理可以分为物理撞击清洗和化学氧化还原清洗。

（1）物理撞击清洗：在腔体两边加电极，使少量惰性气体电离，在移动过程中冲击污染物，将污染物带走，清洁能力较弱。当惰性气体冲击基板时，可能导致轻微的基板粗化。图 6-65 是物理撞击清洗原理示意图。

（2）化学氧化还原清洗：在电场的作用下，将氧气分子或氢气分子活化，从而与污染物进行化学反应，达到清洗的目的。化学反应可分为氧化反应与还原反应。图 6-66 所示为化学氧化还原清洗原理示意图。氧化反应使用氧气，氧原子被激发，与含碳的有机物发生氧化反应而使其分解，形成 CO_2 与 H_2O，同时带走污染物，这种方法清洁能力强，但会对基板或线路等结构造成氧化损伤。还原反应使用氢气，氢原子被激发，与氧化物发生还原反应，生成 H_2O 及纯金属物质，此方法仅对氧化物有效果，一般应用于引线键合前和基板塑封前。

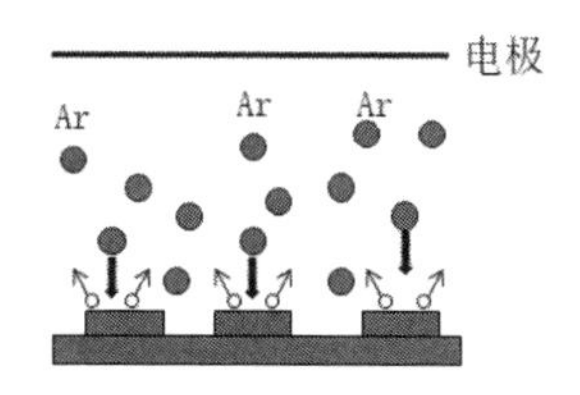

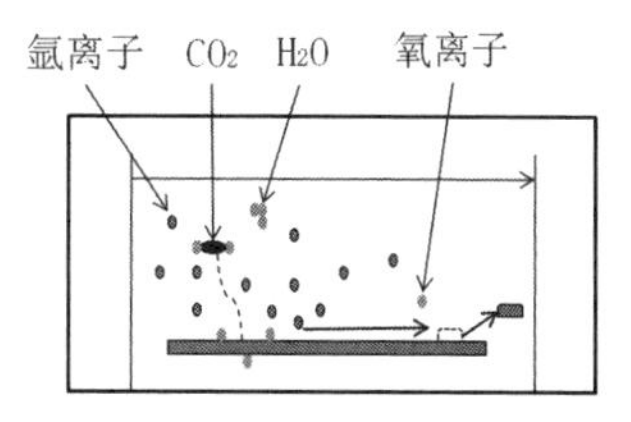

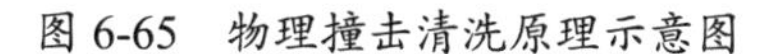

图 6-65　物理撞击清洗原理示意图　　图 6-66　化学氧化还原清洗原理示意图

6.8.2　塑封工艺的分类

塑封工艺可以分为转移塑封（Transfer Molding）、等压塑封（Compression Molding）、转移和等压塑封（Transfer and Compression Molding）。

（1）转移塑封：将塑封料加热融化后，通过冲杆挤压的方式转移到模腔中，从而达到塑封成型的目的。

转移塑封的优点如下。

- 适用性广，目前主流的封装厂均采用转移塑封工艺。
- 设备技术成熟、稳定。

转移塑封的缺点如下。

- 需要定期清洁模具，影响机台使用效率。
- 塑封料浪费较多。
- 转移过程中塑封料有明显的流动现象，存在引线冲弯的风险。
- 模具厚度固定，对于不同厚度的塑封体，需要额外采购对应厚度的模具。

（2）等压塑封：将粉末或液态塑封料均匀撒放在模腔中，待粉末塑封料融化后，通过压力将塑封料均匀充满模腔，从而达到塑封的目的。

等压塑封形式的优点如下。

- 模具不需要清洁，机台使用效率高。
- 塑封料为粉末状，塑封料利用率可接近 100%。
- 塑封过程塑封料无明显流动现象，无引线冲弯风险。
- 塑封厚度相差 0.3mm 的产品可以共享一套模具。

等压塑封的缺点如下。

- 粉末或液态塑封料成本昂贵。
- 需要使用隔离膜，增加成本。
- 塑封过程塑封料无明显的流动现象，容易残留空气，产生空洞，对设备真空度的要求较高。

- 厚度的控制取决于投入塑封料的质量，容易发生厚度异常的问题。

（3）转移和等压塑封是转移塑封和等压塑封的结合，针对一些复杂的产品或特殊要求，进行两次塑封。转移和等压塑封目前适用于有特殊要求的产品。

6.8.3 影响塑封工艺的关键因素

影响塑封工艺的关键因素包括塑封料的前处理、模具的温度、转移压力和转移速度等。

1. 塑封料的前处理

（1）由于塑封料一般存储在 4℃以下的环境中，取出时会有不同程度的吸湿，因此在使用前应放在干燥的地方进行塑封料回温，使其达到室温后再使用。一般塑封料回温时间不少于 12 小时。

（2）塑封料的密度较高，疏松的料块会含有过多的空气和湿气，经塑封料回温和高周波预热也不易蒸发完全，从而造成塑封体内空洞增多。

（3）料块大小要适中：料块太小会造成模具填充不良；料块太大会造成脱模困难，模具与冲杆沾污严重，并造成材料的浪费。

2. 模具的温度

在塑封过程中，模具温度应略高于塑封料玻璃转换温度，塑封料这样能获得较理想的材料流动性。当模具温度过高时，塑封料凝结过快，内应力增大，塑封料与基板之间的黏接力下降。同时，塑封料凝结过快会使模具填充不满。当模具温度过低时，塑封料流动性差，同样会出现模具填充不良，塑封层机械强度下降。同时，保持模具各区域温度均匀是非常重要的，如果模具温度不均匀，则会造成塑封料凝结程度不均匀，导致塑封体机械强度不一致。

3. 转移压力

转移压力要根据塑封料的流动性和模具温度而定，当压力过小时，塑封体密度低，与基板黏接性差，易发生吸湿腐蚀，并出现腔体无法转移充满的问题。当凝胶化过程即将结束时，转移压力过大，对引线的冲击力也随之增大，造成引线被冲弯或冲断。

4. 转移速度

转移速度主要根据塑封料的凝胶化时间确定。在凝胶化期间，转移速度较快，在其余时间较慢。注模要在凝胶化时间内完成，否则塑封料提前凝结会造成引线冲断或塑封层缺陷。

5. 塑封料的吸湿性和化学黏接性

塑封工艺好坏的判断标准为可靠性。可靠性的影响因素主要包括塑封料的吸湿性、化学黏接性，以及塑封体的内应力等。对塑封体而言，湿气渗入是影响其气密性并导致失效的主要原因之一。湿气渗入塑封体主要有两种途径：一是通过塑封体；二是通过塑封体与基板的间隙。当湿气通过这两种途径到达芯片表面时，在其表面形成一层导电水膜，并将塑封料中的 Na^{+}、Cl^{-}离子带入，在电位差的作用下，加速对芯片表面线路的电化学腐蚀，最终导致线路开路。随着电路集成度的不断提高，芯片线路越来越细，电化学腐蚀对塑封体寿命的影响越来越严重。

针对上述问题，对塑封料通常有以下要求。

（1）塑封料有较高的纯度，Na^{+}、Cl^{-}离子浓度降至最低。

（2）塑封料主要成分环氧树脂与无机填料的结合力要大，防止湿气由塑封料本体渗入。

（3）塑封料与基板的界面要有较好的黏接性。

6. 塑封体与芯片的内应力

塑封体、芯片、基板之间的热膨胀系数不匹配而产生的内应力对塑封体的密封性有着不可忽视的影响。在转移成型冷却过程中或塑封体应用环境的温差较大时，有可能导致焊点开脱、引线断裂，或者塑封体与基板界面黏接处分层，进而导致可靠性失效。

利用严酷环境的可靠性试验条件，可以模拟芯片产品的运送及 PCB 上板组装工艺，以及在各种环境应力下的生命周期。收集到的测试结果可换算成芯片的寿命预测数据。其目的在于验证及解决产品初期的故障问题，并提供产品失效的比率和机理。

6.8.4 塑封后固化烘烤

塑封后固化烘烤（Post Mold Cure，PMC）的主要目的是使材料的分子链交叉反应更充分，以使其具有更稳定的物理性质与化学性质，并释放塑封时产生的内应力。一般烘烤条件为（175±5）℃，恒温时间根据塑封料的种类确定。

图 6-67 所示为塑封料分子链交叉反应与烘烤时间固化程度关系示意图。

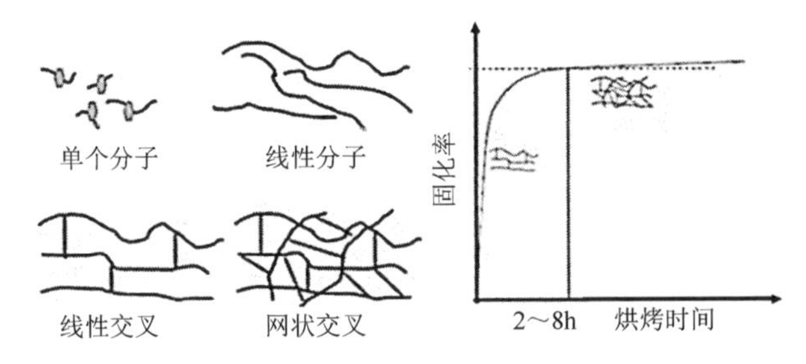

图 6-67　塑封料分子链交叉反应与烘烤时间固化程度关系示意图

参 考 文 献

[1] MILLER L F. Controlled Collapse Reflow Chip Joining[J]. IBM Journal of Research and Development，2000.

[2] China IC Seminar，Advances in Wire Bonding Technology. KULICKE & SOFFA White Paper，2018.

[3] 马永健. EMC 设计工程实务[M]. 北京：国防工业出版社，2008：186-187.

[4] KODALI V P. 工程电磁兼容（第 2 版）[M]. 陈淑凤，苏东林，等，译. 北京：人民邮电出版社，2006：210-233.

[5] 肖鹏远，焦晓宁. 电磁屏蔽原理及其电磁屏蔽材料制造方法的研究[J]. 非织造布，2010（5）：16-19.

[6] 杜宗祥. 电磁屏蔽中的一般概念及技术方法[J]. 天津职业院校联合学报，2007，9（5）：13-15.

[7] NAKANO F，et，al. Resin-Insertion Effect on Thermal Cycle Resistivity of Flip-Chip Mounted LSI Devices，The Proceedings of the International Society of Hybrid Microelectronics Conference，1987：536.

[8] OKTAY S. Parametric Study of Temperature Profiles in Chips Joined by Controlled Collapse Techniques[J]. IBM Journal of Research & Development，1969，13（3）：272-285.

[9] NORRIS K C，LANDZBERG A H. Reliability of Controlled Collapse Interconnections[J]. IBM Journal of Research & Development，2010，13（3）：266-271.

[10] YANG X，LUO C，TIAN X，et al. A Revew of in Situ Transmission Electron Microscopy Study on the Switching Mechanism and Packaging Reliability in Non-Volatile Memory[J]. 半导体学报：英文版，42（1）：15.

[11] PAQUET M C，DUFORT C，LOMBARDI T E，et al. Effect of Underfill Formulation on Large-Die，Flip-Chip Organic Package Reliability：A Systematic Study on Compositional and Assembly Process Variations[C]//2016 IEEE 66th Electronic Components and Technology Conference（ECTC）. IEEE，2016.

第7章 系统级封装集成结构

芯片封装一般包括以金属框架为基板的封装、以有机复合材料压合铜 PCB 为基板的封装、以烧结陶瓷电路多层板为基板的封装、芯片或元器件埋入基板的封装和无基板的晶圆级芯片封装（Wafer Level Chip Scale Package，WLCSP）等类型。而晶圆级芯片封装分为扇入型（Fan-In，FI）和扇出型（Fan-Out，FO）两种。根据系统级封装的结构特点，芯片封装一般包括芯片平面或堆叠封装、PoP 封装、内埋一次封装体封装（Package in Package，PiP）、双面封装、2.5D 封装（2.5 Dimension Package）与 3D 封装（3 Dimension Package）等。本章将对系统级封装的主要封装集成结构，以及相应的关键工艺与流程进行综合介绍，包括陶瓷封装集成结构，以及多芯片堆叠、埋入式、PoP、双面、MEMS、2.5D 与扇出型等封装结构。

7.1 陶瓷封装集成结构

陶瓷封装集成结构是指以陶瓷为基板或主材的封装结构。陶瓷主要包括低温烧结陶瓷（Low Temperature Co-Fired Ceramic，LTCC）和高温烧结陶瓷（High Temperature Co-Fired Ceramic，HTCC）。陶瓷的主要特点是致密性好、耐温性好、吸水率极低、抗腐蚀性好、刚度优良、结构与电气性能稳定。但因制备成本较高，陶瓷封装主要用于高端环境或苛刻环境下，如关键工业设备和汽车发动机附件等。

7.1.1 陶瓷封装的类型及工艺

系统级陶瓷封装按照是否具有气密性结构可分为气密性和非气密性等类型；按照封装腔体结构及腔体数量可分为无腔、单腔、双腔和多腔（包括 2D 多腔和 3D 多腔）等类型；按照所用基板可分为厚膜、薄膜、硅基板、陶瓷基板与陶瓷外壳一体化等类型；按照封装集成工艺和排列堆积方式可分为陶瓷垂直堆叠、陶瓷基板的 2.5D 堆叠及 3D 堆叠等类型。

系统级陶瓷封装的工艺需要根据元器件类型、可靠性要求、成本、材料、工艺的可获得性及兼容性等确定。以工艺兼容性为例，制备陶瓷封装的密封工艺包括共晶合金焊料熔封、玻璃熔封、平行缝焊、储能焊、激光焊、搅拌摩擦焊等。若需要分步密封，则通常先实施高温密封工艺再实施低温或常温密封工艺。例如，某陶瓷封装产品需要采用 Au80Sn20 焊料熔封和平行缝焊两种工艺，应先进行耐高温材料 Au80Sn20 密封，再进行平行缝焊，对温度敏感的元器件一定要在 Au80Sn20 密封后再组装。

7.1.2 多腔陶瓷封装结构

在进行系统级陶瓷封装结构设计时，应从功能布局、可制造性、使用可靠性等方面考虑，产品的陶瓷封装结构设计包括双腔、朝上朝下腔或 3D 多腔等，如图 7-1 所示。

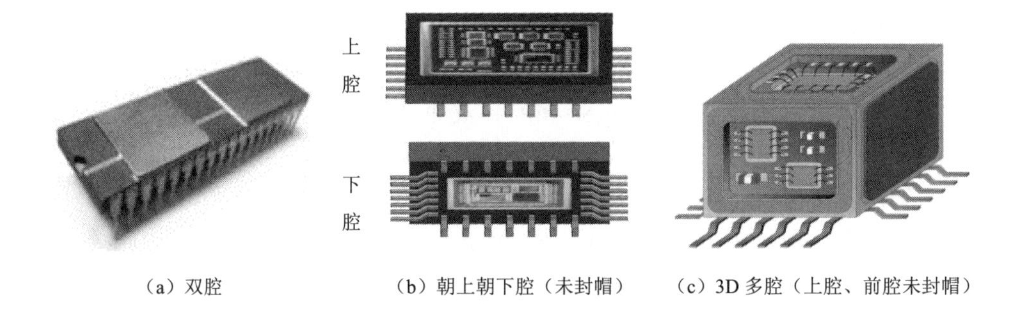

（a）双腔　（b）朝上朝下腔（未封帽）　（c）3D 多腔（上腔、前腔未封帽）

图 7-1　典型系统级陶瓷封装多腔结构示意图

7.1.3 采用不同基板的陶瓷封装结构

气密型系统级陶瓷封装结构可采用 LTCC 和 HTCC 共烧陶瓷基板、薄膜陶瓷基板、厚膜陶瓷基板、硅基板和陶瓷外壳等，如图 7-2 所示。

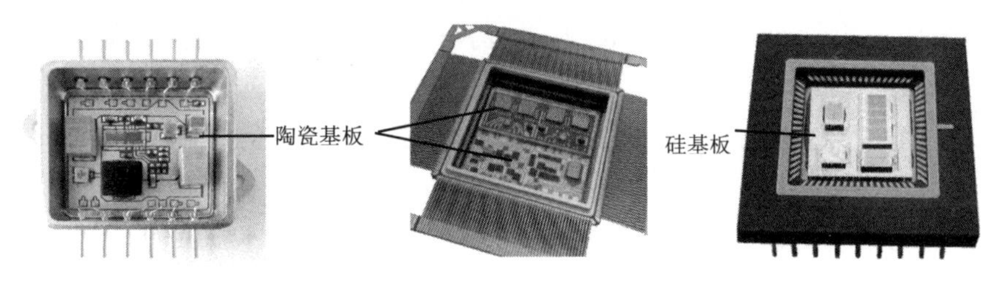

（a）LTCC 和 HTCC 共烧陶瓷基板与金属外壳　（b）厚膜/薄膜陶瓷基板与陶瓷外壳　（c）硅基板与陶瓷外壳

图 7-2　不同基板的系统级陶瓷封装结构示意图

7.1.4　基板与外壳一体化的陶瓷封装结构

系统级陶瓷封装融合基板与外壳进行一体化设计，系统级陶瓷封装结构主要采用 LTCC 和 HTCC 封装，以及必要的密封腔。HTCC 基板封装结构主要采用内部互连布线，在表面集成功率元器件、晶体管、数模芯片和 MEMS，LTCC 基板封装结构则在内部集成电阻、电容、电感及其他功能无源元器件，如双工器、滤波器、耦合器等，如图 7-3 所示。

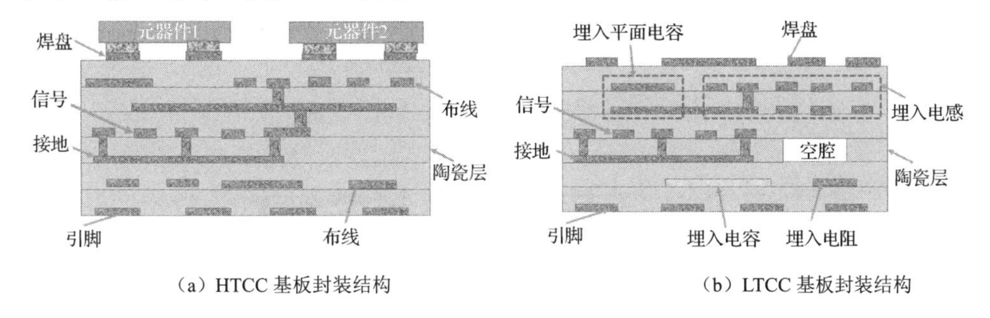

（a）HTCC 基板封装结构　　（b）LTCC 基板封装结构

图 7-3　HTCC 基板和 LTCC 基板的封装结构示意图

7.1.5　陶瓷封装叠层结构

为了保证系统级陶瓷封装的工艺兼容性、干扰隔离、成品率、可靠性等满足相关要求，常采用陶瓷带引脚芯片载体（Ceramic Leaded Chip Carrier，CLCC）封装、陶瓷双面扁平无引脚（Ceramic Dual Flat No Lead，CDFN）封装、陶瓷四面扁平无引脚（Ceramic Quad Flat No Lead，CQFN）封装、陶瓷栅格阵列（Ceramic Land Grid Array，CLGA）封装、陶瓷小型封装（Ceramic Small Outline Package，CSOP）和陶瓷四面扁平封装（Ceramic Quad Flat Package，CQFP）等，经过筛选后，对合格元器件、IC 等进行二次垂直堆叠，这也称为 PoP 封装体垂直堆叠封装，如图 7-4（a）所示。在 HTCC 基板或 LTCC 基板上进行平铺与垂直结合的堆叠，如图 7-4（b）所示。

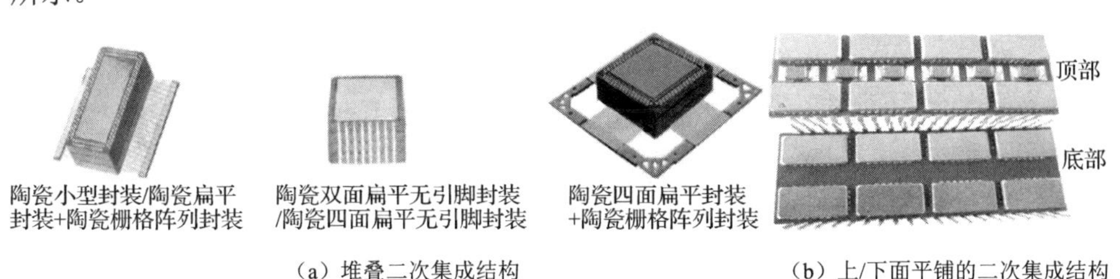

（a）堆叠二次集成结构　　（b）上/下面平铺的二次集成结构

图 7-4　陶瓷封装典型叠层结构示意图

满足系统功能需求的系统级陶瓷封装通常包含通孔、芯片堆叠（Stack Die，SD）垂直方向叠层集成的单面封装结构，也可以在系统级封装体中加入包含数据收集、处理和发送等功能的子系统，并在陶瓷基板的双面进行贴装，如图 7-5 所示。

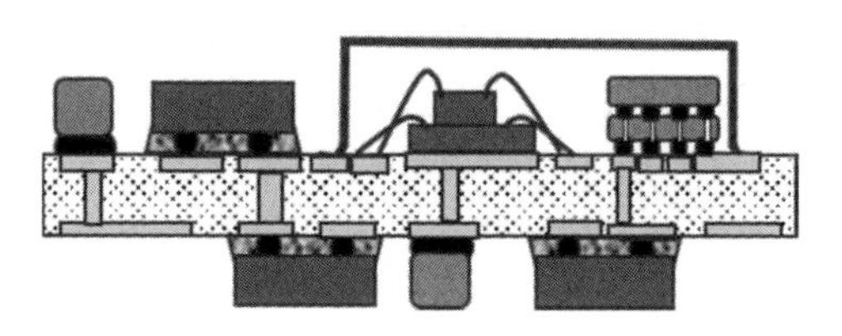

图 7-5　陶瓷双面封装集成结构示意图

7.2　多芯片堆叠封装结构

多芯片封装一般可分为平面多芯片封装和多芯片堆叠封装。而多芯片堆叠封装又可分为多芯片 3D 堆叠引线键合封装、3D 堆叠引线键合和倒装异质封装、3D TSV 堆叠倒装封装。

智能设备中使用存储芯片保存程序代码，存储芯片在电子设备中应用广泛，要求存储容量大、产品尺寸小。将多个薄芯片采用垂直堆叠、引线键合互连和塑封结构进行封装，可以满足高密度、低成本的存储封装设计要求。调制解调器（Modem）要求小型化与模块化的集成，引线键合和倒装互连技术相结合的芯片堆叠异质封装结构可以满足这种需求。虽然多芯片倒装键合互连的 3D TSV 堆叠倒装封装能够大幅提升性能，但生产周期较长，成本较高，难以广泛应用。因此，多芯片堆叠引线键合互连，以及多芯片堆叠封装与引线键合异质互连的封装结构仍然是主流封装结构。

7.2.1　封装体内裸芯片堆叠的方案

封装体内多芯片堆叠本身也存在多种结构。多芯片封装早期使用较多的三种堆叠方案是金字塔形、工字形和阶梯式，如图 7-6 所示。

（1）金字塔形的设计封装、生产工艺简单，下层芯片能够有效支撑上层芯片的引线键合，具有高良率、高稳定性、低生产成本等优点，但仅适用于不同尺寸芯片的叠装。因为这种堆叠方案对芯片尺寸有特殊的要求，所以很少用于多于四层芯片的堆叠。

（2）工字开堆叠设计相对比较成熟，可以使用较小尺寸的封装体，但因为添加了间隔硅片，所以增加了产品的成本和封装体的总体高度，主要应用于四层以内芯片的叠装。

（3）阶梯式堆叠封装结构简单、良品率高，需要的封装空间较大，包封过程中容易出现空洞问题。另外，该方案对焊线稳定性要求较高，对工艺的空间，以及设备稳定性与精度要求也很高。这种结构的多芯片堆叠主要应用于存储产品的封装。

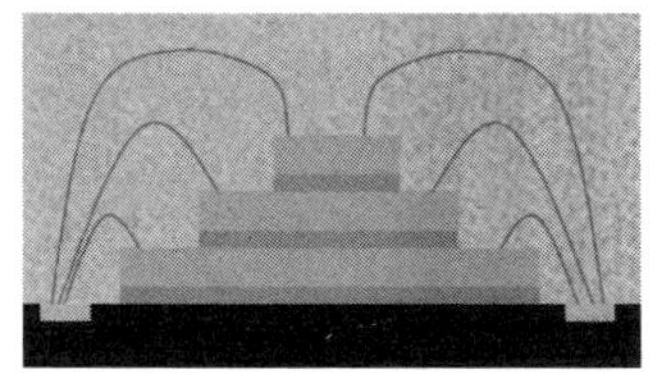

（a）金字塔形

（b）工字形

（c）阶梯式

图 7-6　成熟的裸芯片堆叠封装设计

相比于阶梯式堆叠，阶梯式回旋裸芯片堆叠可以有效解决过长焊线造成的焊线位置稳定性不良和封装体体积增大的问题，如图 7-7 所示。与其他堆叠方式相比，阶梯式回旋裸芯片堆叠方式具有独特的优势，包括堆叠结构简单、封装体尺寸较小、堆叠体强度高、封装工艺简单、堆叠体高度容易控制、包封过程不易产生气泡，这种方式适用于相同尺寸芯片的多层堆叠。图 7-8 所示为典型存储产品的堆叠结构示意图。

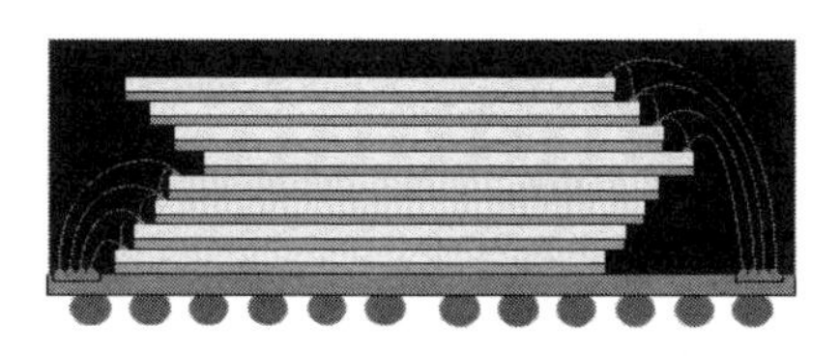

图 7-7　阶梯式回旋裸芯片堆叠

（a）阶梯式回旋裸芯片堆叠存储封装

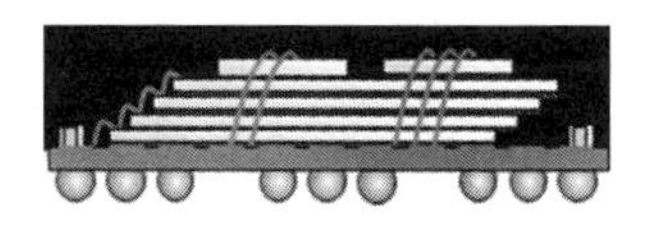

（b）阶梯式堆叠存储封装

（c）阶梯式对称堆叠存储封装

图 7-8　典型存储产品的堆叠结构示意图

7.2.2　主要相关工艺技术介绍

多芯片在堆叠时采用的是 3D 堆叠，裸芯片之间的对齐要求较高。由于对封装体高度有一定的要求，因此芯片的厚度越来越薄，进而面临翘曲等挑战。同时，阶梯式回旋裸芯片堆叠需要使用膜埋线（Wire in Film，WiF）技术。

1．裸芯片贴装位置精度

根据封装体尺寸、焊线的要求，两层裸芯片之间的位置精度要求控制在-15～+15μm。在芯片装片过程中，为同时进行多芯片的装片，并保证高精度的装片，采用一次工艺装片系统（One Process Attach System，OPAS）技术。采用 OPAS 技术的多层芯片叠装如图 7-9 所示，仅通过调整一个方向的装片位置就可以达到梯形堆叠的目的。一次性完成多芯片的装片要求治具、设备、机台一致性良好，从而确保不同层次芯片之间装片位置的高精度、稳定、重复性。

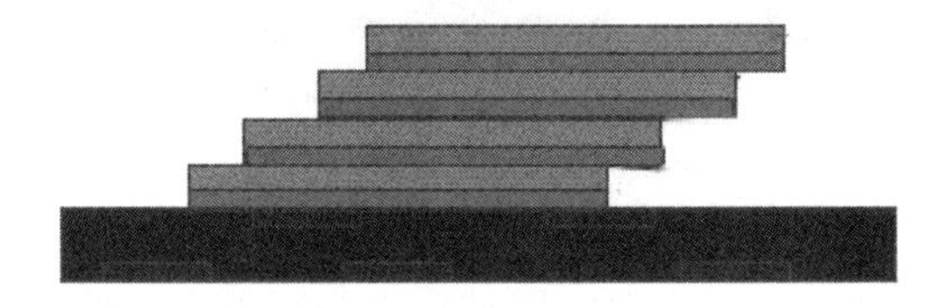

图 7-9　采用 OPAS 技术的多层芯片叠装

2．晶圆减薄技术

在封装产品中，受到封装体厚度的限制，堆叠体的高度不能无限制增加，通常需要对多层堆叠的芯片进行减薄。为有效控制多层堆叠芯片的总体高度，通常会将芯片厚度减薄至 35～100μm，目前已有厚度为 25μm 的量产芯片。存储芯片对成本非常敏感，主要的晶圆直径为 300mm，单个芯片的面积通常超过 $100μm^2$，若减薄芯片厚度至 100μm 甚至 50μm，则会导致裸芯片的强度大幅度降低，并增加减薄、切割和拾取芯片的难度和成本。

减薄工艺和后续集成工艺面临的主要挑战是晶圆碎裂或因芯片背面残留机械应力而在后续的工艺中裂片。这就要求仔细优化减薄磨轮和工艺参数，同时严格监控设备的输入参数，维护设备与磨轮。为确保晶圆的减薄质量，保证硅晶圆背面减薄工艺的稳定性，采用超精密两步机械磨削、研磨，以及化学与机械抛光或腐蚀相结合的研磨方法。减薄后具有可靠机械性能的芯片能够有效提升封装体的热管理效率和电性能，并有效减小芯片封装体积，减少后续封装体的划片加工量。

硅晶圆减薄技术面临的关键挑战：60μm 及以下厚度的芯片存在微裂纹损伤，特别需要关注 DRAM 芯片。这些损伤是造成破片的主要原因。为了消除这些表面损伤和残留应力，在实际量产中，通常在减薄工艺的最后一步采用湿法或干法进行抛光。对于 16nm 及以下厚度的晶圆技术节点硅芯片，须采用杂质收集型干法抛光（Gettering Dry Polishing，GDP）工艺以避免铜金属的污染，同时芯片的强度会进一步提高。

通过扫描电子透镜进行观察，在传统减薄工艺的 2000r/min 粗精磨之后，用抛光厚度达到 1.5μm 以上的湿法抛光工艺去除残留在磨削表面的损伤，这种改善对于后续工艺中的硅片搬送、吸取、正贴装、引线键合及封装产品的可靠应用等都有着积极的意义。

3. 50μm 超薄芯片可操作性

当芯片厚度达到 50μm 时，芯片的强度明显降低。如果没有微裂纹的存在，则晶圆可以像纸一样弯曲。超薄芯片示意图如图 7-10 所示。

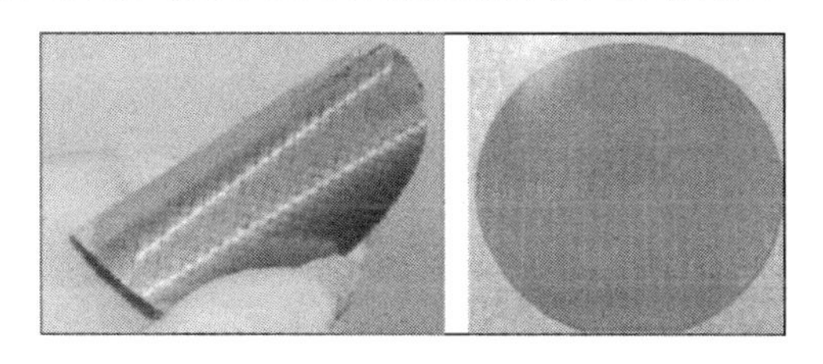

图 7-10　超薄芯片示意图

在 50μm 的厚度下，芯片即便承受较小的外力，也可能出现断裂。在将芯片从切割膜上顶起、吸取和贴装的过程中，需要使芯片承受力的最大强度小于芯片自身的强度，并保证各部分受力均匀，避免芯片断裂。我们可以使用预剥离（Peeling First，PF）技术，在吸片过程中，抛弃传统的顶针，使用剥离滑块，通过真空吸附并滑动，使芯片与膜预脱离，减小芯片吸取时膜对芯片的黏接力，避免造成芯片断裂，如图 7-11 所示。

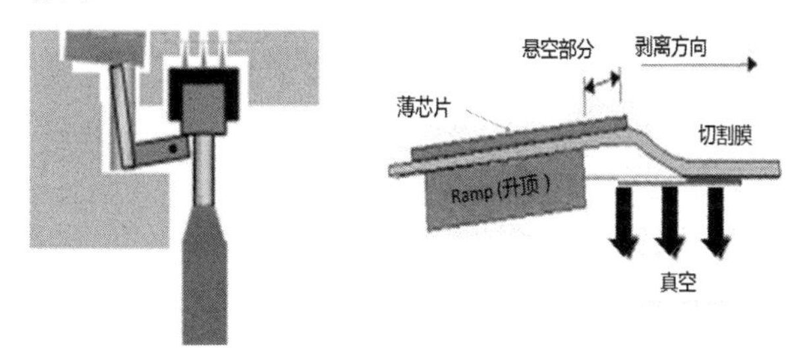

图 7-11　采用 PF 技术的芯片拾取结构示意图

4. 膜埋线技术

在八层阶梯式回旋裸芯片堆叠封装中，第四层芯片和第五层芯片的尺寸一致，在完全垂直的芯片与芯片堆叠中，需要采用键合引线植入贴芯片膜（Die Attach

Film，DAF）技术，也就是膜埋线（Wire in Film，WiF）技术，将超低弧高的键合引线埋入 DAF 中，实现引线保护，如图 7-12 所示。

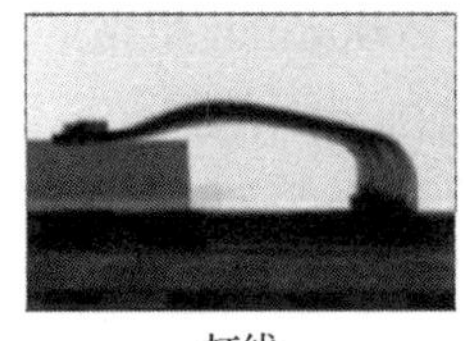

打线

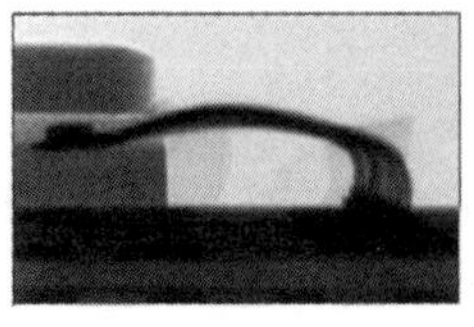

正贴芯片

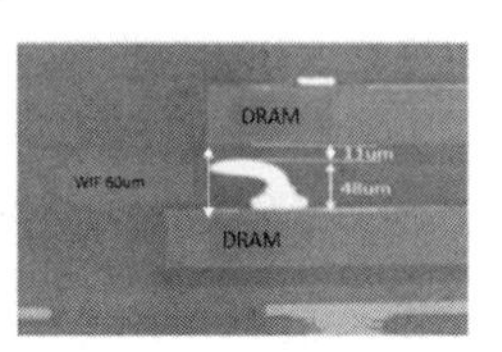

膜埋线

图 7-12　膜埋线技术示意图

膜埋线的实现方法：第四层芯片贴装完成后，进行超低弧高的引线键合。在引线上面贴装上层芯片，在膜受热融化的状态下，下层芯片的引线丝被埋入融化的 DAF 中。

5. 键合引线超低弧高技术

当堆叠的芯片数量增加时，为保持封装体总体高度不变，应减小连接不同芯片的引线环形层的间隙，此时必须降低较低层的引线键合弧高，防止不同环形层之间的引线短路。同时，为了防止引线丝露出塑封体背面，必须控制顶层芯片的引线弧高，如图 7-13 所示。

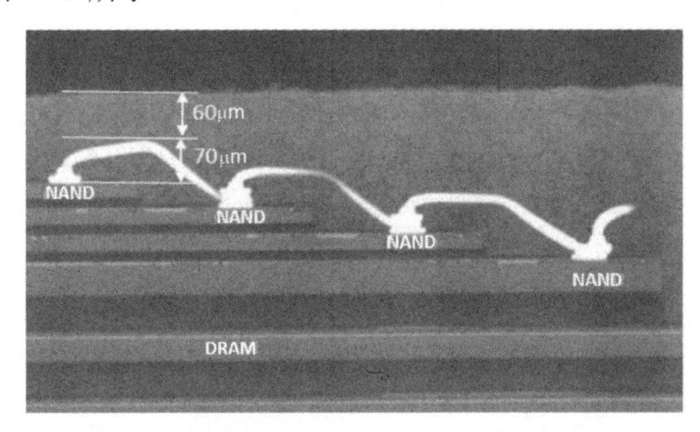

图 7-13　超低引线弧高线弧效果图

目前 40μm 以下弧高的低弧度键合引线工艺已经成功用于芯片量产，如采用优化的超低弧高引线倒打工艺，直径为 20μm 的引线弧高可低至 40μm。

堆叠封装中的五大技术难点：芯片高精度装片、超低线弧、超薄芯片、多层堆叠厚度和超高密度封装。开发并使用 15μm 的装片精度、超薄晶圆减薄技术、超薄芯片拾取技术、膜埋线技术、超低引线弧高技术等，可以有效克服封装中出现的技术难点。

裸芯片堆叠技术有着广阔的应用前景，特别是在系统级封装方面。

7.3　埋入式封装结构

IC 技术的一个关键发展趋势是集成化程度不断提高，而系统级封装作为与 SoC 相对应的另一关键技术，可以有效实现 IC 的系统级集成。系统级封装是将原本需要两个或多个封装体才能实现的功能集成到一个封装体中，并减小封装体或芯片间的距离以减小封装体总体尺寸。实现这一目标需要采用多芯片堆叠或 3D 封装等技术。将芯片或其他元器件埋入基板内的埋入式基板（Embedded Substrate）是实现 3D 封装的主要方式之一。本节将介绍包封技术与基板制作技术相结合的埋入式基板封装的实例，以及预封装互连封装技术的埋入式封装。埋入式封装具有低成本、高密度线路排布能力，可大大提高封装设计的灵活性，在芯片封装小型化、高密度、高性能、系统功能化方面有新的突破。

市场对更高密度、更多集成功能和小型化的需求给封装及其基板技术带来了新的挑战。为了应对这些挑战，出现了向 3D 发展的埋入式封装技术。埋入式封装技术的基本方法是将芯片或元器件（如电阻、电容、电感等）埋入印制电路板内部。采用进入式封装技术可以缩短元器件之间的互连线路长度，如将去耦电容放置在倒装于基板的芯片下方以改善电气特性。同时，此技术可以提高印制电路板的有效封装面积，有效减少电路基板表面的键合点，从而提高封装的有效性和相对可靠性，是高密度封装技术中已实现量产的有效技术。

埋入式基板技术的出现对 IC 产业链分工，特别是基板材料厂与封装厂的行业结构，带来了新的挑战，需要系统厂商、IC 设计公司、IC 代工厂、材料厂、PCB/基板厂商、封装厂家的共同协作。

7.3.1　埋入式基板

埋入式技术最早应用于 PCB 上，目前也已在封装基板上量产，如 TDK 公司的 SESUB 技术。在 PCB 的芯材（Core）层中埋入无源元器件（主要是去耦电容）已经是量产中广泛使用的技术。为进一步降低封装体总体高度，类似埋入式技术也被引入封装基板中。因为待埋入的元器件和芯片厚度需要减薄以实现在比 PCB 薄的基板内埋入，埋入式元器件和芯片的强度必然下降，同时薄基板本身的刚度也不如 PCB，在基板叠层的加工过程和后续的封装过程中，对厚度较薄元器件和芯片的支撑与保护作用也相应降低。这些都要求在相应的埋入式基板及后续的封装工艺过程中对相关的设备、治具和工艺进行特殊的优化和控制，并执行工艺过程中的质量检测。

在基板中实现对无源元器件的埋入主要有两种方式：一种是平面式埋入；另一种是分立式埋入。平面式埋入也称为薄膜式埋入，即将厚度为几微米的电阻、电容薄膜材料压合埋入基板的内层，通过光刻转移、化学蚀刻等工艺绘制预设电阻或电容图形。分立式埋入将预制好的 01005、0201 等超薄型封装规格的电阻或电容采用 SMT 工艺埋入基板内层，并通过相应的填孔、薄膜热压包封、开孔或重布线互连工艺使这些元器件贴合进基板内。埋入式封装中元器件的数量需要根据产品的设计规则进行优化，埋入的元器件数量越多，埋入式基板的成本越高，整个产品的性能越好，总体产品的性价比越高。

在埋入无源元器件的基础上，在基板中埋入 IC 的工艺也得到了广泛应用，即直接把裸芯片或重布线后的芯片埋入基板内部，进行开孔和重布线的基板级封装。因为芯片具有较低的强度和较高的价值，所以对设备、治具和工艺的要求更高、管控更严。

常用的几种基板埋入式封装技术如下。

（1）焊接工艺：芯板压合，铜箔压合。

（2）激光工艺：超薄铜箔，芯板开槽，单面压合。

（3）特殊工艺组合。

图 7-14 所示为芯板压合示意图。在芯片、元器件贴装完成后，用 PP 材料填平，并与第二个芯板对位压合，使埋入的元器件夹在两层芯板之间，之后进行钻孔、电镀填孔，并在外表面涂覆绿漆保护。

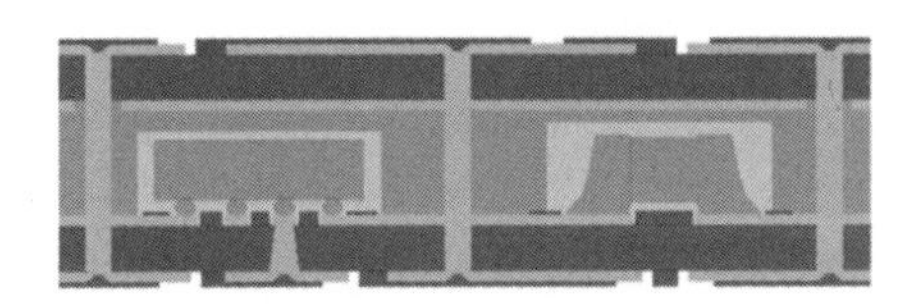

（a）设计截面示意图

（b）产品截面图

图 7-14　芯板压合示意图

图 7-15 所示为铜箔压合示意图。首先在芯板的两面均进行芯片、元器件贴装，然后芯板两侧对称压合铜箔层。为了使线路互连，在铜箔层上钻孔，电镀连接。表面的铜箔层可以进一步蚀刻以形成线路，最后外表面涂覆绿漆保护。

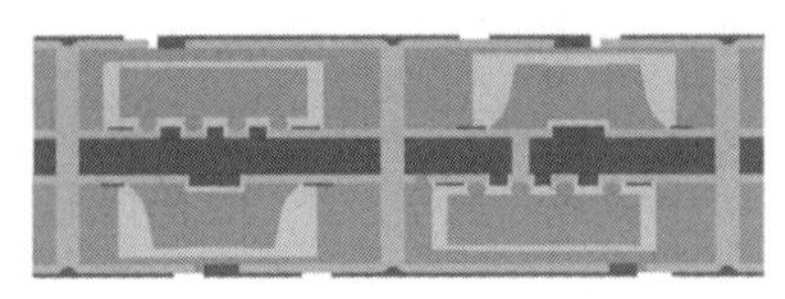

（a）设计截面示意图

（b）产品截面图

图 7-15　铜箔压合示意图

为了满足手机和可穿戴式应用对超薄功能基板的需求，人们开发了超薄埋入式封装技术。图 7-16 所示为超薄铜箔示意图。埋入的芯片和元器件夹在两层铜箔之间。两层铜箔的互连通过激光钻孔的方法实现。激光钻孔也可以进行芯板开槽，如图 7-17 所示。对厚度要求不高的产品，也可以先在一层芯板上进行芯片和元器件贴装，然后进行单面铜箔压合，如图 7-18 所示。

图 7-16　超薄铜箔示意图

图 7-17　芯板开槽示意图

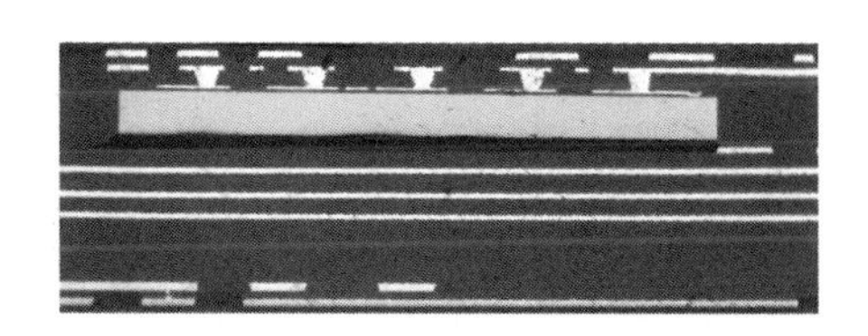

图 7-18　单面压合示意图

以上工艺组合使用可以实现更多种埋入式封装技术，3D 堆叠芯片埋入工艺如图 7-19 所示。

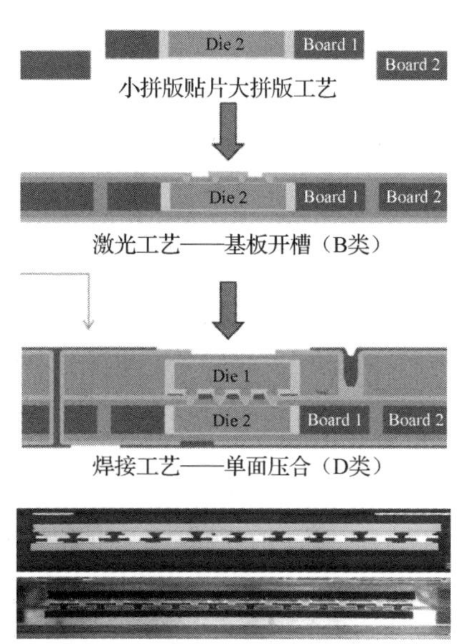

图 7-19　3D 堆叠芯片埋入工艺

7.3.2 预包封引线互联系统基板封装结构

本书的第 4 章详细介绍了 MIS 基板，下面将进一步介绍与埋入式 MIS 基板相关的封装结构。首先介绍在 MIS 基板基础上开发的 3D-MIS 技术。图 7-20 所示为 3D-MIS 技术的流程图，在芯片周边电镀高度超过 200μm 的铜柱，使芯片或元器件可以贴装在铜柱之间。塑封之后，芯片或元器件就嵌入了基板内部。这种封装结构体积小、连线短，有较好的电性能。

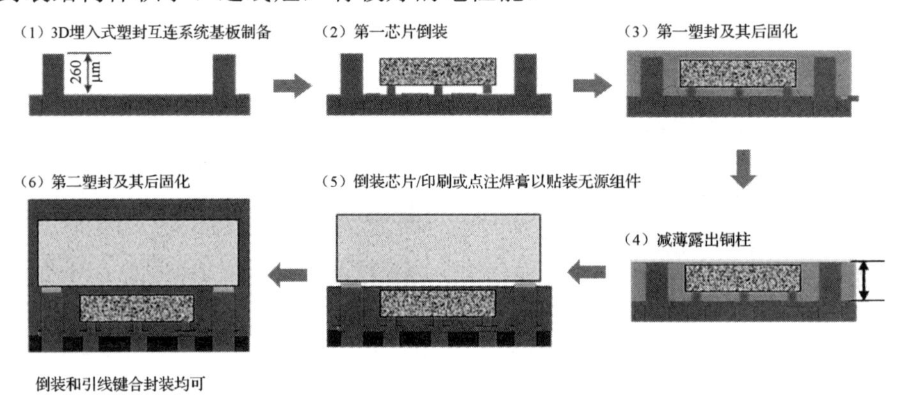

图 7-20　3D-MIS 技术的流程图

图 7-21 所示为 3D-MIS 产品截面图。当减薄露出铜柱端后，铜柱成为埋入式基板的外接引脚。可以进一步在 MIS 埋入式基板上面叠装芯片或元器件。图 7-22 所示为 AiP+EMI 的埋入式 MIS 封装结构。

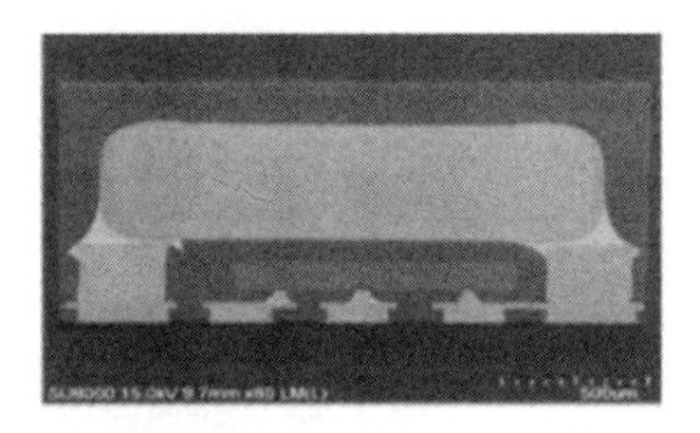

图 7-21　3D-MIS 产品截面图

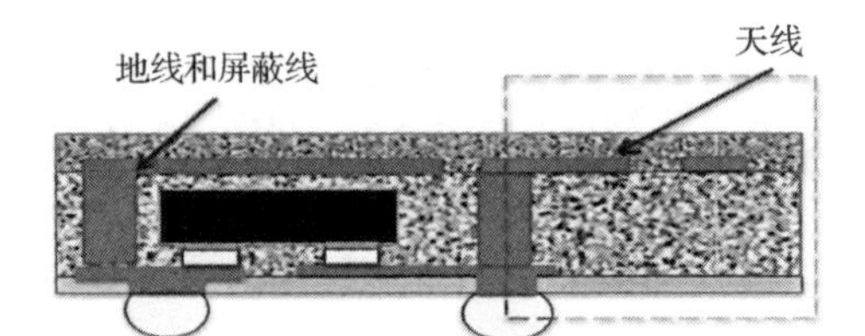

图 7-22　AiP + EMI 的埋入式 MIS 封装结构

埋入式 MIS 基板结构也可以应用于其他类型封装中。减薄露出铜柱端后，可以使用 RDL 技术连线，提升布线能力。埋入式 MIS 塑封基板也适用于较大功率的封装，但要求使用具有良好散热性能的厚铜布线。埋入式 MIS 基板结构的应用开发可以分为两种方案：一种是板级埋入式方案；另一种是将条框半成品直接发给封装厂，进行下一步标准封装。

7.4　封装体堆叠封装结构

封装体堆叠（PoP）是重要的系统级封装结构之一，广泛应用于手机中的逻辑运算处理器和存储封装元器件的堆叠。PoP 可用于毫米波的天线封装。PoP 能够较好地实现封装体大小、成本和性能的优化集合。

7.4.1　PoP 封装结构简介

PoP 将不同功能的芯片分别封装在不同的封装体中以形成不同的封装器件，之后将一个封装器件堆叠键合在另一个封装器件之上。图 7-23（a）所示为裸芯片堆叠的基板 CSP（Chip Scale Package，芯片级封装），其底部为逻辑运算处理器芯片，逻辑运算处理器芯片上面堆叠存储芯片。图 7-23（b）所示为两封装器件堆叠键合的 BGA 封装，其底部为逻辑运算处理器芯片的 BGA 封装器件，也称为 PoPb（PoP Bottom），上面为存储芯片堆叠的 BGA 封装器件，也称为 PoPt。一般存储芯片的堆叠封装由 IDM 整合元器件制造厂商实现，而逻辑运算芯片的 BGA 封装由外包半导体封装和测试（Outsourced Semiconductor Assembly and Test，OSAT）厂商制造，并在主板厂进行最后的组装。在某些情况下，OSAT 厂商也会根据客户需要完成上下封装元器件的堆叠封装。

（a）裸芯片堆叠的基板 CSP

（b）两封装器件堆叠键合的 BGA 封装

图 7-23　CSP 与 PoP 的堆叠结构对比

表 7-1 所列为 CSP 与 PoP 的生产特点对比。

表 7-1 CSP 与 PoP 的生产特点对比

封装类型	CSP	PoP
优点	利于一站式制造模式； 芯片封装体较薄； 利于标准的表面贴装； 较低的封装成本	利于设计公司模式； 多种标准存储芯片的搭配； 多个供应商存储芯片的选择
缺点	单一存储产品供货； 需要新品开发	总体封装难度较大； 供应链较复杂

7.4.2 PoP 底部封装结构及工艺

在 PoP 底部封装体中，芯片可以采用引线键合或倒装键合的方式与基板相连。随着技术的发展和性能的提升，目前通过引线键合方式连接的底部 PoPb 封装器件已逐渐减少，并且大多数为低端应用，或者用于工业和汽车产品中。在手机应用中，采用倒装键合方式连接的 PoPb 是主要的 AP 应用处理器芯片封装结构。

1. 全塑封芯片

图 7-24 所示为全塑封芯片塑封钻孔 PoPb 结构示意图。在此结构中，塑封材料对整个裸芯片进行完全覆盖和保护。对于用存储封装器件作为 PoPt 的结构，逻辑运算主芯片以倒装键合的方式与基板相连。底部填充方案可以根据具体的设计和可靠性进行选择。芯片倒装后，PoPb 芯片金属凸点通过回流焊接工艺与基板相连。随后，采用塑封工艺将整个芯片进行完全塑封保护。在塑封完成后采用塑封通孔（Through Molding Via，TMV）激光开孔工艺使基板电极露出。在完成清洗和烘烤后，PoPb 的 BGA 锡球采用植球工艺在 TMV 底部与基板相连。PoPt 存储封装器件可以在 PoPb 的 BGA 锡球焊接在主板后与 PoPb 的 BGA 锡球进行焊接键合。PoPt 和 PoPb 也可以先在 OSAT 厂进行预堆叠键合，然后在电子制造服务（Electronic Manufacturing Services，EMS）厂将整个 PoP 组装到主板上。

图 7-24 全塑封芯片塑封钻孔 PoPb 结构示意图

2. 露芯片塑封 PoPb

图 7-25 所示为露芯片塑封 PoPb 的结构示意图。该结构的 PoPb 主芯片的背

面是裸露的。与完全塑封结构相比，该结构中芯片背面裸露将有助于芯片的散热，同时可以在 PoPt 和芯片表面的缝隙之间选择性地采用热界面材料（Thermal Interface Materials，TIM），这样可以进一步增强散热效果。

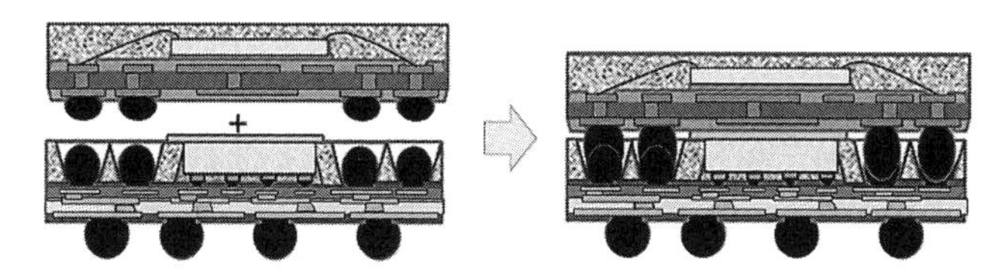

图 7-25　露芯片塑封 PoPb 的结构示意图

3．裸芯片 PoPb

图 7-26 所示为裸芯片 PoPb 的结构示意图，在该结构中，PoPb 的芯片仅用底部填充材料进行保护和增强，为降低成本，PoPb 没有进行塑封。

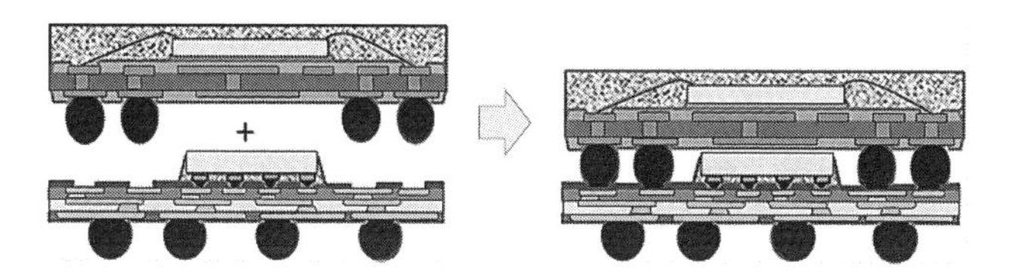

图 7-26　裸芯片 PoPb 的结构示意图

4．3D 中介转接板（3D Interposer）PoPb

图 7-27 所示为 3D 中介转接板 PoPb 的结构示意图。该结构采用了预制的 3D 中介转接板，此转接板可以采用基板工艺制造。可采用不同热膨胀系数和杨氏模量的转接基板材料以调节 PoPb 的翘曲程度。同时，为减少制造成本，不采用塑封工艺。在 PoPt 和 PoPb 的堆叠过程中，TIM 可以选择性地填充在底部芯片和 PoPt 之间，以进一步改善散热性能。

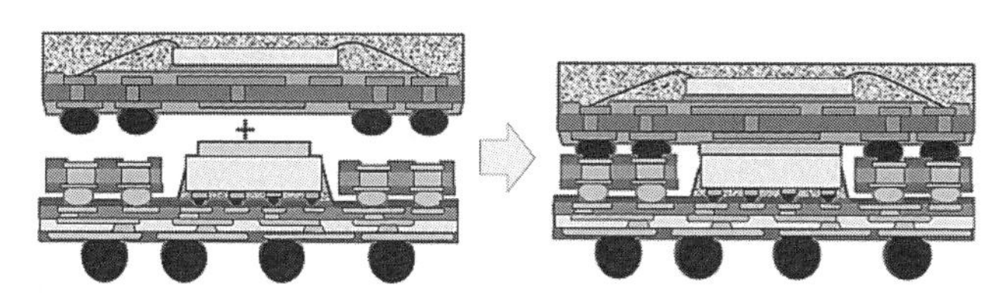

图 7-27　3D 中介转接板 PoPb 的结构示意图

图 7-28 所示为高带宽中介转接板（High Bandwidth Interposer）双面布线 PoPb 的结构示意图。该结构的特点在于 PoPb 的背面也有基板布线，并采用镀锡铜球

进行封装体高度的控制。该结构可以使整个 PoP 产品不受 PoPt 存储器件的特定设计限制，从而增加产品设计的灵活性，避免对单一供货源的过度依赖。该产品也使用了去耦背贴电容，即在 PoPb 底部贴装超薄电容，可以进一步提高产品的电性能。

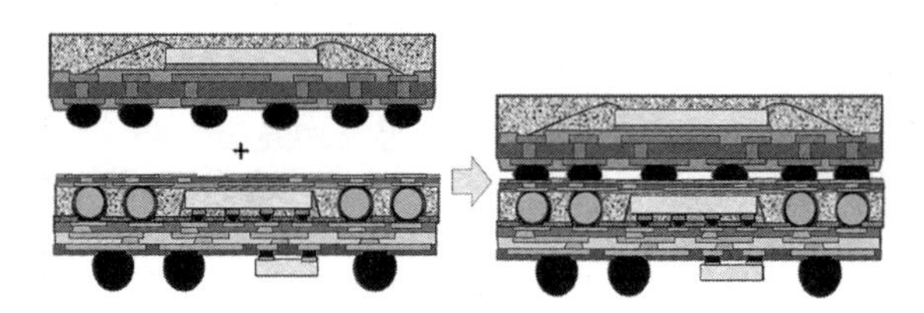

图 7-28　大带宽中介转接板双面布线 PoPb 的结构示意图

图 7-29 所示为功率系统级封装的 PoP 结构示意图，该结构与大带宽的 PoP 结构类似，但 PoPt 不仅仅是单一的存储封装器件，它还可以包含多种无源元器件和功率控制芯片。

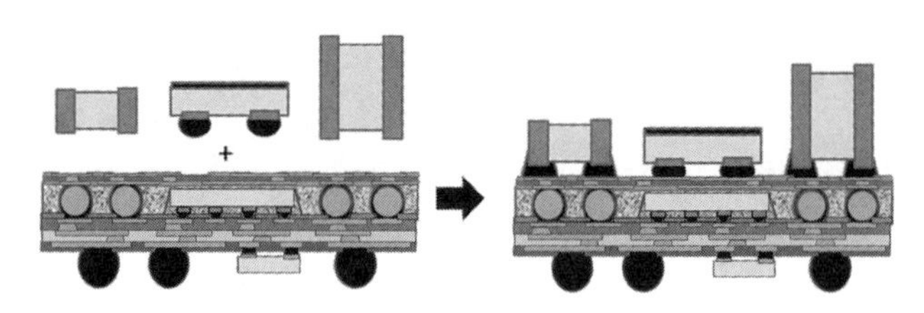

图 7-29　功率系统级封装的 PoP 结构示意图

7.4.3　PoP 结构的现状和发展

目前主流 PoPb 的布线都采用树脂基板工艺以降低成本。PoP 结构性能的不断提升需要不断减小导线的线宽、线距和基板厚度。但线宽/线距和基板厚度的不断减小需要采用新材料、新工艺和新设备，甚至更洁净的厂房。目前基板设备、材料、工艺和厂房能实现约 15μm 的线宽、线距。在这种线宽、线距的制造水平下，良率可能会大幅下降，封装工艺的控制难度也会极大地增加，从而导致制造成本大幅增加。若要继续减小线宽、线距和基板厚度，晶圆级布线和封装则需要在工艺、成本和生产周期上进行更加有效和合理的管控，从而在性能和价格上实现更大的优势。目前各封装测试厂甚至基板厂都在开发晶圆级先布线后倒装工艺和 SMT 工艺。图 7-30 所示为先重布线（RDL-First）/后芯片（Chip-Last）的 PoP 系统级封装示意图。对于高密度的高端系统级封装，这将成为一种主流的封装形式。

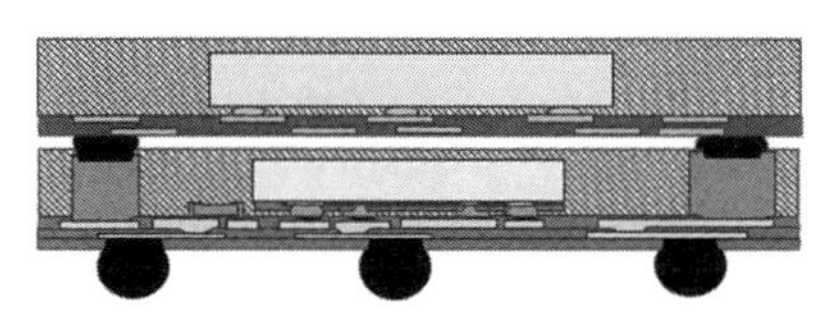

（a）先重布线/后芯片，单面

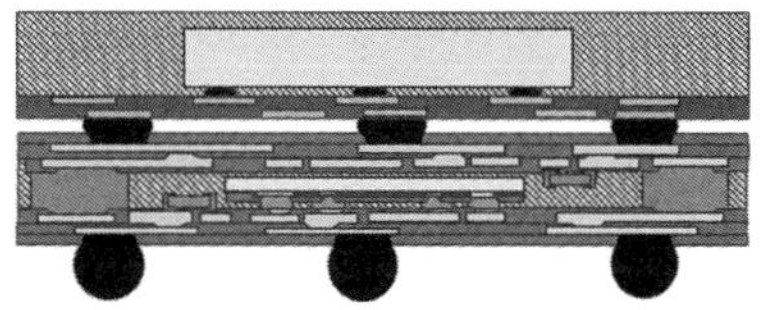

（b）先重布线/后芯片，双面

图 7-30　先重布线/后芯片的 PoP 系统级封装示意图

晶圆级先重布线/后芯片倒装工艺和元器件 SMT 工艺在线宽、线距均小于 5μm 的情况下，依然具有较高的良率，并且可随布线密度增加而具有更好的性能、散热表现，以及进行更好的封装翘曲程度的控制，从而实现更好的倒装工艺和 SMT 工艺良率。

7.5　双面封装结构

为满足封装体缩小和性能优化的需要，可以将元器件和芯片贴装在基板的正面和背面，从而减小封装体面积，相应的封装结构被称为双面封装结构。双面封装是系统级封装的新形式，其主要概念是一个封装体内包含多种功能芯片和无源元器件，一个封装模块包含相对完整的系统功能。双面封装结构一般包含感应芯片、控制芯片、存储芯片和各种无源元器件，是将各种芯片、元器件放在一个封装体内的封装结构。双面封装可能会增加封装体的高度，以及封装的难度与成本，封装体的可靠性也可能降低。因此，双面封装对设计、材料和工艺集成要求很高。本节主要对双面封装的相关主要结构和工艺流程进行介绍。

7.5.1　引线键合双面封装结构

双面封装设计就是将芯片和元器件在基板的正面和背面进行设计，将众多元器件集成为系统级封装模块，如图 7-31 所示。在双面封装结构中，基板的两面都有封装结构以减少封装体投影面积。从平面上看，双面封装芯片和元器件的数量比单面封装芯片和元器件的数量几乎增加了一倍。系统级双面封装产品的芯片和元器件既可放置在正面也可放置在背面，这样的设计选择性强且操作方便。可见，双面封装是一种更灵活的封装设计。同时，由于双面封装产品的芯片和元器件在基板的两面，因此高密度双面封装集成产品具备更好的综合性能。

产品结构图

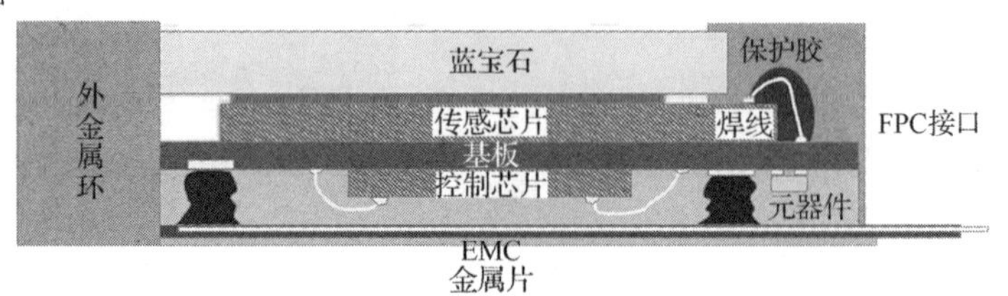

（a）引线键合双面封装体的截面图

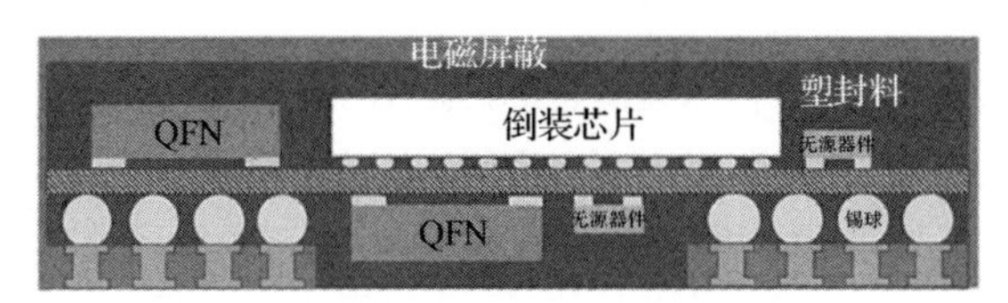

（b）带底部转接板的倒装双面封装截面示意图

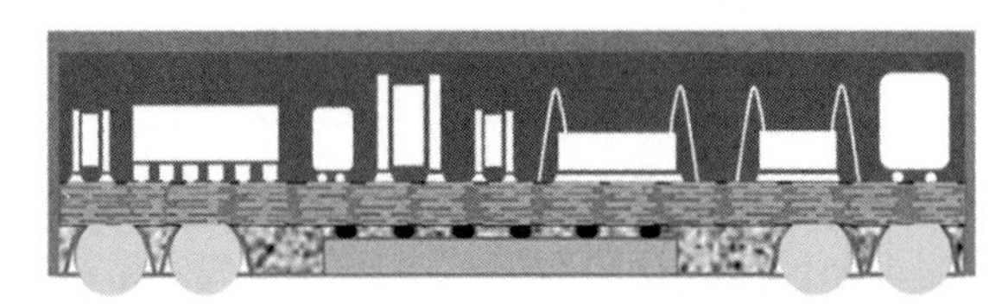

（c）混合键合的双面封装截面示意图

图 7-31　不同结构系统级双面封装的截面示意图

7.5.2　双面封装流程

图 7-32 所示为引线键合双面封装的工艺流程图。如果双面封装为双面塑封结构，则其背面需要塑封后再进行切割。

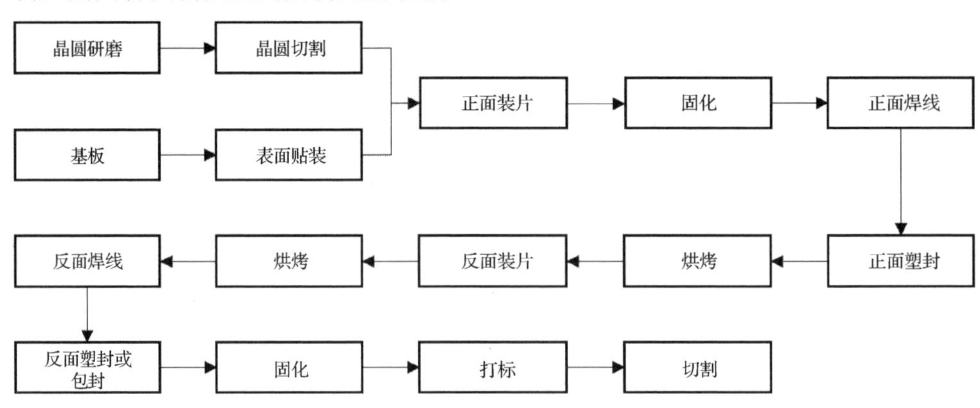

图 7-32　引线键合双面封装的工艺流程图

图 7-33 所示为引线键合和倒装异质键合的双面封装工艺流程图。

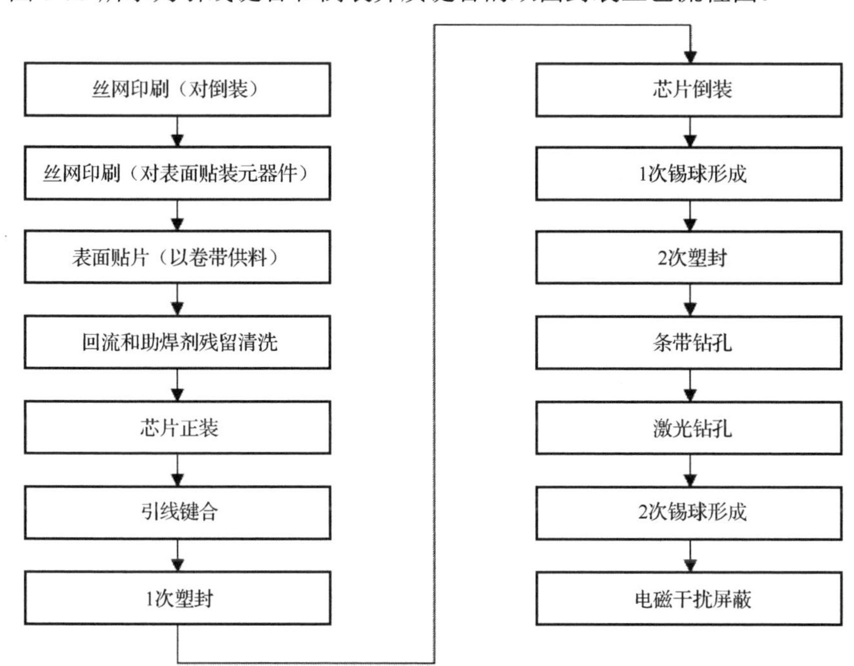

图 7-33　引线键合和倒装异质键合的双面封装工艺流程图

7.6　MEMS 封装结构

在人工智能和物联网时代，MEMS 的应用进一步增加。MEMS 结构与芯片、其他元器件在传感方面的集成度也在不断增加。本节将主要介绍 MEMS 封装的结构和工艺流程。

7.6.1　MEMS 产品

MEMS 利用硅制程微机电加工工艺和 IC 封装技术将控制器、用于收集信息的微型传感器、模拟或数字信号处理、输出信号接口、驱动、电源等功能单元微型化，并集成一个完整的微系统，以提高整个 MEMS 的智能化、自动化和可靠性水平。MEMS 内部既可以分成几个相互独立的次级功能单元，也可以集成一个统一的系统。和通常静止的 IC 不同，MEMS 传感器往往涉及微机电单元的机械运动，对封装技术提出了非常特殊的要求，如具有空腔、可实现感光等。

MEMS 涉及信息、电子、材料、机械等多学科技术的交叉开发，集成了微电子、传感、软件算法、精密加工等各种先进技术。图 7-34 所示为 MEMS 微细加工技术示意图，图 7-35 所示为 MEMS 光学系统示意图。微型构件、微传感器等多方面基本技术已成为科学研究、现代军事、先进技术等国民经济领域的新增长点。

图 7-34 MEMS 微细加工技术示意图

图 7-35 MEMS 光学系统示意图

7.6.2 MEMS 传感器种类和应用

MEMS 传感器可按多种方法分类：按转换原理可分为生物、物理、化学等类型；按传感测量的性质可分为气体浓度、离子浓度、气压、地磁、加速度、角运动等类型；按制备技术和材料可分为半导体、陶瓷、薄膜等类型；按应用领域可分为通信产品、消费电子、汽车、医学、工业、国防、航天等类型。主要的 MEMS 传感器产品有压力传感器、硅麦克风、陀螺仪、加速度计、喷墨打印头、SAW/BAW 滤波器、数字光处理（Digital Light Processing，DLP）显示芯片等。

得益于手机等消费电子产品的高速发展，当前 MEMS 传感器市场增长速度是传统 IC 市场增长速度的两倍，每年有大量带有传感器的新产品上市。未来物联网市场将包含穿戴设备、智慧城市、医疗和家居等新型物联电子产品，会带来巨大的 MEMS 传感器产品需求。

MEMS 具有高集成度、多功能、高智能、微型化的特点，适合半导体制程批量制造。MEMS 需要满足小体积、低功耗、低成本、质量轻、性能稳定、产品耐用等要求。领先的 MEMS 传感器供应商大多采用的是 IDM 模式，拥有自己的晶圆制备厂、封测厂、算法软件开发平台，甚至拥有模组、终端设计、制造厂等。

MEMS 经过多次突破性成长，已不仅局限于压力和微马达传感器，近年已出现喷墨打印、地磁传感、加速度等传感微电子元器件。特别是近年来智能手机等智能终端的市场需求极大地推动了 MEMS 传感器的迅速发展，如图 7-36 所示。用于消费类电子、汽车电子、通信、显示领域的 MEMS 元器件占据了整个市场近 80%的份额。

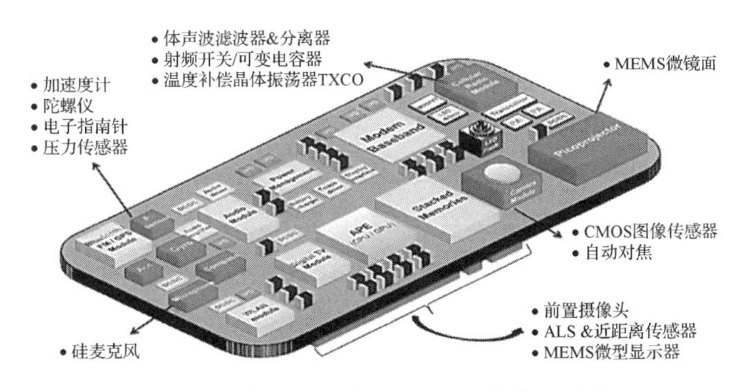

图 7-36 智能手机中的 MEMS 传感器种类

7.6.3 MEMS 传感器封装结构

MEMS 传感器芯片制备主要基于半导体的硅加工技术，封装种类主要包括陶瓷封装、引线框架封装、基板封装、晶圆级芯片封装等。陶瓷封装、引线框架封装难以实现产品的微型化，技术发展有限。BGA/LGA 基板封装为当前主流封装形式，而且基板类的 MEMS 系统级封装保持较快速度的增长。晶圆级芯片封装具有大批量、微型化等优点。如图 7-37 所示，3D 晶圆级芯片封装可以把 MEMS 和 ASIC 有效整合在一起，进一步缩减尺寸、降低成本、提升效率，会有更大的发展空间。

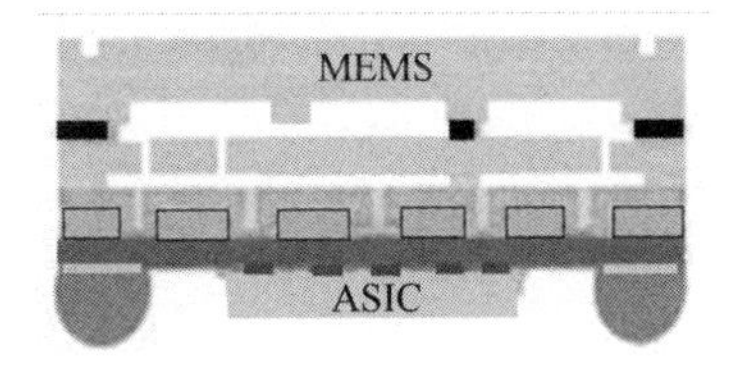

图 7-37 3D 晶圆级芯片封装对 MEMS 和 ASIC 的整合示意图

7.6.4 晶圆级芯片封装

MEMS 封装种类繁多，难以实现标准化，不同功能 MEMS 产品的封装可以完全不同，即使同一类 MEMS 产品的封装也可能存在很大差别。

图 7-38 所示为硅麦克风封装的典型工艺流程图，主要包括晶圆测试、晶圆减薄、装片、塑封、切割、终测等步骤，封装结构必须确保感知薄膜可自由振动。

MEMS 地磁传感器可分为霍尔元器件、各向异性磁阻（Anisotropic Magneto Resistance，AMR）、巨磁电阻（Giant Magneto Resistance，GMR）和隧道磁阻（Tunneling Magneto Resistance，TMR），它们都可以实现地磁传感的功能，但由于产品原理不同，封装工艺也不相同。对于地磁传感器 BGA 1.6×1.6-14L 产品，不同公司的产品结构不同，既可以采用多芯片的 BGA 封装，也可以采用晶圆级芯片封装。

如图 7-39 所示，高精度 MEMS 地磁传感器使用多芯片的 BGA 封装，采用的封装技术有 3D BGA 封装、芯片侧装互连、200μm 植球、1.6mm BGA 分选、芯片间焊线、小芯片 DAF 装片、薄晶圆磨片和划片等。MEMS 地磁传感器产品封装流程图如图 7-40 所示。

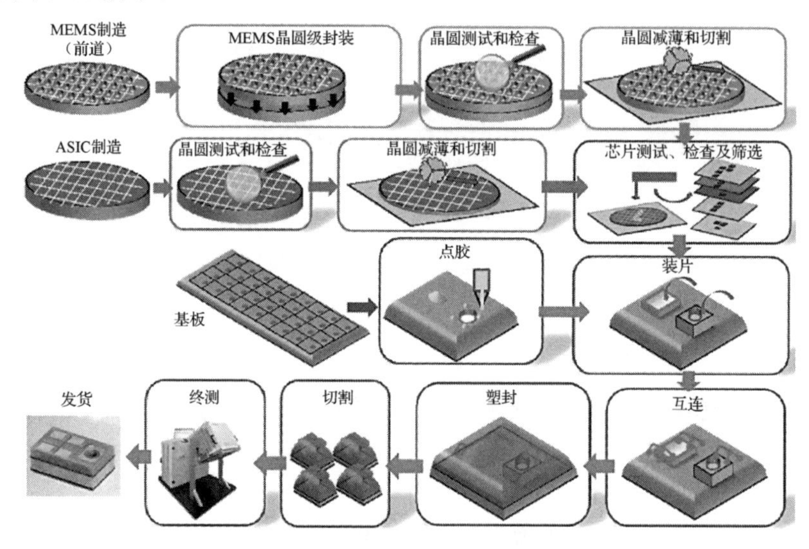

图 7-38　硅麦克风封装的典型工艺流程图

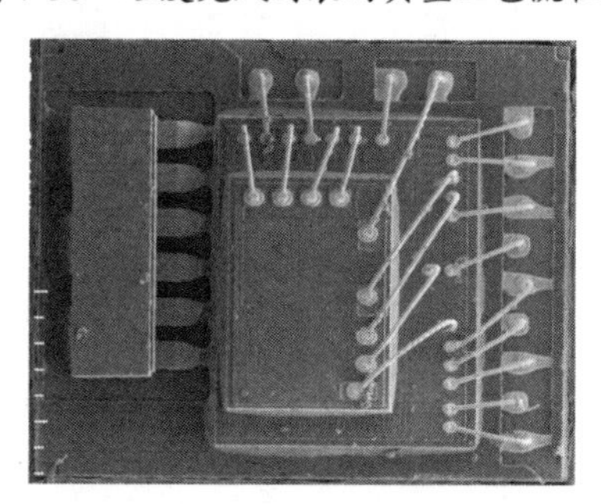

图 7-39　高精度 MEMS 地磁传感器封装示意图

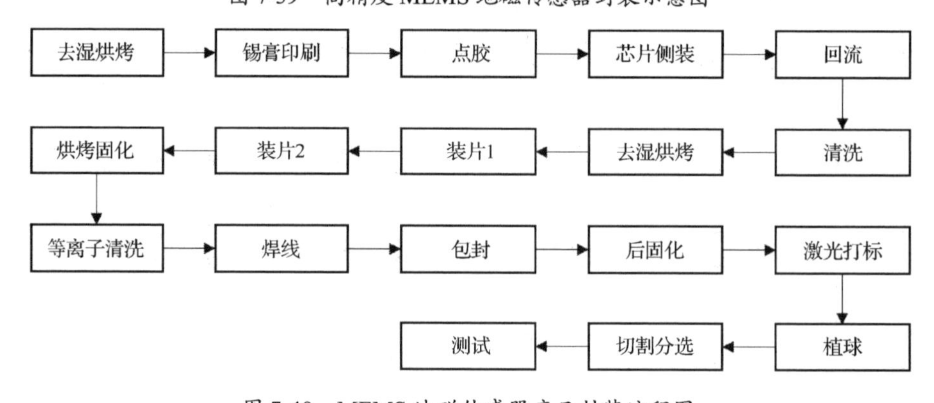

图 7-40　MEMS 地磁传感器产品封装流程图

当 MEMS 地磁传感器使用晶圆级芯片封装时，采用的封装技术有晶圆 UBM 溅射、晶圆光刻、晶圆电镀、磨片、晶圆背胶、晶圆中测、晶圆打标、晶圆植球、晶圆露球包封、切割、晶圆分选等。晶圆级 MEMS 地磁传感器产品封装流程图如图 7-41 所示。

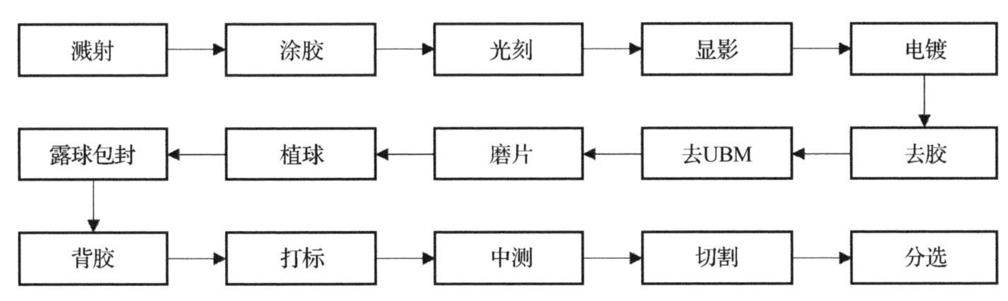

图 7-41　晶圆级 MEMS 地磁传感器产品封装流程图

7.7　2.5D 封装结构

2.5D 封装结构主要是为了减小封装体的尺寸，或者提高封装体的集成度以增强封装器件的电学和热学性能。

7.7.1　2.5D 硅转接板封装结构

2.5D 硅转接板封装是面向高端应用的封装技术，如云计算、高速网络、高端游戏运算、图像处理、人工智能和自动驾驶计算等。

2.5D 硅转接板封装将存储器芯片功能与处理运算功能分离的示意图如图 7-42 所示。处理运算芯片（如图像处理运算芯片和中央处理运算芯片）为单独 SoC。而高密度的存储封装则采用 3D 封装及 TSV 方式将存储芯片及其逻辑控制芯片（不包括处理运算部分）进行堆叠封装。处理运算芯片与高密度的存储封装再通过高密度布线的硅转接板连接在一起。转接好的 2.5D 封装再与其他元器件一起封装在 FCBGA 基板上，如图 7-43 所示。

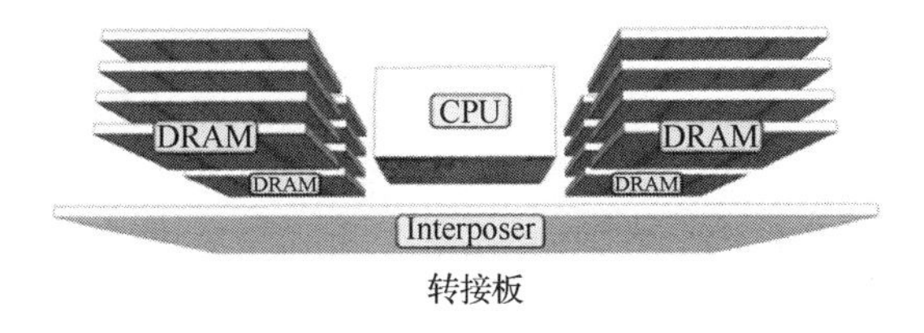

图 7-42　2.5D 硅转接板封装将存储器芯片功能与处理运算功能分离的示意图

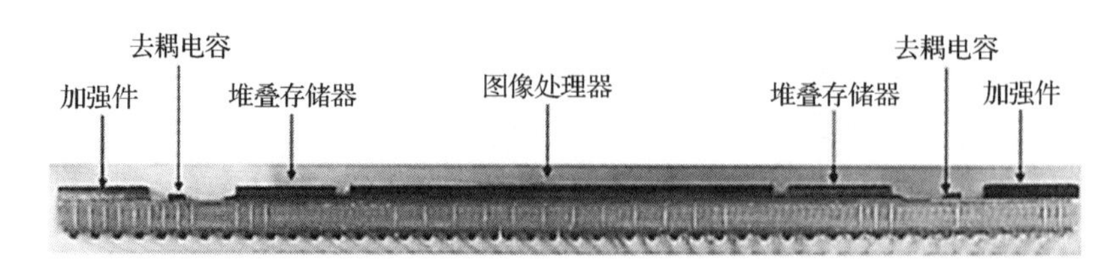

图 7-43 2.5D 硅转接板封装的样品示意图

2.5D 封装采用硅转接板平面排布存储器芯片和主处理芯片，2.5D 封装体的尺寸会显著增大。因为 3D 封装通过在芯片上直接形成 TSV 并直接与芯片垂直互连，不需要中介转接板，所以封装体的平面尺寸可以进一步减小。3D 存储芯片和处理芯片的封装结构能够提供最紧凑封装。但单纯的 3D 封装中主处理芯片高速运算产生的巨大热量会导致整个 3D 封装体的温度过高，从而影响存储芯片的性能。而在 2.5D 封装中，一方面主处理运算芯片与存储芯片分离，从而产生的巨大热量不会对存储器产生直接影响；另一方面硅转接板也是良好的散热片，可以降低整个 2.5D 系统级封装体的温度。除此之外，还可以放置散热片在 2.5D 封装体的背面，特别是主处理芯片的背面，以进一步降低封装体温度，从而确保高速计算能力。

图 7-44 所示为 2.5D/3D 封装结构在大功率和小功率应用场景下的相对功耗对比，可见，无论在大功率应用还是小功率应用场景下，2.5D 封装结构都有明显的功耗优势。

图 7-45 所示为 2.5D/3D 封装结构在相同功率下的最高温度变化趋势对比图，可见，2.5D 封装对 DRAM 芯片的散热效果明显更好。

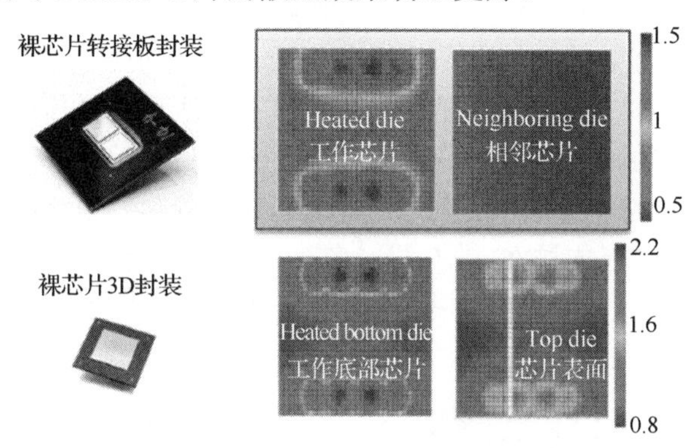

（a）大功率应用场景下（风扇降温）的相对功耗对比

图 7-44 2.5D/3D 封装结构在大功率和小功率应用场景下的相对功耗对比

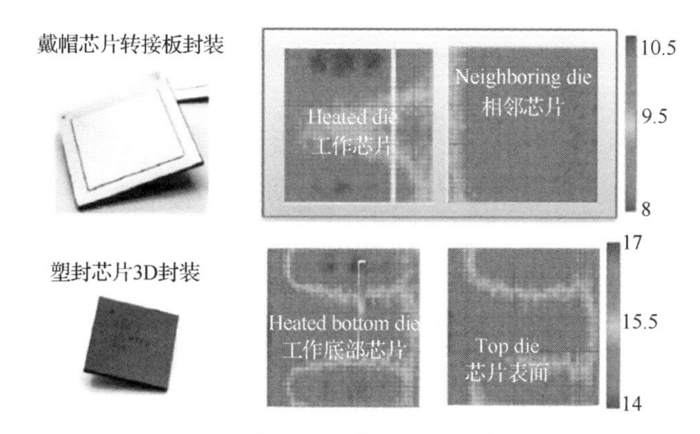

（b）小功率应用场景下（无降温措施）的相对功耗对比

图 7-44　2.5D/3D 封装结构在大功率和小功率应用场景下的相对功耗对比（续）

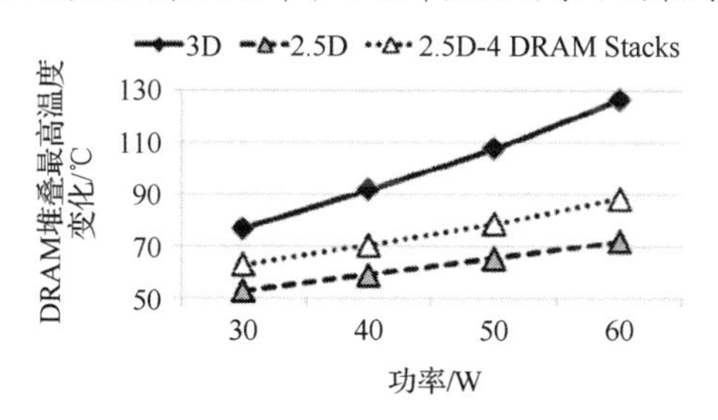

图 7-45　2.5D/3D 封装结构在相同功率下的最高温度变化趋势对比图

7.7.2　2.5D 封装的工艺流程

2.5D 封装的工艺流程主要有四种类型，分别为芯片先键合晶圆（Chip-on-Wafer First，CoW First）、芯片后键合晶圆（Chip-on-Wafer Last，CoW Last）、芯片临时键合载板（Chip-on-Carrier，CoC）和芯片键合基板（Chip-on-Substrate，CoS）工艺流程。

1. 芯片先键合晶圆

图 7-46 所示为芯片先键合晶圆的工艺流程示意图，此工艺包括如下步骤。

（1）用 TSV 和重布线层技术制作主动/被动硅转接板，转接板可以包含晶体管、槽式电容、金属/绝缘电容、TSV 等。

（2）若有设计需要，则制作带有电感的多层重布线层。

（3）芯片和其他元器件先倒装在硅转接板晶圆上，然后注射底部填充材料以提高可靠性。之后的塑封工艺会将芯片进一步保护起来。塑封完成后，芯片背面的一部分塑封料会被研磨掉，以减小晶圆翘曲程度，并提供一个平整的平面键合临时或永久的圆形载板。圆形载板可以是玻璃临时载板或硅晶圆等永久载板以增强最终封装体的导热性能。

（4）背面减薄和暴露 TSV 的工艺。若有设计需要，则可以在暴露 TSV 的铜连接之后继续进行重布线。随后进行 C4 锡球凸点工艺。

（5）C4 锡球凸点工艺完成后，临时载板与系统级封装晶圆分离。若为硅晶圆载板，则硅晶圆载板可根据设计的厚度需要进行减薄。切割后的 2.5D 封装体倒装键合在 FCBGA 基板上。通过底部填充可以增强可靠性，贴装加强框也可以进一步减小和控制封装体的翘曲程度。

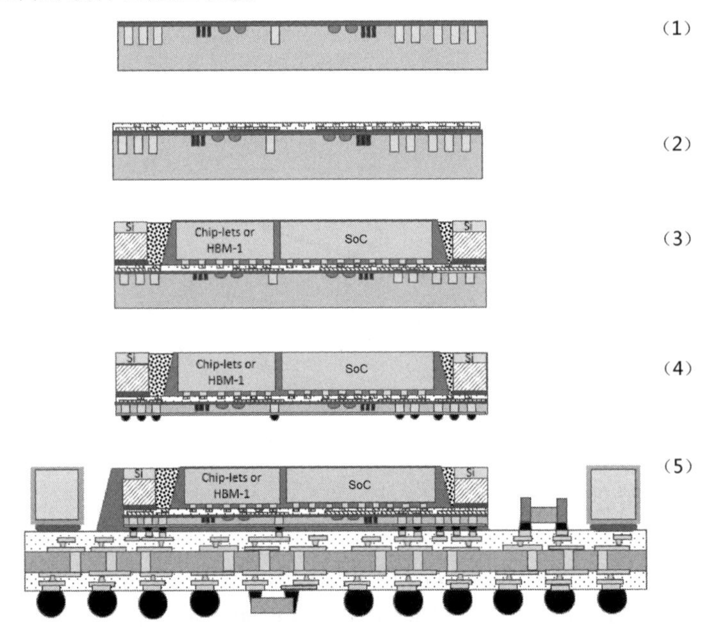

图 7-46　芯片先键合晶圆的工艺流程示意图

芯片先键合晶圆工艺简单、成本较低，同时可以实现芯片与 TSV 转接板晶圆的异质直接键合（Hybrid Direct Bonding，DBI），如 Cu/Cu-SiON 键合或高温共晶键合（Eutectic Bonding）。因为芯片先键合晶圆工艺塑封后的晶圆翘曲程度较小，所以该工艺对大芯片或高转接板面积比的封装比较有利。

2. 芯片后键合晶圆

图 7-47 所示为芯片后键合晶圆的工艺流程示意图，此工艺包括如下步骤。

（1）用 TSV 和重布线技术制作硅转接板，硅转接板可以包含晶体管、槽式电容、金属/绝缘电容、TSV 等。

（2）若有设计需要，则制作带有电感的多层重布线。

（3）第 1 玻璃载板会与 TSV 转接板晶圆正面贴合。在第 1 玻璃载板的支持下，对 TSV 晶圆进行背面减薄、抛光和蚀刻露铜，并设计所需的重布线和 C4 锡球凸点。

（4）TSV 晶圆背面与第 2 玻璃载板键合。之后进行第 1 玻璃载板的与 TSV 晶圆的正面分离。在第 2 玻璃载板的支持下，测试过的良品芯片会倒装在 TSV 转接板晶圆上，电路设计所需的其他元器件也可以键合在 TSV 转接板晶圆上。然后在芯片和 TSV 转接板晶圆之间进行底部填充。也可以对芯片进行塑封，并减薄平整。

（5）解键合分离第 2 玻璃载板并进行封装体切割。

（6）切割后的 2.5D 封装体倒装键合在 FCBGA 基板上。通过底部填充可以增强可靠性，贴装加强框也可以进一步减小和控制封装体的翘曲程度。

因为芯片后键合晶圆工艺可以采用较厚或较大热膨胀系数的玻璃晶圆来调节临时键合圆片的翘曲程度，所以对小尺寸芯片、大转接板面积比塑封后容易翘曲的晶圆或翘曲程度较大的 TSV 转接芯片的封装比较有利。

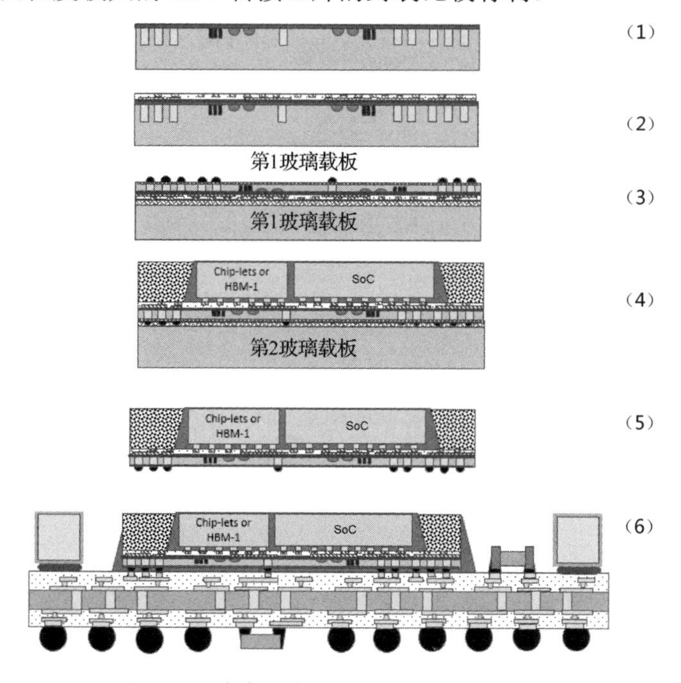

图 7-47 芯片后键合晶圆的工艺流程示意图

3. 芯片临时键合载板

图 7-48 所示为芯片临时键合载板的工艺流程示意图，此工艺包括如下步骤。

（1）切割好的转接板贴合在带有凹坑的临时载板上。

（2）运算、存储等芯片与转接板倒装键合。

（3）在芯片和转接板之间进行第一次底部填充，并固化底部填充材料。

（4）在芯片的背面贴合转接板分离支持膜。在转接板分离支持膜的作用下，临时载板与转接板分离。

（5）利用等离子技术清洗 TSV 转接芯片和 C4 锡球凸点的表面，并将 2.5D 封装体倒装在 FCBGA 基板上。通过底部填充可以增强可靠性，贴装加强框也可以进一步减小和控制封装体的翘曲程度。

芯片临时键合载板工艺采用预切割 TSV 转接板，能够支持较高密度的 C4 锡球凸点，又有较好的封装晶圆翘曲的设计。该工艺不需要进行塑封，可以降低成本。但该工艺涉及特制的凹坑临时载板，会增加治具成本。

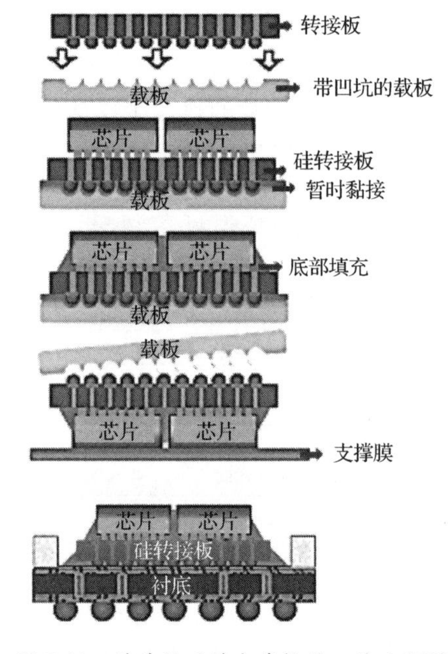

图 7-48　芯片临时键合载板的工艺流程图

4. 芯片键合基板

图 7-49 所示为芯片键合基板的工艺流程示意图，此工艺包括如下步骤。

（1）用 TSV 和重布线技术制作硅转接板，转接板可以包含晶体管、槽式电容、金属/绝缘电容、TSV 等。

（2）若有设计需要，则制作带有电感的多层重布线层。

（3）用临时解键合方式进行 TSV 露铜工艺。若有设计需要，则可以在暴露

TSV 的铜连接之后继续进行重布线。随后进行 C4 锡球凸点工艺。

（4）转接板 C4 锡球凸点工艺完成后，将转接板倒装键合在 FCBGA 基板上。通过底部填充可以增强可靠性，贴装加强框也可以进一步减小和控制封装体的翘曲程度。

（5）不同的功能芯片，如 SoC 等，倒装键合在 TSV 转接板上，并用底部填充材料进行填充和固化。

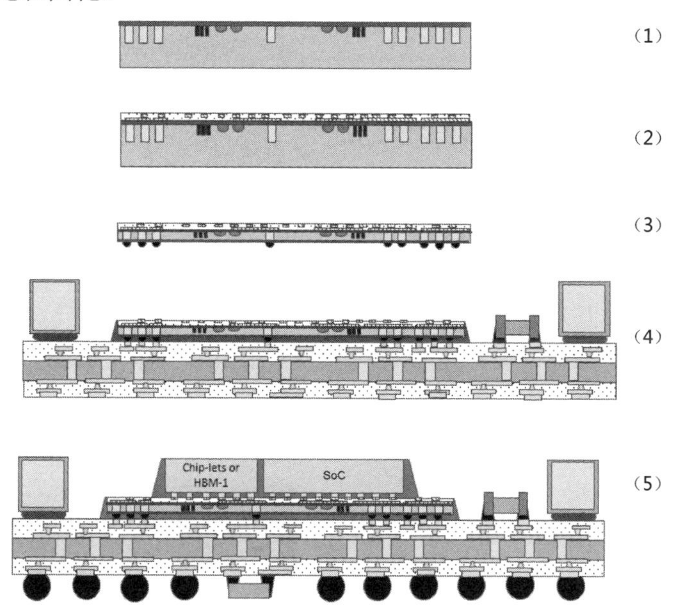

图 7-49 芯片键合基板的工艺流程示意图

CoS 芯片键合基板工艺，对 TSV 转接板芯片和基板均要求小的翘曲程度。通常采用先在基板上贴装增强型框架的散热片来改善翘曲程度。但是这种在芯片背面贴合散热片的工艺也会增加生产成本。

表 7-2 所列为四种 2.5D 封装集成结构的性能对比。

表 7-2 四种 2.5D 封装集成结构的性能对比

类 型	芯片临时键合载板	芯片键合基板	芯片先键合晶圆	芯片后键合晶圆
优点	芯片和转接板用测试良品； 可测试； 热负荷低	芯片和转接板用测试良品； 可测试； 不需要二次载板； 热负荷低	不需要二次载板； 易于顶部芯片键合	芯片和转接板用测试良品； 可测试； 热负荷低

续表

类　型	芯片临时键合载板	芯片键合基板	芯片先键合晶圆	芯片后键合晶圆
挑战	晶圆空腔成本管控； 晶圆空腔内助焊剂清洗； 质量管控； 芯片模块的可操作性	基板翘曲控制； 微焊点的良率控制； 热压键合产出效率	凸点良率损失影响测试良； 晶芯片损失； 热负荷控制； 无法测试； 塑封晶圆翘曲控制	需要二次载板

7.7.3　2.5D 埋入式多芯片桥连封装结构

除了已经发展成熟的 2.5D TSV 硅转接板封装技术，Intel 还开发了 2.5D 埋入式多芯片桥连（EMIB）封装技术。如图 7-50 所示，在埋入式多芯片桥连结构中，多个硅桥连芯片首先预埋在多层基板中，不同功能的芯片倒装在基板上，并同时与硅桥连芯片形成互连键合。硅材料的热膨胀系数较低（约为 2.65×10^{-6}/℃），为确保封装良率和可靠性，要求基板材料的热膨胀系数低。与此同时，由于硅桥连芯片与不同的功能芯片键合，其局部应力的分布情况更加复杂，其散热性能也会比成熟的 2.5D TSV 硅转接板封装结构的散热性能差。

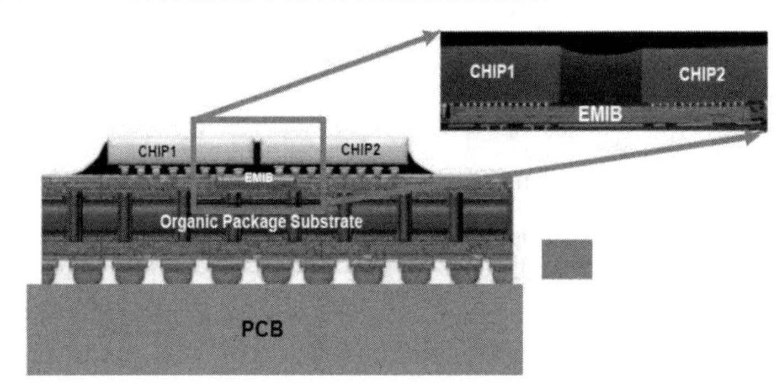

图 7-50　2.5D 埋入式多芯片桥连封装结构示意图

与使用 TSV 硅转接板技术的硅转接板相比，以 EMIB 为代表的无 TSV 硅转接板最大的优点如下。

第一，采用局部的硅桥连芯片，由桥连芯片内高密度的布线将不同芯片的 I/O 端口互连，无须再通过 TSV 或硅转接板进行走线。因此，无须制造覆盖整个芯片的硅转接板及遍布在硅转接板上的大量 TSV，可以降低系统的制造复杂度与制造成本。

第二，硅桥连只需要在硅片边缘进行，不需要在转接板中使用长导线，具有比传统基板互连更小的线宽、线距与更短的连线，可以有效降低不同芯片间的传输时延，减少信号的传输损耗。对于模拟元器件（如收发器），由于不存在通用的转接板，因此对高速信号的干扰明显降低。

采用 EMIB 转接板技术的 i7-8809G 处理器将 CPU 与 GPU 集成在一个系统级封装体中，其中 GPU 与 HBM 之间通过 EMIB 硅转接板桥连。

7.7.4　2.5D 无转接板封装结构

2.5D 无转接板封装技术最早由 NEC 公司开发，最初称为 Smartfi 技术。该技术使用多层重布线层代替 TSV 转接板，在塑封后解键合硅晶圆或玻璃载板，实现无 TSV 转接板的系统封装。该封装技术成本相对较低，并且所得封装体的厚度较薄。由于不再使用高导热的硅转接板，因此封装散热性能会变差。同时，封装工艺的翘曲控制面临一定的挑战。该封装技术适合尺寸较小和对热性能要求不高的应用。

2.5D 无转接板封装技术的流程图如图 7-51 所示。

（1）先在载板上沉积适当的分离层或保护层，在无 TSV 的玻璃载板上制作多层重布线层。

（2）不同功能的芯片或元器件倒装在重布线层。填注底部填充材料以增强可靠性，利用塑封工艺将芯片进一步保护起来。

（3）采用激光解键合工艺，分离玻璃载板，之后制作 C4 凸点。

（4）倒装键合在 FCBGA 基板上。

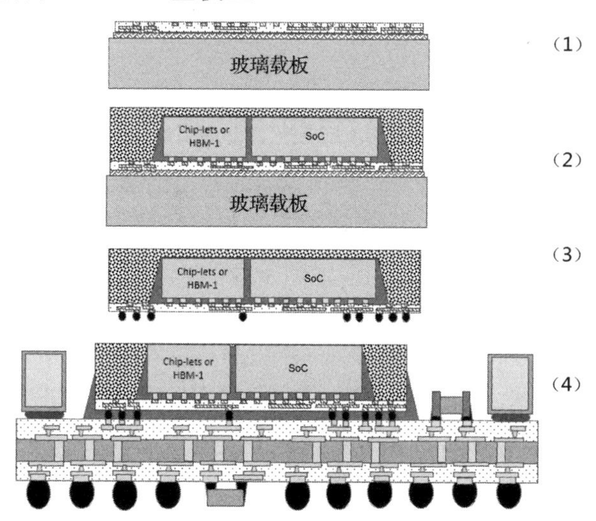

图 7-51　2.5D 无转接板封装技术的流程图

7.7.5 2.5D 封装技术的现状和发展

表 7-3 所列为 2.5D 封装技术和传统基板 MCM 封装技术的性能对比。由表 7-3 可看出，TSV 2.5D 封装具有先进的制程和较好的灵活性。随着增强现实（Augmented Reality，AR）/虚拟现实技术（Virtual Reality，VR）、人工智能（AI）、边缘计算（Edge Computing）、云计算（Cloud Computing）和 5G 通信技术的发展与市场规模的扩大，2.5D 封装技术已经得到越来越多的应用。目前 2.5D 封装技术的局限性在于成本较高。

表 7-3 2.5D 封装技术和传统基板 MCM 封装技术的性能对比

芯片互连设计规则	多芯片基板	嵌入式多芯片互连桥接	硅转接板	晶圆级扇出型/有机转接板
最小凸点中心距/μm	150（可控塌陷芯片连接）	150（可控塌陷芯片连接）40（微凸点）桥接	<40（微凸点）	40μm 重布线层焊盘间距
过孔/焊盘尺寸/μm	60/90	0.4/0.7	0.4/0.7	10/30
最小线宽/线距/μm	15/15	0.4/0.4	0.4/0.4	3/3
金属厚度/μm	10	1	1	2～5
介电层厚度/μm	30	1	1	<5
每层芯片间连接数+接地屏蔽层（2 层金属布线层）	10	10000	10000	1000
最小芯片与芯片间距/μm	4000	桥接芯片，约为 2500	<100	<250
可行的高密度金属层数	没有限制	没有限制	没有限制	1～3 层
可封装的芯片尺寸和数量	无顾虑	尺寸和数量极限？	无顾虑	尺寸极限？

7.8 扇出型封装结构

扇出型（Fan-Out，FO）封装主要是指基于重布线连接的封装技术。GE 于 1990 年提出 FO 封装结构，EPIC 进一步提出制备方法。2003 年，Freescale 与 EPIC 合作开发了重分布芯片封装（Redistributed Chip Package，RCP）技术。与此同时，Infineon 开发了埋入式晶圆级球栅阵列（EWLB）技术。ACET 开发了以硅晶圆为载板的扇出型封装技术。2008 年，Freescale、Infineon 和 ACET 分别开始各自相关扇出型封装产品的小批量生产。随后，Infineon 将 EWLB 技术授权给 STATSChipPAC 等封装厂，并开始大规模量产。基于 FO 技术，系统级封装也开始蓬勃发展。2012 年，FO 技术得到 Apple 认可，与 TSMC 联合开发集成扇出型（Integrated Fan-Out，InFO）技术，并于 2016 年实现相关产品的量产。2012 年，高通开始验证 EWLB 技术，并于 2015 年实现相关产品的量产。FO 系统级封装完全被市场认可。三星、海思和联发科也都有各自的 FO 封装产品。

扇出型封装（Fan-Out Package，FOP）是目前主流的晶圆级封装技术。板级的封装开发和生产也开始出现，但晶圆级封装和板级封装的基本结构是相同的。

7.8.1　芯片朝下的扇出型系统级封装

EWLB 是典型的芯片朝下（Face-Down）的 FOP，图 7-52 所示为芯片朝下的 FOP 工艺流程图。

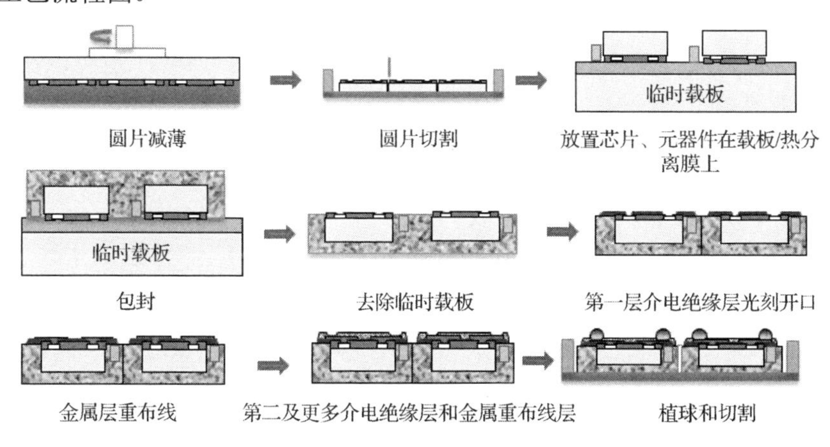

图 7-52　芯片朝下的 FOP 工艺流程图

（1）圆片减薄。

（2）圆片切割。

（3）主芯片朝下贴合在热分离膜上，无源元器件或其他封装好的芯片也根据设计要求贴装在主芯片周边。

（4）包封。

（5）去除临时载板和热分离膜。

（6）涂覆第一层介电绝缘层，光刻、显影、固化。

（7）采用电镀工艺制作金属重布线层。

（8）制备第二层介电绝缘层，制备金属重布线层，如此反复，直到达到设计的重布线层数。

（9）植球，切割成单个封装体，并进行功能测试。

无源元器件，或者高度低于 BGA 锡球或转接板高度的超薄芯片也可以选择性地键合在重布线表面。FO 系统级封装示意图如图 7-53 所示。

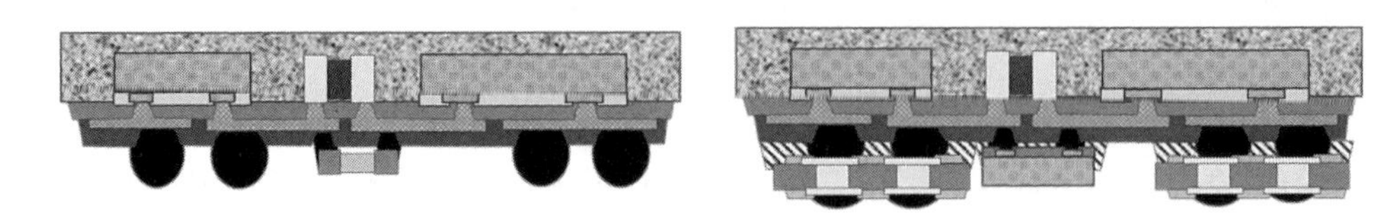

图 7-53　FO 系统级封装示意图

芯片朝下的系统级 FO 可以封装不同尺寸的芯片，芯片面积与封装体面积比值为 8%～97%。该技术可以调整晶圆翘曲程度，工艺相对简单、工艺周期较短、成本较低。另外，采用该技术还可以直接埋入不同尺寸的芯片和无源元器件。根据可靠性设计的需求，可以在硅晶圆上进行重布线和铜凸点制备，也可以在 FO 载板上制备较厚的重布线层，以及异质介电材料层，如塑封料层和绿漆层。通过标准化生产，该技术可以最大程度实现生产成本和产品性能的平衡。

7.8.2　芯片朝上的扇出型系统级封装

图 7-54 所示为芯片朝上（Face-Up）的 FO 系统级封装的工艺流程图。

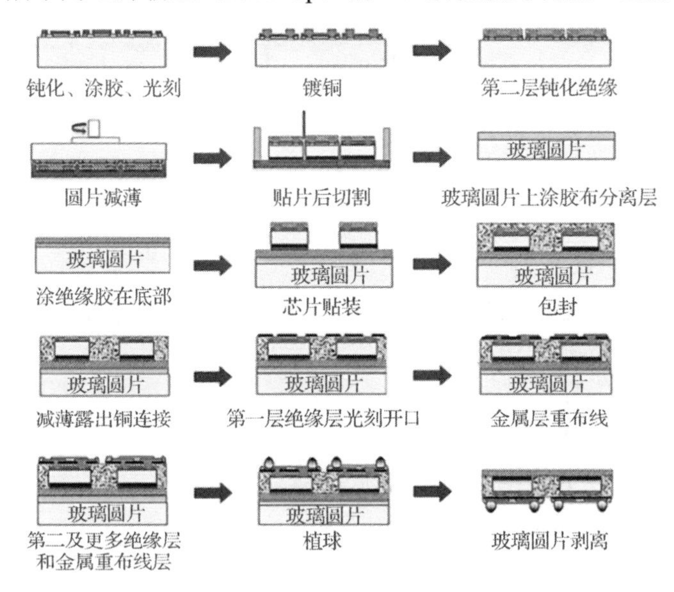

图 7-54　芯片朝上的 FO 系统级封装的工艺流程图

（1）晶圆钝化、涂胶及光刻。

（2）镀铜，进行凸点制作。

（3）第二次涂胶和光刻。这里的晶圆第二次钝化绝缘是可选择的。在 TSMC

的 InFO 工艺中，采用聚酰亚胺完成第二次钝化，从而更好地保护芯片。在 Deca 的 M-series FO 工艺中，没有进行第二次钝化绝缘，而是通过控制铜柱高度以提高板级可靠性和降低成本。

（4）减薄芯片晶圆。

（5）切割芯片晶圆。

（6）在临时玻璃圆片上涂覆对激光敏感的解键合膜。

（7）将不同功能的芯片正面朝上贴装，芯片背面与玻璃圆片贴合。

（8）包封。

（9）减薄露出铜连接。

（10）涂覆第一层介电绝缘层，光刻、显影、固化。

（11）采用电镀工艺形成金属重布线层。

（12）涂覆第三层及更多的介电绝缘层，制备金属重布线层，如此反复，直到达到设计要求的重布线层数。

（13）植球，切割成单个封装体，并进行功能测试。

芯片朝上的 FO 系统级封装在玻璃圆片载板的支持下可以封装不同尺寸的芯片，改善翘曲问题。然而，玻璃的刚度比塑封料的刚度大，延伸率低，在工艺处理过程中，当玻璃圆片被真空吸附时，容易受力脆裂，从而为生产带来困难。另外，该工艺无法埋入不同高度的芯片和无源元器件。该工艺涉及预制铜凸点和两层聚酰亚胺薄膜，以及后续的临时键合与解键合，产品的生产周期较长，成本较高。

7.8.3　2.5D 扇出型系统级封装结构

FOP 与基板结合使用可以部分替代 2.5D TSV 转接板。在 2.5D FO 系统级封装结构中，使用多层重布线层替代 2.5D TSV 转接板，将多个芯片和无源元器件埋入 FO 塑封体中。这种结构可称为 2.5D TSV-Less 无转接板的 FO 系统级封装结构。

图 7-55 所示为 2.5D TSV-Less 无转接板的 FO 系统级封装的工艺流程图。

（1）先在载板上沉积适当的分离层或保护层，在无 TSV 的玻璃载板上制作多层重布线层。FOP 可根据设计和成本的需要，采用 EWLB 或 InFO 的方式制备。

（2）多芯片和无源元器件采用倒装或 SMT 工艺，键合于 FCBGA 基板上。在 FOP 与基板之间进行底部材料填充，增强可靠性和导热性。

（3）贴装散热片，通过将热界面材料贴装在 FOP 体的背面和基板上来增强散热性，减小翘曲程度。

（4）在单个封装体上植球，并进行功能测试。

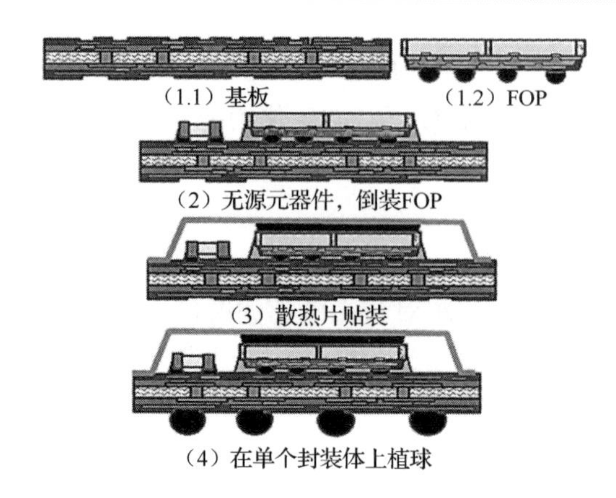

图 7-55　2.5D TSV-Less 无转接板的 FO 系统级封装的工艺流程图

采用 TSV-Less 无转接板的 FO 系统级封装可以降低产品的制造成本：一方面可以采用不同硅制程工艺的芯片组合；另一方面可以避免使用高成本的 TSV 硅转接板。图 7-56 所示为 2.5D FO 芯片键合基板（Fan-Out Chip on Substrate，FOCoS）的封装截面示意图。目前市面上已经可以量产 3.5 层金属重布线层的 FOCoS 封装产品，重布线的线宽、线距最小可低至 2μm。

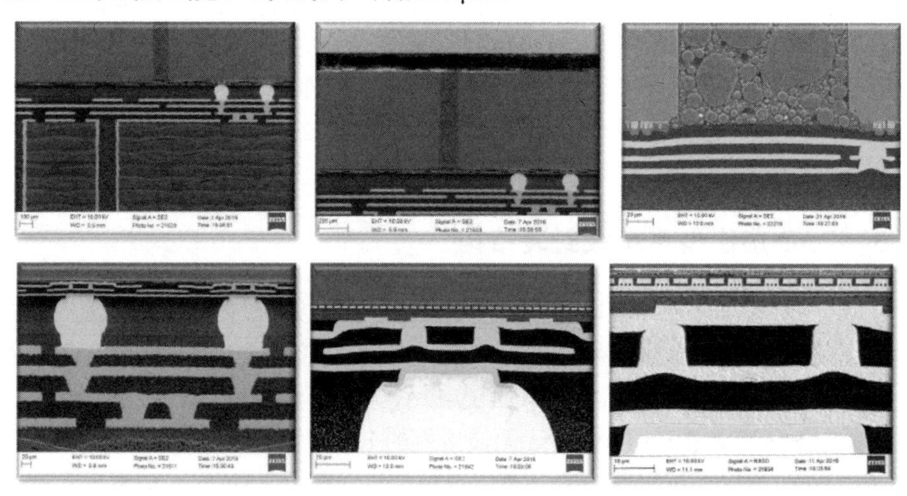

图 7-56　2.5D FO 芯片键合基板的封装截面示意图

7.8.4　EWLB 堆叠封装结构

EWLB 采用双层重布线技术可以实现 3D 堆叠封装结构。图 7-57 所示为 EWLB 堆叠工艺的流程图，其主要步骤如下。

（1）多芯片倒装在带有多层热分离膜的临时载板上。

（2）塑封形成有埋入式芯片的 FO 圆片。

（3）在塑封好的 FO 圆片上，进行第一层的重布线。

（4）进行植球和超薄无源元器件的表面贴装。

（5）背面减薄和激光开孔，露出背面的铜凸点。

（6）进行第二层的重布线，并进行上下封装体的堆叠键合，在 PoPt 和 PoPb 之间继续进行底部填充，以增强可靠性和热性能。

（7）圆片切割和功能测试。

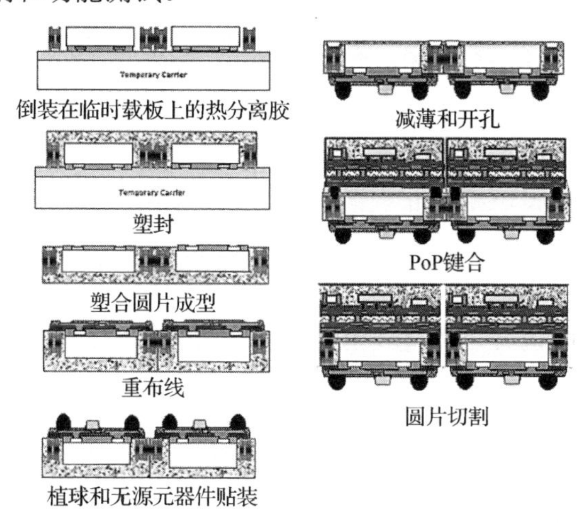

图 7-57 EWLB 堆叠工艺的流程图

图 7-58（a）所示为 EWLB 功率系统级封装的 PoP 结构示意图。PoPt 既是功率元器件，又是无源元器件，它与 PoPb 的控制芯片堆叠形成 3D 系统级封装结构。图 7-58（b）所示为 EWLB 倒置系统级封装的 PoP 结构示意图，ASIC 芯片 PoPb 采用倒置的 BGA 结构，即 BGA 在 EWLB FOP 体的背面，而 MEMS 堆叠在 PoPb FOP 体的正面。

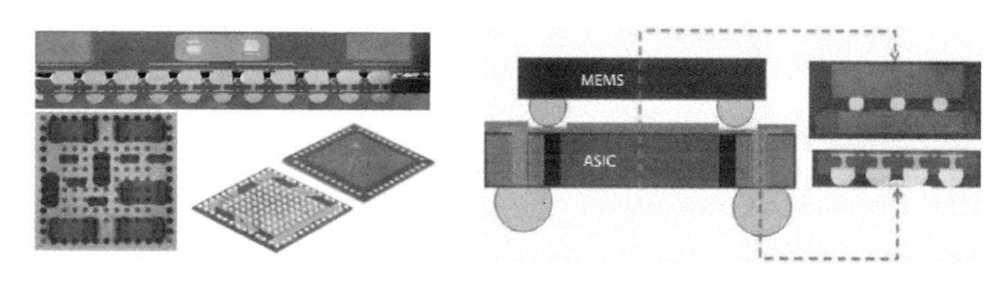

（a）EWLB 功率系统级封装的 PoP 结构示意图　　（b）EWLB 倒置系统级封装的 PoP 结构

图 7-58 EWLB 堆叠系统级封装的样品实例示意图

7.8.5 集成扇出型堆叠封装结构

芯片朝上的集成扇出型（Integrated Fan-Out，InFO）工艺也可以实现系统级封装堆叠封装结构。图 7-59 所示为芯片朝上的 InFO 堆叠工艺流程图，其主要步骤如下。

（1）在玻璃圆片钝化、涂胶及光刻，电镀可实现 PoP 连接的铜柱。

（2）具有聚酰亚胺层铜凸点的芯片，如 AP 芯片，正装在玻璃圆片上。

（3）包封。

（4）减薄芯片晶圆，漏出铜柱和铜凸点。

（5）涂覆第一层介电绝缘层，光刻、显影、固化。

（6）采用电镀工艺形成金属重布线层。

（7）涂覆第二层及更多的介电绝缘层，制备金属重布线层，如此反复，直到设计达到要求的重布线层数。

（8）植球。

（9）使用激光解键合，剥离玻璃圆片。

（10）激光打孔暴露实现 PoP 连接的铜柱。

（11）切割，进行功能测试。

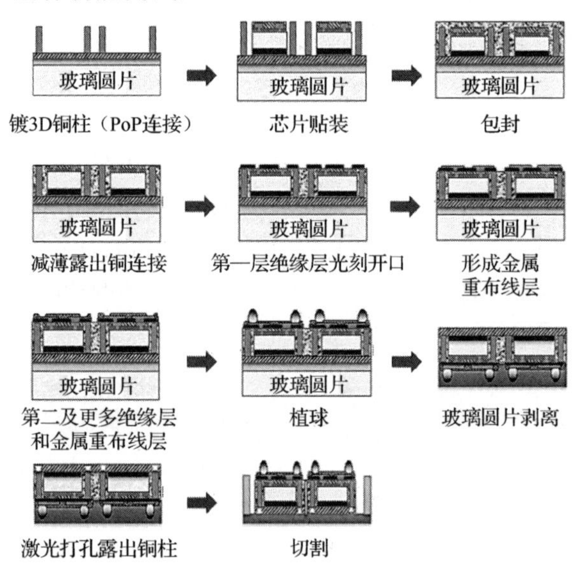

图 7-59　芯片朝上的 InFO 堆叠工艺流程图

图 7-60 所示为芯片朝上的 FO PoPb InFO 实例图，与 PoPt 内存芯片堆叠形成完整的 AP 处理器。这种堆叠封装结构已经广泛应用在 iPhone 7 及后续几乎所有

的 iPhone 手机上。

芯片朝上的 FO PoPb InFO 结构和工艺流程采用双面重布线，实现了高密度 3D FO 系统级封装，对于芯片成本较大的应用，具有很大的优势。

FOWLP 的 INFO PoP 具有比 FC PoP 更好的综合性能。在散热方面，FOWLP 的 InFO PoP 比 FC-PoP 或 3D IC 的性能要好。因为无中介散热层，所以 3D IC 的热性能相对较差，如图 7-61 所示。

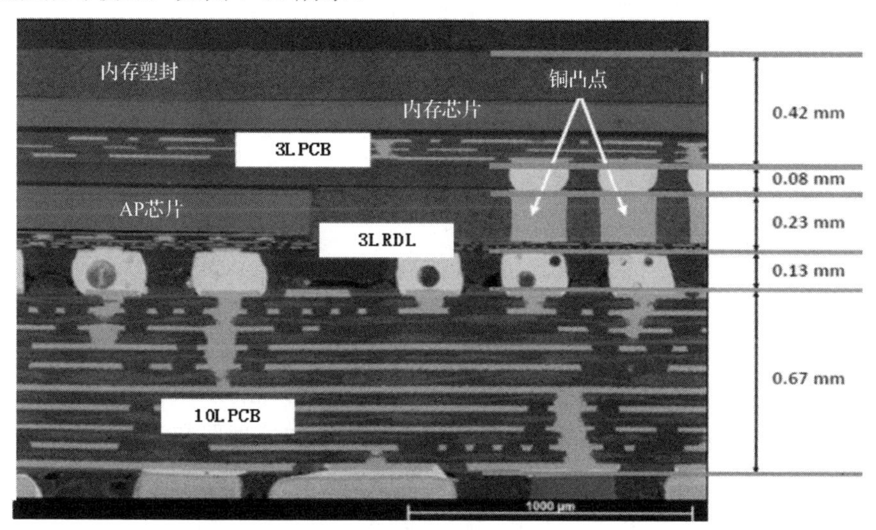

图 7-60　芯片朝上的 FO PoPb InFO 实例图

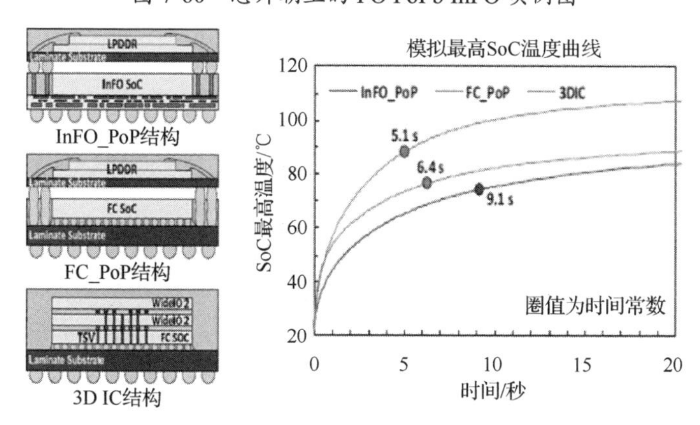

图 7-61　InFO PoP、FC PoP 和 3D IC 系统级封装在热管理方面的对比图

FOWLP 技术进入大规模生产已有多年时间，其系统级封装产品也已经在市场上应用，图 7-62 所示为典型的 FO RCP 系统级封装产品示意图。图 7-63 是 FO CoS 系统级封装产品示意图，多芯片利用 FO 技术实现重构集成，然后使用标准

的散热片 FCBGA 进行 FO 芯片封装，以满足高性能运算芯片的高端需求。

图 7-62　典型的 FO RCP 系统级封装产品示意图

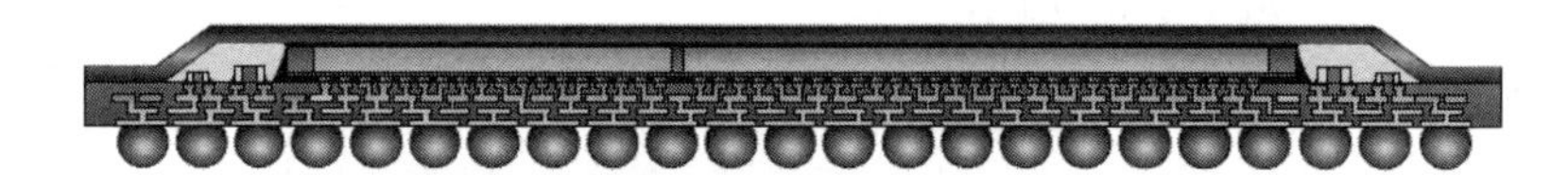

图 7-63　FO CoS 系统级封装产品示意图

7.8.6　扇出型系统级封装的发展趋势

2011 年，新加坡星科金朋公司（STATSChipPAC）率先提出 2.5D FO EWLB 的封装结构。在 FO 系统级封装的发展过程中，为降低成本，FOP 的载板在向更大尺寸的板级 PLP（Panel-Level Package）和 18 英寸晶圆的方向发展，但在结构上并没有太大的变化。FO 系统级封装会继续沿着 2D、2.5D 和 3D 的高密度结构路线发展。中高端高密度布线的 FO 系统级封装，如处理器和高频率射频应用，将主要以晶圆级芯片封装为主。对成本非常敏感，但对布线密度要求不是很高的功率和电源类应用，PLP 及埋入式基板会成为主要发展趋势。

参 考 文 献

[1] PAVLIDIS V F，FRIEDMAN E G. 三维集成电路设计[M]. 缪旻，于民，金玉丰，等，译. 北京：机械工业出版社，2013.

[2] DISCO．Dry Polishing Wheel Gettering DP，2017.

[3] YOSHIDA A，TANIGUCHI J，MURATA K，et al．A Study on Package Stacking Process for Package-on-Package（PoP）[C]//Electronic Components and Technology Conference，2006．Proceedings．56th．IEEE，2006.

[4] HUNT J，ASE Group．Fan-Out-Simple to Complex．Semicon Taiwan，2017.

[5] 董永贵．微型传感器[M]．北京：清华大学出版社，2007.

[6] LOH G H，JERGER N E，KANNAN A，et al．Interconnect-Memory Challenges for Multi-chip，Silicon Interposer Systems[C]//International Symposium on Memory Systems．ACM，2015：3-10.

[7] LEE C C，HUNG C，CHEUNG C，et al．An Overview of the Development of a GPU with

Integrated HBM on Silicon Interposer[C]//IEEE Electronic Components & Technology Conference. IEEE，2016.

[8] OPRINS H. Thermal Aspects of 3D and 2.5D Integration. European 3D Summit Conference，2017.

[9] MA M，CHEN S，LAI J Y，et al. The Development and Technological Comparison of Various Die Stacking and Integration Options with TSV Si Interposer[C]//2016 IEEE 66th Electronic Components and Technology Conference（ECTC）. IEEE，2016.

[10] DEO M，Enabling Next-Generation Platforms Using Intel’s 3D System-in-Package Technology. Intel White Paper，WP-01251-1.5.

[11] RAMALINGAM S，3D-ICs：Advances in the Industry，ECTC，SPMT Seminar 2014.

[12] Fan-Out：Technologies & Market Trends.Yole Development Report，2016.

[13] WANG C T，YU D. Signal and Power Integrity Analysis on Integrated Fan-Out PoP（InFO_PoP）Technology for Next Generation Mobile Applications[C]//Electronic Components & Technology Conference. IEEE，2016.

第 8 章

集成功能测试

系统级封装芯片是由多种不同功能的芯片和无源元器件集成的单一封装体，这些芯片具有电源管理 IC（Power Management Integrated Circuit，PMIC）、微控制器（Microprogrammed Control Unit，MCU）、调制器（Modulator）、解调器（Demodulator）、DRAM、闪存（Flash）、智能卡（Smartcard）、模/数（A/D）或数/模（D/A）转换、射频通信 IC（Radio Frequency Integrated Circuit，RFIC）、蓝牙（Bluetooth）通信、Wi-Fi 通信等功能。系统级封装芯片的测试流程、方法与一般通用芯片的测试流程、方法类似，但由于系统级封装集成了更多的芯片和无源元器件，增加了测试难度和复杂度，因此前者测试流程和方法有其自身的特点和特殊要求。本章综合介绍有关系统级封装芯片的主要测试流程、常见的测试项目、测试方法、测试注意事项及测试机台，简述系统级封装芯片的成品测试特点，探讨大规模量产测试时面临的挑战、应对策略及测试技术的发展趋势。

8.1 系统级封装测试

被测芯片根据制程及特性的不同，测试要求、测试流程、测试目的和测试项目也有所不同。芯片测试可分为多个阶段，不同阶段的测试目的和实现方法不尽相同。芯片封装测试通常包括晶圆测试、封装成品测试和可靠性测试。

8.1.1 晶圆测试

晶圆测试是指芯片晶圆制造完成后进行的整体晶圆测试，目的是检测晶圆上每个裸芯片的好坏，避免后续对不良芯片的封装，从而降低芯片制造成本。晶圆测试过程中要使测试机的探针台与被测芯片的距离接近，以减少不必要的中间连接。同时保证测试机的测试连线电缆和被测芯片之间的阻抗匹配，这对探针卡的制作和材料选择都有很高的要求，需要在初始设计阶段充分考虑晶圆测试的阻抗匹配优化。

8.1.2　封装成品测试

封装成品测试一般指使用自动高速测试机（Automatic Test Equipment，ATE）对封装制造完成的芯片进行的最终测试，目的是区分封装后芯片的良品和不良品。通常按照电参数筛选指标，将良品芯片进一步分成不同的性能等级，从而满足不同条件下各种应用的需求。在封装成品测试过程中，被测芯片与测试头的接触、测试分选机的测试座（Socket）和测试头之间的连接线所产生的寄生电感和电阻是非常重要的参数。广义的封装成品测试包括封装后芯片成品的所有测试。

常温测试可以满足大部分消费类电子产品的基本测试要求，高低温测试仅适用于小部分产品。对于严寒、高温和高湿等极端环境下使用的封装芯片，如汽车电子、通信基站、工业电子等基础应用，必须增加高低温测试，以确保封装成品在各种环境下的正常使用。

8.1.3　可靠性测试

可靠性测试是指测试和验证芯片封装成品在通电工作环境下的正常电性能和使用寿命，主要目的是确保被测芯片能在设计要求的年限内正常工作。在通常情况下，可靠性测试和封装性能测试在统一集中的测试工序中完成。

老化测试（Burn-In Test）是主要的可靠性测试方法。老化测试的环境可分为局部控温和整体环境加热。在整体环境加热老化测试中，整体测试装置都处于高温环境中，不仅芯片经历高温老化，设备硬件也会受到不同程度的老化影响，所以封测厂的设备大多采用局部控温模式。在量产过程中，老化测试每次运行的老化时间可根据具体需要来设置，如 4 小时、8 小时、12 小时和 256 小时等。通常用于老化测试的板卡尺寸大且较重，放置在机台的不同插槽位，如图 8-1 所示。翻盖老化座需要人工手动作业，如图 8-2 所示。为保证老化测试的规范流程和可靠结果，要求专人严格按照操作规范作业，一时一批，避免多批作业。另外，还要求作业时一进一出，放料和出料必须在不同作业台操作，防止已测成品与未测成品混料。

图 8-1　用于老化测试的板卡示意图

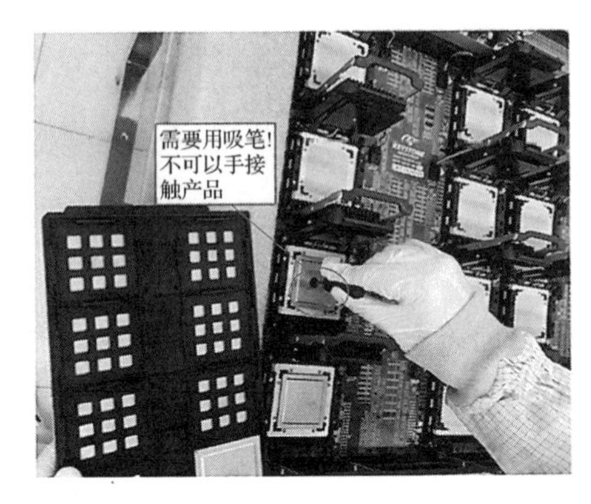

图 8-2　老化测试中的翻盖老化座示意图

8.1.4　板级系统测试

板级系统测试（System Level Test，SLT）可以模拟芯片在 PCB 上的实际工作环境和综合功能，进而弥补普通 ATE 封装成品测试的不足。此外，系统级封装芯片部分引脚没有导引出来，对应的关键功能无法使用自动高速测试机直接测试，采用 SLT 可以实现更好的测试覆盖，筛选出自动高速测试机无法测试的不良品。SLT 通常作为最后一道测试工序，有时还会增加一次 ATE 测试，再一次筛选 SLT 后可能存在的不良品。

SLT 使用专用的分选机和测试板，连接专用计算机，从而构成完整的 SLT 系统。测试指令或程序通过计算机烧录到测试板的单片机上。SLT 和 ATE 测试的不同之处：首先，SLT 无须使用特定的 ATE，其测试程序可直接烧录到测试板的单片机上，实现量产测试对测试程序版本的特殊管控；其次，SLT 分选机支持的工位（Site）一般比普通分选机支持的工位多，可以达到 12 工位，甚至可以超过 12 工位。

8.1.5　系统级封装成品测试流程

在实际量产测试过程中，根据系统级封装芯片的应用不同，封装成品测试流程、测试项目、精度要求等也有所不同。普通单芯片的封装成品测试流程是单站 ATE 测试，即封装完成后测试，之后直接进行包装（以编带、料管、托盘等形式）出货，如图 8-3 所示。

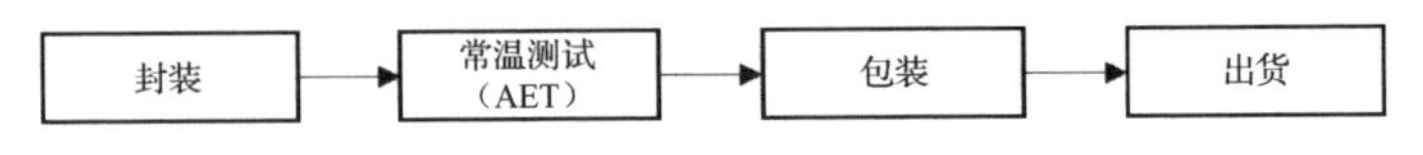

图 8-3　普通单芯片的封装成品测试流程图

系统级封装的集成芯片由多种类型的芯片集成封装在一起构成，其混合集成、复杂度高和应用场景多等特点使其测试流程和测试项目不断增加。如图 8-4 所示，在封装成品测试中增加了老化测试、三温（高温、低温、常温）测试、SLT 等。需要指出的是，测试流程根据产品的特性及应用确定，并根据具体需求进行增减调整，如为了进行更严格的质量管控会增加额外的电性能定时或随机抽样测试。

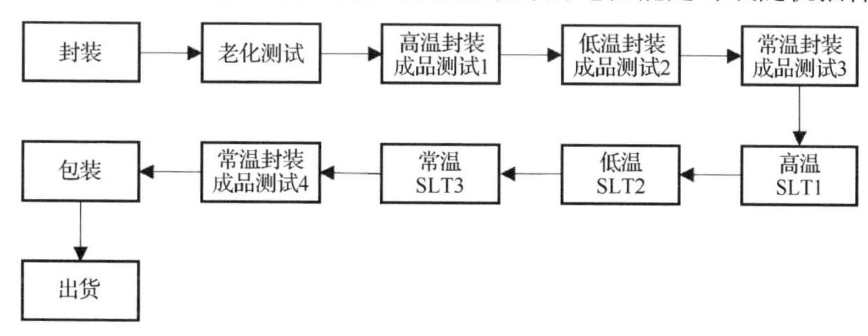

图 8-4 系统级封装成品封装成品测试流程图

在系统级封装成品封装成品测试流程中，老化测试、封装成品测试和 SLT 等测试都在芯片集成封装后进行。封装成品测试的 ATE 测试包括封装成品测试 1、封装成品测试 2、封装成品测试 3、SLT1、SLT2、SLT3，附加数字是封测厂为了区分流程而增加的，具体流程数量是根据不同产品应用场景确定的。常温测试可以满足一般消费类电子产品的基本测试要求，为了控制成本一般不会大量使用高低温测试。而对于在严寒、高温和高湿等极端环境下工作的芯片，必须进行高低温测试。

8.2 系统级封装测试项目

系统级封装测试相对复杂，难度较大，但集成芯片/模块的测试项目、原理与单芯片的测试项目、原理往往是类似的。按照应用不同，芯片大致可以分为如下几类。

（1）模拟电路：分立元器件、PMIC 电源管理、PA、音频等。

（2）数字电路：中央处理器（Central Processing Unit，CPU）、图像处理器（Graphic Processing Units，GPU）、编码器、译码器、存储器等。

（3）射频电路：射频开关、放大器、蓝牙等。

（4）混合信号电路：数/模转换电路、触控（Touch Control）电路、微控制器（Microprogrammed Control Unit，MCU）等。

在实际量产测试过程中，根据电路的应用不同，测试项目和测试方法各有不同，测试项目的增减及精度要求由被测电路的用途决定。

8.2.1 系统级封装通用测试项目

不同芯片的应用不同，测试项目和要求也不尽相同，但是这些芯片有许多通用测试项目是一致的，如开短路测试、漏电测试、工作电流测试等。

1. 开短路测试（Open Short Test）

开短路测试是通过测量芯片 I/O 引脚（PIN）上保护二极管的电压值高低来判定芯片好坏的。因为要检测被测芯片内部的电路，所以开短路测试能快速检测测试过程中的接触是否良好，芯片的封装互连是否完整，从而及时发现封装的问题。在实际量产过程中，开短路测试项目通常放在第一项。在大电流测试过程中，为了应对大电流可能对芯片造成的损伤，流程的最后会再次进行开短路测试，以检测大电流测试过程中是否对被测芯片造成了损伤。如果大电流测试过程会对被测芯片造成损伤，则需要仔细分析问题，降低测试风险。

开短路测试的具体测试流程一般如下。

（1）设置除被测引脚外的所有引脚为 0V 或连接到地线。

（2）在被测引脚上施加偏置电流，通常电流设定为 100μA～2mA。注意电流是有方向的，不同方向的电流测试是有区别的，开短路测试原理图如图 8-5 所示。

（3）测量被测引脚上的电压值。

（4）若该电压值小于 0.3V 或接近 0V，则说明被测引脚短路。

（5）若该电压值大于 1.0V 或钳位值，则说明被测引脚开路。

（6）若该电压值在 0.3V 和 1.0V 之间，则说明被测引脚正常。

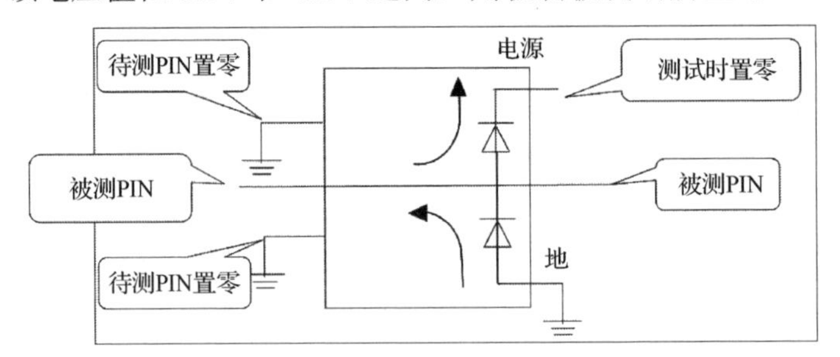

图 8-5　开短路测试原理图

按以上步骤进行测试，测试完毕（电源和接地引脚也测试完毕）后，后续电源和接地这两个引脚不再进行测试。但如果上述步骤只对电源（接地）引脚进行测试，为了保证测试完整性，接地（电源）引脚需要加以测试。

有些专门开发的开短路测试机具有智能学习功能，只要把被测芯片样品放到测试机上测试一遍，测试机就会自动设置测试引脚及范围，并生成测试程序，此程序之后便可以直接用于测试其他芯片。为保险起见，对测试机的测试结果还需要由工程师进行确认，防止误测。

2. 漏电流测试（Leakage Current Test）

由于输入引脚之间的绝缘氧化膜太薄，因此芯片会产生微小电流，该电流称为漏电流。漏电流具体测试方法：测量被测芯片处于非工作状态下输入端的电流，即被测芯片的供电电压正常输入而其他所有引脚接地时，测量供电电压正常输入时的电流大小。此项测试一般在开短路测试之后进行，能够迅速发现封装存在的问题。在实际应用过程中，在大电流测试结束后还会再次测试输入引脚的漏电流，以检测大电流测试过程中是否对测试芯片造成了损伤。

3. 工作电流

被测芯片的工作电流分为静态工作电流和动态工作电流两种。静态工作电流是指对芯片施加与工作状态一样的电压，但不施加其他信号电压时测得的电流，即被测芯片待机状态下消耗的工作电流。动态工作电流是指芯片在正常工作状态下产生的电流。对 RF PA 芯片而言，动态工作电流是指饱和功率下的工作电流。对依靠电池供电的电子产品而言，静态工作电流测试和动态工作电流测试非常重要，它们决定着产品的待机时间和可以正常使用的时间。

8.2.2　模拟电路测试项目

模拟电路的种类很多，测试项目也很多，不同电路有其各自的测试项目。下面根据金属氧化物半导体场效应管（Metal Oxide Semiconductor Field Effect Transistor，MOSFET）、PMIC、运算放大器（Operational Amplifier，OPA）的主要测试项目简单介绍常规的模拟电路测试项目，这些测试项目的原理基本涵盖了大部分模拟电路的测试原理。

1. MOSFET 常温测试项目

（1）阈值电压 V_{TH}：导电沟道形成时，栅源之间的电压。阈值电压具有负温度系数特性，即随着温度升高，阈值电压会降低。

（2）漏源击穿电压 V_{DSS}（也称为雪崩击穿电压）：栅源短接且流过漏极的电流达到一个特定值时，漏源之间的电压。

（3）导通电阻：导电沟道形成时漏源之间的电阻值。在实际测试该参数过程中，测试电流达到安培级，属于大电流测试，要充分考虑接触电阻等因素，特别是测试座 PIN 的选用，选用不当容易出现烧针现象。

（4）零栅压漏极电流 I_{DSS}：当栅电压为零时，在指定的漏源电压下测得的漏源之间的漏电流。此电流会随着温度的升高而增大。

（5）栅源漏电流 I_{GSS}：在指定的栅电压条件下测得的流过栅极的漏电流。

2. PMIC 主要测试项目

（1）基准电压 V_{ref}：芯片内部的基准电压。在测试该参数时，按照规格书设置的测试条件直接测试即可。但是这个参数要求精度比较高，一般在 3mV 以内，常规测试时受到测试板和连接线等的影响，该参数很难稳定测试。如果要稳定测试，则一般需要加入差分放大器并与测试机上的基准电压比较，进行间接测试，这样的结果比较稳定和准确。

（2）线性调整率（Line Regulation，LNR）：输出电压随输入电压线性变化的波动，如图 8-6 所示。此参数用于表征被测芯片输出稳定性，LNR 越小，说明输入电压变化对输出电压的影响越小。

（3）负载调整率（Load Regulation，LDR）：不同负载电流下的输出电压差值，如图 8-7 所示，LDR 越小，说明被测芯片抑制负载干扰的能力越强。

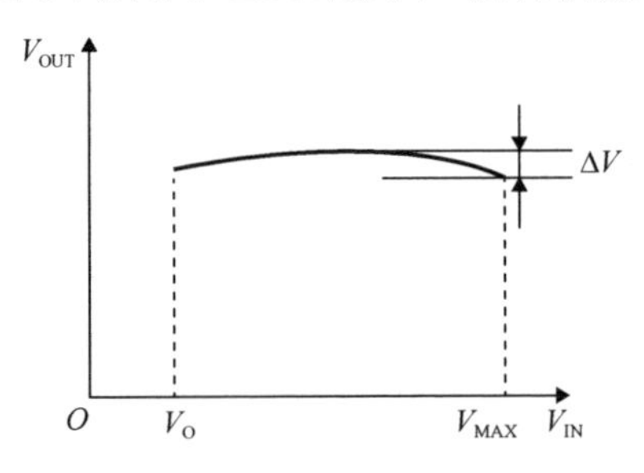

图 8-6　线性调整率原理图

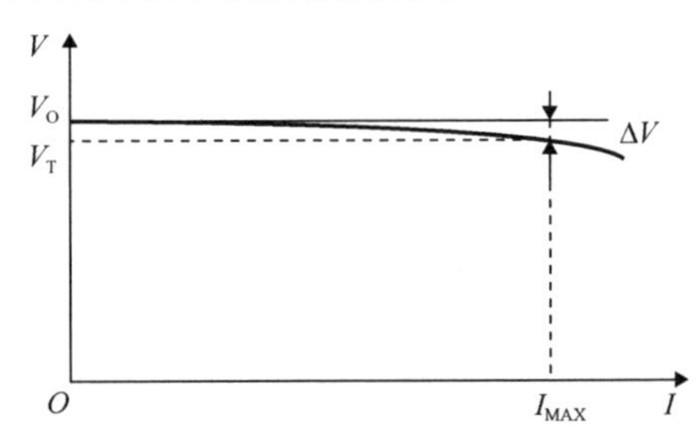

图 8-7　负载调整率原理图

3. OPA 测试项目

在进行 OPA 测试时，一般会在测试板上增加一个可靠的 OPA 作为辅助测试运放（OPA-T），以增加测试的稳定性和可靠性。

（1）开环差模电压放大倍数 A_{vd}：在无外加反馈情况下，运放的输出电压变化值与差模输入电压变化值之比，其测试原理图如图 8-8 所示。

（2）共模电压放大倍数 A_{vc}：在没有外加反馈条件下，运放输出电压变化值与共模输入电压变化值之比。

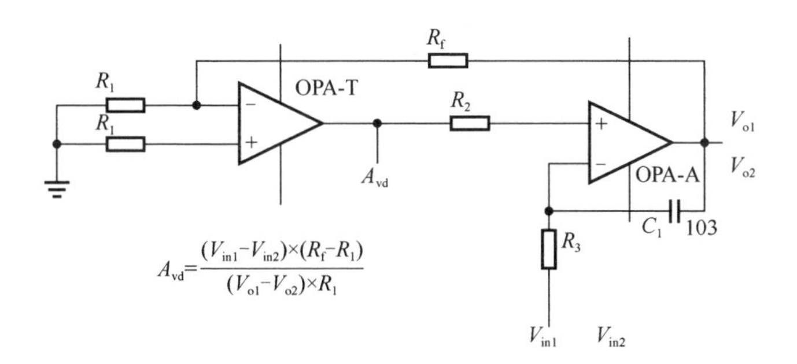

图 8-8　开环差模电压放大倍数测试原理图

（3）共模抑制比 K_{cmr}：A_{vd} 与 A_{vc} 的比值，其测试原理图如图 8-9 所示。

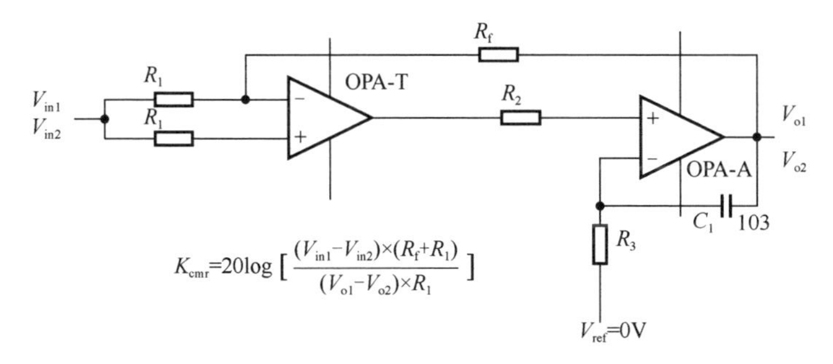

图 8-9　共模抑制比测试原理图

（4）输入失调电流 I_{io}：输出电压为零时两个输入端的电流之差，其测试原理图如图 8-10 所示。

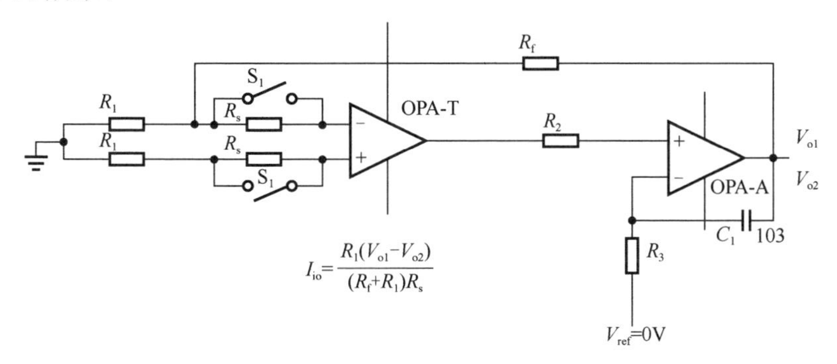

图 8-10　输入失调电流测试原理图

8.2.3　数字电路测试项目

数字电路的测试项目主要是逻辑功能向量测试，如输入引脚漏电、输出驱动能力、工作频率、工作电流等常规测试项目。

逻辑功能向量也称为图形或向量真值表，对应测试是功能测试过程中重要的测试项目。向量由表示输入引脚和输出引脚各种状态的字符或数字组成，表示被测芯片的逻辑状态。通常输入引脚状态用数字 1/0 表示，1 表示输入状态为高电平，0 表示输入状态为低电平。输出引脚状态用字符 L/H/Z 来表示，L 表示输出状态为低电平，H 表示输出状态为高电平，Z 表示输出状态为中间态或高阻状态。字符 X 用来表示无须关注，对应的是既没有输入也没有输出的引脚状态。实际上，可以使用任何一组字符或数字来表示逻辑状态，只要测试系统能够正确读取并执行每个字符对应的功能即可。虽然每种测试平台都有自己的设计准则，但这些准则大同小异，应用时需要注意设计准则的可读性、可辨识性。

测试向量一般存储在测试机向量存储器中，每一行的测试向量均表示单个测试时钟周期内各个被测芯片的引脚状态。测试时把向量存储器中数据与输入的时序、波形格式及电压数据结合在一起，通过测试机内部电路施加于待测芯片的引脚上，测试机内部的比较电路将适当采样时间内的被测芯片输出数据与向量存储器中的数据进行比较，最后输出测试结果。

除了以上基本功能测试，测试向量中还包含测试系统的其他运行指令，如跳转、循环、向量重复、子程序等指令。虽然不同测试平台的指令表现形式不尽相同，但是这些操作指令的作用是相同的。例如，在测试待测芯片的工作电流（I_{DD}）和输出引脚的驱动电流（I_{OH}）时，需要向量进行一定循环或使输出引脚保持在某种固定状态，并进行直流测试。

简单的向量文件可以由测试工程师根据产品功能特性直接编写。比较复杂芯片的测试向量大多是由芯片设计过程中的仿真数据转化并经过针对性处理加工形成的。工程师必须对芯片本身和测试系统有非常全面的了解才能得到正确完整的测试向量。

在向量测试调试过程中，逻辑测试没有具体数据可以判断，需要使用向量边界扫描分析功能。该功能的特点是在调试过程中针对调试的问题进行细化和条件分析，方便工程师在调试过程中了解问题所在，提高调试效率。

8.2.4 射频电路测试项目

射频（RF）电路的测试项目很多，芯片的具体应用决定了测试项目，这里以 RF PA 类产品的测试项目为例进行介绍。

在射频电路中，传输线上存在驻波，射频信号的大小用功率表示。功率表达式为

$$P = I \times V$$

$$P = I^2 \times Z$$

$$P = V^2 \div Z$$

式中，P 为功率，I 为电流，V 为电压，Z 为无损耗传输线的特征阻抗（实数）。

具体的测试参数如下。

（1）增益（Gain）：一个芯片输出信号功率与输入信号功率的比值，即放大倍数，单位为 dB。图 8-11 所示为增益测试原理图。在实际应用过程中，测试功率增益是常见的测试方式。

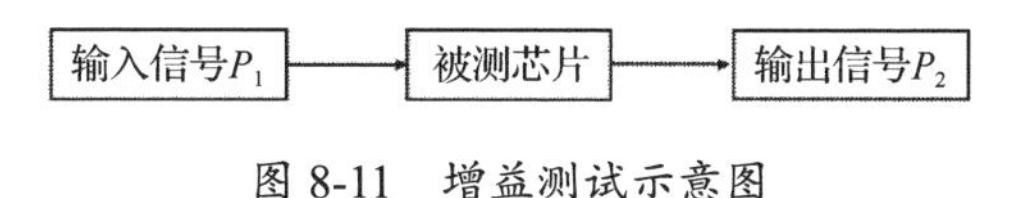

图 8-11　增益测试示意图

在测试增益时，直接测量被测芯片输出功率即可，被测芯片的输入功率为仪器输入功率减去连接线、测试板等传输过程中的损耗功率，如果 P_1、P_2 分别为被测芯片的输入功率、输出功率，则增益的计算公式为

$$\text{Gain}=10\log(P_1/P_2)$$

（2）插入损耗：由元器件或芯片的插入引起的负载功率损耗，表示为该元器件或芯片插入前负载接收到的功率与插入后同一负载接收到功率的比值，单位为 dB。在 RF PA 类产品中，插入损耗通常指射频开关中的寄生元器件随输入信号频率变化引起的功率损耗。由于插入损耗受到温度的影响会产生波动，因此在测试该参数时要对产品接触温度进行较为严格的管控。

（3）谐波功率。高频信号中一定会含有杂波，这个杂波一般称为谐波，也可定义为频率为工作频率整数倍的无用信号。谐波功率的单位为 dBc。根据傅里叶级数的原理，周期函数是可以展开为一系列正弦函数或余弦函数的和。在傅里叶级数展开式中，常数部分称为直流分量，其最小正周期等于原函数周期的部分称为基波，最小正周期等于原函数周期整数倍的部分称为高次谐波。可见，高次谐波的频率必然是基波频率的整数倍。频率等于基波频率两倍的谐波称为二次谐波，等于基波频率三倍的谐波称为三次谐波，以此类推。在一般情况下，RF PA 测试包含二次谐波功率和三次谐波功率的测试。谐波测试示意图如图 8-12 所示。

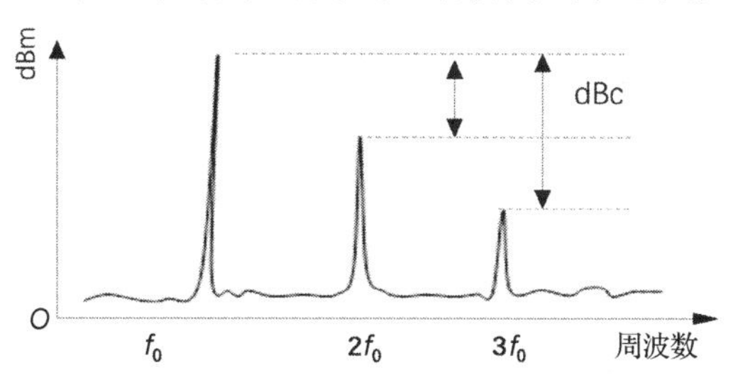

图 8-12　谐波测试示意图

谐波过大会导致谐波所在频段的信号受到干扰，影响通信质量。例如，移动通信中 GSM 频段的二次谐波刚好在数字蜂窝系统（Digital Cellular System，DCS）频段内，易受到干扰。谐波功率越小越好。如果 P_{nf} 为 n（n 是大于或等于 2 的整数）次谐波的功率，P_{f} 为基波的功率，则 n 次谐波功率 P_{Harm_nf} 计算公式为

$$P_{\mathrm{Harm}\_nf} = P_{n\mathrm{f}} - P_{\mathrm{f}} \quad (n\text{ 是大于或等于 2 的整数})$$

（4）隔离度（Isolation）：泄露的功率与原信号功率的比值，单位为 dB。隔离度也是一个功率参数。

如图 8-13 所示，当发送端的输入信号经过功放放大从天线端发出时，如果接收端是关闭的，隔离度就是此时泄露至输入端的功率。

图 8-13　隔离度示意图

假如输入端口输入功率为 P_1，输出端口的输出功率为 P_2，则隔离度的计算公式为

$$P_{\mathrm{Isolation}} = 10\lg(P_2 / P_1)$$

（5）邻信道功率比（Adjacent Channel Power Ratio，ACPR）。邻道功率（Adjacent Channel Power，ACP）定义为当主信道增加一信号时，相邻主信道两个信道内的功率，单位是 dB。ACPR 定义为 ACP 与主信道功率的比值。该指标描述了射频信号中非线性因素引起的失真情况，其示意图如图 8-14 所示。

邻道泄露一定会对其他区域信道造成干扰，为了减小这种干扰，邻道泄漏必须尽可能小。假设主信道功率为 P_{out}，相邻信道的功率为 P_{ACP}，则邻信道功率的计算公式为

$$P_{\mathrm{ACPR}} = P_{\mathrm{out}} - P_{\mathrm{ACP}}$$

（6）误差向量幅度（Error Vector Magnitude，EVM）：实际测量得到的波形和理论调制波形之间的偏差，可以描述信号的质量，主要用于检测发射端产生的波形是否精确，接收端是否具备指定的接收性能。计算方式为误差矢量信号平均功率的均方根值与理想信号平均功率的均方根值之比，单位是百分比，EVM 越小越好，图 8-15 所示为 EVM 原理图。

（7）1dB 增益压缩点：增益下降到比线性增益低 1dB 时的输出功率值。1dB 增益压缩点示意图如图 8-16 所示。压缩点越高意味着输出功率越大，这个指标用来表示放大器的非线性失真度。

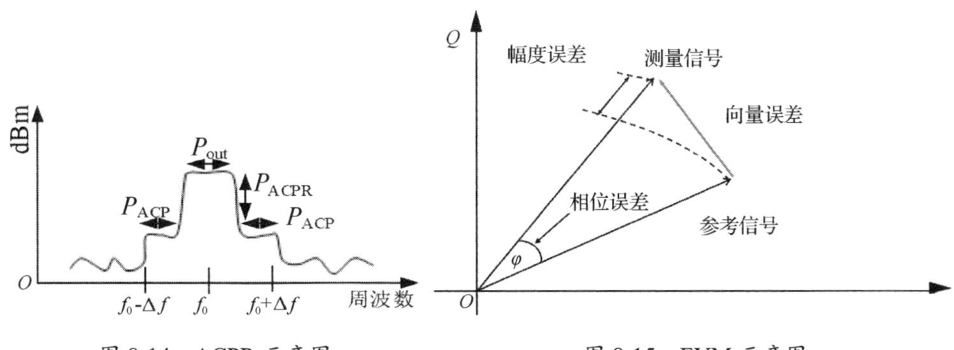

图 8-14 ACPR 示意图　　图 8-15 EVM 示意图

假设 Gain 为增益，$P_{1dBinput}$ 为输入功率，则输出功率的 1dB 增益压缩点的计算公式为

$$P_{1dBout} = P_{1dBinput} + \text{Gain} - 1\text{dB}$$

（8）S 参数。复杂的系统都可以看作若干个简单二端口网络的组合。输入射频信号、传输信号和反射信号相关的端口参数称为 S 参数，单位为 dB。S 参数能很好地反映高频芯片的反射与传输特性。S 参数一般有 4 个，分别为 S_{11}、S_{22}、S_{12}、S_{21}。S 参数测试框图如图 8-17 所示。

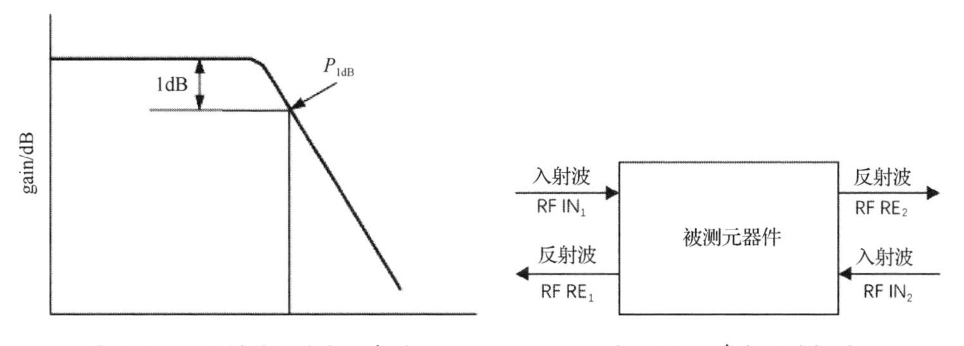

图 8-16 1dB 增益压缩点示意图　　图 8-17 S 参数测试框图

如果传输线和负载的阻抗不匹配，传输线就会发生信号的反射，从而影响信号的传输质量。假如 IN_1、IN_2 分别代表输入端口和输出端口的入射波，RE_1、RE_2 分别代表输入端口和输出端口的反射波，则各参数的计算公式为

$S_{11}= -10\lg[(RE_1)/(IN_1)]$（输入驻波，芯片输入端的匹配）

$S_{12}= -10\lg[(RE_1)/(IN_2)]$（反向隔离度，芯片输出信号对输入端的影响）

$S_{22}= -10\lg[(RE_2)/(IN_2)]$（输出驻波，芯片输出端的匹配）

$S_{21}= -10\lg[(RE_2)/(IN_1)]$（输出增益，信号经过芯片后被放大的倍数）

8.2.5 混合信号电路测试项目

混合信号芯片的应用范围很广，常见的混合信号芯片：可编程增益放大器（Programmable Gain Amplifier，PGA），根据数字信号调节输入信号的放大倍数；模拟开关，其晶体管电阻随数字信号变化而变化；数/模（模/数）转换电路；锁相环（Phase Locking Loop，PLL）电路，用于生成高频基准时钟或从异步数据流中恢复同步时钟。混合信号芯片大多用于专用模拟和数字电路等多种混合信号电路中。

系统级测试能保证电路在整体上满足终端应用的需求。混合信号电路的测试主要包括数/模转换和模/数转换的静态测试参数和动态测试参数。

1. 数/模转换静态测试参数

（1）DAC 满量程范围（Full Scale Range，FSR）：DAC 输出信号幅度的最大范围，不同的 DAC 有不同的满量程范围。

（2）分辨率：DAC 输出端变化的最小值。

（3）差分非线性度（Difference Non-Linearity，DNL）：小信号非线性误差。计算方法是输入代码和其前一输入代码之间模拟量的差值减去一最小有效位。

（4）最小有效位（Least Significant Bit，LSB）：输入代码变化最小时输出端模拟量的变化。

（5）非线性误差（Integrate Non-Linearity，INL）：输入代码的所有非线性度的累计。该参数通过测量代码相应的输出模拟量与起止点直线之间的偏差获得。

（6）单调性：增加输入代码时，输出模拟量保持相应的增加或减小的特性。该特性对于反馈环电路中的 DAC 非常重要，能保证反馈环不会锁死在两个输入代码之间。

（7）增益误差（Gain Error）：DAC 的输入代码为最大值时，DAC 实际输出模拟量与理想输出模拟量的偏差。

（8）偏差（Offset Error）：DAC 的输入代码为 0 时，DAC 输出模拟量与理想输出模拟量的偏差。

（9）精度（Accuracy）：DAC 的输出与理想输出的偏差，用百分比表示。一般不直接测量该参数，而通过计算静态偏差得出。

2. 模/数转换静态测试参数

（1）ADC 满量程范围：ADC 输出信号幅度的最大范围。

（2）ADC 偏差：输出代码为 0 时，理想输入模拟量与实际输入模拟量的偏差。

（3）ADC 增益误差（Gain Error）：满量程输入时输出代码的误差。

（4）ADC 最小有效位：通过测量最小转换点和最大转换点后计算得到。

（5）ADC 差分非线性度：小信号非线性误差。

（6）ADC 无丢码（No Missing Code）：实际情况下 ADC 产生的码位输出。

（7）ADC 非线性误差：实际输入和理想传输函数线上输入之间的偏差。

（8）ADC 的测量精度：输出数值和理想数值的差异，通过计算得出。

3. 数模/转换动态测试参数

（1）信噪比（Signal to Noise Ratio，SNR）：基波分量与所有噪声分量之和的比值。输入正弦波数字代码对应的 DAC 输出波形经过滤波，去除基波分量及所有谐波分量后的部分就是噪声信号。

（2）信号与噪声失真比（Signal to Noise and Distortion Ratio，SINAD）：基波分量/(噪声分量与失真分量之和)。

（3）全谐波失真（Total Harmonic Distortion，THD）：谐波分量与基波分量的比值，不包括噪声信号。

（4）最大转换速率（Maximum Conversion Rates）：当 DAC 的输入发生变化时，其输出端要经过一段时间才能得到稳定的输出值，所需的最短时间就是最大转换速率。

（5）互调失真（Inter Modulation Distortion，IMD）：芯片的非线性度导致频率互调时，非谐波分量的失真。通过向 DAC 输入两种频率分量的波形数字代码，计算出输出波形中的两种频率之和与频率差的信号分量。

（6）建立（Settling）时间，输出值达到稳定预定值所需的时间。稳定信号的波动必须在-LSB/2～LSB/2 或某些特定范围内。

4. 模/数转换动态测试参数

（1）ADC 动态信噪比：对 ADC 芯片输入端施加一个纯正弦波，用数字信号处理算法从输出的数字代码中提取 SNR 信息。

（2）ADC 动态信号与噪声失真比：基波分量/(噪声及谐波失真分量之和)。

（3）ADC 动态总谐波失真：对 ADC 芯片输入端施加一个纯正弦波，把输出的数字代码信息与理想正弦波特性信息进行比较，用数字信号处理算法提取总谐波失真信息。

（4）ADC 动态互调失真：芯片的非线性度导致频率互调时，非谐波分量的失真。通过向ADC输入两种频率分量的模拟波形，计算出数字代码中的两种频率之和与频率差的信号分量。

（5）动态范围（Dynamic Range）：ADC输入信号幅度最大值与最小值的比值。

（6）无杂波动态范围（Spurious Free Dynamic Range，SFDR）：基波分量与非基波最大杂波频率分量（谐波或失真波）的比值。

以上内容是常见的基本测试项目及其测试方法，实际产品的测试项目是这些基本项目的叠加，测试方法大同小异，需要在实际应用中灵活识别和把握。测试项目的测试方法和精度要求等决定了测试机的选型和配置。

8.3 测 试 机

测试机由测试硬件、计算机和相应的测试软件构成。根据被测电路芯片的功能不同，测试机主要分为模拟测试机、数字测试机、混合信号测试机、RF测试机等类型。对系统级封装产品的测试机来说，它既有模拟电路，又有数字电路或混合电路。测试机的功能需要“多而广”。测试速度直接决定测试时间和测试成本，需要全方位满足集成芯片的生产测试要求。

8.3.1 测试机市场

测试机是进行批量生产所使用的专用设备，全球有很多供应商，每种测试机都有自己的特点和明确的市场定位。对于基带芯片、应用处理器及视频解码等高速数字芯片的测试，需要的数字信号通道多，测试频率非常高，测试速度非常快，目前此类高端测试机主要来自三家生产厂商，分别是日本的Advantest、美国的Teradyne和LTXC，尤其是Teradyne和Advantest，这两家生产厂商所占的市场份额非常快，比较出名的机型是93K和Ultra Flex，它们占据绝对的市场主导地位。

混合信号测试机和RF测试机原本也属于高端测试机，但由于RF测试在大多数情况下并不需要太多的数字资源，所以近年来主流的RF测试机进行了有效的成本优化，大幅减少了不需要的数字资源配置，目前RF测试机大多属于中端测试机。如果RF测试需要非常多的数字端口，则RF测试机的价格依然非常昂贵。目前主要的RF测试机生产厂商有LTXC、Advantest和搭配PXI仪表的其他厂商，如科本、NI等。RF测试机的市场也被少数国际大设备厂商占据。

近年来，中国测试机生产厂商随着电子行业的飞速发展得以迅速成长，同时这些厂商的产品迅速占领相关市场，如北京华峰测控技术股份有限公司的

STS82XX 系列产品、杭州长川科技股份有限公司的 CTA82XX 系列产品及佛山市联动科技股份有限公司的 QuickTest 系列产品占据了低端测试机市场，尤其是国内模拟测试市场的大部分份额，并逐渐得到国际一线客户的认可。特别是当新型号机台由共地源发展成浮动源后，机台各项性能指标越来越接近甚至超过国际同类标杆机型的各项性能指标，具有极高的性价比，成为客户的首选。在这种发展趋势下，模拟测试机将逐步形成以国产测试机为主的市场格局。在目前数字测试机市场占据主导地位的仍然是 Teradyne 的 J750 产品，其次是致茂电子股份有限公司的 3360/3380 系列产品，久元电子股份有限公司的 S50/100 系列产品等，这些产品极具竞争力的性价比成为吸引客户的关键因素。混合信号类测试机，如 SoC 类产品的测试机，占据市场份额较大的是 Teradyne 的 Ultra Flex 产品和 Advantest 的 93K 产品，中国的设备生产厂商也正在奋起直追，如北京华峰测控技术股份有限公司的 STS8300 产品、杭州长川科技股份有限公司的 CTA8290D 产品、佛山市联动科技股份有限公司的 QT9000 产品。近年来，这些设备逐步推向市场，价格低廉，性能不断改善。

8.3.2 测试机结构

一个测试机就是一个完整的测试系统。测试机结构示意图如图 8-18 所示。

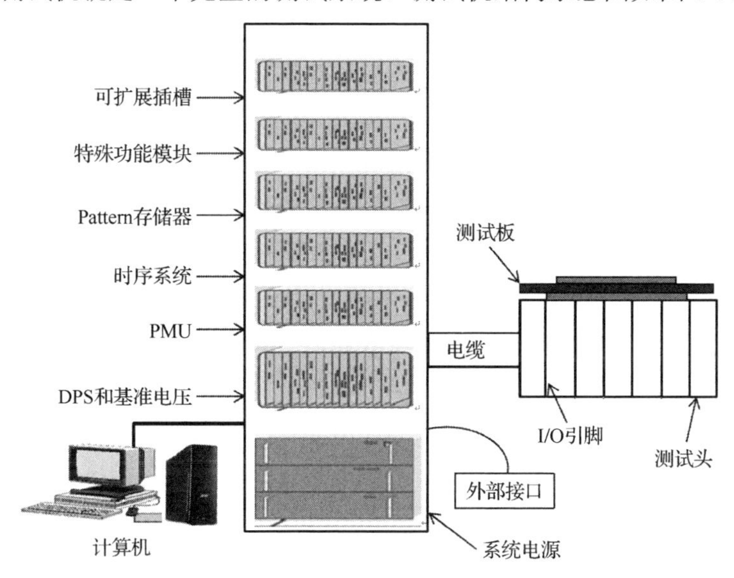

图 8-18 测试机结构示意图

根据被测芯片的特点和测试要求，测量精度和测试效率已成为测试机的优劣判断标准。测试机多数按照模块化设计，灵活开发不同功能的测试板，配合使用外设部件互连（Peripheral Component Interconnect，PCI）标准总线，根据不同测试产品的特点，采取相应的测试板来测试，从而减少测试的总体成本。因此，测试机主要根据被测芯片的特点、测试项目、测试精度及测试成本综合评估选择测试机台和配置。

测试机与测试分选机一起组成一套完整的测试系统进行量产测试，测试分选机的主要通信标准有 RS-232、TTL、GPIB 等。随着测试工位的增多及分档的不断多样化，当前 GPIB 已成为测试分选机的主流通信标准。

除了测试硬件，测试软件和操作系统也是测试机重要的组成部分。具有良好的可视化用户界面且拥有众多易于用户操作的软件是当前测试机的主要发展趋势。测试机的正常运行需要通过测试机程序来控制，测试机程序的编程语言大多是 C 或 VB。总之，使用者易于上手、方便使用是各个测试机厂商不断创新和追求的目标。

综合考虑模块化设计的硬件板卡和测试方案，以及智能化编程，能够有效利用测试机台，减少测试工程师不必要的写码过程，这对于提高测试效率、降低测试成本是十分重要的。

8.3.3 测试机选型

在整个测试方案的设计过程中，测试机选型非常关键。测试机选型要考虑被测芯片的性能要求，根据测试项目和指标来评估测试机。不同的测试机有各自不同的特点和优势，要综合考虑，选择能够测试所有测试项目且在精度上能满足测试要求的测试机台。首先，根据分类选择模拟测试机或数字测试机等；其次，从测试效率和价格方面综合评估，明确实际的测试成本及性价比。测试效率的评估要包括测试工位（Test Site）的实际数量和测试时间。

项目测试实现的难易程度也需要统筹评估，有些测试机台理论上可以实现所有测试项目的测试，但是受限于其测试机本身的功能，特定测试项目需要在测试板上增加额外辅助测试电路来实现，从而增加了测试板制作难度和总体成本，也增加了后期维护和保养的难度。另外，通过外接仪表来实现测试会为量产带来一定的困难。在进行测试机选型时，客户的认可度也非常重要，必须得到芯片设计客户及终端应用客户的认可。近年来，中国芯片市场需求促进了测试设备厂商的发展，国内测试机也逐步进入国际市场，持续得到客户的广泛认可，选择性价比更高的国产测试机已经成为重要的趋势。

8.4 系统级封装测试技术要求

高速高频通信的更新换代极大地推动了射频前端的应用发展，5G通信使用的新射频频段，如3GPP在R15中定义的低于6GHz（sub-6GHz）和毫米波，为芯片产业带来了巨大挑战和很好的发展机会。智能手机的功能和架构越来越复杂。而PCB和可用天线空间的减小也推动了更高集成度的趋势。

射频前端模组的系统级封装应用包括：集成双工器功放模块（Power Amplifier Module with Integrated Duplexer，PAMiD）、功放模块（Power Amplifier Module，PAM）、接收分集模块（Receive Diversity Module，RDM）、天线开关模块（Antenna Switch Module，ASM）、天线耦合器、低噪声放大器-多路复用器模块（Low Noise Amplifier- Multiplexer Module，LNAMM）、多模-多频段功率放大器和毫米波前端模组等。与4G LTE（Long Term Evolution）技术相比，5G通信具有高速、低时延、广覆盖的特性，可实现EMBB增强型移动宽带，即3D/超高清视频等大流量移动宽带，其用户峰值速率为10Gbit/s；大规模物联网业务海量机器类通信，支持每平方千米100万个设备同时连接；在500km/h的移动速度下，uRLLC超可靠低时延通信时延需要小于4ms，提供无人驾驶、工业自动化等需要低时延、高可靠连接的业务。

5G高速通信极大地推动了射频前端的系统级集成封装的创新。射频前端模组、滤波器模组和接收分集模块大量使用了多芯片系统级封装技术，可以实现更小的尺寸、更短的信号路径和更低的损耗。

系统级封装面临更大的带宽、更高的测试频段，新型天线封装集成技术和多天线技术（Multiple Antenna Techniques，MAT）对测试提出了新的要求，也为测试带来了新的技术挑战。

1. 高频段大带宽测试

4G LTE系统可以使用的最大带宽是100MHz，数据速率不超过1Gbit/s。而在sub-6GHz与毫米波5G频段中，可以使用的最大带宽达到800MHz，同时频率扩展到24～44GHz，北美地区非授权频谱为64～71GHz。这就需要测试设备具有足够的带宽和满足需要的频段。

2. 系统集成度增加

基于5G芯片和元器件的系统集成度极大提高。因为毫米波芯片不再具备接线接口（Interface），所以无法使用电缆在被测芯片和测试设备之间建立物理连接。例如，在天线封装集成技术中，由于天线与射频电路高度集成，因此毫米波射频测试需要采用无线（Over-The-Air，OTA）方式完成。在 sub-6GHz 频段，射频测试方式基本不变，仍然以传导方式为主。若要使用 OTA 连接技术则必须解决以下问题。

（1）毫米波高频率短波长的信号传输衰减及损耗很高，需要采用波束聚焦技术来提高增益。

（2）为了最大限度保证芯片的可靠性，OTA 连接的测试环境需要尽可能接近 5G 设备的实际使用环境。然而传统的实验室属于验证级别，即微波暗室，虽然能精确满足所有的设计和法规要求，并具有足够的余量和合理的可重复性。但微波暗室占用大量的生产空间，测试效率低，最终的量产测试是很难实施的。为了有效将芯片 OTA 连接测试设备小型化，需要使用具有 OTA 功能的芯片测试座及带有集成天线的小尺寸射频屏蔽外壳。测量天线距测试板中的芯片只有几厘米，可以满足每个天线元器件的远场测量要求。多站点并行测试可以进一步提高测试效率，同时最大限度地降低信号的功率损耗。采用这些技术的应用可在普通测试厂房进行量产，如果必须优化测试环境，也只需要进行局部的改造或增加一些辅助设备。

3. 测试成本

测试机台价格昂贵，高性价比的测试机台需要具备整体性、可扩展性、高测试效率及单一性等特点。

（1）整体性：支持 5G-NR 的多频段频率，包括用于 5G 通信毫米波的 24GHz、28GHz 和 39GHz，以及用于超高速无线千兆位 WiGig 设备的 57～72GHz。采用统一的测试平台，避免资源的浪费等。

（2）可扩展性：在快速发展的半导体行业中，当前的设计解决方案未必满足未来的测试需求。在 5G 测试背景下，要求测试系统必须具备一定的可扩展性。需要考虑测试即将推出的天线封装设备，同时要准备应对未来的波束成型和无线测试参数等新的测试需求。

（3）高测试效率：测试系统必须具备并行的多工位（Multi-Site）测试或多点测试功能。将数十个双向毫米波端口与高速射频接口相结合，形成具有 5G 通信功能的测试解决方案，该方案的性能可以与高端仪表仪器的超宽带性能相匹配，同时提供更高的测试效率。

（4）单一性：为了实现大规模量产，并将经济高效的 5G 通信测试推向市场，所有测试项目都需要集成到单一平台测试解决方案中。这将最大限度地减小测试厂的占地面积和降低费用，也能减少测试环节和工序，最大限度地提高测试效率，使企业从投资中获得最大效益。

采用模块化系统架构是将创新处理技术推向市场的有效方式之一。因为模块化系统架构具有灵活的可扩展性，所以可以在未来的某个时间点改进或增强功能。特别是在关键的外包封装和测试领域，这种可扩展性的重要性不可忽视。除了测试技术的挑战，系统级封装量产测试必须稳定可靠，这就要求严格管控测试环境和条件，包括磁场、信号、温度、湿度、接插件、连线等。另外，芯片的测试项目越多，测试数据量越大，越需要建立快速有效分析测试数据的能力。随着量产规模的扩大，避免批量测试异常，异常追溯也成为测试产线的基本要求。

总之，封装和测试需要通盘考虑量产的解决方案，需要最大化使用现有资源测试平台进行量产测试，从而减少测试成本的投入。

8.5　系统级封装量产测试

系统级封装集成芯片在测试导入时已经完成了测试机台的选型，测试技术、测试项目和流程也已基本确定。在最终测试方案的制定过程中，还需要考虑大规模量产测试时所要求的测试效率、测试质量及可操作性等，以及对应的测试多工位接错防呆、测试数据实时分析技术、测试各站混料等实际问题。

1. 多工位接错防呆

提高测试效率的有效方法通常是进行多工位测试。多工位测试会带来工位接错的风险。图 8-19 所示为正确的工位连接示意图，图 8-20 所示为错误的工位连接示意图。

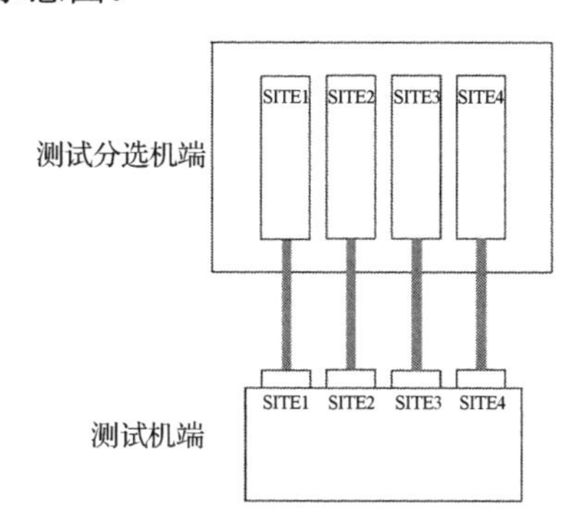

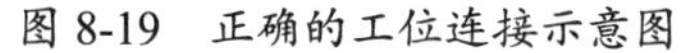
图 8-19　正确的工位连接示意图

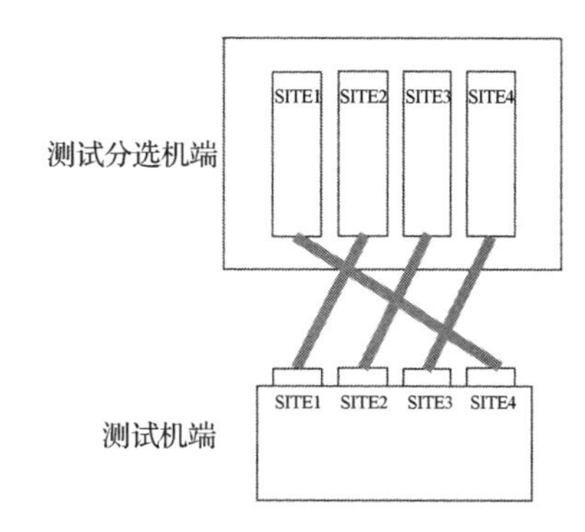

图 8-20　错误的工位连接示意图

在测试连接线增多的情况下，错误连接的发生概率也会增加，而且这些连接错误在量产测试过程中很难被发现。解决此类异常的根本办法是在测试方案设计时认真考虑，从设计层面来防止接错。比较理想的解决方法是减少或不用测试机和测试分选机之间的连线，测试分选机和测试机采用硬接触（Hard Docking）的方式，减少中间的连线和接触转接件，降低接错风险。但采用硬接触方式仍然存在异常风险，还有一些情况是不能采用硬接触方式的，必须使用连线等方式进行连接。所以，根据不同测试分选机的接触方式，接错防呆的设计方法也不同，常用以下三种设计方法。

（1）电阻识别法。

电阻识别法：在各个测试工位上施加不同的测试电阻，如在工位 1 上施加 1kΩ 测试电阻、工位 2 上施加 2kΩ 测试电阻，如图 8-21 所示。在测试时，通过判断是否与设计一致来保证连接正常，若有异常情况，则设备立即报警，并停止测试。这种方法的优点是，适用于多个场景、成本低廉、简单有效；缺点是，不同工位的测试板具有不一样的电阻值，不同工位的测试板无法互换使用，其他测试程序需要额外增加测试项目。

（2）信号检测法。

信号检测法适用于测试机和测试分选机的初始测试。在具体操作时，测试分选机单工位测试并向测试机发出 BIN 分类信号，判断是否正常。即先用工位 1 测试，其他工位全部暂停，发出单一的测试信号，测试机收到工位 1 信号后进行测试，并发出 BIN 分类信号；工位 1 停止，工位 2 进行测试，发出测试信号，测试机收到工位 2 信号后，测试并发出 BIN 分类信号，之后工位 3 和工位 4 依次测试。

图 8-21　电阻识别法

当所有工位全部测试完毕后，信号没有出现错误说明连接正常，然后进行正常生产测试。这种方法的优点是，能完全检测出工位异常，并且测试设计没有任何需要增加的内容；缺点是分选机要进行功能升级，成本投入巨大。

（3）接口接插件防呆法。

在接口接插件防呆法中，所有工位的接口设计都不一样，使用的连接线也不一样，如图 8-22 所示。该方法虽然简单有效，但是在设计时所有工位的设计有所区别，要准备多种连接线，工位之间不能交替验证。

图 8-22　接口接插件防呆设计

以上三种方法可以根据不同的测试条件和管理要求选用，它们的根本目的都是降低工位接错的风险，从而提高测试质量。从测试机到测试板再到测试分选机的工位防呆，实际生产中测试分选机的设置问题不仅会造成工位分布错误，也会造成类似工位接反的问题，在量产使用中要格外注意。

2. 测试数据分析

随着系统级封装成品质量的管控要求越来越严格，测试数据精确分析变得越来越重要。以往测试数据分析都是在测试完成之后进行的，多数情况下，在分析测试数据的同时产品已经发往客户端，在发现测试数据有问题时，常常已很难补救。一般情况下，产线不会分析每一批产品的测试数据，多数只会检查基本测试良率情况。粗略、非及时的数据分析不能及时发现测试反映的问题。这种情况对于高端芯片、具有高质量要求的产品，风险和影响往往是致命的。所以，及时有效地进行数据分析非常重要。这需要建立实时在线的数据分析系统，以达到对每一个、每一批测试数据的系统性分析。这些分析包括测试数据的整体分布范围、均值、各个工位差异变化、批次间的差异变化、机台间的差异变化、不同厂区的差异变化等多项内容。及时有效的数据分析系统能及时发现问题并停止测试，减少不必要的经济损失和生产效率损失。

3. 物料防呆

大规模生产测试中面临的挑战还包括错、漏、混料等。这些问题在人为作业中不可避免且难以及时发现，但可以通过完善作业流程、建立强大的系统来进行管控，尤其要借助重要参数、程序、标签等工具，使用智能化设备，减少人为作业等。例如，测试程序的扫码自动调用、机台重要参数的扫码调用、物料的进出比对、标签比对、称重检测等都需要强大的系统来支持。目前，智能化设备在物料存储和搬运过程中已经发挥出巨大优势，快捷、准确，是人工作业无法比拟的。随着物联网的快速发展及应用，后续智能化设备作业必将替代人工作业。工厂智能化、产线无人化必将成为现实。

8.6 系统级封装测试的发展趋势

测试技术的发展趋势和封装技术、芯片应用等的发展趋势是一致的。物联网设备在近几年呈现爆发式增长的趋势，典型物联网设备在设计上与传统设计有显著区别，针对物联网的无线测试也有显著的变化。物联网设备结构图如图 8-23 所示，物联网测试的基本特点可以总结如下。

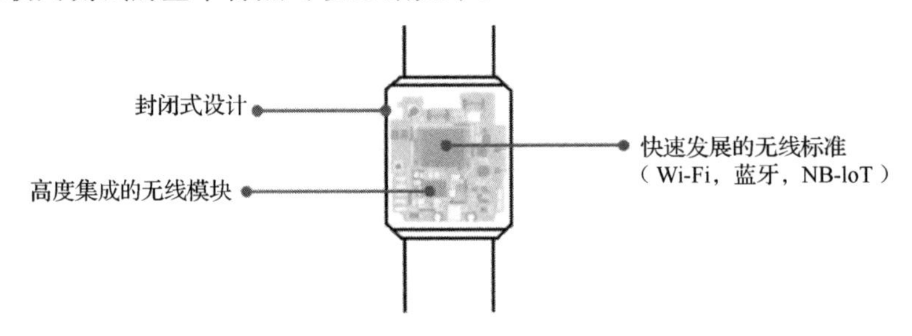

图 8-23　物联网设备结构图

（1）无线局域网通用物联网设备成本更低，需要更低的测试成本。

（2）无线局域网通用标准不断发展，需要灵活的测试架构，如图 8-24 所示。

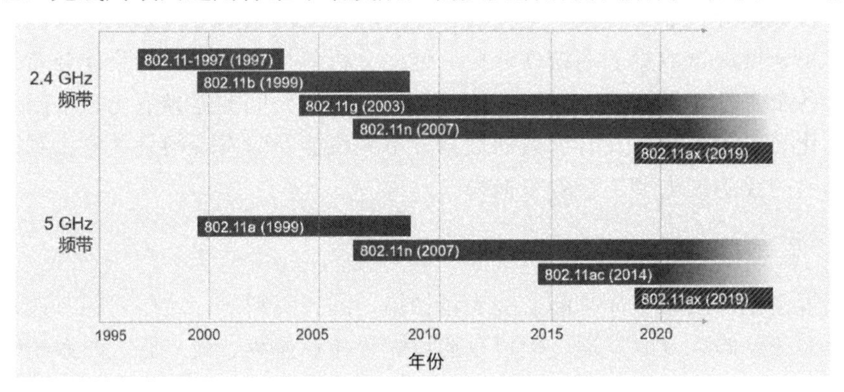

图 8-24　无线局域网通用标准渐进图

（3）满足最新技术要求。

802.11 发展渐进图如图 8-25 所示，单就无线局域网标准的发展来看，802.11ax 势必成为新的行业标准，它必会引领新技术的发展，如图 8-26 所示。新技术的应用将超出以往移动宽带应用的范畴，相信在不久的将来会大量应用于物联网、无人驾驶、无人工厂等各个方面。

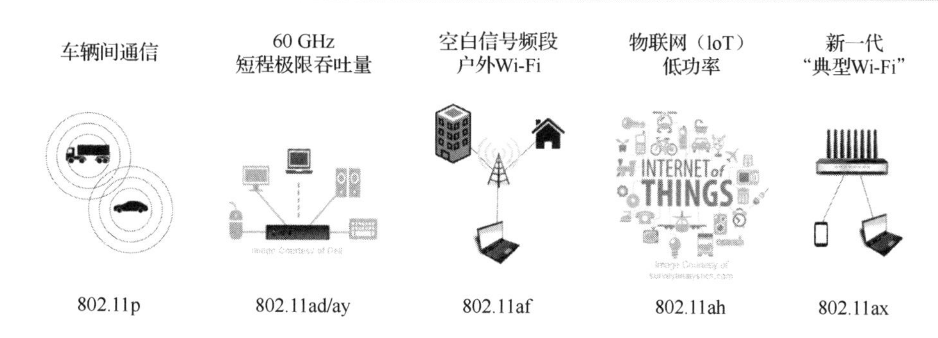

图 8-25 802.11 发展渐进图

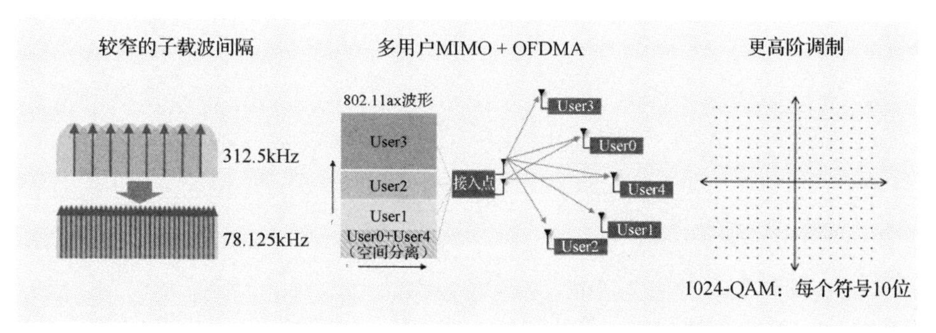

图 8-26 802.11ax 新技术发展示意图

应用芯片的系统级封装势必会集成更多种功能模块，每个功能模块的测试不能单靠 ATE 一次性完成芯片的筛选要求。在芯片的设计过程中必须规划芯片的测试，应考虑植入自测能力，在芯片制造、封装等一系列流程中可以随时引入测试管控。随着集成模块数量越来越多，当 ATE 测试无法满足需求时，需要增加 SLT 来完成芯片的功能测试。SLT 的增加可以减少封装成品测试对测试机的配置要求，降低测试成本，SLT 在以后的测试中也将发挥越来越重要的作用。随着科技的进步和新技术的不断应用，物联网的发展必将推动测试作业智能化，最终实现产线无人化。

参 考 文 献

[1] 许伟达．存储器和逻辑芯片的测试．中国电子商情：基础电子[J]．2006，000（8）：59-61．

[2] 邵玮．甚高频测试 ETSI 标准探究．企业技术开发旬刊[J]．2015（23）：82-84．

[3] 李蓉，宋忆穷，吴峰．电力系统谐波的危害及其抑制措施．科学之友[J]．2013（6）11-13:．

[4] 李明辉．自适应正向前馈功率放大器射频电路研究[D]．武汉：华中科技大学．2007．

[5] 姜岳臣．集成电路自动测试方法及可测性设计研究[D]．天津：天津大学．2007．

[6] 许伟达．IC 测试原理—芯片测试原理．半导体技术[J]．2006（7）：36-38．

[7] 5G 应用推动射频前端系统级封装（SiP）创新．麦姆斯咨询白皮书，2019．

[8] 李继龙．5G 广播技术需求．有线电视技术[J]．2018（10）23-26．

[9] OTA 将成 5G 测试重要技术．测控技术[J]．2019（5）：159-160．

第9章 可靠性与失效分析

可靠性与失效分析对于系统级封装的整体结构及每道工序制作质量的意义是不同的。可靠性与失效分析是经济效益、安全、可靠性、稳定性、操作性、性能及可维护性等方面的综合体现。

系统级封装的可靠性是指某阶段内产品产生故障或失效的概率，可以说，产品的可靠性是评估产品稳定功能在生命周期的一项重要指标。而封装测试厂的产品在出货前，进行几年甚至数十年的可靠性测试是不切实际的。为了保证系统级封装结构正常使用时的稳定性与安全性，应增加系统级封装可靠性设计、制造及组装后的板级可靠性验证。只有当系统级封装产品功能完全实现和稳定运行时，才能称为可靠性良好；如果偶然发生功能运行不佳，则表示产品可靠性不达标；如果某种产品功能完全无法实现，则该产品就呈故障或失效状态。例如，如果汽车能顺利实现点火、启动、运转及行进等功能，则说明汽车可靠性良好，这些功能持续运行的时间则称为可靠能力。

系统级封装芯片的可靠性分析包括产品使用过程中的故障率及产品可靠性测试等内容，本章除将针对这些议题进行阐述外，还将介绍失效分析的常用技术、常见失效模式、典型失效案例等。

9.1 系统级封装可靠性

近年来，大规模 IC 集成和封装技术随着应用产品的变化而不断发展，系统产品也逐渐朝多功能、高性能、薄小化、大传输、低功耗和更稳定的方向发展。

系统级封装是超越摩尔定律多样化发展的结果，它将多个芯片和相关的无源元器件组成一个有功能性的封装模块，以获得更强大的功能与更高的密度。系统级封装技术不仅要求半导体芯片能集成更多不同的元器件，也对保护芯片、增强导热性能、互连外围电路的封装提出更高的可靠性要求。

9.1.1 系统级封装的可靠性要求

利用系统级封装技术可以将多种不同功能的电子元器件组合到一个封装模块中，得到一个完整的系统。由于该技术具有较强灵活性、短周期、良好的工艺兼容性、低成本等竞争优势，因此获得了相当广泛的关注和应用。系统级封装的复杂性对设计和工艺都提出了更高的要求，其可靠性是业界关注热点之一。

1. 可靠性定义

可靠性：产品在既定的时间、特定的使用条件下，执行特定的功能，并圆满达成任务的概率，体现了产品以规定条件在规定时间内无故障实现相应规定功能的能力。在评价产品的可靠性时，必须明确三个规定：规定条件、规定时间及规定功能。

（1）规定条件。

规定条件：产品在设计时就确定的，产品能够正常使用的一系列前提条件。规定条件包括环境条件和工作条件两方面，产品的可靠性受环境条件和工作条件的影响很大，任何产品在开发时都是要依据其规定条件来进行设计的，当规定条件改变时，产品的规定功能可能会改变或丧失。

（2）规定时间。

规定时间：产品所规定的任务时间。在规定时间内，产品发生故障的概率不是一直不变的，而是会随着规定时间的推移而增加，可靠性会随着规定时间的推移而下降。在对某种产品的可靠性进行评价时，离不开规定时间这个要素，必须明确被评价产品的规定时间。

（3）规定功能。

规定功能：产品在设计时就确定的，产品必须具备的一系列指标，包括功能指标和技术指标。产品所要求具备的功能指标和技术指标直接影响产品的可靠性指标。

产品的质量可以从两方面来判断：一方面是产品的技术指标和功能指标；另一方面是产品的耐用程度。

2. IC 的可靠性指标

可靠性是反映产品质量的一个重要因素，IC 产品的规定功能是否得到充分发挥在很大程度上取决于 IC 产品的可靠性高低。IC 可靠性的指标包括可靠度、失效率、平均失效前时间等。

（1）可靠度：指定的 IC 产品在规定的时间内以规定的使用条件执行特定的功能，并圆满达成任务的概率。

IC 可靠度计算公式如下

$$R(t) = 1 - F(t)$$

式中，$R(t)$是可靠度函数，为 t 时刻 IC 正常工作的概率；$F(t)$是累积失效分布函数，即随机选定的 IC 在 t 时刻失效的概率。

（2）失效率：在规定的时间内工作到某一时刻，还未失效的指定 IC 产品在该时刻后单位时间内发生失效的 IC 产品与还未失效的 IC 产品的数量之比。

（3）平均失效前时间（Mean Time To Failure，MTTF）：IC 产品在发生失效前平均能够正常工作的时间。可靠性具有综合性、时间性和统计性的特征，为量化可靠性概念，通常用平均失效前时间来表征 IC 的寿命，平均失效前时间越长，IC 的寿命越长，IC 产品可靠性越好。平均失效前时间的计算公式如下

$$\text{MTTF} = \int_0^\infty t f(t)\mathrm{d}t$$

式中，$f(t)$为寿命分布模型，是 0 到无穷大时间范围内的概率密度函数。

$F(t)$与 $f(t)$的数学关系如下

$$f(t) = \frac{\mathrm{d}}{\mathrm{d}t}F(t)$$

封装可靠性是 IC 可靠性研究的重要方面。对于 IC，可以通过大量试验求得失效率，并用它评价 IC 的可靠性。

9.1.2　系统级封装的可靠性

随着 IC 密度不断提高、尺寸不断缩小、使用环境日益严酷，人们对 IC 的可靠性要求越来越高。系统级封装将多种电子元器件集成到一个完整的系统中，涉及多种封装技术，这对封装的可靠性提出了更高的要求。

1．影响封装可靠性的因素

影响封装可靠性的因素是错综复杂的，材料、环境和封装等都会影响封装的可靠性。这些因素大致可以分为两类：内部因素和外部因素。

影响封装可靠性的内部因素包括设计缺陷、焊点失效、密封性问题等。这些内部因素在一定的外部因素作用下，会导致 IC 性能降低，当产品的性能参数超出可接受的范围时认为发生失效。这些由设计、制造或元器件质量等缺陷导致的失效结果往往无法预料。

影响封装可靠性的外部因素指存储、运输和工作过程中的环境条件，包括人为因素和自然环境因素。人为因素包括产品设计、制造、组装、运送及使用者使用过程中产生的振动与跌落等。自然环境因素包括低温、高低温循环、低气压、高气压、高湿、湿热交替等。自然环境因素不同可能会对封装的可靠性产生不同的影响，而且多种自然环境因素往往以组合效应的方式影响封装的可靠性，多种自然环境因素组合效应的影响要比单种自然环境因素的影响更大。因此，在封装设计时，充分了解各类自然环境因素及其组合效应对封装可靠性的影响是非常关键的。

确定影响封装可靠性的因素是预防封装缺陷和失效的基本前提。系统级封装易受各种缺陷和失效的影响，一方面，可通过试验和仿真确定失效因素，常使用物理模型、数值参数法和试差法等进行失效预测；另一方面，可通过加速试验验证元器件的失效周期。

2. 系统级封装常见的可靠性问题

随着电子元器件的体积越来越小，人们对封装技术在封装密度、封装尺寸和集成功能等方面也提出了更高的要求，而系统级封装正是因为具备高密度、轻薄短小、多功能和进入市场快的优势，所以在目前的微电子市场得到广泛的关注和应用。同时这些优势也对系统级封装提出了更高的可靠性要求，系统级封装在制造、使用过程中也面临诸多可靠性问题。

（1）热应力和机械应力。

温度变化对系统级封装的影响很大。系统级封装是由多种异质材料结合在一起的，各种材料的热膨胀系数都不相同，温度变化对不同材料的影响有所差异。因此，当温度变化时，系统级封装体中会产生应力和对应的应变，产生的应力会使系统级封装中不同材料的界面与界面之间、接口与接口之间、元器件与元器件之间产生结构性弯曲、分层、开裂、崩碎等缺陷。热应力和机械应力问题是由热与物理场之间的相互作用导致的，环境温度的变化可能导致系统级封装在热应力的作用下失效。热应力和机械应力对系统级封装的影响包括弹性形变、塑性形变、翘曲、脆性或塑性断裂、界面分层、疲劳开裂等。

（2）湿应力和机械应力。

湿气主要通过两种途径进入系统级封装体内部。在基板与塑封料界面间具有良好黏接性的情况下，湿气主要通过塑封料进入封装体内部。在基板与塑封料黏接不良的情况下，系统级封装体外表面会因封装工艺中的不良因素产生微小裂纹和分层，湿气则可沿基板与塑封料界面的微小裂纹和分层进入系统级封装体内部。系统级封装体内部各种材料的吸湿性能不一样，其吸收周围环境中湿气而产生的湿膨胀量将有所差异，进而产生不同的湿应力，该应力使封装材料体积膨胀并降低其界面黏接强度，导致封装材料间发生分层。

（3）“爆米花”现象。

湿敏元器件在受潮后，系统级封装内部湿气会在高温热处理环节（如烘烤、回流焊接等）气化而导致元器件膨胀，在之后的冷却期间，由于相邻材料热膨胀系数不同，因此系统级封装体内部材料界面会产生裂纹。当裂纹延伸至系统级封装体表面时，湿气在经由裂纹释放到外部的过程中会产生与爆米花产生时类似的声音。由于系统级封装体内的湿气是产生爆米花现象的根本原因，所以减少系统级封装体内的湿气是消除“爆米花”现象的关键。

（4）芯片开裂。

热应力和过大的机械应力是芯片开裂的主要原因。芯片与接触材料之间的热膨胀系数不匹配，在回流焊接过程中，如果温度变化过大，则会在接触面产生剪切应力和张应力，从而导致芯片存在微小裂纹的位置受到应力作用而进一步开裂。

晶圆减薄、背面研磨及装片制程都可能导致芯片开裂。由于硅晶圆较薄且脆，因此在多芯片堆叠封装中，芯片容易因堆叠工艺而开裂。

（5）分层。

分层指的是系统级封装体内相邻材料界面之间的分离。系统级封装体内的任何区域都（芯片与基板、基板与塑封料、芯片与塑封料、基板与焊点等位置）可能发生分层现象。封装工艺导致的封装材料界面的黏接不良是分层的主要原因。相邻材料之间的热膨胀系数不匹配也是分层的原因之一。

（6）翘曲。

翘曲是指系统级封装体由于受力不平衡而弯曲变形。翘曲的原因主要是基板与芯片之间的热膨胀系数不匹配。同时受到黏接性能的限制，在温度变化时，封装材料为了释放热量而产生应力，通过自身翘曲变形来减小应力。翘曲可能造成分层或芯片开裂。

（7）焊点失效。

在系统级封装中，焊点的可靠性十分关键，因为一个焊点的失效会使单个封装体甚至整个系统失效。焊点的常见失效模式有封装过程中的焊点缺陷、焊点疲劳失效和焊点开裂失效。

9.2　可靠性试验

可靠性试验是为提升产品性能而进行的各种试验的统称，用于对产品的各种性能进行有效评估。可靠性试验的目的：采用不同方法、试验方式，模拟产品在实际应用时的各种环境因素，找出产品在设计、生产、使用等过程中各方面的缺陷，并在设计、生产时提高和改善产品可靠度，使产品能够满足要求的可靠性水平；为改善产品、减少维修次数及降低成本提供有效证据；确认产品是否满足设计的定量要求。

根据可靠性试验结果评估产品在预期寿命内运输、存放、使用时保持性能不变的能力。在实际的试验过程中，通常采用各种试验设备来模拟温度、湿度，以及温湿度的快速变化等，并通过加入一些加速因子来快速地模拟实际使用环境，根据试验数据评估产品是否满足设计和生产所需要的质量要求，从而对产品进行整体评价，确定产品可靠性寿命。通常针对电子元器件，我们将可靠性试验分为环境和寿命两部分。

9.2.1 塑封芯片短时间封装可靠性试验

短时间封装可靠性试验主要是指时间比较短的试验项目，用于短期内评价产品的一些基本性能。这种试验仅涉及产品的上板、焊接等基本的使用，不体现产品的环境和寿命特征。

1. 湿气敏感等级试验

湿气敏感等级试验：模拟产品在回流焊接上板过程中受到温度、湿度等环境因素变化影响的试验，是可靠性试验的前处理，仅验证产品的封装气密性等级。

湿气敏感等级试验参考 JESD22-A113I 及 IPC/JEDEC J-STD-020E 的相关方法。回流焊接曲线和温度关系的示意图如图 9-1 所示。该试验主要进行温度循环试验（Temperature Cycle Test，TCT）、高压蒸煮（Pressure Cooking Test，PCT）等试验之前的前处理，这些前处理是贴装产品必须进行的项目。产品是否采用密封干燥包装及拆开包装后的使用期限取决于产品本身的湿气敏感等级。湿气敏感等级对照表如表 9-1 所示。

表 9-1　湿气敏感等级对照表

水平	室内存储要求		试验的必要条件			
	时间	条件	标准试验		相当的加速试验	
			时间/小时	条件	时间/小时	条件
1	无限制	≤30℃/85%RH	168+5/−0	85℃/85%RH		
2	1 年	≤30℃/60%RH	168+5/−0	85℃/60%RH		
2a	4 周	≤30℃/60%RH	696+5/−0	30℃/60%RH	120+1/−0	60℃/60%RH
3	168 小时	≤30℃/60%RH	192+5/−0	30℃/60%RH	40+1/−0	60℃/60%RH

续表

水　平	室内存储要求		试验的必要条件			
			标 准 试 验		相当的加速试验	
	时　间	条　件	时间/小时	条　件	时间/小时	条　件
4	72 小时	≤30℃/60%RH	96+2/−0	30℃/60%RH	20+0.5/−0	60℃/60%RH
5	48 小时	≤30℃/60%RH	72+2/−0	30℃/60%RH	15+0.5/−0	60℃/60%RH
5a	24 小时	≤30℃/60%RH	48+2/−0	30℃/60%RH	10+0.5/−0	60℃/60%RH
6	标签时间	≤30℃/60%RH	标签时间	30℃/60%RH		

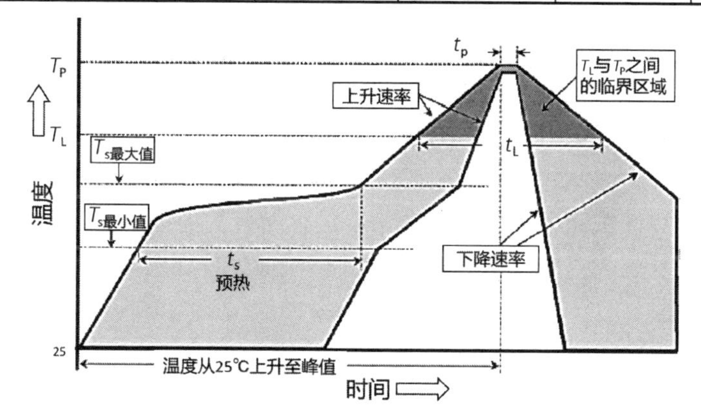

图 9-1　回流焊接曲线和温度关系的示意图

产品在试验前后须经过电性能测试及外观检查，电性能必须符合产品的规格要求，外观检查要求在 10～40 倍的光学显微镜下进行，塑封体须无开裂、破损，引脚无剥落、断裂等缺陷。如果试验要求使用超声波检测设备进行检测判定，则检测判定规则如下。

（1）芯片表面没有分层。引线框内的任何压焊点区域，包括打线区域和芯片上引脚封装（Lead on Chip，LoC）产品的引线框，表面没有分层。

（2）固定框架的任何聚合膜区域分层及基岛试验前后的分层都不得大于 10%，可使用穿透式扫描（Trough SCAN，T-SCAN）方法进行检验。

（3）装片胶层区域不得大于 10%的分层/开裂。

（4）非打线引脚、支撑杆、散热器上，从内向外延伸部分的分层不超过其总长度的 50%。

（5）芯片表面与塑封料不得有分层。

（6）基板的任何打线区域不得有分层。

（7）阻焊层与层压板之间，不得大于 10%的分层改变。

（8）整个芯片黏接区域内，不得大于 10%的分层改变。

（9）填充胶与芯片之间不得有分层。

（10）产品整体不得出现表面损坏的分层。表面损坏是指在引脚、金属层压、基岛、通孔、焊料等部位出现的损伤。

注意：基岛式封装建议采用穿透式扫描，这样比较容易解读且可靠。如果有必要确认封装体内开裂/分层的发生，应使用横截面分析方法，并在适当倍率的电镜下观察。

2. 可焊性试验

可焊性试验主要是评价半导体元器件引出端焊接及润湿的能力。此试验通常可根据 J-STD-002D、JESD22-B102E、GB 4590—1984、MIL-STD-883E（2022.2）的相关要求进行。

在进行可焊性试验之前，样品通常要进行相应的前处理，目的是模拟产品存储时焊接表面受到的温/湿度影响。可焊性试验前处理通常按照表 9-2 中的相关参数进行。

表 9-2 可焊性试验前处理参数

条件分类	前处理类型	暴露时间	引用标准
A	蒸汽（93±3℃）	1 小时 ±5 分钟	J-STD-002D
B		4 小时 ±10 分钟	
C		8 小时 ±15 分钟	
D		16 小时±30 分钟	
E	干烘烤（155℃）	4 小时±15 分钟	
1a	蒸汽	1 小时	GB/T 2423.28—2005
1b		4 小时	
2	恒定湿热（(40±2)℃，(93±3)%RH）	10 天	
3	干烘烤（155℃）	16 小时	

注：通常采用蒸汽老化的方式进行前处理，将待测试的所有元器件置于蒸汽老化箱内，试样的引脚或端子不应触碰老化箱腔壁。不应将试样堆叠放置于老化箱内，这样会使试样表面暴露于蒸汽中。试样的任意一部分都应当至少距离水面 40mm。完成蒸汽老化后，应从老化箱内取出试样，自然干燥至少 15 分钟，不超过 24 小时。

助焊剂：推荐使用异丙醇，或酒精与松香质量之比为 3∶1 的混合物，或其他非活性助焊剂。除异丙醇外的其他助焊剂成分如表 9-3 所示。

表 9-3　除异丙醇外的其他助焊剂成分

构　　成	成分的质量百分比	
	1 号铅锡助焊剂	2 号无铅助焊剂
松香	25 ± 0.5	25 ± 0.5
二乙胺盐酸盐	0.15 ± 0.01	0.39 ± 0.01
氯当量（质量%）	0.2	0.5

焊接所使用的焊料通常分两种：一是铅锡电镀选用的 K63（Sn63%/Pb37%）或 K60（Sn60%/Pb40%）焊锡；二是无铅电镀选用的锡银铜焊料，其成分为锡含量为 96.5%，银含量为 3.0%，铜含量为 0.5%，允许银含量为 3%～4%，铜含量为 0.5%～1%。锡槽的焊料至少需要 750g，锡槽的尺寸需要确保满足产品试验热容量要求，并且产品浸入后不触碰锡槽底部。焊锡使用满一定周期后需要进行更换，以保证材质稳定，可焊性试验条件如表 9-4 所示。

表 9-4　可焊性试验条件

可焊性流程	锡铅可焊性		无铅可焊性
焊 料 类 型	K63 或 K60		SAC305
助焊剂类型	1 号助焊剂	2 号助焊剂	2 号助焊剂
助焊剂浸泡时间/s	5～10		
浸入角度/（°）	20～45，90		
焊料温度/℃	235	245±5	245±5
焊料浸入时间/s	2 秒（热容量较大元器件为 5s）	5+0/−0.5	5+0/−0.5
焊料浸入/取出速度/（mm/s）	25±2.5	25±6	25±6
参 考 标 准	GB/T 2423.28—2005	J-STD-002D	J-STD-002D

注：针对无铅电镀产品中的元器件，常规焊接时间（5s）试验中若有问题，可通过其他方式进行验证，即焊接时间改为（10±0.5）s，或者焊接时间仍采取（5±0.5）s，但将引脚剪下进行可焊性试验。

试验前应首先用耐高温的塑料板或完全不上锡的金属基板材料把熔融焊料及表面氧化层清除干净，然后立即进行试验，避免锡液表面再次氧化。用合适的治具夹住试验样品，把样品引脚需要焊接的部位全部浸渍到室温下的助焊剂中至少 5 秒，随后取出样品，采取相应方法除去可能存在的助焊剂液滴，如用干净的滤纸吸收多余的助焊剂。将浸渍好助焊剂的样品引脚浸入焊锡中，引脚应距离槽壁 10mm 以上，通常应在锡槽的中心区域进行试验，达到规定的停留时间后再取出。

取出产品后，在常温下恢复 10～15 分钟，待其冷却至常温后，用酒精清洗，去除残留的助焊剂。清洗完毕后，产品需要在室温下干燥，产品干燥后才可以进行外观检查。

对于直插式产品，应使引脚垂直于焊锡面浸入。对于有弯脚的贴装产品，要求其引脚部位以 20°～45°浸入焊锡槽。

在完成可焊性试验后，用 10～40 倍的光学显微镜进行检查。焊接区域表面应有光亮、光滑的均匀焊料层，每个引脚焊接有效区域的 95%以上面积上锡，上锡部位无针孔、空洞、露铜现象，否则产品不合格。润湿力的曲线图如图 9-2 所示。

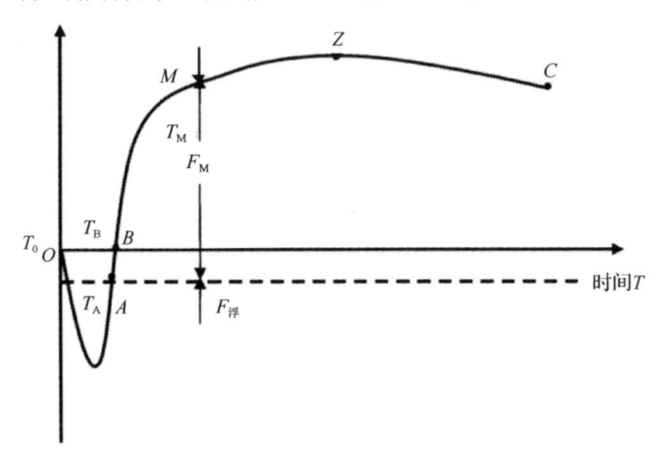

图 9-2　润湿力的曲线图

下面说明润湿力曲线图中各点的含义。

时间 T_0 代表样品引脚与焊锡面接触的时间点，是测试湿润力开始的点。

在 A 点，试验样品上的力正好等于样品浸入焊锡的浮力，经过 A 点的水平虚线为浮力线，所有的力均参照浮力线进行测量。

在 B 点，试验样品上的力正好为零。M 点对应的力是测试开始到 2 秒时产品所承受的润湿力（F_2）。Z 点对应的力是整个浸润过程中最大的润湿力，即 F_{max}。C 点对应的力是测试开始到 5 秒时产品所承受的润湿力（F_5）。C 点和 Z 点对应的润湿力有可能是相同的，也有可能不同。

润湿力的计算过程如下。

为了评价试验品的可焊性，应用实际测得的力（$F_{测}$）减去浮力（$F_{浮}$）得到实际润湿力（$F_{实}$），并和理论润湿力（$F_{理}$）进行比较。理论润湿力的计算公式为

$$F_{理}=0.4L\text{（mN）}$$

式中，L 为样品浸入断截面的周长，单位为 mm。

$$F_{浮}=0.08V$$

式中，V 为样品浸入焊锡的体积，单位为 mm^3。

$$F_{实}=F_{理}-F_{浮}$$

系统级封装接触焊料面到开始润湿的时间，即 T_0 点至 A 点的时间间隔，也即

过浮力线的时间小于 1 秒，在润湿过程中，当 T_M=2 秒时，实际润湿力要大于或等于理论润湿力的 2/3。

在润湿稳定后，计算去润湿性（De wetting）= $(F_{max} - F_{min})/F_{max} \times 100\%$，要求去润湿性≤20%。$F_{max}$ 是整个润湿过程的最大润湿力，F_{min} 是出现最大润湿力后的最小润湿力。

从图 9-2 中可以看出，每个系统级封装体润湿时间的长短、润湿力的大小都可以在结果中体现出来，可以得到定量的结果，而不是和槽焊法一样只能出具合格或不合格的定性结果。

润湿力判定如表 9-5 所示。

表 9-5　润湿力判定

参　数	说　明	建议标准	
		A 组	B 组
T_o	达到浮力修正为零的时间	≤1 秒	≤2 秒
F_2	从测试开始到 2 秒时的润湿力	≤2 秒时，大于或等于 50% 的最大理论润湿力	≤2 秒时，为正值
F_5	从测试开始到 5 秒时的润湿力	不小于 F_2 的 90%	不小于 F_2 的 90%

3．热变形检测

在回流焊接的过程中，一些大型元器件的系统级封装体在热应变形下出现翘曲问题，可能会导致系统级封装体无法有效焊接在 PCB 上。所以，有必要对产品在不同温度下进行翘曲度检测，考核翘曲度是否在受控范围内。应按照系统级封装回流焊接的相关温度要求进行检测，并关注关键温度点的翘曲度，如无铅焊回流温度（T_{PEAK}）为 245℃、250℃、或 260℃。

针对 BGA 的检测必须进行去球处理，去球后要求产品表面没有影响检测的因素。

如图 9-3 所示，用夹具固定好样品，再用推球治具以 30°～45°对样品进行推球，在不损坏基板的同时保证球被推掉。

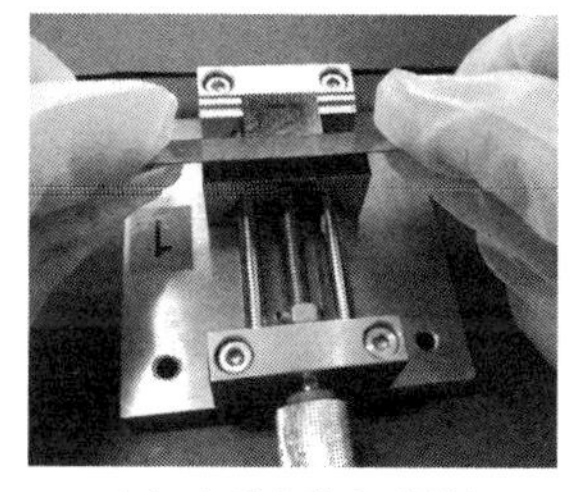

（a）由后向前去球视角

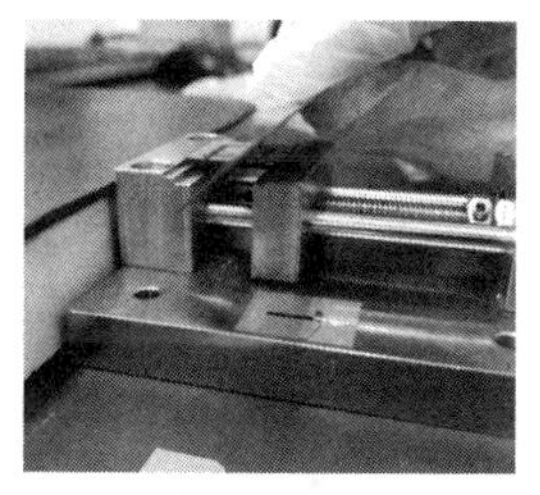

（b）由左至右去球视角

图 9-3　去球方式示意图

在 10～50 倍显微镜下观察去球样品，确保检测面无焊锡残留或受损情况，如表 9-6 所示。

表 9-6　去球要求

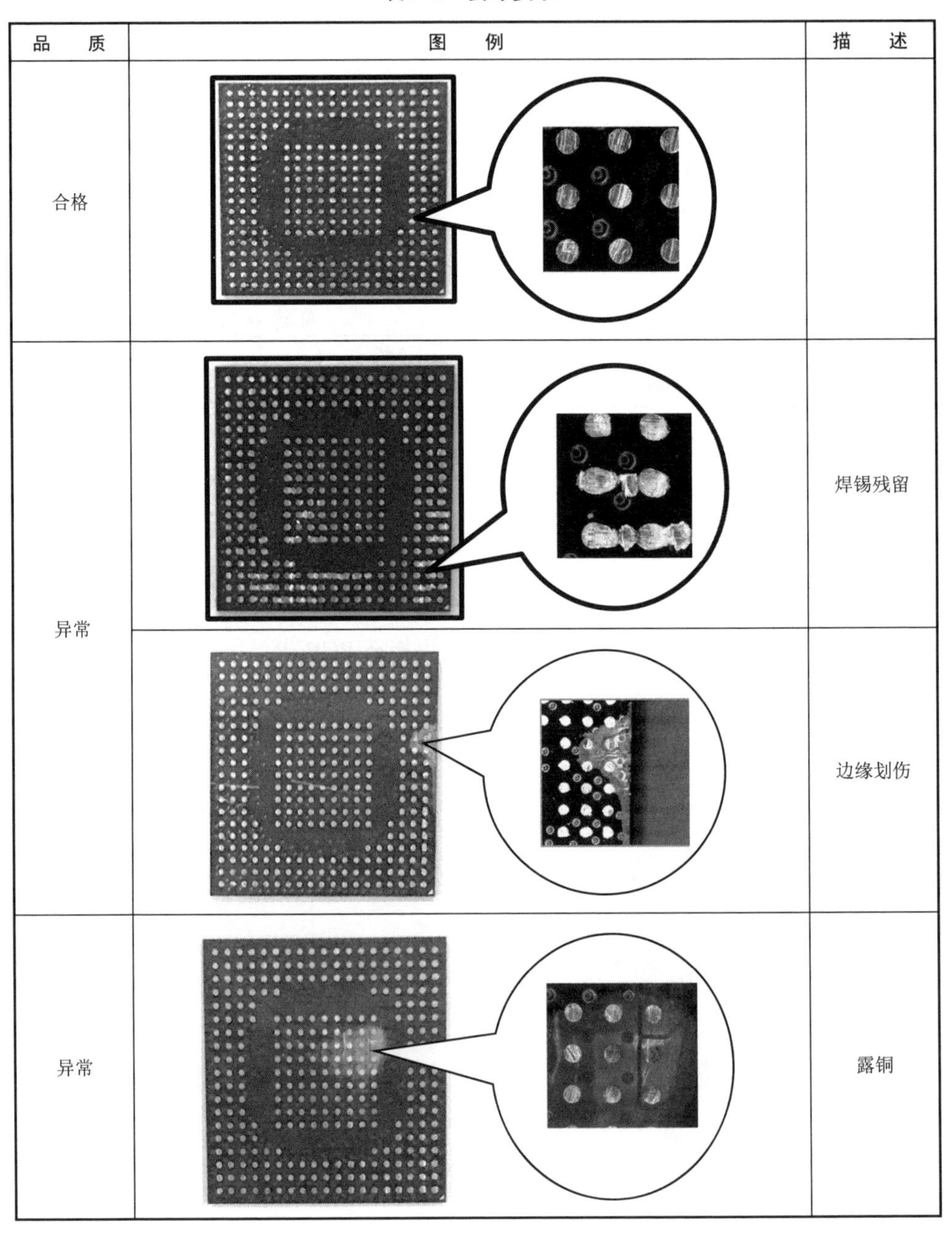

品　质	图　例	描　述
合格		
异常		焊锡残留
		边缘划伤
异常		露铜

根据要求对样品进行前处理，检测之前产品须在（125±5）℃温度下烘烤 24 小时，并且在烘烤后 5 小时内完成测量。

检测前需要在产品表面喷涂白漆，以使设备的电荷耦合器件（Charge Coupled Device，CCD）能够抓取到产品表面的图像。喷漆应均匀，不易过厚或过薄，并且不能有杂质颗粒，如表 9-7 所示。

表 9-7　喷漆要求

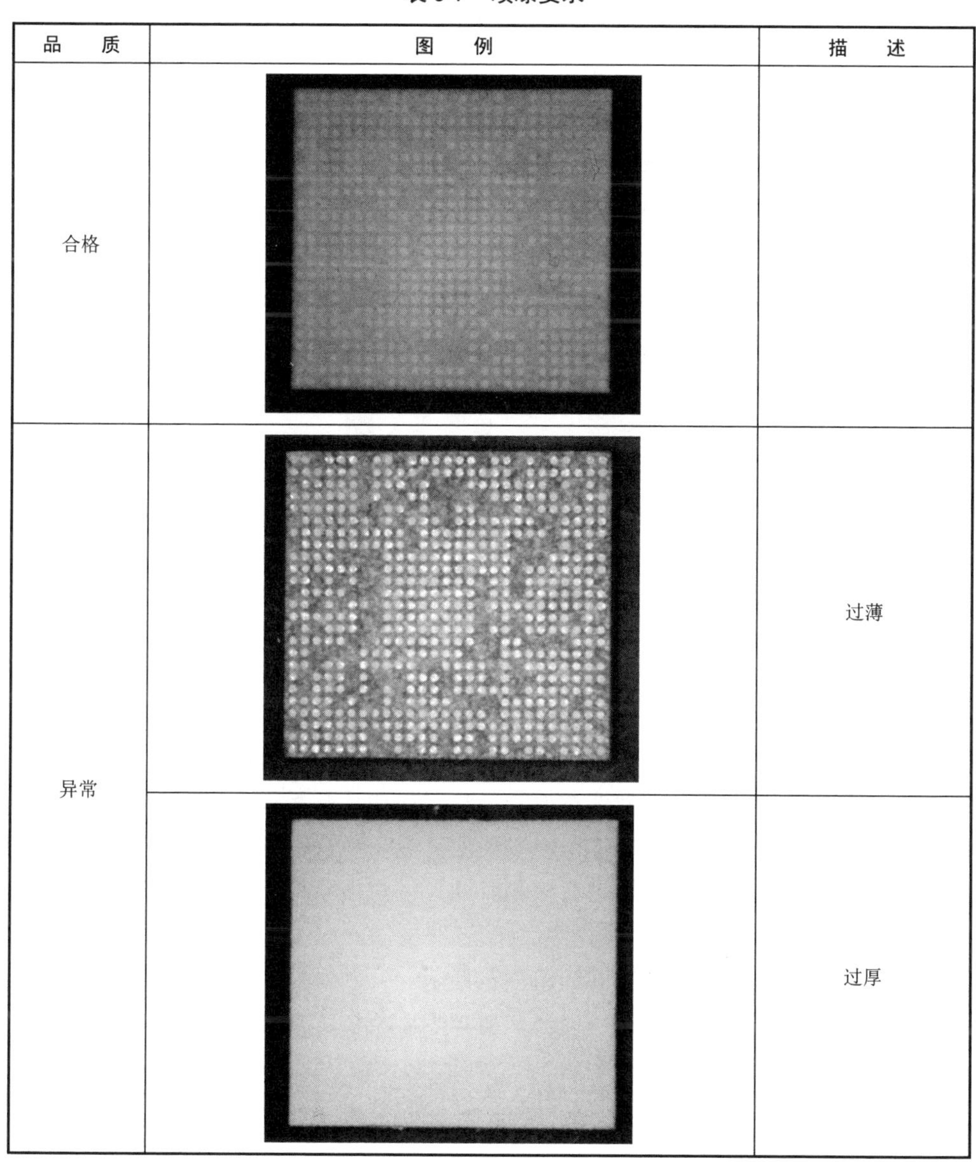

品　质	图　例	描　述
合格		
异常		过薄
		过厚

续表

品　质	图　例	描　述
异常	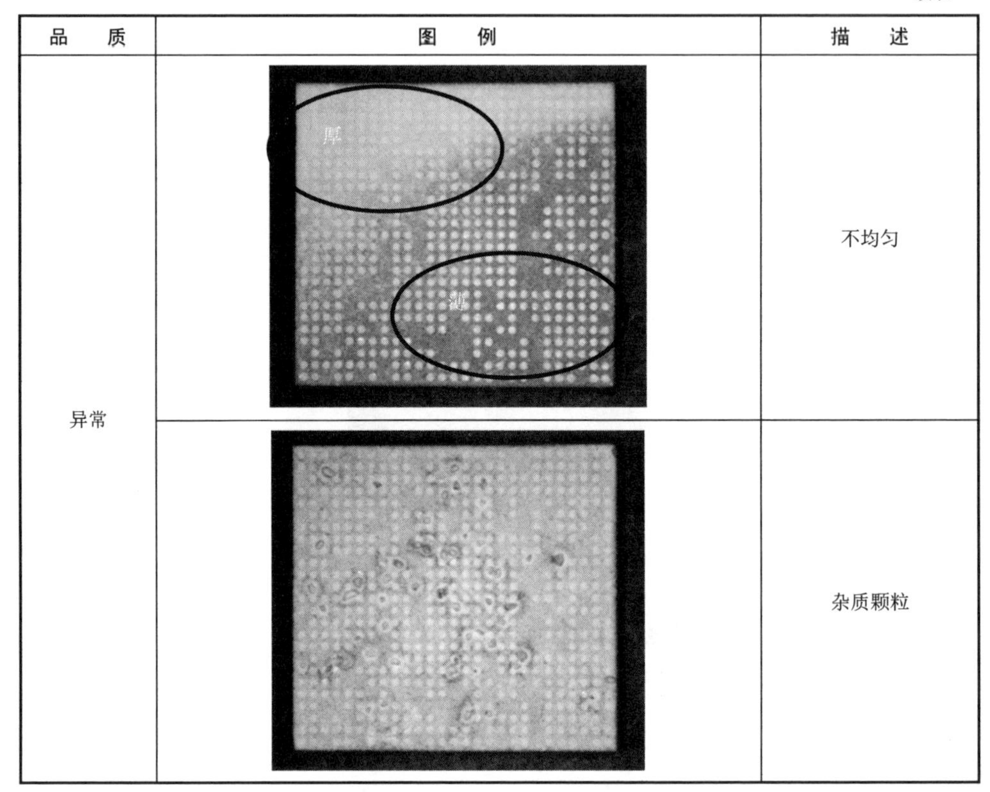	不均匀
		杂质颗粒

检测时需要取一个样品作为感温样品，用导热胶将热电偶黏接在样品表面，并用高温胶带固定样品台，如图 9-4 所示。

检测样品整齐且方向一致地排放在感温样品周围，检测面朝上放置，要求检测区域样品摆放面积不超过 90mm×90mm，如图 9-5 所示。一次检测不超过 7 个样品，若样品尺寸较大超出检测区域，则须分次检测。如果样品摆放区域过大，则可能导致检测区域温度均匀性有偏差，从而造成检测数据存在偏差，具体的检测区域大小可根据设备情况进行相应调整。

在常温下对系统级封装体进行检测，通过调试搜索框、支架和光强，使生成的 3D 图像完整无缺失，多次测量得到的翘曲度偏差应不超过±2.5μm。根据封装形式确定回流温度，调用相应的回流焊接曲线，并开始检测，机器自动搜集不同温度点的翘曲度数据。完成检测后需要对搜集的数据进行分析，并生成产品翘曲度图（包括 3D 图、对角线剖面图等）。

当系统级封装体完成检测后，其数据好坏的判定需要按照表 9-8 和表 9-9 中的内容进行，若客户有特殊要求，则按客户要求判定。

图 9-4　热电偶黏接示意图

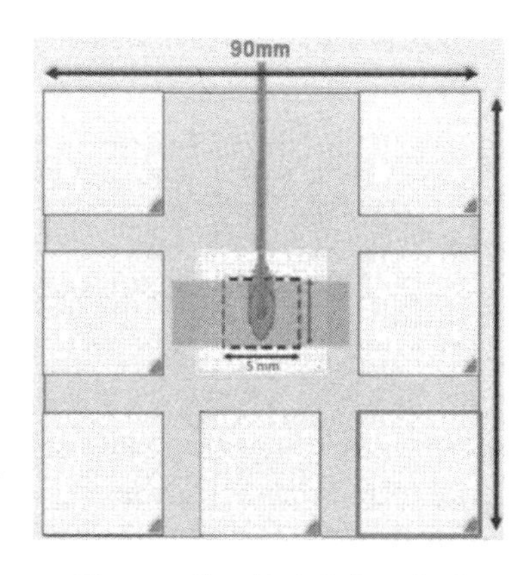

图 9-5　样品摆放要求示意图

表 9-8　任一边长小于或等于 15mm 的 BGA/FBGA 翘曲度判定标准

+/- Sign		锡球直径/mm												
		0.20	0.25	0.30	0.35	0.40	0.45	0.50	0.55	0.60	0.65	0.80	0.90	1.00
锡球间距/mm	0.40	0.10	0.10	0.10										
	0.50		±0.10	±0.10	±0.10									
	0.65		±0.10	±0.10	±0.10	±0.11	±0.12							
	0.80		±0.10	±0.10	±0.10	±0.11	±0.12	±0.13	±0.14					
	1.00					±0.11	±0.12	±0.13	±0.14	±0.17	±0.17			
	1.27									±0.17	±0.17	±0.21	±0.23	±0.25
	1.50									±0.17	±0.17	±0.21	±0.23	±0.25

表 9-9　任一边长大于 15mm 的 BGA/FBGA 翘曲度判定标准

+/- Sign		锡球直径/mm										
		0.20	0.25	0.30	0.35	0.40	0.45	0.50	0.55	0.60	0.80	0.90
锡球间距/mm	0.40	−0.09 +0.12	−0.10 +0.15	−0.12 +0.17								
	0.50		−0.10 +0.15	−0.12 +0.17	−0.13 +0.20							
	0.65		−0.10 +0.15	−0.12 +0.17	−0.13 +0.20	−0.14 +0.22	−0.14 +0.23					
	0.80		−0.10 +0.15	−0.12 +0.17	−0.13 +0.20	−0.14 +0.22	−0.14 +0.23	−0.14 +0.23	−0.14 +0.23			

续表

+/- Sign		锡球直径/mm										
		0.20	0.25	0.30	0.35	0.40	0.45	0.50	0.55	0.60	0.80	0.90
锡球间距/mm	1.00					−0.14 +0.22	−0.14 +0.23	−0.14 +0.23	−0.14 +0.23	−0.14 +0.23		
	1.27									−0.14 +0.23	−0.14 +0.23	−0.14 +0.23
	1.50									−0.14 +0.23	−0.14 +0.23	−0.14 +0.23

9.2.2 塑封芯片长时间封装可靠性测试

长时间的可靠性测试是指时间较长的试验项目，主要用来评价环境及使用条件对系统级封装体的寿命影响，通常试验时间为几百小时甚至几千小时，检测数据可用来预估产品的寿命特征。

1. 温度循环

温度循环指的是短期内温度快速变化，目的是加速芯片潜在裂纹的暴露，验证产品抵抗此应力的能力，并以此检验框架、引线、装片胶、塑封料的匹配性，以及装片、键合及封装工艺存在的缺陷。

试验通常参考 GB/T 2423.22—2012 温度变化或 JESD22-A104 温度循环的标准进行，如表 9-10 所示。

表 9-10 试验温度及参考标准

试验温度条件	低温/°C	高温/°C	参 考 标 准
A	−55（+0，−10）	+85（+10，−0）	JESD22−A104
B	−55（+0，−10）	+125（+10，−0）	
C	−65（+0，−10）	+150（+10，−0）	
G	−40（+0，−10）	+125（+10，−0）	
H	−55（+0，−10）	+150（+10，−0）	
I	−40（+0，−10）	+115（+10，−0）	
J	−0（+0，−10）	+100（+10，−0）	
K	−0（+0，−10）	+125（+10，−0）	
L	−55（+0，−10）	+110（+10，−0）	
M	−40（+0，−10）	+150（+10，−0）	
N	−40（+0，−10）	+85（+10，−0）	
R	−25（+0，−10）	+125（+10，−0）	

续表

试验温度条件	低温/°C	高温/°C	参 考 标 准
T	−40（+0，−10）	+100（+10，−0）	
	−65、−55、−50、−40	+175、+155、+125、+100、+85	GB/T 2423.22—2012

注 1. 根据产品规范及客户要求选择试验条件，通常使用条件 C。

注 2. 采用 GB/T 2423.22—2012 试验条件时，使用高温和低温两个试验箱，样品在规定的时间内完成两个箱体的转换。

表 9-11 为滞留模式与滞留时间。

表 9-11　滞留模式与滞留时间

滞 留 模 式	滞留时间/分钟
1	1
2	5
3	10
4	15

注：根据产品规范及客户要求选择滞留模式，通常选择模式 3。

循环速率：典型的温度循环速率是 1～3 次循环/小时，通常选择 2 次循环/小时，温度循环的次数通常由产品的可靠性要求或客户需求确定，通常为 100、200、500、1000 次循环。在采用 GB/T 2423.22—2012 试验条件时，试验样品从一个试验箱转移到另一个试验箱的时间不超过 3 分钟。当试验样品放入试验箱后，试验腔内温度达到指定温度的时间应不长于滞留时间的 1/10。

在试验过程中，将试验样品放在样品架上或样品盒中，试验样品摆放应利于腔体内空气流通。在高温时结束试验，防止试验样品取出后表面结露。试验结束后取出试验样品进行试验后的测试。当主要测试产品内部互连焊点疲劳特性时，可将温度变化斜率控制在不超过 15℃/min，通常是（10～14）℃/min。

试验前后均应对产品进行外观检测及电性能测试，若试验样品外观及电性能均符合产品规范要求或客户规定要求，则合格；否则不合格。

2. 高压蒸煮

高压蒸煮主要考核产品的气密性和抗湿气能力，可用于检验产品塑封体的气密性，以及塑封体与框架的结合是否良好。表 9-12 为高压蒸煮试验条件，包括温度、相对湿度及蒸汽压力。

表 9-12　高压蒸煮试验条件

温　　度	相对湿度	蒸汽压力
（121±2）℃	100%RH	205kPa（29.7psia）

通常高压蒸煮的试验时间有以下几个挡位。

A: 24 小时（−0，+2）。

B: 48 小时（−0，+2）。

C: 96 小时（−0，+5）。

D: 168 小时（−0，+5）。

E: 240 小时（−0，+8）。

F: 336 小时（−0，+8）。

注意：试验时间根据产品的要求或客户要求进行选择，常规推荐值为 96 小时。

在试验过程中，将试验样品放在样品架上或样品盒中，将它们整体放入试验设备中开始进行试验。试验样品应放置在距离试验腔体内壁至少 3cm 处。试验结束后取出试验样品，在正常室温条件下恢复 2 小时，并在 16 小时内按照产品电性能测试标准进行电性能测试。

注意：试验在温/湿度达到设定值时开始计时，温/湿度开始下降时停止计时。温/温度上升及下降时间应小于 3 小时。

试验前后均应对产品进行外观检测及电性能测试，若试验样品外观及电性能均符合产品规范要求，则合格；否则不合格。

3．高温存储试验

高温存储（High Temperature Storage Test，HTST）用于考核产品存储时承受高温的能力，通常参考标准 JESD22-A103 及 GB/T 2423.2—2008《电工电子产品环境试验　第 2 部分：试验方法　试验 B：高温》。

试验可根据产品的要求或客户要求来进行，表 9-13 为高温存储试验条件，常规推荐+150（−0/+10）℃。

表 9-13　高温存储试验条件

试验类型	存储温度/℃	参考规范
A	+125−0/+10	JESD22-A103
B	+150−0/+10	
C	+175−0/+10	
D	+200−0/+10	

续表

试验类型	存储温度/℃	参考规范
—	+85±5	GB/T 2423.2—2008
—	+100±5	
—	+125±5	
—	+155±5	
—	+175±5	
—	+200±5	

试验时间：若选择168小时、500小时、1000小时，则应根据JESD22-A103标准规范进行试验；若选择72小时、96小时、168小时、240小时、336小时、1000小时，则应根据GB/T 2423.2—2008标准规范进行试验。

试验过程中将试验样品放在样品架上或样品盒中，将它们整体放入试验设备中开始进行试验，样品不可堆叠放置，务必充分暴露在环境应力下。试验结束后取出试验样品，在正常室温条件下恢复2小时，按照产品电性能测试标准进行电性能测试。

注意：*若客户要求根据GB/T 2423.2—2008的规定进行试验，则试验箱内温度变化速率不应超过1℃/min（速率按5分钟平均值计算）。*

试验前后应当对产品进行外观检测和电性能检测，要求在10～40倍的光学显微镜下观察产品的外观，要求塑封体无开裂、破损，引脚无剥落、断裂等缺陷；电性能需要满足产品的规格要求。

4. 低温存储试验

低温存储试验（Low Temperature Storage Test，LTST）用于评定产品承受长时间低温应力的能力，通常参考标准GB/T 4589.1—2016《半导体器件　第10部分：分立器件和IC总规范》、JESD22-A119及GB/T 2423.1—2008《电工电子产品环境试验　第2部分：试验方法　试验A：低温》。

试验可根据产品的要求或客户要求进行，表9-14为低温存储试验条件，常规推荐-55（-10/+0）℃。

表9-14 低温存储试验条件

试验类型	存储温度/℃	参考规范
A	-40（-10/+0）	JESD22-A119
B	-55（-10/+0）	
C	-65（-10/+0）	

续表

试验类型	存储温度/°C	参考规范
—	-40（-5/+5）	GB/T 2423.1—2008
—	-50（-5/+5）	
—	-55（-5/+5）	
—	-65（-5/+5）	

试验时间如下。

若选择 168 小时、500 小时、1000 小时，则应根据 JESD22-A119 标准规范进行试验。

若选择 2 小时、16 小时、72 小时、96 小时，则应根据 GB/T 2423.1—2008 标准规范进行试验。

试验过程中将试验样品放在样品架上或样品盒中，将它们整体放入试验设备中开始进行试验，试验样品不可堆叠放置，务必充分暴露在环境应力下。试验结束后取出试验样品进行试验后的电性能测试。

注意：若客户要求根据 GB/T 2423.1—2008 的标准规范进行试验，则试验箱内温度变化速率不应超过 1℃/min（速率按 5 分钟平均值计算）。

试验前后应当对产品进行外观检测和电性能测试，要求在 10～40 倍的光学显微镜下观察产品的外观，要求塑封体无开裂、破损，引脚无剥落、断裂等缺陷；电性能则要求满足产品的规格要求。

5. 高温高湿试验

高温高湿试验（High Temperature High Humidity Test，THT）用于考核产品耐高温、高湿的能力，以及产品的气密性，通常参考标准 JESD22-A101-D 及 GB/T 2423.3—2008《环境试验　第 2 部分：试验方法　试验 Cab：恒定湿热试验》。

试验可根据产品的要求或客户要求进行，表 9-15 为试验的温度、相对湿度表。常规推荐 85℃，85%RH，168/500/1000 小时。

表 9-15　试验的温度、相对湿度表

温度/°C	相对湿度（%RH）	参考标准
85 ± 2	85 ± 5	JESD22-A101
30 ± 2	93 ± 3	GB/T 2423.3—2008
30 ± 2	85 ± 3	
40 ± 2	93 ± 3	
40 ± 2	85 ± 3	

试验过程中将试验样品放在样品架上或样品盒中，将它们整体放入试验设备中开始进行试验，试验样品不可堆叠放置，务必充分暴露在环境应力下。试验结束后取出试验样品，在正常室温条件下恢复 2 小时，并在 16 小时内按照产品电性能测试标准进行电性能测试。

稳态湿热试验的条件根据试验样品的不同而不同。

注意：若客户要求根据 GB/T 2423.3—2008 的标准规范进行试验，则试验箱内温度变化速率不应超过 1℃/min（速率按 5 分钟平均值计算）。从室温上升到稳定的温度和相对湿度（试验条件）的时间应当少于 3 小时，下降时间也应当少于 3 小时。

试验前后应当对产品进行外观检测和电性能测试，要求在 10～40 倍的光学显微镜下观察产品的外观，要求塑封体无开裂、破损，引脚无剥落、断裂等缺陷；电性能则要求满足产品的规格要求。若产品有漏电要求，则漏电最大不能超过标准规范的 2 倍。

6．无偏置高速老化试验

无偏置高速老化试验主要考核产品的气密性和抗湿气能力，参考标准 JESD22-A118B。表 9-16 为无偏置高速老化试验条件，包括温度、相对湿度及试验时间。

表 9-16　无偏置高速老化试验条件

试 验 条 件	温度/℃	相对湿度（%RH）	试验时间/小时
A	130±2	85±5	96（-0，+2）
B	110±2	85±5	264（-0，+2）

注：根据产品规范及客户要求选择试验条件，通常使用试验条件 A，如果产品无法在超过 130℃的温度下进行试验，则采用试验条件 B。

在试验过程中，试验将样品放在样品架上或样品盒中，将它们整体放入试验设备中，试验样品应放置在距离试验腔体内壁至少 3cm 处，使腔体内空气能充分循环。

注意：试验在温/湿度达到设定值时开始计时，当温/湿度开始下降时停止计时。达到稳定温度和相对湿度条件的时间应少于 3 小时，下降时间也应少于 3 小时。

试验前后应当对产品进行外观检测和电性能测试，要求在 10～40 倍的光学显微镜下观察产品的外观，要求塑封体无开裂、破损，引脚无剥落、断裂等缺陷；电性能则要求满足产品的规格要求，若产品有漏电要求，则漏电最大不超过规格的 2 倍。

7. 加偏置高速老化试验

加偏置高速老化试验主要考核产品的气密性和抗湿气能力及产品在高温高湿下能承受电应力（电压与电流）的能力，通常参考标准 JESD22-A110E。表 9-17 为加偏置高速老化试验条件，包括温度、相对湿度及试验时间。

表 9-17 加偏置高速老化试验条件

试验条件	温度/°C	相对湿度（%RH）	试验时间/小时
A	130±2	85±5	96（−0，+2）
B	110±2	85±5	264（−0，+2）

注：根据产品规范及客户要求选择试验条件，通常使用条件 A，如果产品无法在超过 130℃的温度下进行试验，则采用试验条件 B。

在试验过程中，将试验样品放在样品架上或样品盒中，将它们整体放入试验设备中，试验样品应放置在距离试验腔体内壁至少 3cm 处，使腔体内空气能充分循环。加偏置时按要求将试验样品正确地安装在 HAST 板上，将它们整体放入试验设备中，使用高温导线正确连接试验板和直流稳压电源，根据产品电压设置好电源的过压保护及加载电压。在试验过程中，应对直流电源的电压、电流进行异常电压或漏电现象的观察。试验结束后应先停机，温度降至常温后减小偏置电压至零，关断直流电源，取出试验样品，取出试验样品 2 小时后进行试验后的电性能测试。

注意：试验在温/湿度达到设定值时开始计时，当温/湿度开始下降时停止计时。达到稳定温度和相对湿度条件的时间应少于 3 小时，下降时间也应少于 3 小时。

试验前后应当对产品进行外观检测和电性能测试，要求在 10～40 倍的光学显微镜下观察产品的外观，要求塑封体无开裂、破损，引脚无剥落、断裂等缺陷；电性能则要求满足产品的规格要求，若产品有漏电要求，则漏电最大不得超过规格的 2 倍。

8. 老化测试

老化测试通常在产品出货前进行，对产品施加电应力（电压、电流）和温度应力（产品因负载产生的温升），以此来筛选不合格产品，提高产品的稳定性。

老化测试通常按照产品的实际使用情况对产品施加相应的功率，必要时也可提高功率或增加相应的环境温度。

试验前后应当对产品进行外观检测和电性能测试，要求在 10～40 倍的光学显微镜下观察产品的外观，要求塑封体无开裂、破损，引脚无剥落、断裂等缺陷；电性能则要求满足产品的规格要求。若产品有漏电要求，则漏电最大不超过规格的 2 倍。

9.2.3　板级可靠性加速测试

系统级封装的板级可靠性随着无铅焊锡的导入与日新月异的封装结构而日益受到重视，封装技术包括导线架封装、基板封装、晶圆级封装、异质集成封装（系统级封装、埋入式基板、PoP、FOWLP、FOPLP）等。高引脚数、细间距、轻薄短小等终端应用涉及消费类电子、工业电子、通信、汽车、云端运算、人工智能、航空航天军事等领域，板级可靠性成为不可或缺的质量保证。板级可靠性试验模拟系统级封装应用于实际终端的状况，不同于系统级封装本体的质量与可靠性试验，板级可靠性必须将系统级封装体焊接于 PCB 上再进行后续各项应力测试，以探讨来自 PCB 的机械应力与热疲劳应力对系统级封装结构产生的影响。特别是在金属焊点部分，因为金属焊点不仅提供电气互连，也是电子元器件与 PCB 的唯一机械连接，它通常实现关键的热传导功能。

带通孔焊盘（Via in Pad，ViP）、绿漆开口焊盘、无绿漆焊盘、材料（如无铅无卤基板材料、高频高速低损耗基板材料）、焊盘表面处理[如化学镍金（Electroless Nickel/Immersion Gold，ENIG）、OSP 有机保护膜、浸银、ENEPIG 化镍钯金等]、板厚、特性（玻璃转换温度、热膨胀系数、抗折强度等）、软板/硬板/软硬结合板等因素都会对 PCB 产生不同程度的应力影响。此外，上板的条件，如波峰焊与回流焊接的温度曲线、焊接材料的金属与助焊剂成分，也会对焊点的微结构与系统级封装体产生一定程度的热应力影响。PCB 和焊点的特性、使用条件、设计寿命和可接受的失效概率，以及结构、材料与制程工艺等因素决定了系统级封装是否能可靠地应用在不同的终端产品上。

对设计原型进行板级可靠性加速测试，通常会测试至产品失效，或者达到预期的可靠性目标。一旦产品失效则需要分析可能产生的失效模式以确定潜在的失效机理。如果没有达到可靠性预期目标，则需要采取改善措施，无论在什么情况下实施改善措施，之后都需要重新测试。

如表 9-18 所示，以热疲劳应力为例，说明了应用于制造过程、存储和运行期间，产品必须满足的热疲劳寿命要求和对应的加速测试条件。

板级可靠性加速试验通常可分为热疲劳应力试验与机械应力试验。

表 9-18　终端产品关联的加速热疲劳可靠性测试参考条件（参考 IPC-9701）

终端应用条件								加速测试条件			
应 用 分 类	T_{min} /℃	T_{max} /℃	T（1）/℃	t_{Dhrs}（滞留时间）	每年循环次数（年）	典型使用年限	可接受失效风险（%）	T_{min} /℃	T_{max} /℃	T（2）/℃	t_{Dmin}（滞留时间）
消费类电子	0	+60	35	12	365	1～3	1	+25	+100	75	15
计算机	+15	+60	20	2	1460	5	0.1	+25	+100	75	15
通信	-40	+85	35	12	365	7～20	0.01	0	+100	100	15
商用飞机	-55	+95	20	12	365	20	0，001	0	+100	100	15
工业和车用电子（乘客座）	-55	+95	20 &40 &60 &80	12 12 12 12	185 100 60 20	10	0.1	0	+100	100	15
军规（地面用电子）	-55	+95	40 &60	12 12	100 265	10	0.1	0	+100	100	15
太空电子	-55	+95	3～100	1 12	8760 365	5～30	0.001	0	+100	100	15
军规航空电子 a b c	-55	+95	40 60 80 &20	2 2 2 1	365 365 365 365	10	0.01	0	+100	100	15
车用电子（引擎室）	-55	+125	60 &100 &140	1 1 2	1000 300 40	5	0.1	0	+100	100	15

1. 热疲劳应力试验

在 PCB 表面安装的系统级封装体的可靠性是焊料附着完整性和元器件/板相互作用的函数。PCB 通过焊接互连施加的封装热—机械负载可能导致封装的其他区域出现故障。对于众多 CSP 结构和高引脚数 BGA 封装结构，如 FC、TSV、RDL，RDL 等出现的局部结构应力集中，也可能会增加板级试验过程中内部元器件发生意外故障的可能性。

任何产品在其生命周期都会经历各种温度，结构中脆弱的部分容易受到热应力影响，从而造成产品的损伤或失效，进而影响产品的可靠性。

通常模拟环境热应力的加速试验有以下两种。

（1）热循环试验（Thermal Cycling Test，TCT）。

热循环试验：采用每分钟 5～15℃的温度变化速率以避免产生热冲击，实施高低温冷热循环测试。此试验并非模拟实际情况，而是施加严格应力以加速产品的老化，借此了解可能潜在损害系统设备及元器件的因素，从而确认产品设计或制造是否正确。高低温冷热循环曲线范例如图 9-6 所示。

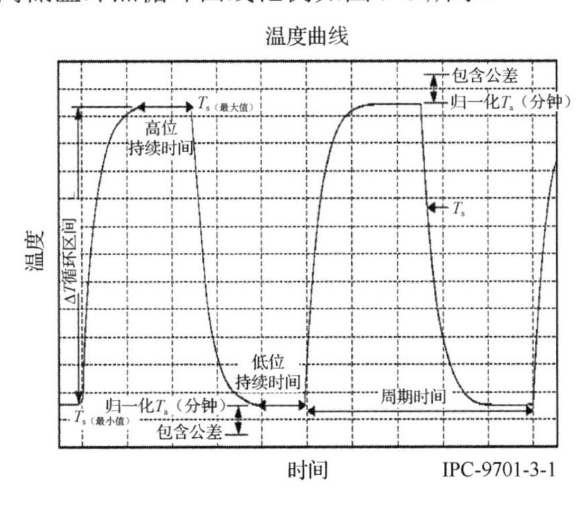

图 9-6 高低温冷热循环曲线范例（参考 IPC-9701）

设置热循环的最高温度低于 PCB 材料的玻璃转换温度 25℃，避免 PCB 严重变形而导致数据失真。

图 9-7 所示为热循环试验炉与即时阻值监控系统，在进行试验时，热循环试验炉搭配即时阻值监控系统以获得失效数据。元器件与 PCB 建议形成菊花链回路，以方便阻值测量，通常阻值较起始阻值增加 20%或阻值达到 1000Ω时判为失效。

设定的失效条件不同，产生的寿命结果也会有所不同，实际失效条件可根据产品需求进行调整，热循环试验条件与要求如表 9-19 所示。

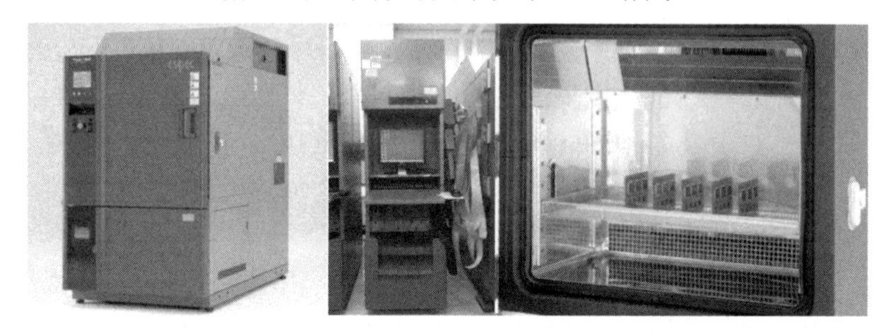

图 9-7　热循环试验炉与即时阻值监控系统

表 9-19　热循环试验条件与要求（参考 IPC-9701）

试验条件	试验条件设定
热循环条件 TC1 TC2 TC3 TC4 TC5	 0℃/+100℃（优先参考） -25℃/+100℃ -40℃/+125℃ -55℃/+125℃ -55℃/+100℃
测试持续时间	任何一种情况先发生：累计失效率达 50%（优先为 63.2%）（优先参考测试时间）
热循环次数要求 NTC-A NTC-B NTC-C NTC-D NTC-E	 200 次循环 500 次循环 1000 次循环（TC2、TC3 和 TC4 首选） 3000 次循环 6000 次循环（TC1 首选）
低温驻留耐温性（首选）	10 分钟 +0/-10℃（+0/-5℃）
高温驻留耐温性（首选）	10 分钟 +10/-0℃（+5/-0℃）
温度上升斜率	≤20℃/分钟
完整生产样本量	33 个元器件样本 （32 个测试样品加上一个横截面样品，如果适用，则增加另外 10 个样品进行修订）
PWB/PCB 厚度	2.35mm
封装/芯片情况	菊花链芯片/封装
测试监控	持续监控

（2）热冲击试验（Thermal Shock Test，TST）。

以每分钟大于 30℃的温度变化速率或客户指定条件，在温度急速变化的情况下进行极严苛条件的高低温冷热冲击试验。元器件暴露于温度快速变化的环境中时，会产生热冲击，从而导致零件和/或元器件内的瞬态温度出现梯度，进而产生翘曲和应力。热冲击试验通常用于严酷环境的模拟，如汽车电子，通常需要使用高低温双槽才可达到试验要求的高温变率。图 9-8 所示为高低温双槽空气式（Air to Air）热冲击试验设备，图 9-9 所示为高低温双槽液体式（Liquid to Liquid）热冲击试验设备，二者的不同之处体现在升降温速度方面，液体式设备通常可获得更快的速度，但常受限于样品数量。

（a）设备外观

（b）开门内部腔体

图 9-8　高低温双槽空气式热冲击试验设备

（a）设备外观

（b）开门内部腔体

图 9-9　高低温双槽液体式热冲击试验设备

2. 机械应力试验

产品在其生命周期中会面临各种机械应力环境，如组装运送或使用过程中产生的振动与跌落，结构中的脆弱部分容易受到环境机械应力的影响，造成产品的损伤或失效，进而影响产品的可靠度。

通常针对系统级封装模拟周围环境机械应力的板级加速试验有以下四种。

（1）静态板弯试验。

静态板弯试验是指在板弯试验结束后进行电性能测量。

静态板弯试验目的是验证 PCB 组装过程中系统级封装器件的焊点与 PCB 之间是否存在开裂，也模拟在运输、搬运或现场运输时可能产生的板弯冲击。静态板弯试验可获得 PCB 上关键系统级封装体所能承受的板弯程度信息，借助该信息可以避免电测或现场运输时焊点与 PCB 之间开裂导致的整体系统失效。

图 9-10 所示为四点静态板弯试验示意图，封装器件按照产品规格安装在 PCB 上并形成菊花链回路以方便阻值的测量，同时在关键位置（通常是封装器件角落）贴上应变规（Strain Gauge），以下压 5000μm 的微应变速率进行板弯试验，当阻值较起始阻值增加 20%或阻值达到 1000Ω时判为失效，此时需要同步记录板弯变形程度，所得的应变值即 PCB 在组装、标准运输、搬运或现场运输过程中所能承受的最大变形程度。详细试验流程可参阅 IPC/JEDEC-9702。

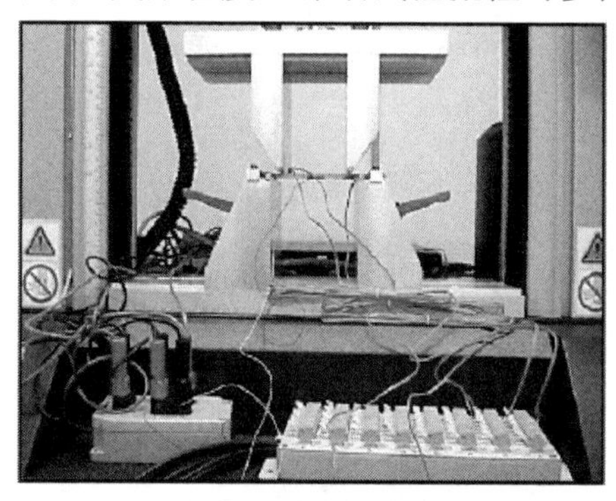

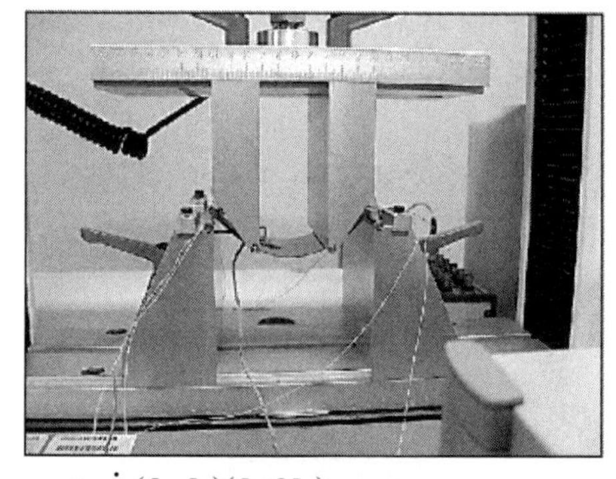

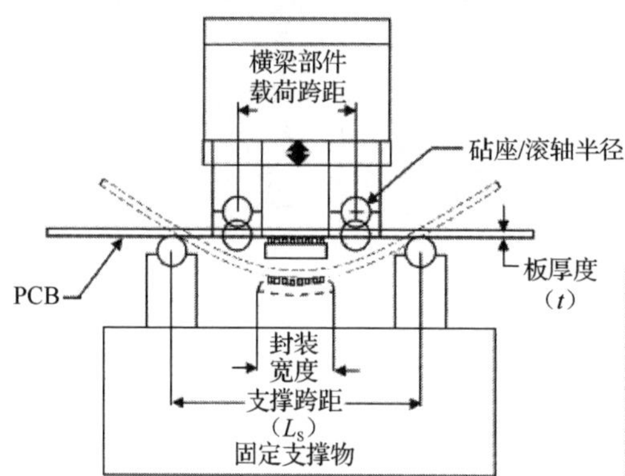

$$\dot{\delta}=\frac{\dot{\varepsilon}\,(L_S-L_L)(L_S+2L_L)}{6t}$$

式中

$\dot{\delta}$=头速度

$\dot{\varepsilon}$=总体PCB应变率

L_S=支撑跨度

L_L=负载跨度（集中在支撑跨度内）

t=PWB厚度

万能试验机要求	
描述	要求
砧座/滚轴半径	3mm[0.12in]，最小
砧座/滚轴长度	>板宽
环境温度	（23±2）℃

图 9-10　四点静态板弯试验示意图

（2）动态板弯试验。

动态板弯试验是指在板弯试验过程中不断进行电性能测量。

PCB 元器件在组装期间会经历各种机械负载试验。在各种组装和试验期间，

PCB 反复弯曲（循环弯曲）会导致 PCB、线路、焊点、元器件开裂，从而造成电气故障。虽然在组装过程中重复弯曲的次数很少，但弯曲幅度可能非常大，采用静态板弯试验可模拟此状态。另一方面，若实际使用条件（如在手机中反复按键）应变量较小，则在使用过程中可能累积大量重复弯曲循环应变，采用动态板弯试验可模拟此状态。

板级动态板弯试验通常用于评估手持电子产品中的表面贴装电子元器件性能，以确定特定 PCB 的装配是否合格。

由于试验条件和实际现场条件之间的相关性尚未完全确定，因此试验程序必须使用相同的试验应变量才可比较不同元器件之间的寿命。此外，由于重复按键操作引起的循环弯曲是一种特定手持产品的可靠度问题，因此板级动态板弯试验仅适用于模拟手持产品的循环弯曲，此试验限制元器件的尺寸最大为 15mm × 15mm。元器件同样按照产品规格安装在 PCB 上并形成菊花链回路以方便阻值的测量，以设定的应变速率（1 或 2mm/1Hz）进行重复板弯，当阻值较起始阻值增加 20%或阻值达到 1000Ω时可判为失效，实际执行循环次数根据终端需求而定。图 9-11 所示为动态板弯试验示意图，详细测试流程可参阅 JESD22B113。

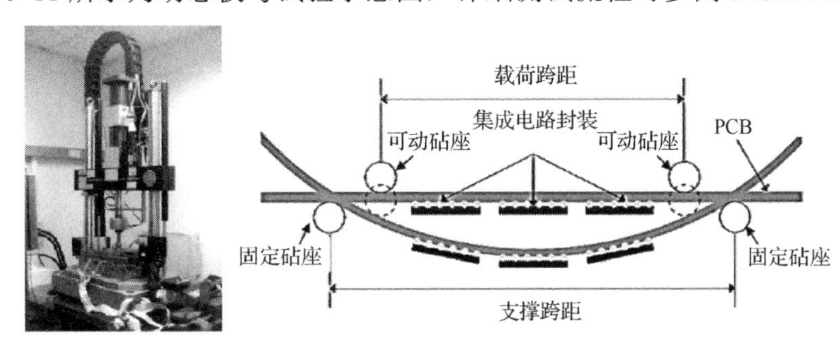

参数	推荐值	可选择值
支撑砧座跨距/mm	110	不适用
承重砧座跨距/mm	75	不适用
承重砧座与外组件距离（承重砧座中心线与最近组件边缘的最小距离）/mm	10	不适用
最小砧坐半径/mm	3	不适用
承重砧座垂直位移/mm	2	最多4mm
负荷曲线	正弦波	三角波
周期频率/Hz	1	最高3Hz

图 9-11　动态板弯试验示意图

（3）机械冲击试验。

机械冲击定义为机械能量快速传递到组装系统，导致系统内的应力、速度、加速度、或位移发生显著变化。当系统/模组处于冲击环境（Shock Environment）中时，PCB 上的元器件往往受到固定方式或结构设计的自然频率因素的影响而将系统所传递的冲击能量放大数倍。并且对于小质量元器件，其体积越小，自然频率（Nature Frequency）越高。因此，在对质量轻且体积小的系统级封装元器件进行冲击试验时，通常以高加速度（High Acceleration）伴随短脉冲时间（Pulse Duration）为主要试验条件，并以 JESD22-B111 为主要试验依据。对于无源元器件，以 MIL-TSD-202F 为主要规范；对于 IC，以 MIL-STD-883E 为主要规范；车用系统级封装则大多以美国汽车电子委员会（Automotive Electronics Council，AEC）的相关标准或 JEDEC 为主要规范。

小零件或小模组的冲击试验大多以半正弦波（Half-Sine Waveform）冲击为主要试验条件，表 9-20 所列为 JEDEC JESD22-B104C 建议规格。

表 9-20　JEDEC JESD22-B104C 建议规格

工 作 条 件	等效下降高度/cm	速度变化/（cm/s）	加速度峰值（*g*）	脉冲持续时间/ms
H	59/150	214/543	2900	0.3
G	51/130	199/505	2000	0.4
B	44/112	184/467	1500	0.5
F	20/76.0	152/386	900	0.7
A	20/50.8	124/316	500	1.0
E	13/33.0	100/254	340	1.2
D	7/17.8	73.6/187	200	1.5
C	3/7.62	48.1/122	100	2.0

根据终端产品的应用场景，目前有如下参考机械冲击条件。

- 100*g* / 2.0ms。
- 200*g*/ 1.5ms。
- 340*g* / 1.2ms。
- 500*g* / 1.0ms。
- 1500*g* / 0.5ms。

若系统级封装应用于便携式产品，通用条件为 1500g/0.5ms，较大型的电子通信产品，如计算机或服务器等，则以低加速度条件为主。

图 9-12 所示为机械冲击测试机与冲击波形范例，详细测试流程可参阅 JESD22-B111A。

（4）振动试验（Vibration Test）。

振动试验模拟了产品在运输、安装及使用环境中所遭遇的各种振动情况。此试验可评估产品忍受各种环境振动的能力，对于汽车电子产品的耐振动能力评估尤为重要。

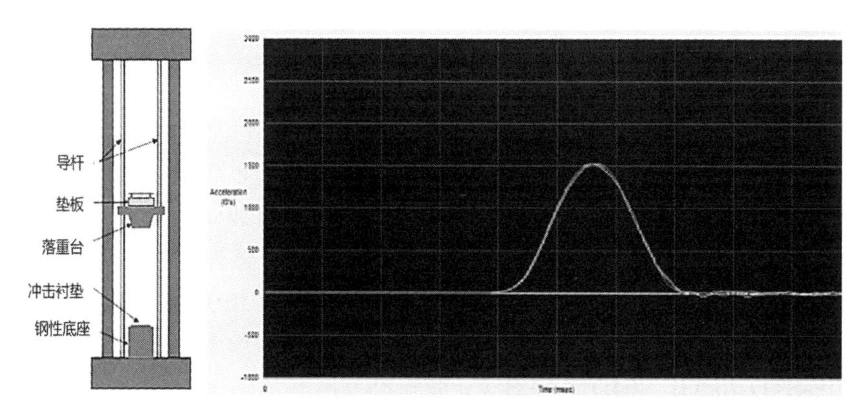

图 9-12　机械冲击测试机与冲击波形范例

常用的振动方式可分为正弦振动（Sine Vibration）及随机振动（Random Vibration）两种。正弦振动试验常用于评估海运、船舰所用设备耐振能力、产品结构共振频率和共振点驻留（Resonance Dwell）情况。随机振动试验则常用于评估产品整体结构耐振强度及模拟产品在包装状态下的运送环境。系统模组类产品的美系客户规范大多采用美国材料实验协会（American Society of Testing Materials，ASTM）、国际运输安全测试协会（International Safe Transit Association，ISTA）的标准，或者美国军用标准（Military Standards，MIL STD）等，日本及欧洲客户则以欧洲标准（European Norm，EN）、日本工业标准（Japanese Industry Standards，JIS），以及国际电工委员会（International Electro Technical Commission，IEC）、欧洲电信标准化协会（European Telecommunications Standards Institute，ETSI）的标准等为规范。对于质量轻且体积小的元器件，则以高频振动为主要测试条件，以 MIL STD 为主要规范。

元器件中的振动定义为平衡位置交替相反方向的周期性或随机运动，施加荷载通常低于材料的屈服点。在振动环境中，产品损坏的原因通常是环境所产生的振动应力大于产品结构所能承受的结构应力，并且结构体自然频率由环境振动应力引起的共振放大（Resonance Amplification）对产品危害最大。实际上，共振放大造成产品损坏的情况居多，因此，在执行振动试验时，通常利用正弦振动及快速傅里叶变换分析法（Fast Fourier Transform Analysis，FFT Analysis）进行结构共振频率分析，同时以共振点停留方式验证当振动环境激发结构体自然频率时，结构体是否能承受此共振放大应力，此数据有助于优化结构设计与了解改善方向。

汽车电子产品耐振动能力要求远高于消费性产品耐振动能力要求，美国汽车工程师学会（Society of Automotive Engineers，SAE）、日本汽车标准组织（Japan Automobile Standards Organization，JASO）、欧洲 IEC 及国际标准化组织（International

Standard Organization，ISO）等均给出了建议规格与验证方法，汽车零件则大多以AEC或JEDEC为验证标准。

当系统模组处于振动环境中时，PCB上的元器件往往受到固定方式或结构设计的自然频率因素的影响而将振动能量放大数倍，对于小质量元器件，其体积越小，自然频率越高，因此，质量轻且体积小的系统级封装体的元器件在进行振动试验时，通常以高频振动为主要测试条件，对于无源元器件则以MIL-TSD-202G为主要规范，对于系统级封装体则以MIL-STD-883F与JESD22-B103-B为主。

（1）无源元器件使用的试验条件。

MIL-STD-202G：204D条件B（正弦振动）。

振动频率：10～2kHz，1.5mm振幅和15g加速度。

振动轴向：X、Y、Z三轴。

振动循环数：每轴振动12次。

MIL-STD-202G：204D条件B（随机振动）。

振动带宽：50/100/1000/2000Hz，+6/−12dB（7.56g）。

振动轴向与时间：X、Y、Z三轴，每轴振动3分钟、15分钟、1.5小时或8小时。

（2）系统级封装使用的试验条件。

MIL-STD-883F：2005.2 条件A（正弦疲劳振动）。

振动频率：10～2kHz，1.5mm振幅和20g加速度。

振动轴向与循环数：X、Y、Z三轴，每轴每次振动32小时。

MIL-STD-883F：2007.3条件A（正弦振动）。

振动频率：10～2kHz，1.5mm振幅和20g加速度。

振动轴向：X、Y、Z三轴。

振动循环数：每次循环不得少于4min，每轴振动4次。

由于汽车元器件耐振动能力要求远高于消费性产品耐振动能力要求，因此目前汽车电路零件大多以AEC为验证标准。

9.3 失效分析

失效分析的目的是利用各种检测设备和分析手段来找到产品的失效表象，再通过机理分析得到产品失效的真正原因，以此来改善设计方案和指导工艺，避免此类失效现象的再次出现，提高产品的生产良率及可靠度。失效分析主要有以下意义。

（1）为产品的设计及工艺改善提供依据。

（2）找到产品失效的真正原因。

（3）提高产品的良率及可靠度，提升企业核心竞争力。

（4）确认引起产品失效的责任方，为司法仲裁提供依据。

9.3.1 热点分析技术

芯片元器件在使用过程中会出现电性能方面的失效，由于芯片是由大量晶体管集成的，因此这类失效往往是由芯片上某个部位的晶体管损坏导致的。分析时需要先利用相应的工具找到缺陷点，然后着重对此区域进行分析，找到失效的真正原因。

1. 热点分析原理及方法

光发射显微镜是一种比较高端的芯片级分析工具，主要用于检测芯片内部情况。光诱导电阻变化（Optical Beam Induced Resistance Change，OBIRCH）是热点检测模式之一，该模式利用激光束在恒定电压下的元器件表面进行扫描，激光束在扫描的同时将热量传递给元器件，如果芯片中的金属布线存在问题，那么此处的温度将无法通过金属有效传导散开，从而导致局部温度升高，由于温度升高，因此局部线路的电阻会增大，此处的电流会发生变化，可以通过电流的变化与激光扫描位置的重叠来定位缺陷的位置。OBIRCH 模式具有较强的分辨能力，其测试精度可达纳安级。

2. 热点分析技术的适用性

随着大规模 IC 的应用范围越来越广，芯片单位面积集成度越来越高，失效分析中的电性失效分析（Electronic Failure Analysis，EFA）定位技术越来越重要。由于定位要求不断提高，很多失效点无法被直接观察到，或者说无法直接进行有效的定位，所以 EFA 定位技术越来越得到失效分析人员和研究人员的重视。表 9-21 所列为光发射显微镜和 OBIRCH 的比较，可在实际的工作中进行相应的比较。

表 9-21 光发射显微镜和 OBIRCH 的比较

设备	原理	模式	应用范围	优点	缺点	图例
光诱导电阻	束流诱导热效应	主动式	漏电轨迹； 材料缺陷（空洞，硅异常）； 热阻异常（材料，结构）； 功能失效	灵敏度较高	设备价格昂贵，对于厚铝产品激光穿透性较差	

续表

设　备	原　理	模　式	应 用 范 围	优　点	缺　点	图　例
光发射显微镜	光电检测	被动式	晶体缺陷，材料缺陷等； 漏电； 线路尖峰； 热电效应； 栓锁效应； 氧化漏电	灵敏度高，波长检测范围大（400nm～1.6μm），可进行背面分析	设备价格昂贵，对于厚铝产品穿透性较差	

9.3.2　无损探伤技术

在失效分析过程中，由于样品量较少，因此要先对样品进行无损分析。无损检测设备包括 X 射线检测仪、超声波扫描显微镜（Scanning Acoustic Microscope，SAM）等。

1．X 射线检测仪

（1）X 射线检测仪的应用。

X 射线检测仪是一种无损检测设备，是半导体元器件及电子产品在组装过程中常用的检测工具。X 射线是一种高压阴极射线管发出的高能电子撞击金属靶后产生的波长非常短的光线，具有一定的辐射性。因为 X 射线可以穿透塑封体，所以可以在不破坏样品的情况下观察产品内部的金属结构。

轻原子质量材料具有很强的 X 射线穿透力，这就很难用 X 射线对其进行检测。重原子质量材料（如金、银、铅、锡）具有很弱的 X 射线穿透力，比较容易用 X 射线进行观察。图 9-13 所示为 X 射线检测缺陷案例。

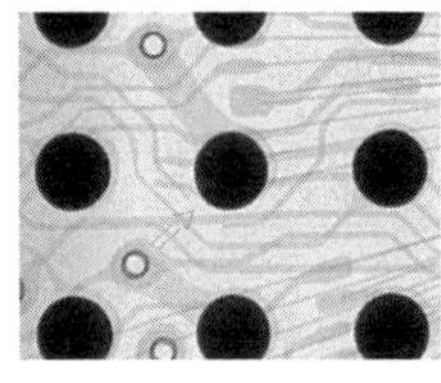

（a）线路断线

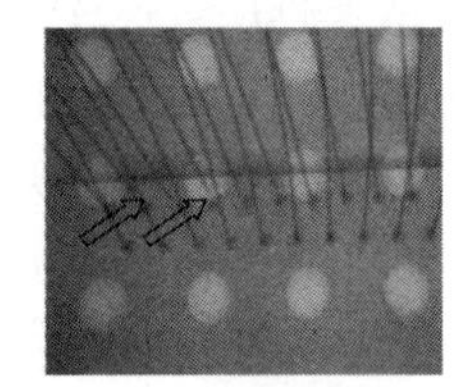

（b）球颈断线

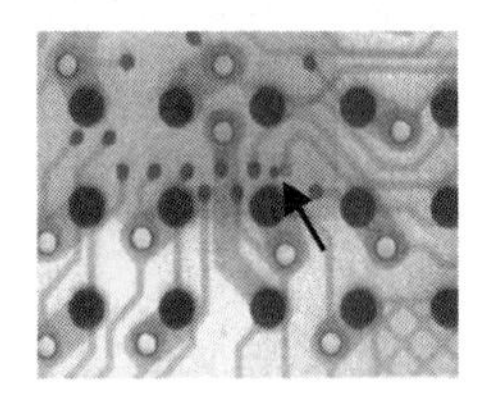

（c）凸点移位

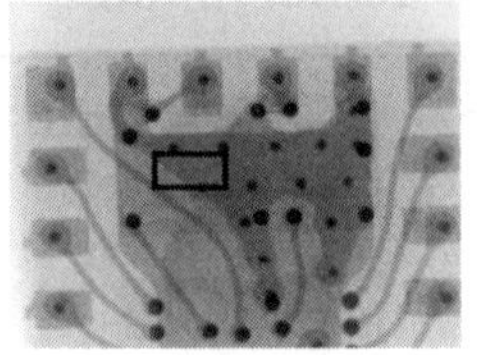

（d）焊锡桥接

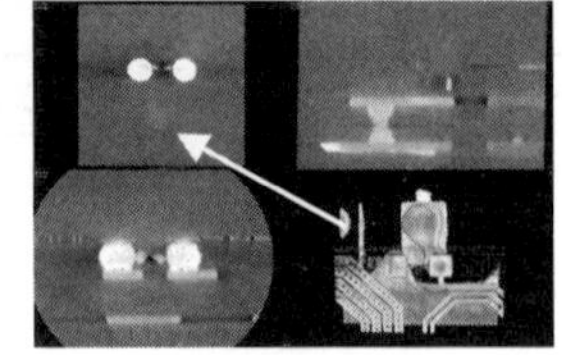

（e）CT 断层扫描

图 9-13　X 射线检测缺陷案列

（2）X 射线检测的优缺点。

在 X 射线检测过程中，可无损、快速、方便地将观测物形成实际的图片，但观察效果与被观测物的密度、厚度有关，微小的裂纹、空洞、深孔较难检测，也无法观察元器件内部界面情况，从而造成分析困难。

2．超声波扫描显微镜（Scanning Acoustic Microscopy，C-SAM）

（1）C-SAM 用途。

C-SAM 是一种反射式扫描声学显微镜，利用超声波碰到空气界面完全反射的原理来检测产品内部的空隙，是一项重要的无损检测技术手段。与 C-SAM 反射原理相对应的是超声波穿透检测（Through SCAN，T-SCAN），二者配合可以更加准确地判断失效的位置和程度。C-SAM/T-SCAN 是检测塑封元器件分层极为有效的方法，用于检测塑封器件中塑封料和其他材质或结构之间界面的黏接和分层状态。

图 9-14 所示为利用 C-SAM 及 T-SCAN 不同方法检测的案例示意图，具体检测内容通常包括塑封体与芯片黏接截面、塑封体与框架黏接截面、塑封体空隙、芯片开裂等。

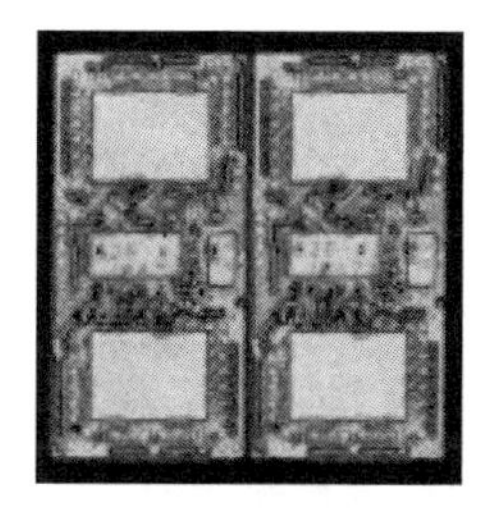

（a）利用 C-SAM 检测出的分层/空隙

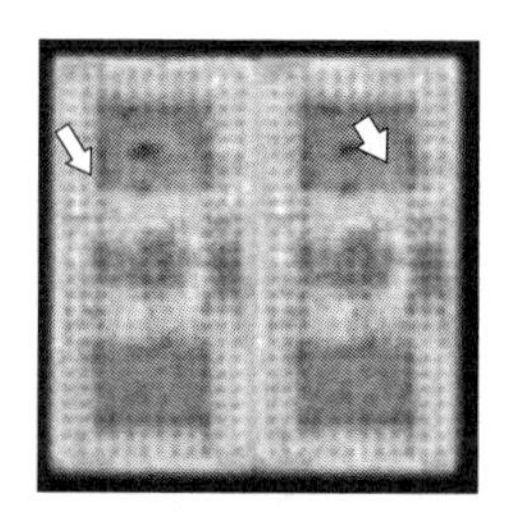

（b）利用 T-SCAN 检测出的分层/空隙

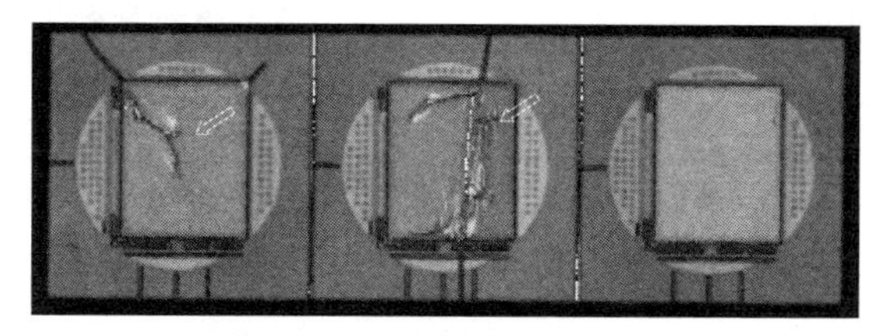

（c）利用 T-SCAN 检测出的芯片开裂正片图

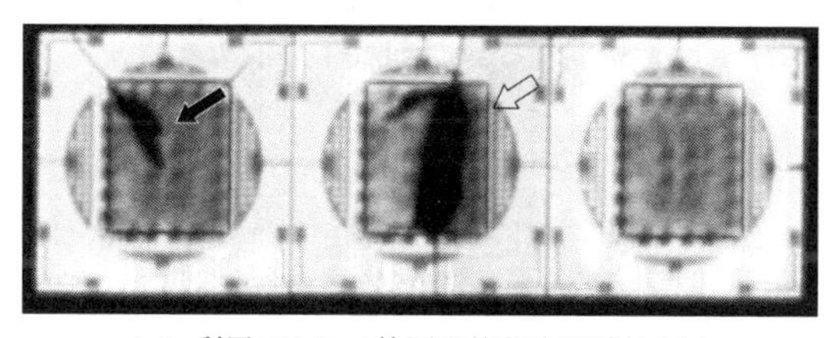

（d）利用 T-SCAN 检测出的芯片开裂负片图

图 9-14　利用 C-SAM 及 T-SCAN 不同方法检测的案例示意图

（2）C-SAM 检测要点分析。

超声波频率越高，其波长越短，检测的分辨率越高，但超声波的穿透能力越差；焦距越长，超声波穿透能力越强。在实际使用时，需要根据产品的厚度等参数来选用探头，首先超声波需要有足够的能力穿透所要扫描的区域，再考虑探头的扫描精度。对于多层布线结构的样品，通常选择焦距短的探头；对于比较厚的大功率样品，可以选择焦距较长、扫描聚焦范围较大的探头。

针对不明原因的表面信号损失，虚假或有零星迹象的分层都需要仔细确认原因。因为耦合剂为去离子水，所以整个检测过程需要尽量减少样品浸泡在水中的时间。

9.3.3 聚焦离子束技术

聚焦离子束（Focused Ion Beam，FIB）系统将液态金属离子源产生的离子束利用离子枪加速，聚焦后照射于样品表面产生二次电子信号，取得电子像。FIB 系统的这种功能类似电子显微镜，也可以用来观察样品表面微观现象。FIB 具有强电子流的功能，可以对样品表面进行原子剥离，进行纳米级的表面加工，完成芯片表面的定点切割。

图 9-15 所示为用 FIB 分析芯片表面开裂的案例示意图。

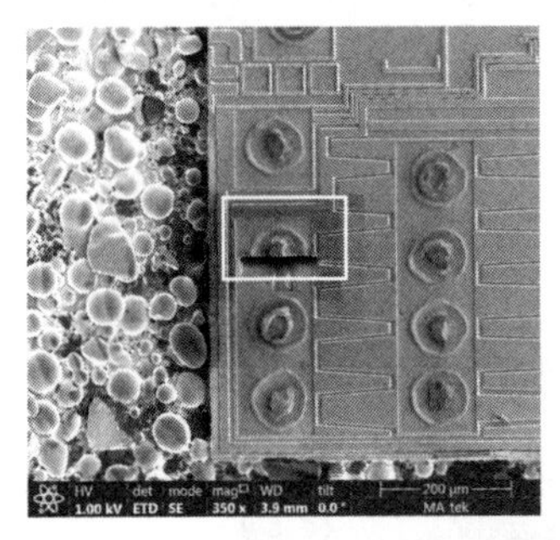

（a）芯片开裂正面图示

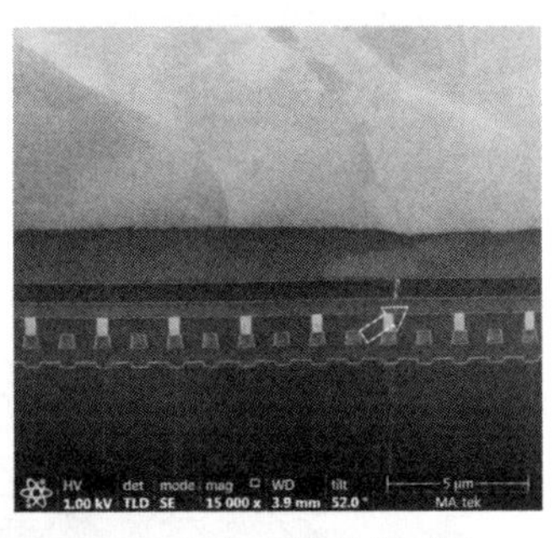

（b）芯片开裂侧面切割图

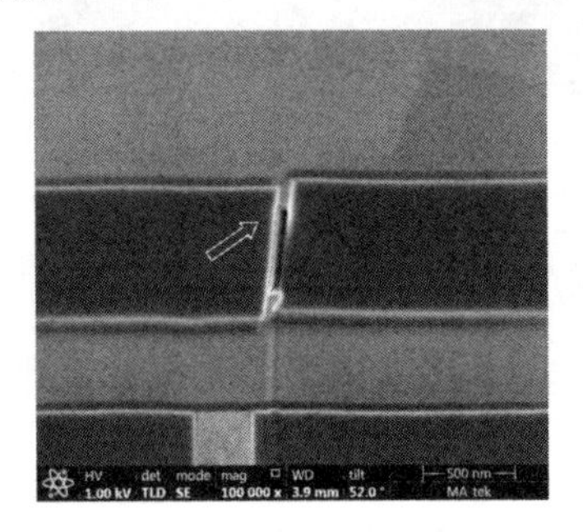

（c）芯片开裂侧面切割再放大图

图 9-15　用 FIB 分析芯片表面开裂的案例示意图

9.3.4　剥层技术

随着微电子技术的高速发展，芯片的结构越来越复杂，多层布线的方式必须引入 IC 的设计中，以提高芯片的集成度。现有的芯片失效可能不仅仅出现在表面的线路层，而可能出现在多层结构的下层或金属化有源区。为了能够实现这些区域的分析及测试，失效分析必须根据实际情况选择多种手段，如反应离子蚀刻（Reactive Ion Etching，RIE）、湿法腐蚀、FIB 蚀刻等。

剥层（De-layer）处理主要包括去钝化层、去金属化层、去层间介质等。图 9-16 所示为经 OBIRCH 定位后剥层，去除两层金属层发现烧焦区域的案例示意图。

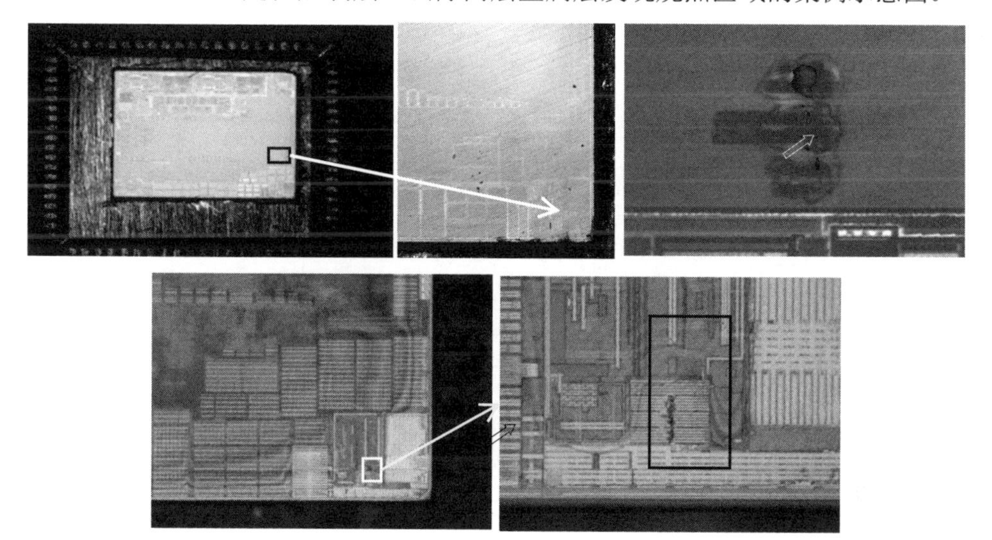

图 9-16　经 OBIRCH 定位后剥层，去除两层金属层发现烧焦区域的案例示意图

9.3.5　失效分析方法与流程

对于失效分析，样品在大多数状态下是不可逆的。失效分析的基本原则是先进行非破坏性分析，然后进行破坏性分析。只有在非破坏性分析不能发现失效原因的基础上，或者已发现问题还需要进一步确认时，才对样品进行进一步的破坏性分析。

破坏性分析属于不可逆、不可重复的分析，在进行破坏性分析时要按照相关的流程规定，在每一步分析过程中都要取得足够的数据，防止遗漏真正的失效原因，或者被一些额外引入的失效因素干扰。

失效分析必须严格遵循流程，由外部分析到内部分析，先进行非破坏性分析再进行破坏性分析，每一步操作均有记录，避免操作手段不当引入新的失效因素，详细的失效分析流程图如图 9-17 所示。

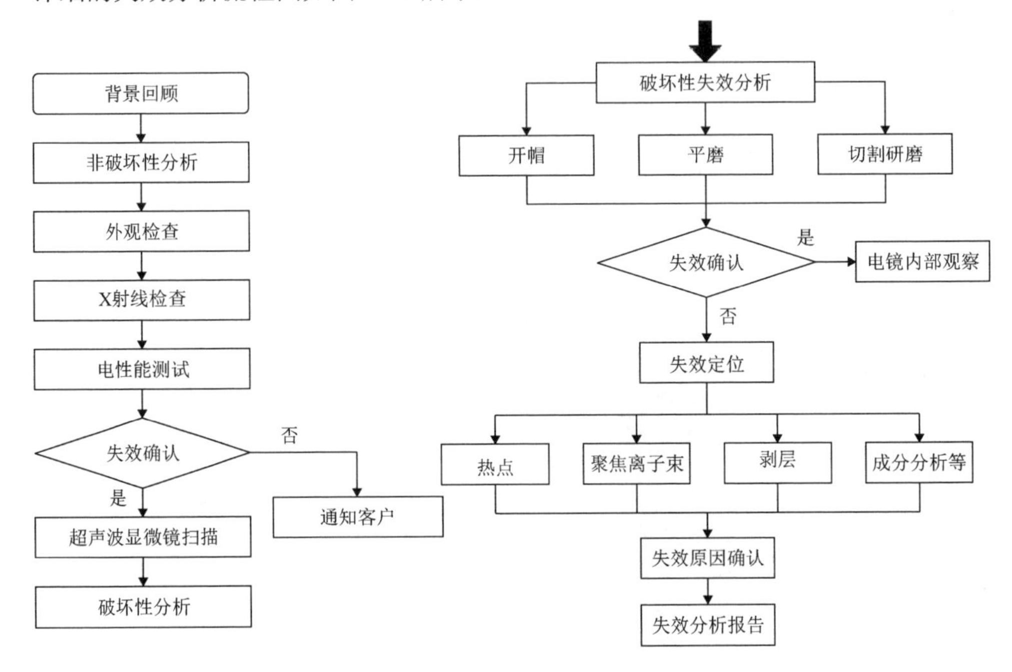

图 9-17　详细的失效分析流程图

9.3.6　其他失效分析手段

1．开帽（De-Cap）

为了对芯片失效进行进一步的分析，需要开封塑封体，将内部结构暴露出来。针对芯片塑封体，不同的金属焊线和不同封装形式可以采用不同配比的试剂进行腐蚀，并采用不同温度及反应时间，在开帽过程中需要小心操作，以免过度腐蚀。图 9-18 所示为封装体开帽分析对比光学图像。

（a）开帽前

（b）开帽后

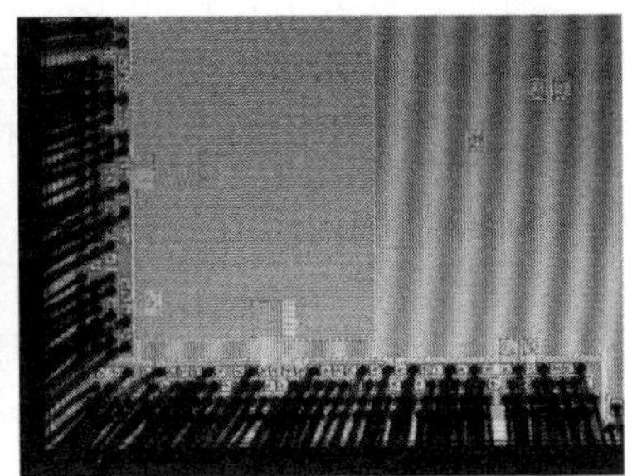

（c）开帽后呈现的芯片表面

图 9-18　封装体开帽分析对比光学图像

2. 切割研磨

切割研磨是用来观察产品纵剖面结构及失效缺陷横截面的一种机械方法。如图 9-19（a）所示，通过切割研磨可以找到封装体内部各层次的界面，如观察分层情况及焊点截面的结合情况等。如图 9-19（b）所示，可以观察封装体内部结构，通过截面分析可以测量芯片的厚度，观察芯片装片胶均匀性及焊接点的形状等。如图 9-19（c）所示，可以观察芯片工艺，如金属层数、厚度等。

（a）EMC 塑封料与银层分层情况

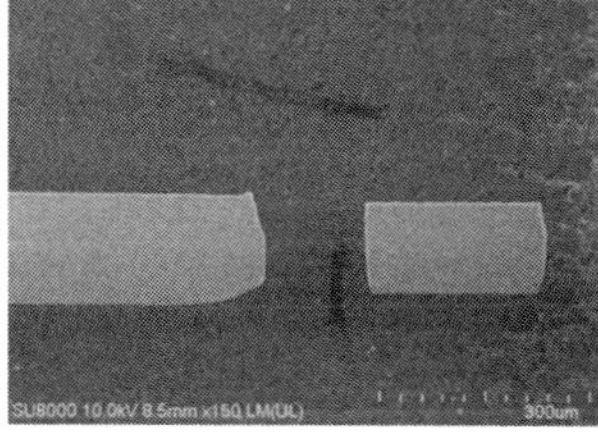

（b）各种异质材料结合情况

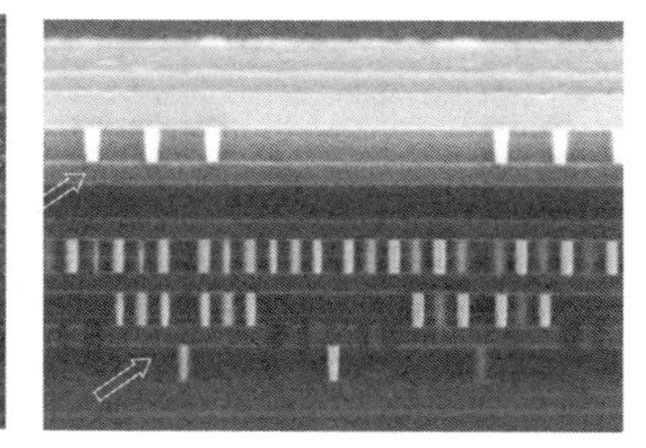

（c）多层金属层结构情况

图 9-19　切割研磨典型用途案例

3. 电子扫描镜（Scanning Electron Microscopy，SEM）

图 9-20 所示为 SEM 典型案例图，利用背散射电子和二次电子可以观察微米级甚至纳米级的图像。SEM 的图像景深和放大倍率远远超过普通光学显微镜，是进行各种样品表面形貌与结构分析的主要设备。

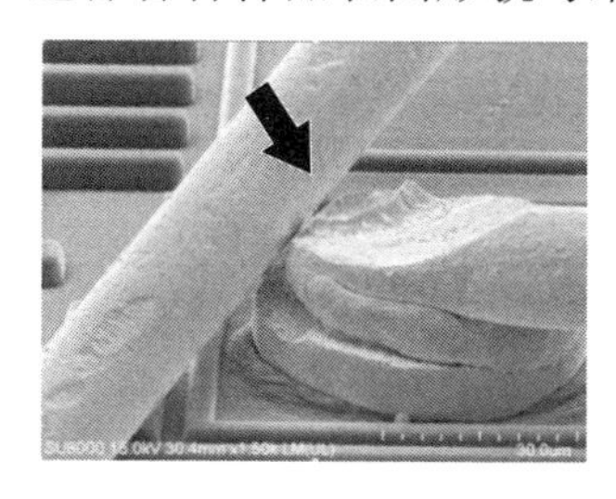

（a）信号线碰触短路

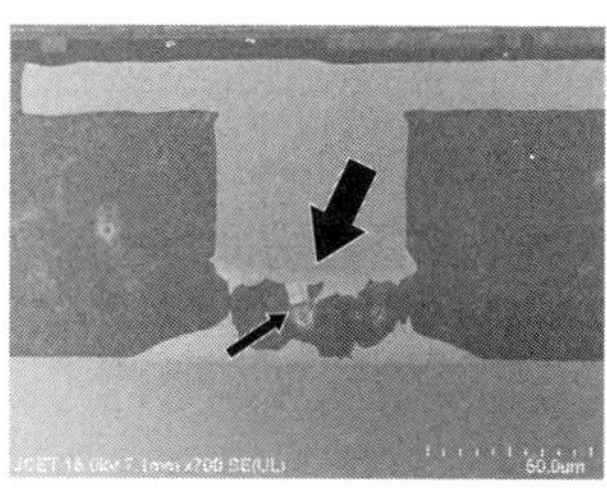

（b）锡焊点断裂

（c）金属间化合物

图 9-20　SEM 典型案例图

9.4　系统级封装常见失效模式

系统级封装涉及多种封装结构和新型封装技术，由于涉及封装结构及封装材料都具有复杂性、多样性的特点，因此可靠性问题也是多样的。下面介绍几种典型的系统级封装结构常见失效模式。

9.4.1 芯片常见缺陷

半导体芯片常见的缺陷主要包括开路、短路、漏电等，这些缺陷可以通过表 9-22 中的一些手段进行筛选或验证。

表 9-22 试验项目与失效对照表

主要参数、失效机理		试验项目							
		封前镜检	温度循环	功率老化	X 射线检查	耐湿试验	高温存储	工作寿命	高温反偏
失效机理	表面引起电参数不稳定			√			√	√	√
	芯片焊接和键合工艺缺陷	√	√	√	√		√	√	
	局部热点							√	√
	布线缺陷	√		√	√			√	
	金属化缺陷	√		√				√	
	氧化层缺陷	√		√				√	
	芯片开裂	√	√	√				√	
	导电微粒与外来异物	√	√	√			√	√	
	密封性不良		√			√	√		
主要参数	放大输出			√			√	√	√
	漏电		√	√		√	√	√	√
	耐压			√					√

9.4.2 多芯片封装集成常见失效模式

多芯片封装是将多个裸芯片组装在一块高密度基板上的封装技术，可以说是表面贴装元器件和芯片向系统级封装集成发展形成的一种复合封装形式。

多芯片封装的常见失效模式主要有分层、焊点失效等。

1. 分层

多芯片封装材料的特性不同，其热膨胀系数也不同，在温度变化下不同材料的膨胀和收缩将有所差异，这些差异会导致热应力，在热循环或功率循环条件下，热应力会导致材料界面分离。

2. 焊点失效

多芯片封装的焊点失效通常是焊点开裂失效，由于芯片与基板材料的热膨胀系数不匹配，芯片与基板之间的焊点在长时间温度循环的作用下会受到周期性的剪切应力，从而使焊点发生形变，导致焊点开裂。另外，如果环境温度接近或超过焊锡材料的熔点，焊点焊锡在塑封料热膨胀产生的压力作用下，可能会发生流动，从而导致锡短路或界面分层等严重失效情况。

9.4.3　多芯片堆叠封装常见失效模式

图 9-21 所示为三种多芯片堆叠封装结构。大部分的多芯片堆叠封装采用引线键合方式，以及引线键合与倒装芯片混合方式进行互连。

（a）WB 堆叠 WB

（b）WB 堆叠 FC

（c）FC 堆叠 WB

图 9-21　三种多芯片堆叠封装结构

多芯片堆叠封装的常见失效模式主要有芯片开裂、分层、键合失效等。

1. 芯片开裂

为了将多个芯片堆叠封装在一个系统级封装体中，对封装体及晶圆厚度提出了更高的要求，同时由于采用了芯片堆叠工艺，因此增加了多芯片堆叠封装过程中芯片开裂的风险。造成芯片开裂的原因主要有两个：一是过大的机械应力；二是芯片与接触材料之间的热膨胀系数不匹配而产生的热应力。

2. 分层

由于多芯片堆叠封装的结构复杂，涉及多种不同材料界面的问题，分层可能发生在各种材料的界面，所以分层也是多芯片堆叠封装中较常出现的失效模式。

3. 键合失效

键合失效主要表现为键合点开路和键合丝断丝。造成键合点开路的原因有金铝化合物失效、键合工艺不良、热疲劳开裂、腐蚀等。造成键合丝断丝的原因有机械应力过大和大电流熔断。

9.4.4 PoP 常见失效模式

PoP 是在一个具有高集成度的逻辑芯片封装体上再堆叠另一个大容量存储器芯片封装体。PoP 的优势在于其选择灵活，顶层的存储芯片封装和底层的逻辑芯片封装可以由不同的供应商提供，并且在堆叠封装前都可以单独进行测试，同时良率高。图 9-22 所示为两层 PoP 结构。

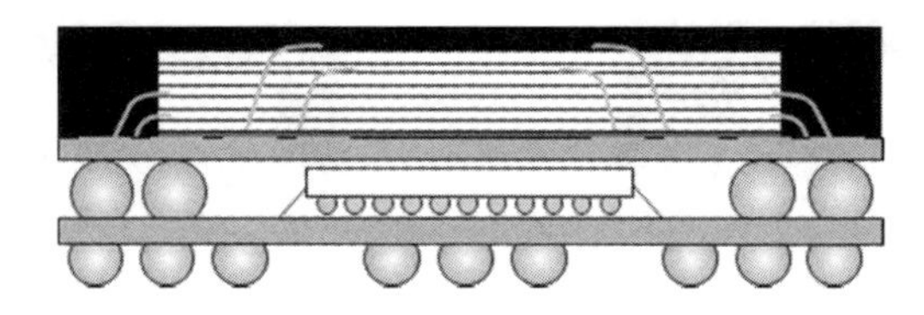

图 9-22　两层 PoP 结构

PoP 的常见失效模式主要有：翘曲、焊点失效等。

1. 翘曲

导致翘曲的原因主要是基板与芯片之间的热膨胀系数不匹配。此外，受到黏接性能的限制，当整个封装体经历温度变化时，各种封装材料伸缩不一致，从而发生翘曲。翘曲破坏了各焊球的共面性，过大的翘曲度将导致顶层的存储芯片封装体和底层的逻辑芯片封装体之间的焊球无法连接，出现开路。

2. 焊点失效

常见焊点失效有封装过程中的焊点缺陷和焊点开裂失效。封装过程中的焊点缺陷包括空洞、虚焊、冷焊、桥接等；焊点开裂失效则是指，封装体与封装体之间的焊点，以及芯片与基板间的焊点，在承受长时间温度循环而产生周期性剪切应力时，因焊点变形和蠕变失效而开裂。

9.4.5 MEMS 封装常见失效模式

MEMS 应用微加工工艺在一个公共的底层上采用集成方式，小型化成批加工各种结构，是一种独立的系统。MEMS 是由多种材料构成的，其可靠性与各种材料的特性都有密切的联系。此外，MEMS包含形式多样的微结构部件，如悬臂梁、桥、薄膜等可动机械部件，以及光、热、磁等信号的感应和执行部件，这些结构部件使得MEMS可靠性更加复杂。

MEMS封装的常见失效模式主要有粘附、断裂、疲劳等。

1. 粘附

粘附是MEMS中最常见的失效模式，由于MEMS的内部结构通常在微米量级甚至纳米量级，因此其结构部件的表面之间很容易在表面力的作用下粘附在一起。MEMS表面光滑，一旦两个表面碰在一起就容易形成很大的粘结强度而难以分开，从而导致元器件失效。

2. 断裂

断裂是MEMS中的一种主要失效模式。断裂是指完整统一的元器件断裂为两个及以上部分，由于MEMS结构需要承受较大的应力，当应力超过该结构的失效应力时，该结构会发生断裂，这通常会导致MEMS损坏。

3. 疲劳

疲劳是指 MEMS 在低于材料弯曲强度或断裂强度的周期应力作用下产生的失效。材料在承受较大、反复的机械应力时会产生微裂纹，这会导致材料特性缓慢退化。

9.5　系统级封装典型失效案例分析

下面介绍一些在实际生产过程中常见的失效模式。

9.5.1　板级案例分析——焊锡桥连

- 背景：在客户终端进行系统级封装新产品试制验证时，发现1个样品失效，经客户端X射线检查分析发现PIN22与相邻基岛锡球疑似金属桥连。
- 失效模式：短路失效。
- 失效原因：PIN22与相邻基岛锡球存在锡桥连，并且桥连位置下方有非树脂填充物，经能量色散X射线光谱仪（Energy Dispersive X-Ray Spectroscopy，EDX）检测含C、O、Si元素。
- 分析说明：如表9-23所示。

表 9-23　焊锡桥连缺陷

分析项目	图　片	结　论
外观		未见明显异常
X 射线		PIN22 与相邻基岛锡球 疑似有金属桥连（方框处）
图示仪验证		与良品比对发现，PIN22 与基岛之间短路失效
切割； SEM/EDX		对疑似金属桥连位置进行切割并进行 SEM/EDX 分析发现，PIN22 与基岛锡球之间有金属锡桥连，并且桥连位置下方有非树脂填充物，经 EDX 检测含 C、O、Si 元素

Spectrum	In stats.	C	O	Si	Sn	Total
1	Yes	80.58	17.52	1.90		100.00
2	Yes	80.36	17.09	2.55		100.00
3	Yes	47.17	34.61	18.22		100.00
4	Yes	28.08	45.50	26.41		100.00
5	Yes				100.00	100.00
6	Yes	24.59	46.27	29.14		100.00
Max.		80.58	46.27	29.14	100.00	
Min.		24.59	17.09	1.90	100.00	

9.5.2　板级案例分析——金属残留

- 背景：客户产品在线测试出现低良率，电测结果主要为 VIO（PIN23）对 GND 短路失效。
- 失效模式：短路失效。
- 失效原因：基板线路蚀刻不良，有金属残留。
- 分析说明：如表 9-24 所示。

表 9-24　金属残留缺陷

分析项目	图片	结论
外观	 PIN23 PIN1	未见明显异常
X 射线	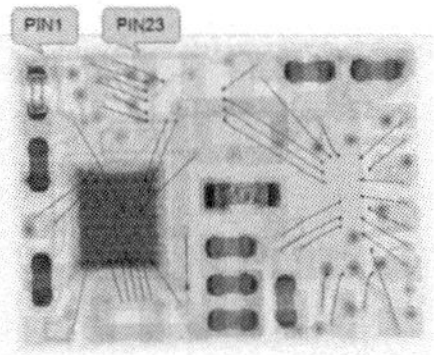 PIN1 PIN23	未见明显异常
图示仪验证	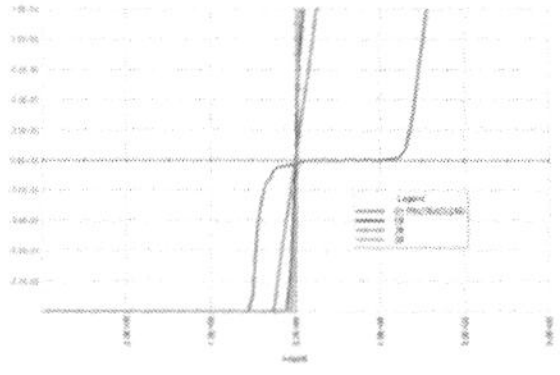	与良品对比发现，PIN23 与 GND 之间短路失效
开帽	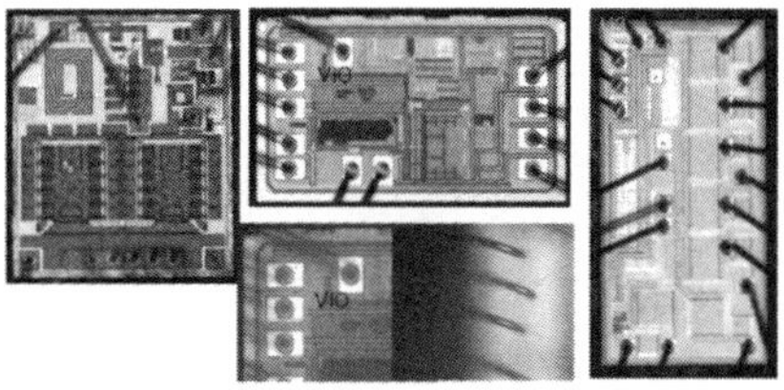 VIO VIO	开帽后检测未见芯片表面及焊线异常，并且去焊线后，图示仪验证基板仍短路失效
平磨、切割基板	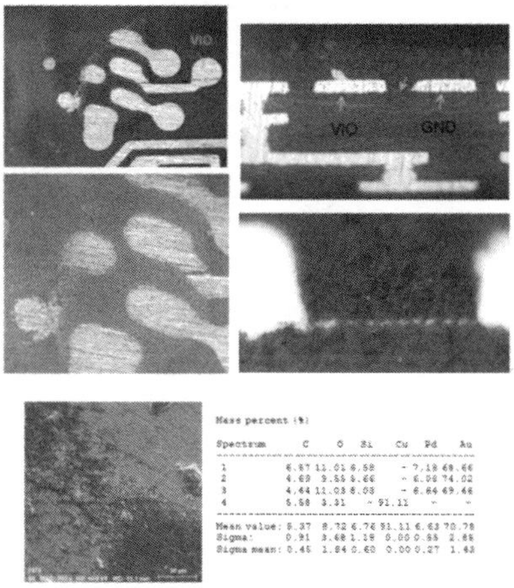 VIO VIO GND Mass percent (%)	基板平磨后发现基板线路间有明显异物，取样切割发现异常位置有金属残留

Mass percent (%)

Spectrum	C	O	Si	Cu	Pd	Au
1	6.87	11.01	6.58	-	7.18	68.66
2	4.69	9.55	5.66	-	6.08	74.02
3	4.64	11.03	8.03	-	6.64	69.66
4	5.58	3.31	-	91.11	-	-
Mean value:	5.37	8.72	6.76	91.11	6.63	70.78
Sigma:	0.91	3.68	1.19	0.00	0.55	2.65
Sigma mean:	0.45	1.84	0.60	0.00	0.27	1.43

9.5.3 板级案例分析——静电释放短路

- 背景：客户产品测试出现低良率，测试结果为 VCC2（PIN15）对 GND 短路。
- 失效模式：短路失效。
- 失效原因：芯片 VCC2 与 GND 之间的电介质层有静电释放击穿损伤。
- 分析说明：如表 9-25 所示。

表 9-25　静电释放短路缺陷

分析项目	图　片	结　论
外观	 PIN1 PIN15	未见明显异常
X 射线	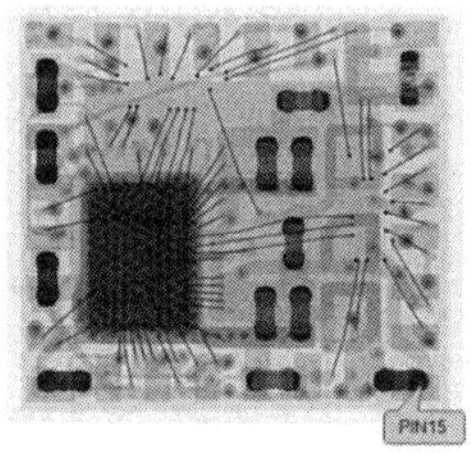 PIN15	未见明显异常
图示仪验证	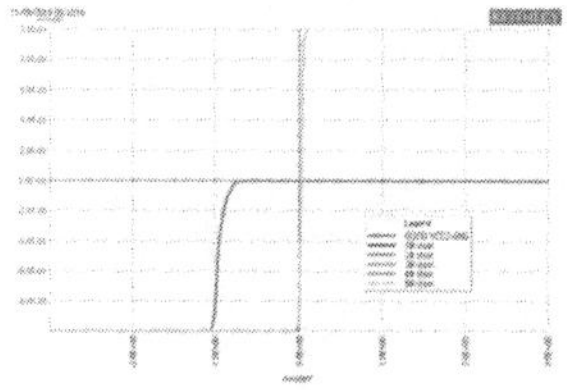	与良品对比发现，PIN15 与 GND 之间短路失效
开帽	 	开帽后检测未见芯片表面及焊线异常，并且去焊线后图示仪验证芯片仍短路失效

续表

分析项目	图片	结论
光诱导电阻变化热点	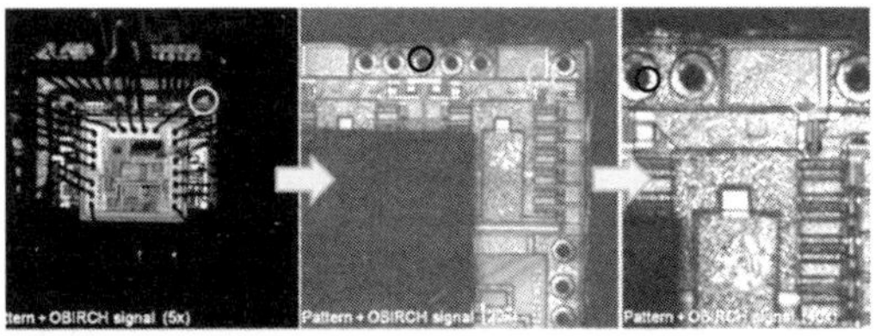	热点定位后发现 U2 芯片位置有异常亮点（圆圈处）
聚集离子束分析	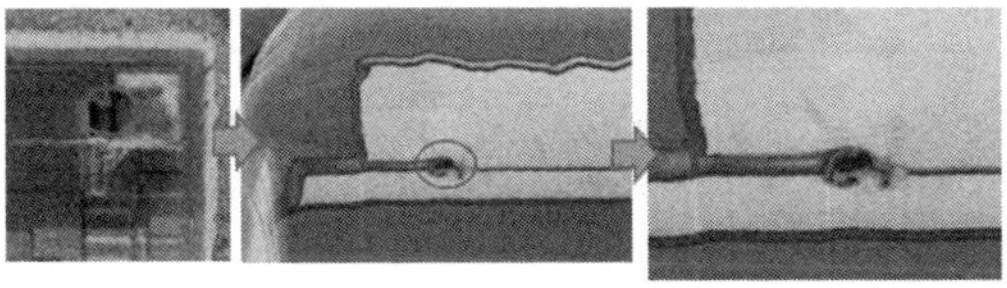	聚集离子束切割后发现，VCC2 与 GND 之间的电介质层有静电释放击穿损伤（圆圈处）

9.5.4 板级案例分析——电气过载开路

- 背景：客户产品测试良率较低，测试结果为 Y30 对 GND 开路。
- 失效模式：开路失效。
- 失效原因：电气过载（Electrical Over Stress，EOS）损伤。
- 分析说明：如表 9-26 所示。

表 9-26 电气过载开路缺陷

分析项目	图片	结论
外观		未见明显异常
X 射线	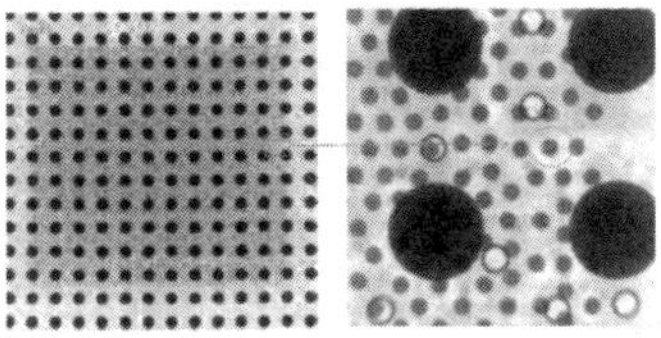	未见明显异常
半导体封装和测试		未见明显异常

续表

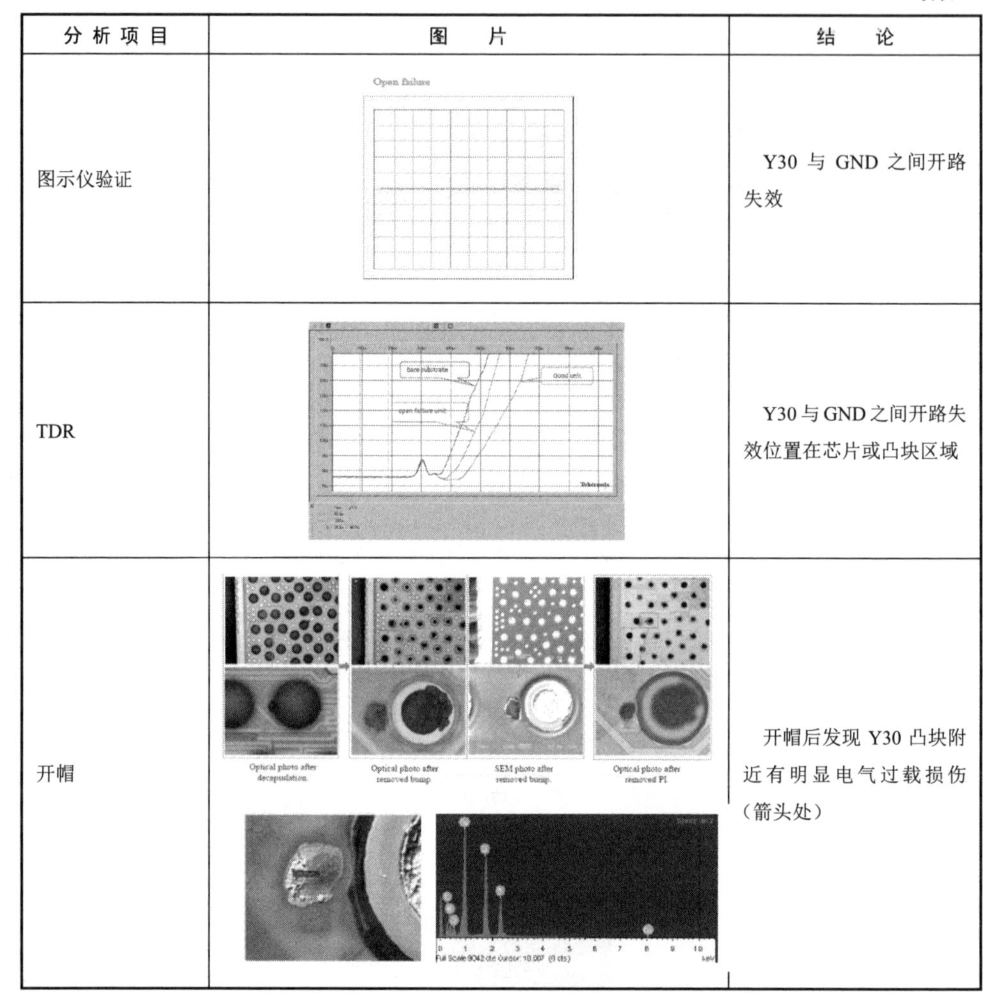

分析项目	图片	结论
图示仪验证		Y30 与 GND 之间开路失效
TDR		Y30 与 GND 之间开路失效位置在芯片或凸块区域
开帽		开帽后发现 Y30 凸块附近有明显电气过载损伤（箭头处）

9.5.5 板级案例分析——焊锡流失开路

- 背景：客户产品可靠性试验后测试发现失效，测试结果为 LX 对 VOUT 开路失效。
- 失效模式：开路失效。
- 失效原因：焊锡流失开路。
- 分析说明：如表 9-27 所示。

表 9-27　焊锡流失开路缺陷

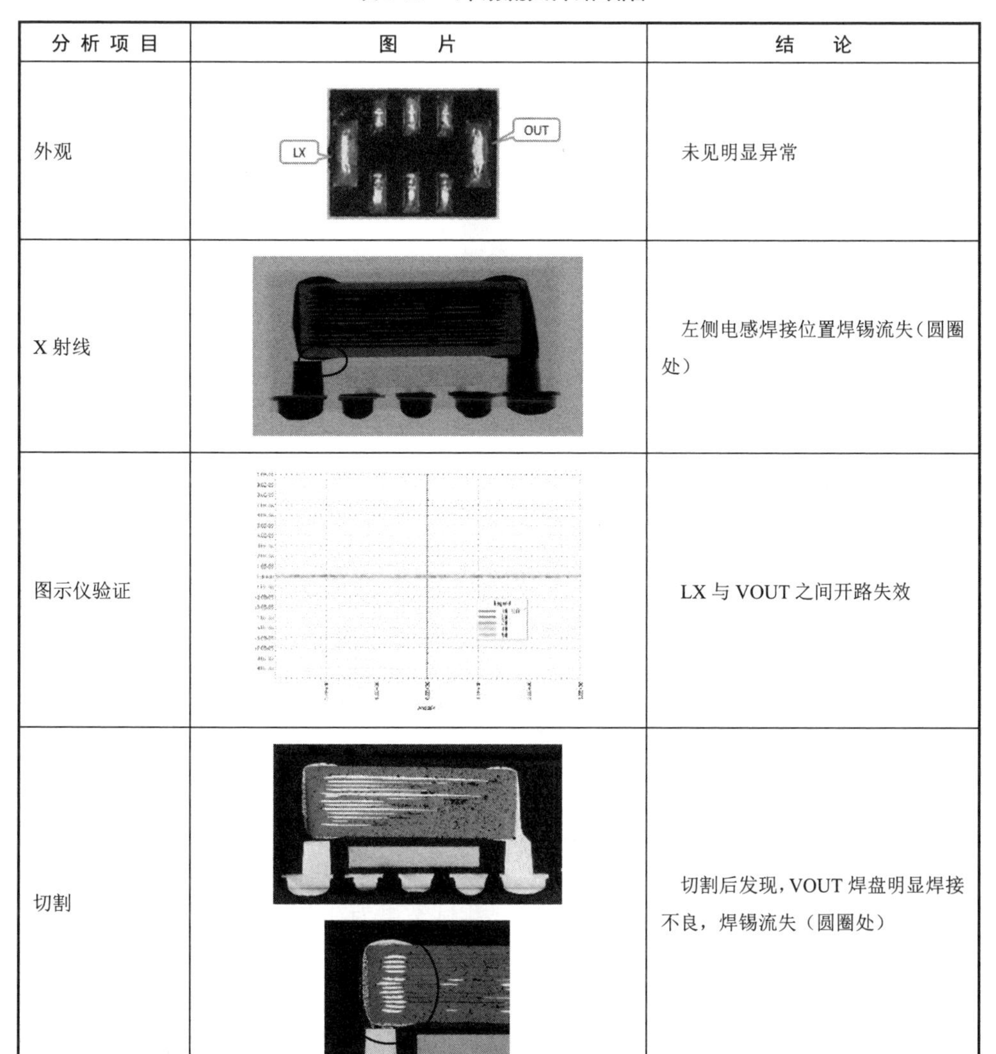

分 析 项 目	图　　片	结　　论
外观		未见明显异常
X 射线		左侧电感焊接位置焊锡流失（圆圈处）
图示仪验证		LX 与 VOUT 之间开路失效
切割		切割后发现，VOUT 焊盘明显焊接不良，焊锡流失（圆圈处）

9.5.6　板级案例分析——元器件触碰失效

- 背景：客户产品测试出现低良率，测试结果为 GSM 功率失效。
- 失效模式：功能失效。
- 失效原因：焊线碰触电容。
- 分析说明：如表 9-28 所示。

表 9-28　焊线触碰电容缺陷

分析项目	图片	结论
外观	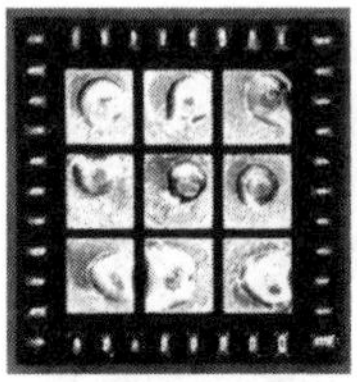	未见明显异常
X 射线	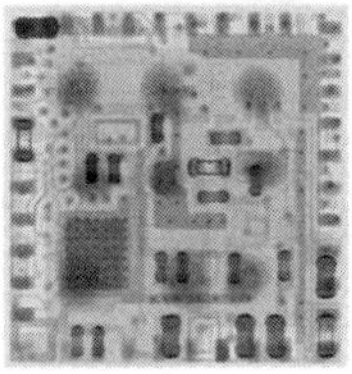	未见明显异常
开帽	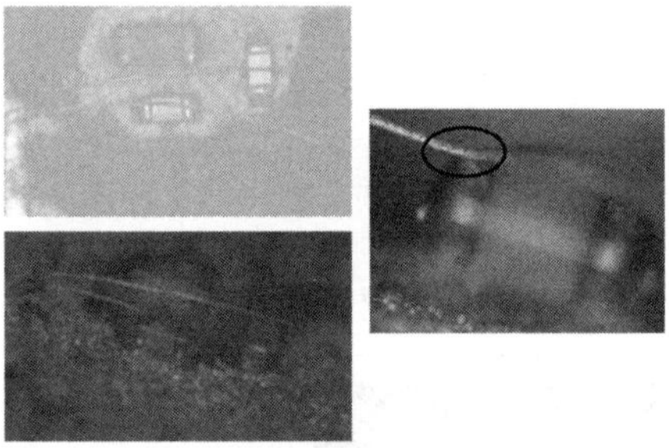	开帽后发现焊线与电容相碰（圆圈处）

9.5.7　板级案例分析——元器件锡桥连

- 背景：客户产品测试出现低良率，测试结果为功能失效。
- 失效模式：功能失效。
- 失效原因：锡桥连。
- 分析说明：如表 9-29 所示。

表 9-29　元器件锡桥连缺陷

分析项目	图片	结论
外观		未见明显异常

续表

分析项目	图　片	结　论
X 射线		L2 处未见明显异常
开帽		开帽后发现 L2 电容中间锡桥连（圆圈处）

9.6　系统级封装可靠性持续改善

借鉴已发生的失效模式经验可以提升封装设计的可靠度。已发生的失效模式可以是已完成的封装模块结构或焊接在 PCB 上的元器件。在各个生产工序过程中，提取所发生的失效模式半成品，对这些不同的失效模式进行分析与试验，找出真实的失效原因，并用针对性及有效的化解、抵消、加强等方法对原设计进行改善，从而避免常规设计模式不能预估的失效，改善在特定生产过程中产生的潜在失效等可靠性问题。

9.6.1　内应力与结合强度

封装结构体所使用的塑封材料应用于半导体 IC 的可靠性要求是在-5～+150℃的温度范围内，具有耐化学性、耐热性及耐机械性。塑封料的流动性与黏接性是塑封工艺中主要的两个参数。塑封料的黏接性是两种界面之间所能测量的强度，而良好的封装结构体应提供元器件与元器件之间界面足够的强度。

系统级封装体内部的异质材料在环境及内部热源所引起的封装应力、变形的影响下，不同材料之间热膨胀系数的差异会导致应力、应变，这可能会引起热机械应力失效。机械性疲劳是电子系统中常见的故障模式，约占整体结构性、电性能故障模式的 90%，而这类问题可能发生在金属及陶瓷等材料中。

系统级封装体有多种疲劳来源，而绝大部分来自电源的开与关，这种开与关循环疲劳往往导致热负载出现在封装体内部焊点上，焊点承受热负载而产生非弹性变形。为降低焊点上出现的应变疲劳寿命问题，可采用以下几种设计方式。

（1）应力变形随着芯片与基板之间热膨胀系数的差异增大而增加，如果在设计过程中采用相近热膨胀系数的异质材料进行搭配，则有利于延长焊点的寿命。

（2）焊点的应力变形随着与中心点距离的增大而增加，在系统级封装结构设计过程中，要尽可能使焊点与中心点接近，尽可能降低远离中心点而产生的累积性误差。当设计出现困难时，也可以将重要的焊点尽可能集中在中心位置，而其他焊点则朝外设置。

（3）接点的应力变形会随着周边环境温度变化的增大而增加，在设计过程中要尽可能考虑良好的散热途径，降低热应力导致材料涨缩带来的可靠性问题。

（4）对于系统级封装体焊点处的应力变形，可以填充高分子底部填充料来提升焊点处的剪应力，从而增加黏接面积，增强对异质材料相互间热膨胀系数差异导致剪应力的承受能力。

在系统级封装体的生产与电子产品的使用过程中，都会遇到温度变化的情况，产生异质材料相互间热膨胀系数差异导致的残留应力，从而出现热应变形，引起系统级封装体机械性疲劳问题。

9.6.2 玻璃转换温度

固体有机材料由硬质转变成柔性玻璃状态的温度称为玻璃转换温度。系统级封装涉及大量受玻璃转换温度影响的有机材料，典型的有非导电装片胶、底部填充胶、塑封料等。

系统级封装使用的塑封树脂属于热固形塑封料，在一定的温度及时间条件下，塑封树脂在模具内从流动到聚合的时间，也就是凝胶化时间，非常短，在短暂的时间内要快速充满模具型腔，每个模具型腔内的压力至少要达到 8274kPa 才能保证系统级封装获得所需的树脂密度。

环氧树脂从固态到液态再到聚合态，模具型腔要完全充满，否则塑封料的黏度会随着时间的推移而越来越大，容易造成系统级封装体内产生残留空洞或气泡，互连金属丝变形倾倒，芯片与模具型腔之间的微小缝隙无法填满。当塑封料的黏度越来越大时，相应的剪应力强度也会越来越大，容易出现芯片与金属丝键合点开裂甚至脱离，金属丝与金属引线框或高密度基板之间的键合点开裂脱离，以及系统级封装内的锡球与基板之间，或者锡球与芯片之间的接合点开裂或脱离等失效问题。

大部分高分子材料在玻璃转换温度以上的热膨胀系数是常温状态下热膨胀系数的三倍以上，底部填充间隙如果遇上这样大的热膨胀系数变化，可能会引起系统级封装体结构性故障或失效。若要让封装工艺过程稳定进行，则基板材料的表面要有良好的润湿性，能够在封装时实现无孔填充。最小黏度、最高表面毛细渗透张力、最小的润湿角度及最小的应力收缩等都需要特别关注。同时需要考虑芯片与基板或金属引线框架的微小间隙关系，以及芯片面积与芯片下基板或金属引线框架的微小缝隙等的比例关系。

9.6.3　减小潜变应力

潜变是指材料承受载荷后，其形变与时间的关系，应力变形会随着温度变化的加剧而增加，这说明材料变形不只与载荷有关系，也与承受负载所持续的时间及温度有密切的关系。当负载持久性增加时，形变也会随之增加，最终达到永久性变形。

如果系统级封装体需要暴露在高温及高应力的环境下使用，如汽车电子、室外道路、高温高湿、盐碱地区或军工用途等，那么系统级封装在严苛环境等待的时间越长，潜变的机会越大，潜变所引发的故障概率越大。因此设计上要关注如下事项。

1．材料的选择

要优先使用与环境相对抗的材料，差异性越大越好，但如果无法使用与环境相对抗的材料，则需要选择更耐潜变的材料，用于延长对潜变产生变化前的时间，降低发生潜变引起故障的概率。

系统级封装体内异质材料的热膨胀系数要相接近，尽可能避免热膨胀系数差异太大而形成应力变形，如果材料在近距离又无法避免较大热膨胀系数差异的情况下进行结构设计，则可以在较大热膨胀系数差异材料之间增加杨氏模量比较大的材质，作为过渡界面材料，从而降低较大应力造成故障的概率。

2．系统级封装结构的设计

在设计系统级封装结构时，要特别关注系统级封装结构内元器件摆放位置的平衡。如果在一个系统级封装结构内放置的元器件不集中在封装中心，那么系统级封装的塑封料会填充容积大的空间，其收缩累积越大，对封装的翘曲潜变应力就越大，有可能造成芯片开裂、封装体开裂等故障。

3．生产工艺

系统级封装结构内存在很多复杂的元器件，要在结构体内实现元器件放置平衡相当困难。但在无法避免的情况下，生产过程的设计更需要以柔和、分段及长时间的方式进行，尽可能在每个可能产生潜变的工序过程中采用分段式加温、分段式降温、固化时间拉长、固化次数增加的方式，必要时还需要采用分子结构重组等方式，增加系统级封装对抗后续应用环境的能力。

无论是哪一种失效模式，都需要清楚导致失效的真正原因，这样才能进行有针对性的改善。而产品在不同的应用中往往会出现不同的失效模式，有时特定的设计规则并不能完全适合所有的应用模式，设计者对每种应用都要考虑如何取得系统层次的最高可靠度。避免故障的有效设计总体来说有两种模式：一种是降低可能影响失效的应力水平；另一种是加固元器件或增强元器件所能承受应力的能力。可以通过改变材料的匹配度来释放残留应力，也可以改变封装结构中芯片摆设位置、尺寸或容积，从而化解或抵消材料与材料之间相互产生的应力，以及采用可保护并强化结构的设计来解决潜在的失效问题。

参 考 文 献

[1] 林娜. 系统级封装（SiP）的可靠性与失效分析技术研究[D]. 广州：华南理工大学，2013.

[2] 李可为. 集成电路芯片封装技术[M]. 电子工业出版社，2007.

[3] Solderability Tests for Component Leads，Terminations，Lugs，Terminals and Wires. IPC/EIA/JEDEC Standard. IPC/EIA/JEDEC J-STD-002D，JEDEC Solid State Technology Association，2013.

[4] 中华人民共和国国家质量监督检验检疫总局，中国国家标准化管理委员会. 环境试验：第2部分 试验方法 试验N：温度变化：GB/T 2423.22—2012.

[[5] High Temperature Storage Life. JEDEC Standard. JESD22-A103，JEDEC Solid State Technology Association，2015.

[6] 中华人民共和国国家质量监督检验检疫总局，中国国家标准化管理委员会. 电工电子产品环境试验：第2部分 试验方法 试验B：高温：GB/T 2423.2—2008.

[7] Steady State Temperature Humidity Bias Life Test.JEDEC Standard. JESD22-A101-D，JESD51-7，JEDEC Solid State Technology Association，2015.

[8] Accelerated Moisture Resistance-Unbiased HAST.EIA/JEDEC Standard.JESD22-A118B，JEDEC Solid State Technology Association，2000.

[9] Highly-Accelerated Temperature and Humidity Stress Test（HAST）.JEDEC Standard. JESD22-A110E，JEDEC Solid State Technology Association，2015.

[10] Performance Test Method and Qualification Requirement for Surface Mount Solder Attachments. IPC Standard. IPC9701A，2006.

[11] Monotonic Bend Characterization of Board-Level Interconnects.IPC/JEDEC Standard. IPC/JEDEC-9702，JEDEC Solid State Technology Association，2004.

[12] Board Level Cyclic Bend Test Method for Interconnect Reliability Characterization of Components for Handheld Electronic Products.EIA/JEDEC Standard. JESD22-B113，JEDEC Solid State Technology Association，2006.

[13] Board Level Drop Test Method of Components for Handheld Electronic Products.JEDEC Standard. JESD22-B111A，JEDEC Solid State Technology Association，2016.

[14] Vibration，Variable Frequency.EIA/JEDEC Standard. JESD22-B103-B，JEDEC Solid State Technology Association，2002.

[15] Temperature Cycling. EIA/JEDEC Standard. JESD22-A104， JEDEC Solid State Technology Association，2005.

[16] Accelerated Moisture Resistance-Unbiased Autoclave.JEDEC Standard. JESD22-A102E，JEDEC Solid State Technology Association，2015.

[17] 中华人民共和国国家质量监督检验检疫总局，中国国家标准化管理委员会. 环境试验：第 2 部分 试验方法 试验 Cab：恒定湿热试验：GB/T 2423.3—2016.

[18] 中华人民共和国国家质量监督检验检疫总局，中国国家标准化管理委员会. 半导体器件：第 10 部分分立器件和集成电路总规范：GB/T 4589.1—2006.

[19] 国家技术监督局. 半导体分立器件和集成电路：第 7 部分 双极型晶体管 第 V 章 接收和可靠性/第一节 电耐久性试验：GB/T 4587—1994.

[20] JESD22-A108．Temperature Bias and Operating Life.

[21] 中华人民共和国国家质量监督检验检疫总局，中国国家标准化管理委员会. 电工电子产品环境试验：第 2 部分 试验方法 试验 T：锡焊：GB/T 2423.28—2005.

[22] 国家技术监督局. 电工电子产品环境试验 锡焊试验导则：GB/T2424.17—1995.

[23] 施敏. 半导体器件物理与工艺[M]. 苏州：苏州大学出版社，2003.

[24]（美）尼曼. 半导体物理与器件（第三版）[M]. 北京：电子工业出版社，2010.

[25] 孔学东，恩飞云. 电子元器件失效分析与典型案例[M]. 北京：国防工业出版社，2006.

[26] 邓永孝. 半导体器件失效分析[M]. 北京：宇航出版社，1991.

[27] 田民波. 电子封装工程[M]. 北京：清华大学出版社，2003.

[28] 邓志杰，郑安生. 半导体材料[M]. 北京：化学工业出版社，2004.

[29] TAN Y Y，YANG Q L，SIM K S，et al. Cu-Al Intermetallic Compound Investigation Using ex-situ Post Annealing and in-situ Annealing．Microelectronics Reliability[J]，55（11），2316，（2015）.

通用术语

No.

2.5D 高密度结构设计（2.5D High Density Structure Design）

3D 高密度结构设计（3D High Density Structure Design）

A.

自动光学检测（Automated Optical Inspection，AOI）

膜状塑封料（Ajinomoto Build-up Film，ABF）

专用集成电路（Application Specific Integrated Circuit，ASIC）

应用处理器（Application Processor，AP）

气溶胶喷射印刷（Aerosol Jet Printing，AJP）

金基焊料（Au Based Solders）

天线开关（Antenna Switch Module，ASW）

原子层沉积（Atom Layer Deposition，ALD）

天线封装集成（Antenna in Package，AiP）

天线开关模块（Antenna Switch Module，ASM）

自动高速测试机（Automatic Test Equipment，ATE）

模/数或数/模转换（Analog to Digital，A/D，D/A）

美国汽车电子委员会（Automotive Electronics Council，AEC）

美国材料实验协会（American Society of Testing Materials，ASTM）

B.

树脂基板材料（Bismaleimide Triazine，BT）

凸点开裂（Bump Crack）

凸点导线键合（Bump on Trace，BoT）

凸点焊盘键合（Bump on Pad）

凸点（Bump）

基带层（Base Band，BB）

蓝牙（Bluetooth）
基带集成电路（Baseband IC）
底座（Base Plate）
体声波（Bulk Acoustic Wave，BAW）
自下向上的镀铜技术（Bottom-Up Copper Plating）
焊盘（Bond Pad）
苯并环丁烯（Benzo-Cyclo-Butene，BCB）
球栅阵列（Ball Grid Array，BGA）
老化测试（Burn-In Test，BI）
植入自测（Built-In Self-Test）

C.

化学气相沉积（Chemical Vapor Deposition，CVD）
基板芯材（Core）
无芯材基板（Coreless）
玻璃衬底芯片（Chip on Glass，CoG）
露铜工艺（Cu Via Reveal）
压缩应力（Compression Stress）
计算机辅助设计（Computer Aided Design，CAD）
开裂（Crack）
无芯材（Coreless）
残铜比（Copper Ratio）
毛细底部填充（Capillary Under Fill，CUF）
铜柱凸块（Copper Pillar Bump）
锡球凸点（Solder Bump）
中央处理器（Central Processing Unit，CPU）
热膨胀系数（Coefficient of Thermal Expansion，CTE）
元器件贴装（Component Pick & Place）
芯片封装体（Chip Package Integration，CPI）
均匀镀铜（Conformal Copper Plating）
化学腐蚀或化学机械抛光（Chemical Mechanical Polish，CMP）
等压塑封（Compression Molding）
芯片级封装（Chip Scale Package，CSP）
影像传感器（CMOS Image Sensor，CIS）
芯片级摄像机模块（Chip Scale Camera Module，CSCM）
紧凑模型（Compact Thermal Model，CTM）

芯片键合晶圆（Chip on Wafer，CoW）
芯片转接板键合基板（CoWoS）
芯片板上封装 Chip on Board（CoB）
芯片晶圆键合（Chip to Wafer Bonding，C2W）
芯片开裂（Die Crack）
铜柱凸点（Copper Pillar Bump）
载板（Carrier）
等压塑封（Compression Molding）
超声波扫描显微镜（C-Scanning Acoustic Microscopy，C-SAM）

D.

介电常数（Dielectric Constant）
解键合（De-Bonding）
试验设计（Design of Experiment，DoE）
扩散焊接（Diffusion Soldering，DS）
扩散键合（Diffusion Bonding）
芯片装片（Die Attach）
装片胶（Die Attach Adhesive）
硬盘（Hard Disk Drive，HDD）
双倍速率同步动态随机存储器（Double Data Rate Synchronous Dynamic Random Access Memory，DDR SDRAM）
双工复用器（Duplexer Multiplexer）
分立天线封装（Discrete Antenna in Package）
可制造性设计（Design for Manufacture，DfM）
深反应离子蚀刻（Deep Reactive Ion Etching，DRIE）
苯并环丁烯（Benzo-Cyclo-Butene，BCB）
大马士革工艺（Dual Dam Secene）
双列直插式封装（Dual Inline-pin Package，DIP）
芯片堆叠（Die Stack）
数字蜂窝系统（Digital Cellular System，DCS）
差分非线性度（Difference Non-Linearity，DNL）
动态范围（Dynamic Range）
菊花链回路（Daisy Chain Loop）
剥层（De-Layer）
开帽（De-Cap）
约束规则检查（Design Rule Check，DRC）

芯片焊盘（Die Pad）
可靠性设计（Design for Reliability）
双面无引脚（ Dual Flat Non Lead，DFN）

E.

埋入式多芯片封装（Embedded Multi Chip Package，EMCP）
等效应力（Equivalent Stress）
电子设计自动化（Electronics Design Automation，EDA）
电磁干扰（Electro Magnetic Interference，EMI）
埋入式多芯片桥连（Embedded Multi-die Interconnect Bridge，EMIB）
静电放电（Electro-Static Discharge，ESD）
嵌入式天线封装（Embedded Antenna in Package）
蚀刻轮廓角度（Etching Profile Angel）
经济效益（Economic Value）
欧洲标准（European Norm，EN）
欧洲电信标准化协会（European Telecommunications Standards Institute，ETSI）
光发射显微镜（Emission Microscopy，EMMI）
电性失效分析（Electronic Failure Analysis，EFA）
静电释放（Electro-Static Discharge，ESD）
电气过载（Electrical over Stress，EoS）
装片胶（Epoxy）
露金属的基岛（Expose-Pad）

F.

终检（Final Visual Inspection，FVI）
正向引线键合（Forward Bonding）
倒装芯片（Flip Chip，FC）
扇出型晶圆级封装（Fan- Out Wafer Level Package，FOWLP）
快闪存储器（Flash Memory）
现场可编程逻辑门控制器（Field Programmable Gate Array，FPGA）
填充颗粒尺寸（Filler Size）
柔性印制电路（Flexible Printed Circuit，FPC）
续流二极管芯片（Free Wheeling Diode，FWD）
闪存（Flash）
薄膜体声谐振器（Film Bulk Acoustic Resonator，FBAR）
弯曲模量（Flexural Modulus）

数字蜂窝系统（Digital Cellular System，DCS）
填充料（Filler）
频谱分析仪（Fast Fourier Transform Analysis，FFT Analysis）
聚焦离子束（Focused Ion Beam，FIB）
扇入型晶圆级封装（Fan-In Wafer Leave Package，FIWLP）
倒装芯片球栅阵列（Flip Chip Ball Grid Array，FCBGA）
细间距球栅阵列（Fine Pitch Ball Grid Array，FBGA）
倒装芯片级封装（Flip Chip Chip Scale Package，FCCSP）

G.

玻璃转换温度（Glass Transition Temperature）
图形处理器（Graphic Processing Unit，GPU）
全球定位系统（Global Positioning System，GPS）
金线钉头（Gold to Gold Interconnection，GGI）
增益误差（Gain Error）

H.

高温共烧陶瓷（High Temperature Co-fired Ceramics，HTCC）
高密度结构设计（High Density Structure Design）
大带宽存储（High Bandwidth Memory，HBM）
混合存储立方（Hybrid Memory Cube，HMC）
高电子迁移率晶体管（High Electron Mobility Transistors，HEMT）
异质结双极晶体管（Heterojunction Bipolar Transistor，HBT）
高清晰度多媒体接口（High Definition Multimedia Interface，HDMI）
混合（Hybrid）
高密度中介层（High Bandwidth Interposer，HBIP）
高温存储（High Temperature Storage Test，HTST）
半正弦波（Half-Sine Waveform）

I.

内层线路（Inner Layer）
集成电路（Integrated Circuit，IC）
物联网（Internet of Things，IoT）
码间干扰（Inter-Symbol Interference，ISI）
指纹识别（Invisible Fingerprint Sensor，IFS）
图像信号处理器（Image Signal Processor，ISP）
惯性测量单元（Inertial Measurement Unit，IMU）

转接板（Interposer）
集成无源元器件（Integrated Passive Device，IPD）
金属间化合物（Intermetallic Compound，IMC）
感应耦合等离子体（Inductive Coupled Plasma，ICP）
集成扇出型（Integrated Fan-Out，InFO）
绝缘栅双极型晶体管模块（Insulated-Gate Bipolar Transistor，IGBT）
非线性误差（Integrate Non-Linearity，INL）
国际运输安全测试（International Safe Transit Association，ISTA）
国际电工委员会（International Electro Technical Commission，IEC）
国际标准化组织（International Standard Organization，ISO）

J.

电子元器件工业联合会（Joint Electron Device Engineering Council，JEDEC）
日本工业标准（Japanese Industry Standards，JIS）
日本汽车标准组织（Japan Automobile Standards Organization，JASO）

K.

测试良品（Known Good Die，KGD）

L.

低温共烧陶瓷（Low Temperature Co-fired Ceramics，LTCC）
低温烧结技术（Low Temperature Joining Technology，LTJT）
负载端子（Load Terminals）
链路管理层（Link Manager Protocol，LMP）
低噪声放大器（Low Noise Amplifier，LNA）
激光直接成型（Laser Direct Structuring，LDS）
激光钻孔（Laser Drill）
漏电流测试（Leakage Current Test）
线性调整率（Line Regulation，LNR）
负载调整率（Load Regulation，LDR）
最小有效位（Least Significant Bit，LSB）
低噪声放大器—多路复用器模块（Low Noise Amplifier- Multiplexer Module）
芯片上引脚封装（Lead on Chip，LoC）
低温存储测试（Low Temperature Storage Test，LTST）
栅格阵列（Land Grid Array，LGA）

M.

预包封引线互联系统基板（Molded Interconnect System，MIS）
多芯片溅射（Multi Chip Module-Deposit，MCM-D）
多芯片陶瓷（Multi Chip Module-Ceramic，MCM-C）
一级湿气敏感性（Moisture Sensitivity Level，MSL1）
塑封料（Molding Compound）
微控制单元（Micro Controller Unit，MCU）
模塑底部填充（Molding Under Fill，MUF）
磁性随机存储器（Magnetoresistive Random Access Memory，MRAM）
超越摩尔（More than Moore）
多层片式陶瓷电容（Multi-Layer Ceramic Capacitor，MLCC）
塑封收缩率（Mold Shrinkage）
掩膜图形（Mask Pattern）
塑封（Molding）
微机电系统（Micro Electro Mechanical System，MEMS）
多芯片模块（Multi-Chip Module，MCM）
最大转换速率（Maximum Conversion Rates）
互调失真（Inter Modulation Distortion，IMD）
多站点（Multi-Site）
可维护性（Maintainability）
美国军用标准（Military Standards，MIL STD）
机械应力（Mechanical Stress）
塑封型腔高度（Mold Cap）

N.

平均失效前时间（Mean Time To Failure，MTTF）
镍金电镀（Ni/Au Plating）
非易失性存储芯片（Non-Volatile Memory，NVM）
纳米银焊膏（Nano Silver Paste）
网络处理器（Network Processer，NP）
近场通信（Near Field Communication，NFC）
镍置换（Nickel Displacement）
自然频率（Nature Frequency）

O.

有机保焊膜（Organic Solderability Preservative，OSP）

运放（Operational Amplifier，OPA）
偏差（Offset Error）
开短路测试（Open Short Test）
操作性（Operation Condition）
光诱导电阻变化（Optical Beam Induced Resistance Change，OBIRCH）
一次工艺装片系统（One Process Attach System，OPAS）
外包半导体封装和测试厂商（Outsourced Semiconductor Assembly and Test，OSAT）

P.

封装体（Package）
半固化片（Pre-Preg，PP）
面板级扇出型封装（Panel Level Fan Out Package）
功放模块芯片（Power Amplifier Module，PAM）
功率系统级封装（Power System in Package）
聚酰亚胺（Polyimide，PI）
电源完整性（Power Integrity）
聚四氟乙烯（Poly tetra fluoroethylene，PTFE）
电源分布网络（Power Distribution Network，PDN）
相变随机存储器（Phase Change RAM，PCRAM）
电镀通孔（Plated Through Hole，PTH）
印制电路板（Printed Circuit Board，PCB）
集成双工器功放模块（Power Amplifier Module with integrated Duplexer，PAMiD）
功率放大器（Power Amplifier， PA）
镀钯活化（Palladium Activation）
等离子体增强化学气相沉积（Plasma Enhanced Chemical Vapor Deposition，PECVD）
聚苯并恶唑（Polybenzoxazole，PBO）
后固化（Post Mold Cure，PMC）
塑料行间芯片运载（Plastic Leaded Chip Carriers，PLCC）
封装体堆叠（Package on Package，PoP）
电源管理集成电路（Power Management Integrated Circuit，PMIC）
集成双工器功放模块（Power Amplifier Module with Integrated Duplexer，PAMiD）
功放模块（Power Amplifier Module，PAM）
性能（Performance）
高压蒸煮测试（Pressure Cooking Test，PCT）
短脉冲时间（Pulse Duration）
封装体内集成封装体（Package in Package）

预镀引线框（Pre-Prated Frame）

Q.

四面扁平无引脚（Quad Flat Non-Leaded，QFN）
四面扁平引脚封装（Quad Flat Package，QFP）

R.

易失性存储芯片（Random Access Memory，RAM）
回流（Reflow）
反向引线键合（Reverse Bonding）
阻抗随机存储器（Resistance Random Access Memory，ReRAM）
射频（Radio Frequency，RF）
回流曲线设置（Reflow Profile）
反应离子蚀刻（Reactive Ion Etching，RIE）
重布线（Re-Distribution Layer，RDL）
射频通信集成电路（Radio Frequency Integrated Circuit，RFIC）
分辨率（Resolution）
接收分集模块（Receive Diversity Module）
可靠性（Reliability）
随机振动（Random Vibration）
共振频率分析（Resonance Search）
共振点驻留（Resonance Dwell）
共振放大（Resonance Amplification）

S.

焊料（Solders）
锡球（Solder Ball）
锡球凸点（Solder Bump）
绿漆（Solder Mask / Resist）
绿漆开窗（Solder Mask Opening）
锡膏印刷（Solder Printing）
锡膏检测（Solder Paste Inspection，SPI）
基板（Substrate）
滤波器（Surface Acoustic Wave，SAW）
信号完整性（Signal Integrity，SI）
硅转接板（Si Interposer）
表面贴装技术（Surface Mounting Technology，SMT）

站立高度（Stand of Height，SoH）
系统级芯片（System on Chip，SoC）
基板空腔（Substrate Cavity）
印刷钢网开口设计（Stencil Design）
减压化学气相沉积（Sub-Atmospheric Chemical Vapor Deposition，SACVD）
阶梯覆盖率（Step Coverage）
内侧壁覆盖率（Side Wall Coverage）
小型尺寸三极管（Small Outline Transistor，SOT）
小外形封装（Small Outline Package，SOP）
系统板级封装（System on Board，SoB）
系统级封装（System-in-Package，SiP）
平铺（Side by Side）
堆叠（Stack）
智能卡（Smartcard）
板级系统测试（System Level Test，SLT）
信噪比（Signal to Noise Ratio，SNR）
信号与噪声失真比（Signal to Noise and Distortion Ratio，SINAD）
无杂波动态范围（Spurious Free Dynamic Range，SFDR）
稳定性（Stability）
应变计（Strain Gauge）
冲击环境（Shock Environment）
正弦振动（Sine Vibration）
超声波扫描显微镜（Scanning Acoustic Microscope，SAM）
声表面滤波器（Surface Acoustic Wave，SAW）
美国汽车工程师学会（Society of Automotive Engineers，SAE）

T

薄膜陶瓷基板（Thin-Film Ceramic Substrate）
玻璃通孔（Through Glass Via，TGV）
临时键合（Temporary Bonding）
拉伸应力（Tensile Stress）
立碑（Tomb Stone）
热界面材料（Thermal Interface Materials，TIM）
导热油脂（Thermal grease）
导热系数（Thermal Conductivity Rate）
热预算值（Thermal Budget）